【陕西地方志·水利志丛书】

桃曲坡水库志

陕西省桃曲坡水库灌溉管理局　编

（1969—2011年）

中国水利水电出版社
www.waterpub.com.cn

内 容 提 要

桃曲坡水库位于渭河二级支流沮水河下游铜川市境内，是一座以农业灌溉为主，兼有城市供水、防洪保安、生态旅游等综合利用功能的中型水利工程。本书内容分为21个部分，全面系统地记述了水库工程建设、运行、管理的全过程，并介绍了工农业供水、综合经营、组织管理、经营管理、水利科技、机构沿革、水利人物、水利艺文等。本书内容丰富、资料翔实，具有较强的使用价值和存史价值。

本书可供水利技术和管理人员、有关领导、史志研究者及社会有关读者使用。

图书在版编目（ＣＩＰ）数据

桃曲坡水库志：1969～2011年 / 陕西省桃曲坡水库灌溉管理局编. -- 北京：中国水利水电出版社，2013.6
（陕西地方志·水利志丛书）
ISBN 978-7-5170-0972-6

Ⅰ. ①桃… Ⅱ. ①陕… Ⅲ. ①水库－水利史－铜川市－1969～2011 Ⅳ. ①TV632.413

中国版本图书馆CIP数据核字(2013)第134206号

书　　　名	陕西地方志·水利志丛书 **桃曲坡水库志 （1969—2011 年）**
作　　　者	陕西省桃曲坡水库灌溉管理局　编
出 版 发 行	中国水利水电出版社 （北京市海淀区玉渊潭南路 1 号 D 座　100038） 网址：www.waterpub.com.cn E-mail：sales@waterpub.com.cn 电话：（010）68367658（发行部）
经　　　售	北京科水图书销售中心（零售） 电话：（010）88383994、63202643、68545874 全国各地新华书店和相关出版物销售网点
排　　　版	中国水利水电出版社微机排版中心
印　　　刷	北京纪元彩艺印刷有限公司
规　　　格	184mm×260mm　16 开本　28 印张　460 千字　16 插页
版　　　次	2013 年 6 月第 1 版　2013 年 6 月第 1 次印刷
印　　　数	0001—1300 册
定　　　价	**98.00 元**

凡购买我社图书，如有缺页、倒页、脱页的，本社发行部负责调换

陕西省桃曲坡水库灌区位置示意图

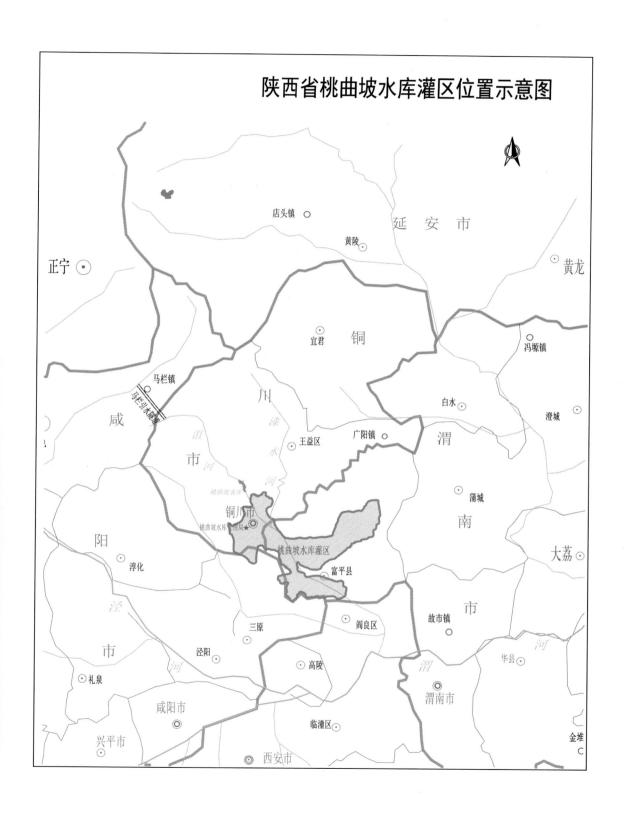

店头镇
延安市
黄陵
正宁
黄龙
宜君 铜
冯塬镇
马栏镇
白水
咸
澄城
市
川
漆
渭
王益区 广阳镇
水
桃曲坡水库
河
铜川市
蒲城
南
桃曲坡水库管理局★
桃曲坡水库灌区
阳
淳化
大荔
富平县
市
泾
三原
阎良区
故市镇
市
泾阳
高陵
华县
渭
礼泉
渭南市
咸阳市
临潼区
金堆
兴平市
西安市

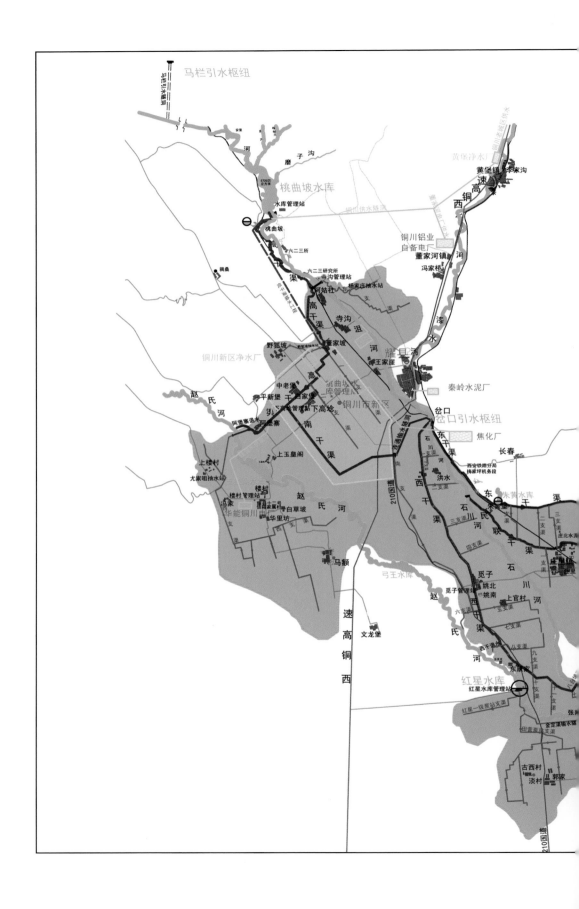

桃曲坡水库灌区平面布置图

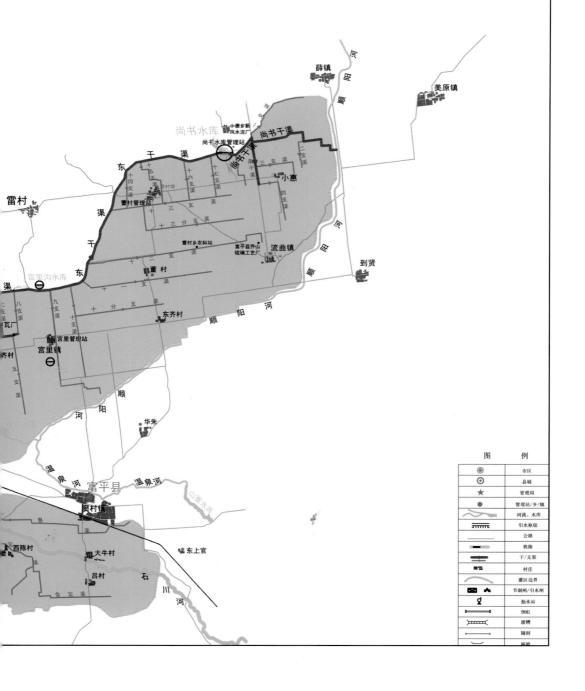

图	例
⦾	市区
⦿	县城
★	管理局
●	管理站/乡/镇
	河流、水库
	引水枢纽
	公路
	铁路
	干/支渠
	村庄
	灌区边界
	节制闸/引水闸
	抽水站
	倒虹
	渡槽
	隧洞
	陡跌

2006年10月22日桃曲坡水库全景

1996年4月30日，陕西省省长程安东（右二）视察马栏引水隧洞施工

2002年5月14日，时任水利部副部长陈雷（前排右二）视察桃曲坡水库

2002年8月16日，水利部副部长敬正书（前）视察桃曲坡水库

2007年3月14日，陕西省副省长王寿森（右三）在铜川新区供水公司进行水资源调研

1995年8月，陕西省水利厅厅长刘枢机（前排左二）带领专家来桃曲坡水库考察，现场办公，决定建设千亩果林示范基地

2000年4月10日，陕西省水利厅厅长彭谦（前排右二）陪同水利部副部长翟浩辉（前排右一）检查城市及工业供水项目

2006年4月18日，陕西省水利厅厅长谭策吾（左四）视察华能电厂供水项目

2003年4月16日，铜川市市委书记王东峰（左四）、铜川市市长吴前进（左二）陪同水利部副部长索丽生（前排左三）在桃曲坡水库枢纽考察

2012年4月12日，陕西省水利厅厅长王锋（前排左二）视察铜川新区供水项目

1999年，世界银行官员对桃曲坡灌区进行评估

2006年5月17日，世界银行百人考察团对桃曲坡灌区进行考察

1973年工程建设者在桃曲坡水库合影留念

基础处理

测量

1987年7月24日，陕西省水利厅对桃曲坡水库枢纽进行竣工验收

1995年6月，技术人员在库区补漏加固工地采土样

1995年6月，库区补漏加固工程工地一角

桃曲坡水库建设者当年住过的窑洞（摄于1990年8月）

1988年8月13日，桃曲坡水库溢洪道溢流

1996年5月，工程技术人员察看马栏河引水隧洞B标段工程地质情况

1997年6月，衬砌后的马栏河引水隧洞B标段

洞内渗水状况

检测工程质量

为节约时间送餐到洞内

1998年10月，通水后的马栏河引水隧洞出口引水明渠

1997年10月，陕西省省长程安东（左一）在马栏河引水隧洞进口枢纽

马栏河引水隧洞进口枢纽（摄于1999年10月）

石沟口漏水塌坑（摄于2003年7月）

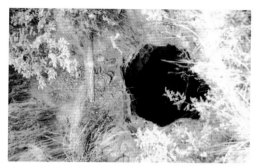

石沟北岸煤窑漏水点（摄于2003年7月）

左一支沟北岸岸坡淘刷（摄于2003年4月）

石沟南岸高程784米平台以上砂砾石漏水层（摄于2004年4月）

左一支沟南岸土工布+土铺包防渗（摄于2004年6月）

桃曲坡水库坝前右岸六边形砌块防护（摄于2005年6月）

左一支沟裂缝，缝宽20～25厘米，长10余米（摄于2004年5月）

石沟口土工布+土铺
包防渗（摄于2004年
8月）

尚书水库除险加固
工程全面完成（摄
于2009年4月）

石沟北岸模袋混凝土防
渗（摄于2003年6月）

1999年6—9月，整修亭子山梯田

2000年4月，给油松山植树浇水

2000年3月—2001年10月，油松山植树绿化，栽植油松、大叶女贞、雪松等2万余株，绿化面积410亩

丰收的喜悦

自采自乐

优果满枝头

1995年3月—1998年6月，桃曲坡水库管理局利用库区荒坡建成千亩果林基地

依托水库近坝区开发的锦阳湖生态园，2002年10月获国家水利风景区称号

2008年7月，国家水利风景区评审委员会主任何文垣（左一）来景区复查，对景区建设与管理给予肯定

2003年8月29日，桃曲坡水库溢洪道加闸工程建成后首次溢洪泄流

2009年5月1日，南支与岔口连通工程隧洞全线贯通，从此建立起小流量长历时的灌溉用水模式，年可节约水量600万立方米

经过世界银行贷款项目建设，灌区渠道焕然一新

2005年5月，部分世界银行贷款改造
工程验收移交投入使用

为了配合世界银行贷款及节
水改造工程运行，灌区进行
了管理体制改革。图为2002
年4月，觅子段农民用水者
协会成立大会现场

2001年10月，桃曲坡水库防汛专线道
路施工完成

世界银行贷款及节水改造工程对灌区重点建筑物进
行了改造。图为修葺一新的东干四支渠节制闸

机电设备维护保
养规范化

渠道管护日常化

2009年8月21日，陕
西省维修养护现场会
在桃曲坡灌区举行

2001年开始，灌区实现了微机开票到户

节水技术应用

灌区群众喜浇增产水（摄于2001年7月）

枢纽管理站职工食堂

楼村管理站会议室

曹村管理站职工宿舍

2000年后，随着灌区经济发展，管理站工作生活条件极大改善

宫里管理站宿办楼

2001年12月，桃曲坡水库铜川新区供水项目奠基

2002年11月—2005年12
月，铜川供水工程一期
工程建成，形成日处理
水能力2万吨规模

2011年9月，建设
中的日处理水3万
吨二期生产线

开拓新市场

水质化验监测

2004年11月，铜川供水公司办公大楼建成

2003年，桃曲坡水库管理局被陕西省省委、省政府命名为"陕西省文明单位"。图为验收汇报会议现场

重视理论学习。图为2005年举行的理论学习班上，学员代表演讲

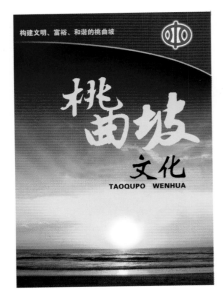

桃曲坡水库管理局领导在供水公司，分别是局长武忠贤（左三）、党委书记王洁（左四）、纪委书记问国政（左二）、副局长党九社（左一）、工会主席武斌生（左五）、副局长康卫军（右一）

《桃曲坡水库志》终审会全体成员合影。陕西省水利厅副厅长李润锁（前排左六）参加会议。前排左起分别是问国政、段卫忠、郭青梅、樊维翰、许灏、李润锁、武忠贤、李献华、安银卯、武斌生；后排左起依次是陈保健、赵艳芳、康卫军、张锦龙、党九社、李顺山、李军龙、王勇宏、冯宝才、成建莉

《桃曲坡水库志》编写领导小组

组　　长：武忠贤

副组长：李泽洲　孙学文　王　洁

成　　员：张树明　李　栋　安银卯　问国政　武斌生

　　　　　郑　坤　党九社　康卫军　李顺山　冯宝才

　　　　　王勇宏　林剑平　张锦龙　杨联宏　李建邦

特邀顾问：张宗山　梁纪信　张有林　田仲民　任彦文

《桃曲坡水库志》编志办公室

主　　任：李顺山

副主任：赵艳芳

工作人员：李军龙　成建莉　陈保健　张小会

《桃曲坡水库志》审定单位

初　　审：陕西省桃曲坡水库灌溉管理局

终　　审：陕西省水利厅

《桃曲坡水库志》编写人员

总　编：武忠贤
副总编：李泽洲　张树明　郑坤　党九社　王洁
总　纂：李顺山
主　编：李建邦

内　　容	编写人	内　　容	编写人
彩页	任渭鹏	第五章	李军龙　党九社　席刚盈
凡例	李顺山	第九、十、十一、十三、十五、十七、十八章	赵艳芳
机构称谓简称表	成建莉	第十二、十四、十六章	陈保健
概述	李顺山	附录	张小会　陈保健
大事记	成建莉　陈保健	制图	党焕宁
第一、二、三、四、六、七、八章	李军龙	校对	李　惠

初稿编写、资料提供人员（排名不分先后）

刘铭新　蔡晓芬　田　荣　冯宏革　雷耀林　庞亚荣　叶绥鹏　李增辉
杨新强　罗　萍　尹琳娜　刘　青　曹宗强　赵媛莉　刘　艳　张世琪
刘根战　陈建波　任晓静　杨联宏　梁文峰　席刚盈　张　娟　王　颖
赵军政　宋　敏　孙王琦　吴宗信　李佐帮　秦鹏（大）　李文杰
姬耀斌　王　刚　李　莉　赵惠利

初审人员（排名不分先后）

问国政　武斌生　党九社　康卫军　张锦龙　段明来　杨联宏　席刚盈
冯宝才　王勇宏

注：特邀编审、编辑、撰稿、制图、摄影和编志办公室全体成员为当然的资料员，不再列入初稿编写、资料提供人员名单。

序

　　《桃曲坡水库志》经过编修人员的辛勤编纂，历时 7 年有余，终于成书问世。该志运用辩证唯物主义、历史唯物主义和科学发展观，全面真实地记述地域山川河流、水文气象、前期水利与灾害、水库工程建设与管理、跨流域引水工程、水利科技、水利经济、水利人物、水利文艺等方面的发展变迁，记述了在渭北灰岩漏水区筑坝建库、发展城乡供水事业 40 余年水事春秋。全志采用纂辑体与撰著体相结合的体例，列陈资料翔实，科学反映灌区状况，具有较强的实用价值。作为水库和灌区工程专志，是一部了解、认识桃曲坡水库，研究陕西省水利发展的重要文献。

　　兴陕之要，其枢在水。陕西处内陆腹地，水资源缺乏且分布不均，自关中以北，降水量、水资源量明显下降，加之地形地貌复杂，调水取水困难，给经济社会发展和人民群众生活造成了严重影响。20 世纪 60 年代，经渭南地区批准，富平、耀县联合修建了桃曲坡水库。勤劳的富平、耀县人民肩挑手扛齐创业，战天斗地，艰苦奋战，历时 15 年，终在渭北黄土高原石灰岩漏水区筑坝建库，引水灌溉，兴水利民，使富平、耀县人民从此告别了靠天吃饭的苦难日子，两县成为三秦腹地的富庶粮仓，被确定为陕西省商品粮生产基地县。

　　薪火代代相传。20 世纪 90 年代以来，随着改革开放的不断深入，全省各地经济发展规模日益壮大，城市、工业发展用水量逐年增加，灌溉用水和城市、工业用水的矛盾日益显现。桃曲坡人不等不靠，围绕破解资源性缺水瓶颈，继续发扬"一不怕苦、二不怕累"的优秀品质，经过艰苦卓绝的努力，建成了马栏河引水工程，完成了水库补漏与除险加固。进入 21 世纪新时期后，桃曲坡人创新思路，拓展供水业务，接管了铜川城市居民生活供水，开创了陕西省水管单位经营地级市城市供水业务的先河。与此同时，在充分保证城市、工业用水和农田灌溉用水的基础上，积极实施水保治理和生态建设，开发水生态旅游精品，形成了"农业灌溉、城市供水、水利施工、生态旅游"四大支柱产业，桃曲坡水库因此成为渭北旱塬上一颗璀璨的明珠。

桃曲坡的发展历程是一幅铜川、渭南、咸阳三地（市）、四县（区）人民与自然抗争、求存发展的辉煌历史画卷，是一部水利工作者治水为民、兴水惠民的绚丽篇章。修志的目的在于记载发展的历史情况和人民的功绩，并以史为鉴，承古创新，推动桃曲坡在举省上下兴起新一轮水利建设高潮、水利现代化建设其势已成的形势下，勇立潮头创造出更加丰硕的成果，为全省经济社会持续快速发展和群众幸福安康作出更大贡献！

陕西省水利厅党组书记、厅长：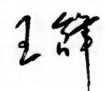

2012 年 9 月 14 日

凡　例

一、《桃曲坡水库志》以马列主义、毛泽东思想、邓小平理论和"三个代表"重要思想为指导，坚持辩证唯物主义、历史唯物主义和科学发展观；实事求是、秉笔直书，全面记述水库及灌区建设、管理的历史和现状；力求突出重点、略古详今，图文并茂、体现特色，做到思想性、科学性和资料性的统一，达到存史、资治、教化之目的。

二、全志由述、记、志、传、图、表、照、附录组成。以志为主，图表穿插其相关章节，按章编号。横排门类、纵述始末，按章、节、目三级设置。

三、各类记事上限追溯至事物发端，下限断限于 2011 年底，个别事项延至封笔。

四、志书编写采用记述体、语体文。文字使用国家规定的简化字，其中古籍典例引文，简化后易发生误解的仍用繁体字。标点符号和数字分别按国家标准《标点符号用法》和《出版物上数字用法的规定》执行。

五、计量单位统一使用《中华人民共和国计量法》规定的计量单位。历史资料仍引用原计量单位，并括注现单位。

六、历史纪年从其习惯，并括注公元纪年。1949 年以后统一采用公元纪年，世纪、年、月、日采用阿拉伯数字。

七、各历史朝代、官府、官职，尊其历史习惯称谓；1949 年后，国家机关、单位、团体称谓，在机构称谓简称表中列出，志书中除每章首次出现用全称外，一般用简称；人物称谓首次出现写明身份和姓名，其后只写姓名；其他称谓每章首次出现用全称，括注简称，其后写简称。

八、治水人物事迹录，以生年为序。

九、资料主要来源于现存档案，兼用历史文献、书刊、个人保存及采访考证的资料。

机构称谓简称表

水利部——中华人民共和国水利部

水电部——中华人民共和国水利电力部，中华人民共和国水电部

黄委会——水利部黄河水利委员会，水利电力部黄河委员会

省委——中国共产党陕西省委员会

省政府——陕西省人民政府

省革委会——陕西省革命委员会

省建委——陕西省革命委员会建设委员会

省水利局——陕西省水利局

省水利厅——陕西省水利厅，陕西省水利水土保持厅

省水电厅——陕西省水利电力厅

省水电局——陕西省革命委员会水电局、陕西省水电局

省计委——陕西省计划委员会

省水电设计院——陕西省水利局勘测设计院，陕西省水利厅勘测设计院，陕西省水利电力厅勘测设计院，陕西省水利电力勘测设计院，陕西省水利电力土木建筑勘测设计院，陕西省水利电力勘测设计研究院，水利部陕西水利水电勘测设计研究院

省防总——陕西省防汛抗旱总指挥部

省质监站——陕西省水利工程质量监督中心站

省水利监理公司——陕西省水利工程建设监理有限公司

省水规院——陕西省水工程勘察规划研究院

省水利厅工委——陕西省水利工会工作委员会

厅团委——共青团陕西省水利厅委员会

建筑科技大学设计研究院——西安建筑科技大学建筑设计研究院

地委——中国共产党渭南地区委员会

局党委——中国共产党陕西省桃曲坡水库灌溉管理局委员会

渭桃指——渭南地区桃曲坡水库工程指挥部

耀渠指——耀县桃曲坡水库渠道工程指挥部

富桃指——富平县桃曲坡水库工程指挥部

陕桃指——陕西省桃曲坡水库工程指挥部

管理局——陕西省桃曲坡水库灌溉管理局

供水办——陕西省铜川供水水源工程指挥部办公室

供水指挥部——陕西省铜川供水水源工程指挥部

供水工程质监站——陕西省铜川供水水源工程项目质量监督站

马栏指挥所——马栏河引水工程（进口）指挥所

庙湾指挥所——马栏河引水工程（出口）指挥所

管理站——桃曲坡水库管理局灌溉管理站

供水公司——陕西铜川供水有限责任公司

飞龙公司——陕西飞龙水利水电工程有限公司

生态园管理处——锦阳湖生态园管理处

防水材料厂——陕西水利防水材料厂

编志办——水库志编纂工作领导小组及编志办公室

陕煤建——陕西省煤炭建设公司

渭河工程局——陕西省渭河工程局

绿荫公司——陕西绿荫园林景观工程有限公司

郑国监理公司——陕西咸阳郑国监理工程有限公司

华源公司——陕西省华源建筑工程有限公司

信远监理公司——陕西信远建设监理咨询有限责任公司

陕焦化公司——陕西陕焦化工有限公司

耀州——古代称谓

耀县——2002年以前称谓

耀州区——2002年以后称谓

目录

序

凡例

机构称谓简称表

概述 ··· 1

大事记 ··· 10

第一章　地理环境 ······················· 31

　第一节　自然环境 ······················· 31

　　一、地形地貌 ······························· 31

　　二、地质土壤 ······························· 32

　　三、气象 ···································· 34

　第二节　社会环境 ······················· 36

　　一、行政区划 ······························· 36

　　二、人口耕地 ······························· 37

　　三、社会经济 ······························· 37

　　四、交通通信 ······························· 37

　第三节　水资源 ··························· 38

　　一、地表水 ·································· 38

　　二、地下水 ·································· 40

　　三、水质 ···································· 42

　　四、水资源分析 ··························· 44

第二章　水旱灾害与前期水利 ······· 46

　第一节　水旱灾害 ······················· 46

　　一、旱灾 ···································· 46

　　二、水灾 ···································· 48

第二节　前期水利 ………………………………………………… 51

　　一、沮水河引水 ……………………………………………… 51

　　二、漆水河引水 ……………………………………………… 52

　　三、石川河引水 ……………………………………………… 52

　　四、赵氏河引水 ……………………………………………… 55

第三章　水库建设 ………………………………………………… 57

第一节　规划设计 ………………………………………………… 57

　　一、灌区规划 ………………………………………………… 57

　　二、库区勘测 ………………………………………………… 58

　　三、水库设计 ………………………………………………… 60

　　四、立项实施 ………………………………………………… 62

第二节　组织施工 ………………………………………………… 62

　　一、开工准备 ………………………………………………… 62

　　二、组织机构 ………………………………………………… 63

　　三、任务分配 ………………………………………………… 64

　　四、后勤供应 ………………………………………………… 65

　　五、施工计划 ………………………………………………… 65

第三节　拦河大坝 ………………………………………………… 65

　　一、坝址 ……………………………………………………… 68

　　二、坝基 ……………………………………………………… 68

　　三、坝体 ……………………………………………………… 68

　　四、坝顶 ……………………………………………………… 69

　　五、施工情况 ………………………………………………… 69

第四节　溢洪道 …………………………………………………… 74

　　一、施工情况 ………………………………………………… 75

　　二、设计变更 ………………………………………………… 76

第五节　高、低放水洞 …………………………………………… 76

　　一、高放水洞 ………………………………………………… 77

　　二、低放水洞 ………………………………………………… 80

第六节　工程验收 ……………………………………………… 83

一、质量检查 …………………………………………… 83

二、阶段验收 …………………………………………… 84

三、竣工验收 …………………………………………… 84

四、质量评定 …………………………………………… 85

五、验收结论 …………………………………………… 87

第七节　移民征地 ……………………………………………… 88

一、淹没范围 …………………………………………… 88

二、拆迁原则及补偿标准 ……………………………… 89

三、移民安置 …………………………………………… 90

第四章　水库补漏及除险加固 ……………………………… 91

第一节　渗漏分析 ……………………………………………… 91

一、防渗起因 …………………………………………… 91

二、渗漏形式 …………………………………………… 93

三、渗漏部位及原因 …………………………………… 94

四、渗漏量计算 ………………………………………… 95

第二节　库区补漏 ……………………………………………… 96

一、铺包补漏 …………………………………………… 97

二、以工代赈项目补漏加固 …………………………… 102

三、治理效果 …………………………………………… 102

第三节　除险加固 ……………………………………………… 103

一、前期立项 …………………………………………… 103

二、项目机构 …………………………………………… 104

三、项目实施 …………………………………………… 104

第五章　马栏引水 …………………………………………… 117

第一节　立项审批 ……………………………………………… 120

第二节　勘察设计 ……………………………………………… 121

一、现场勘察 …………………………………………… 121

二、初步设计 …………………………………………… 121

三、地形测量 ……………………………………… 122

第三节　施工准备 ………………………………… 123

一、组织机构 ……………………………………… 123

二、工程招标 ……………………………………… 123

三、外围协调 ……………………………………… 124

四、施工保障 ……………………………………… 124

第四节　引水隧洞 ………………………………… 125

一、开挖 …………………………………………… 128

二、装渣 …………………………………………… 128

三、运输 …………………………………………… 129

四、支护 …………………………………………… 129

五、衬砌 …………………………………………… 130

六、灌浆 …………………………………………… 131

七、供电 …………………………………………… 131

八、排水 …………………………………………… 132

九、通风 …………………………………………… 132

十、高压供风供水 ………………………………… 133

第五节　枢纽工程 ………………………………… 133

一、施工导流 ……………………………………… 133

二、拦河坝 ………………………………………… 134

三、两闸施工 ……………………………………… 136

四、人行工作桥 …………………………………… 137

五、绕坝截渗墙 …………………………………… 137

第六节　渠道工程 ………………………………… 137

一、明涵 …………………………………………… 138

二、明渠 …………………………………………… 138

第七节　施工控制 ………………………………… 138

一、测量控制 ……………………………………… 138

二、质量控制 ……………………………………… 140

三、进度控制 ……………………………………… 141

四、工程调概 …………………………………………………… 143

第八节　工程验收 ……………………………………………… 143

一、资料整编 …………………………………………………… 143

二、工程质量评定 ……………………………………………… 143

三、工程验收 …………………………………………………… 144

四、工程投资 …………………………………………………… 145

第六章　续建工程 …………………………………………… 146

第一节　溢流堰加闸 …………………………………………… 146

一、立项审批 …………………………………………………… 146

二、工程设计 …………………………………………………… 146

三、施工准备 …………………………………………………… 148

四、工程建设 …………………………………………………… 149

五、设计变更 …………………………………………………… 150

六、工程验收 …………………………………………………… 151

七、运用及效益 ………………………………………………… 152

第二节　水保治理 ……………………………………………… 152

一、水保国债项目 ……………………………………………… 152

二、煤炭石油天然气资源开采水土流失补偿费使用项目 ……… 156

第三节　上坝公路 ……………………………………………… 157

一、施工道路 …………………………………………………… 157

二、防汛专线 …………………………………………………… 158

第四节　房建工程 ……………………………………………… 159

一、机关 ………………………………………………………… 159

二、枢纽站 ……………………………………………………… 160

三、基层单位 …………………………………………………… 161

四、安居工程 …………………………………………………… 164

第七章　渠道泵站 …………………………………………… 166

第一节　高干渠系 ……………………………………………… 168

一、高干渠 ……………………………………………………… 168

二、支渠工程 ……………………………………… 175

第二节　低干渠系 ………………………………… 177

一、烟雾渠 …………………………………………… 177

二、通城渠 …………………………………………… 177

三、岔口枢纽 ………………………………………… 178

四、东干渠 …………………………………………… 179

五、西干渠 …………………………………………… 181

六、民联干渠 ………………………………………… 182

七、低干输水工程 …………………………………… 183

第三节　抽水泵站 ………………………………… 184

一、野狐坡泵站 ……………………………………… 184

二、杨家庄抽水站 …………………………………… 185

三、尤家咀抽水站 …………………………………… 186

第四节　南支与岔口连通工程 …………………… 187

一、立项批复 ………………………………………… 187

二、工程招标 ………………………………………… 187

三、施工过程 ………………………………………… 187

四、设计变更 ………………………………………… 189

五、工程投资 ………………………………………… 189

六、质量控制 ………………………………………… 189

第八章　田间配套及小型水利工程 …………… 191

第一节　田间工程 ………………………………… 191

一、一期田间配套 …………………………………… 191

二、农田基建 ………………………………………… 192

三、节水项目 ………………………………………… 194

第二节　小型水利工程 …………………………… 195

一、红星水库 ………………………………………… 196

二、尚书水库 ………………………………………… 204

三、宫里沟水库 ……………………………………… 212

四、街子水库 …………………………………………………… 213

五、桥头水库 …………………………………………………… 213

六、朱皇水库 …………………………………………………… 213

第九章　工程管理 …………………………………………… 214

第一节　水库管理 …………………………………………… 214

一、控制调度 …………………………………………………… 214

二、枢纽运行 …………………………………………………… 215

三、工程观测 …………………………………………………… 216

四、水源保护 …………………………………………………… 220

第二节　防汛抗洪 …………………………………………… 220

一、防汛组织机构 ……………………………………………… 220

二、度汛方案 …………………………………………………… 221

三、汛情传递 …………………………………………………… 223

四、防汛纪实 …………………………………………………… 223

第三节　灌区工程 …………………………………………… 224

一、干支渠管护 ………………………………………………… 224

二、泵站维修管护 ……………………………………………… 225

三、重点建筑物维修管护 ……………………………………… 225

四、渠道绿化 …………………………………………………… 225

第四节　管养分离改革 ……………………………………… 226

一、改革背景 …………………………………………………… 226

二、改革过程 …………………………………………………… 226

三、日常养护 …………………………………………………… 229

四、养护考核 …………………………………………………… 230

五、养护成效 …………………………………………………… 230

第五节　配套工程 …………………………………………… 230

一、田间工程管护 ……………………………………………… 230

二、小型库塘管护 ……………………………………………… 231

第六节　工程定权划界 ……………………………………… 231

　　一、政策依据 ·· 231

　　二、库区划界 ·· 232

　　三、灌区划界 ·· 232

　　四、驻址征地 ·· 233

　第七节　水政执法 ·· 234

第十章　农业灌溉用水 ··· 237

　第一节　计划用水 ·· 238

　　一、计划编制 ·· 238

　　二、计划执行 ·· 238

　　三、灌溉模式 ·· 240

　　四、灌溉制度 ·· 240

　　五、三情测报 ·· 242

　第二节　水量调配 ·· 243

　　一、配水机构及职责 ··· 243

　　二、配水原则 ·· 244

　　三、水量调配制度 ·· 245

　　四、水量测定 ·· 246

　第三节　灌溉技术 ·· 246

　　一、自流灌溉 ·· 246

　　二、节水灌溉 ·· 247

第十一章　城镇工业供水 ··· 249

　第一节　铜川市老城区供水 ·· 249

　　一、项目实施过程 ·· 249

　　二、水库取水 ·· 251

　　三、供水方式 ·· 251

　　四、水价测算 ·· 251

　　五、水质监测 ·· 252

　第二节　铜川新区供水 ·· 252

　　一、基本情况 ·· 253

二、立项设计 …………………………………………………………… 254

三、净水厂建设 ………………………………………………………… 254

四、运行管理 …………………………………………………………… 255

第三节 耀州区供水 ……………………………………………………… 256

第四节 工业供水 ………………………………………………………… 256

一、铜川铝厂自备电厂供水 …………………………………………… 256

二、万达纸厂供水 ……………………………………………………… 257

三、华能（铜川）电厂供水 …………………………………………… 257

四、陕西陕焦化工有限公司供水 ……………………………………… 258

第十二章 综合经营 ……………………………………………………… 259

第一节 概况 ……………………………………………………………… 259

一、发展过程 …………………………………………………………… 259

二、经营规模 …………………………………………………………… 261

第二节 企业实体 ………………………………………………………… 261

一、陕西铜川供水有限责任公司 ……………………………………… 262

二、陕西飞龙水利水电工程有限责任公司 …………………………… 263

三、锦阳湖生态园管理处 ……………………………………………… 263

四、物资站 ……………………………………………………………… 264

五、陕西水利防水材料厂 ……………………………………………… 265

六、果林管理站 ………………………………………………………… 266

第十三章 组织管理 ……………………………………………………… 268

第一节 灌溉管理组织 …………………………………………………… 268

一、专业管理机构 ……………………………………………………… 269

二、民主管理组织 ……………………………………………………… 270

三、群众性管水组织 …………………………………………………… 272

第二节 劳动人事管理 …………………………………………………… 273

一、职工组成 …………………………………………………………… 273

二、技术职务 …………………………………………………………… 274

三、人事管理 …………………………………………………………… 274

四、工资待遇 …………………………………………………… 276

五、养老保险 …………………………………………………… 278

六、医疗保障 …………………………………………………… 278

七、离退休管理 ………………………………………………… 279

第三节　管理制度 ……………………………………………… 279

一、机关规章 …………………………………………………… 279

二、基层规约 …………………………………………………… 281

第十四章　经营管理 …………………………………………… 283

第一节　管理办法 ……………………………………………… 283

一、分类经营管理 ……………………………………………… 284

二、绩效管理 …………………………………………………… 284

第二节　计财管理 ……………………………………………… 285

一、计划编制 …………………………………………………… 285

二、物资管理 …………………………………………………… 286

三、固定资产管理 ……………………………………………… 289

第三节　水费征收 ……………………………………………… 289

一、水费标准 …………………………………………………… 289

二、成本核算 …………………………………………………… 291

三、征收办法 …………………………………………………… 291

四、管理使用 …………………………………………………… 291

五、水费廉政建设 ……………………………………………… 294

第四节　投资效益 ……………………………………………… 294

一、建设投资 …………………………………………………… 294

二、经济效益 …………………………………………………… 302

三、社会效益 …………………………………………………… 307

第十五章　水利科技 …………………………………………… 309

第一节　水工技术 ……………………………………………… 309

一、库区补漏技术 ……………………………………………… 309

二、万亩方田建设技术 ………………………………………… 312

三、灰土暗管渠道施工技术 …………………………………………… 314

四、马栏河引水工程隧洞施工技术 ……………………… 316

五、净水厂薄壳混凝土施工技术 ………………………… 320

六、模袋混凝土施工技术 ………………………………… 323

第二节　自动化观测技术 …………………………………… 325

一、大坝安全监测 ………………………………………… 325

二、洪水调度系统 ………………………………………… 326

第三节　科技成果 …………………………………………… 330

一、获奖项目 ……………………………………………… 330

二、科技论文存目 ………………………………………… 330

第十六章　机构沿革 …………………………………… 335

第一节　工程指挥部 ………………………………………… 335

一、1969—1980 年渭桃指 ………………………………… 335

二、1980—1987 年陕桃指 ………………………………… 337

第二节　管理局 ……………………………………………… 338

一、机关设置 ……………………………………………… 338

二、供水生产单位 ………………………………………… 342

第三节　党群组织 …………………………………………… 349

一、党团组织 ……………………………………………… 349

二、群众团体 ……………………………………………… 359

第十七章　人物 ………………………………………… 362

第一节　事录 ………………………………………………… 362

第二节　人物表 ……………………………………………… 373

一、管理局高级以上专业技术干部简表 ………………… 373

二、管理局副科级以上领导干部简表 …………………… 373

三、管理局个人荣誉录 …………………………………… 376

第十八章　水利艺文 …………………………………… 384

第一节　碑文石刻选粹 ……………………………………… 384

一、碑文 …………………………………………………… 384

　　二、石刻 ……………………………………………………… 385

第二节　楹联诗歌 …………………………………………… 387

　　一、楹联 ……………………………………………………… 387

　　二、诗歌 ……………………………………………………… 388

　　三、散文 ……………………………………………………… 395

　　四、通讯报道 ……………………………………………… 398

第三节　企业文化 …………………………………………… 398

　　一、桃曲坡精神 …………………………………………… 398

　　二、马栏精神 ……………………………………………… 399

　　三、桃曲坡文化 …………………………………………… 400

第四节　逸文趣事 …………………………………………… 400

　　一、桃曲坡考 ……………………………………………… 400

　　二、石川河的传说 ………………………………………… 401

第五节　文艺作品 …………………………………………… 403

　　一、小品 ……………………………………………………… 403

　　二、音乐舞蹈情景剧 ……………………………………… 403

　　三、三句半 ………………………………………………… 404

　　四、快板 ……………………………………………………… 405

　　五、桃曲坡之歌 …………………………………………… 407

附录 …………………………………………………………… 409

编后记 ………………………………………………………… 427

概　述

　　桃曲坡水库位于渭北旱塬的铜川市境内、耀州区城北 15 千米的马咀山下，因坝址位于桃曲坡村北而得名。是一座以农业灌溉为主，兼有城市供水、防洪保安、生态旅游等综合利用功能的中型水利工程，水库总库容 5720 万立方米，控制流域面积 830 平方千米。

　　桃曲坡水库灌区以沮河、马栏河水源为主，同时调蓄漆水河水源灌溉。3 条河流总流域面积 2143 平方千米，多年平均年径流量 15877 万立方米，可利用径流 10947 万立方米。灌区内有小型库塘 6 座，为多水源、多渠首、多枢纽，渠库结合、长藤结瓜，引清、引洪灌溉并重，自流、抽灌兼备的大型灌区。灌区东接富平县流曲镇，与东雷二期抽黄灌区相连；南至富平县吕村乡，与泾惠渠灌区接壤；西至三原县马额镇；北临铜川市老城区。地理坐标为东经 $108°48'\sim109°22'$、北纬 $30°45'\sim35°02'$。农业灌溉涉及铜川市新区、耀州区，渭南市富平县和咸阳市三原县三市四县区，设施灌溉面积 40.03 万亩，城市供水主要担负铜川新区、老城区、耀州城区、华能（铜川）电厂、陕焦化公司等供水任务。

　　灌区属渭北干旱与半干旱区域，光照充足，多年平均温度 12.8℃，极端最高温度 39.7℃，最低温度 −17.9℃，无霜期 228 天；平均风速 2.9 米每秒，最大风速 20 米每秒；多年平均降水量 557 毫米，60% 以上集中在秋季，年际变化较大，时空分布不均；干旱指数 2.1，缺水是本地区的基本特征。

一

　　桃曲坡水库灌区人民抗御水旱灾害和兴修水利的历史悠久，汉文帝元年（公元前 179 年），在石川河东岸修建文昌渠。历代开凿河渠工程，石川河两岸，东有判官、文昌、通镇、永济等 17 渠，西有堰武、仲渠、白马等 9 渠；沮河川道有强公渠、通城渠、甘家渠等 8 项河渠工程；漆河川道有漆水渠、退滩渠、顺城渠、铜耀渠 4 项河渠工程。几千年来，曾经开凿、疏浚、重修交替，终因工程规模小、兴利除害能力弱，历久湮废。1949 年中华人民共和国成立之后，1955—1958 年，灌区人民先后在民营古堰的基础上，修建了石川河岔口引水枢纽及东干、西干、民联三条干渠，但仅靠漆、沮二河引清、引洪水源，远不能满足农业灌溉需求。因此，在上游支流筑坝蓄水调节利用，成为古往今来地方政府和广大人民的祈盼。

经过 1953 年、1956 年流域查勘和 1958 年重点复勘，省水电设计院编制了《石川河沮水桃曲坡水库灌溉工程设计任务书》和《桃曲坡水库工程初步设计说明书》；1967 年 8 月经省水电局审查，同意修建桃曲坡水库工程；1968 年 5—10 月对库区和塬边高干渠进行实地勘测；1969 年 3—9 月渭南地区组织耀县和富平县进入施工准备阶段；施工任务由富平县和耀县按设施灌溉面积 6∶4 比例分配，富平县承担水库枢纽工程建设，耀县承担高干渠系工程设计与施工；1969 年 6 月耀县成立"桃曲坡水库渠道工程指挥部"，9 月富平县成立"桃曲坡水库枢纽工程指挥部"；1969 年 10 月 1 日破土清基，标志拦河大坝正式开工；在边施工、边设计的过程中，几经土坝—石坝方案比较，最终定为均质土坝。坝顶高程 792 米，坝高 61 米，坝长 259 米，坝顶宽 6 米。

1969 年 12 月 4 日渭南地区成立"桃曲坡水库工程总指挥部"统一指挥施工。施工以人力为主，由两县负责筹工投劳，采取打人民战争的方式，辅以必要的机械设备。施工顺序，先重点工程，再一般建筑物，先塬边渠道，再塬面渠道。

桃曲坡水库灌溉工程 1969 年开工，高干渠自流灌溉工程与水库枢纽同时动工。1973 年底完成土坝填筑工程，1974 年 3 月 30 日封堵导流洞开始蓄水；1975 年 5 月底完成高放水洞及放水塔施工安装工程；1976 年 9 月完成溢洪道工程；1977 年 9 月底完成低放水洞、放水塔及弧形闸门等施工安装工程。由于水库建于灰岩溶洞发育区，漏水现象严重，1974—1982 年先后经过 5 次大的铺包补漏，1980 年正式蓄水运行，1984 年 12 月通过竣工验收，1987 年 7 月完成尾留工程建设任务。在建设过程中，不断掀起水利建设热潮，富、耀两县人民经过十几年的艰苦奋战，最高日上劳力达到 2 万多人，总投工 1036 万个，国家投资 3700 万元，完成了水库枢纽和高干渠系施工建设任务。伴随着桃曲坡灌溉工程效益的发挥，三地市、四县区人民逐步摆脱了旱作农业、靠天吃饭的局面，走上了农、工、经、贸全面发展之路，为区域经济发展打下了坚实基础。

二

桃曲坡水库坝址位于岩溶发育的石灰岩地区。近坝区有大量废弃煤窑，探明各种岩溶洞穴 149 个，1974 年 3 月下闸蓄水后出现漏水现象，1976 年地质补探，库区渗漏主要集中在坝前至石沟东北区域。1974—1982 年进行的 5 次铺包补漏，取得一定效果，大的集中渗漏基本得到控制。但小的漏水点、裂缝、塌坑时有出现，渗漏一直是困扰水库工程发挥效益的主要问题。在坚持连年不断治理的基础上，1995 年 6—9 月利用以工代赈项目对土坝迎水坡隆起及库区局部进行补漏加固；1999 年冬季对库区石沟范围 7 处塌坑群及裂隙采取定点补漏措施；2002—2005 年实施水库除险加固工程，进行坝体围幕灌浆、高边坡削坡、闸门改造和自动化观测的同时，对坝区进行大面积模袋混凝土防渗处理，共完成投资 2345 万元。库区渗漏问题基本得到治理。

桃曲坡水库灌溉渠道工程由高干渠和低干渠两大系统组成。高干渠系为建库规划的塬面新灌区，由水库高洞引水，灌溉寺沟塬、下高埝塬、楼村塬、青岗岭及三原县马额 11.5 万亩农田。1969 年 7 月—1973 年底，耀渠指完成高干渠道工程建设；1973 年 8 月—1985 年 8 月完成东支、南支、西支 3 条支渠和杨家庄、野狐坡、尤家咀 3 座抽水泵站施工及渠系配套工程建设任务。低干渠系为沮河与石川河川道老灌区，利用 15.3 千米沮河天然河道输水至岔口枢纽；1963—1964 年，耀县在岔口以上沮河川道古堰河渠基础上修建烟雾渠和通城渠；1955—1958 年，富平县在古堰河渠工程基础上修建东干、西干和民联 3 条干渠。桃曲坡水库建成运用后，漆、沮河水源统一纳入调节利用，充分发挥了清、洪、库、塘 4 种水源的灌溉作用，改变了原石川河老灌区 20 多万亩农田灌溉条件。桃曲坡灌区有干渠 4 条，长 77.8 千米，各类建筑物 389 座；有支渠 35 条，长 139.54 千米，各类建筑物 892 座；有斗、分渠 1924 条，长 865.85 千米，各类建筑物 2028 座；抽水泵站 3 处，装机容量 1553 千瓦。按照"边建设、边配套、边受益"的指导方针，灌区自 1975—1984 年，两县分别完成了灌区一期田间配套工程。耀县新灌区的斗、分、引三级渠道基本建成，并完成了渠系建筑物；富平县石川河老灌区投资筹劳完善原有引水工程，基本具备自流引水灌溉条件。

1990 年 11 月 14 日，陕西省第 46 次省长办公会议研究决定修建马栏河引水工程，以解决铜川市工业和居民生活用水紧缺问题，将泾河支流马栏河水调入沮河桃曲坡水库调节供水。1991—1995 年铜川市完成了从桃曲坡水库取水工程，修建了黄堡净水厂，接通了城市管网，1995 年 5 月，提前实现向铜川市老城区供水。1993 年 5 月—1998 年 10 月马栏河引水工程建成通水，完成投资 1.192 亿元。设计年可引水量 4234 万立方米，在保证年向铜川市老城区供水 1200 万～1500 万立方米的基础上，年可补给农灌水量 2524 万立方米，使灌区原设计灌溉保证率由 46% 提高到 73%。1999—2001 年建成水库溢流堰顶加闸工程，完成投资 3028 万元，提高水库正常蓄水位 4.5 米，增加调蓄库容 1040 万立方米。2001 年 8 月 2 日，铜川市李晓东市长主持召开市长办公会议研究决定，将铜川新区供水项目推向市场，同年 11 月 16 日批准管理局为铜川新区供水的企业法定代表人，12 月 15 日省水利厅批复管理局成立"陕西铜川供水有限责任公司"，正式接管城市供水。2002 年 7 月—2005 年 10 月完成了铜川新区一期日供水 2 万吨净水厂建设，投资 5000 万元，在城市供水管网不断延伸的基础上，2006 年 3 月实现了与耀州区联网供水，2007 年 10 月实现华能电厂供水，2009 年 3 月，与陕焦化公司签订了供用水合同，2010 年 4 月实现正式供水。2011 年 6 月省水利厅以陕水规计发〔2011〕217 号文件对净水厂二期工程进行了初步设计批复，批复概算投资 3955.64 万元，计划工期 1 年。项目于 2010 年 11 月动工，2011 年 12 月底土建主体工程完工，2012 年 5 月全面完工，6 月调试运行。二期工程建设规模 3 万立方米每日，主要建设内容为新建 4410.5 平方米净水车间及其辅助间一座，6000 立方米清水池一座，231.3 平方米加氯间及活性炭投加间一座，110.5 平方米高锰酸钾投加间一座，同时建设水厂电气系统及自动化控制系统。净水处理系统生产工艺采用管道静态混合器＋网格反应池＋斜管沉淀池＋V 形滤池技术。跨流域引水工程建设,为城乡经济繁荣注入了新的活力,城市供水为振兴水利产业经济开辟了更加广阔的领域,水库管理单位经营城市供水,标志着供水服务由单纯为农业灌溉服务转变为兼顾向城市及工业供水服务,由过去仅供原水转变为产业化一条龙服务模式,加速了城乡供水一体化的进程。

桃曲坡水库地处渭北黄土高原沟壑地带,地形破碎,植被较差。为有效控制水土流失、延长水库寿命,改善生态环境,1990 年完成了库区定权划界工作,1994—1998 年建成库区千亩果林基地。1998 年 12 月库区水保综合治理工程被列入国债项目批复实施,投资 2200 万元。水保治理项目自 1999 年春季开工到 2004 年秋,共完成绿化措施 27 项,工程措施 32 项,技术服务支持 18 项。治理区面貌发生了较大变化,水土流失得到明显改善,林草覆盖率由治理前 35.66% 提高到 52.04%,近坝区 7.35 平方千米林草覆盖率达到 82%,入库泥沙逐年减少,流域内水保生态效益、经济效益和社会效益步入良性发展轨道。2000 年省水利厅商省旅游局对库区命名"锦阳湖生态园",批复为"省级水利旅游风景区";2002 年 10 月,水利部批复锦阳湖生态园为"国家水利风景区";2003 年荣获国家绿化造林先进单位。

三

桃曲坡水库灌溉工程的建管过程历经 40 多年。1953 年开始勘测,1967 年立项,1969—1980 年主体工程建设时期,隶属渭南地区管辖;1980 年耀县划归铜川市后成立"陕桃指",隶属省水利厅管理;1987 年成立管理局后正式履行灌溉管理职能。1998 年以前管理局下设 9 站 8 科,同年马栏河引水工程建成后成立了马栏管理站,2002 年接管了富平县属的红星水库和尚书水库后成立了红星和尚书管理站。2007 年 9 月,根据省编办《关于省泾惠渠管理局等三个水利工程管理体制改革试点单位定性定编的批复》(陕编发〔2007〕12 号)文件精神,管理局为准公益性事业单位,编制为 190 人。机关设置 8 个科室,1 个临时机构,基层设置 10 个管理站和维修养护大队,企业实体 4 家。在 30 余年的灌溉管理工作中相继摸索和完善了专业管理、民主管理和群众管理相结合的组织形式。

2000 年后，为适应农经产业结构和灌区更新改造的需要，进行支、斗渠改制试点，减少中间环节，取消了部分段、斗建制，建立了农民用水者协会、股份合作制、个体承包经营等新型组织管理形式。

桃曲坡水库灌溉工程管理内容包括三库（桃曲坡水库、红星水库、尚书水库）和两枢纽（马栏枢纽、岔口枢纽）管理，以及干支渠系与泵站工程管理、配套工程管理、重点水工建筑物管理、划界范围绿化治理管护等。在管理中，坚持分级负责、建管并重的原则，依照《中华人民共和国水法》和《陕西省水利工程管理条例》等有关法律、法规，制定和完善了工程观测、水库调度、防洪保安、工程维修、渠道泵站管理、绿化管护、水环境监测、水政执法等一系列相应的规章制度，采取专管与群管相结合，教育与查处同步，管理与开发并举；确保了枢纽、渠道和各类水工建筑物经常处于良好的工作状态。运行管理 30 多年来，输水安全畅通，充分发挥了水利工程和水资源的综合效益，推动了城乡经济的迅速发展。

桃曲坡水库计划用水管理大致经历 4 个阶段。第一阶段为 1978—1987 年，水库建成试用水至开灌初期，由按需配水向计划用水过渡，水费收缴由固定水费加厘定水费向按量收费过渡。第二阶段为 1987—1995 年，计划用水不断走向成熟，农灌水费经历 4 次调价，推行按量收费、开票到户，做到了"清、洪、库、塘"4 种水源合理调配使用，总结摸索出常引清水、大拦洪水、多蓄塘水、巧用库水的"常、大、多、巧"用水管理经验。第三阶段是 1995 年以后，水库实现向铜川城市工业及居民生活供水，随着城、乡供水结构的调整，城、乡水费共经历 4 次调价，进一步明确了综合平衡和"水往高处流"的原则，坚持"一城、二果、三经、四粮、五蓄塘"的配水原则。第四阶段是 2000 年后 3 座水库并用，3 个城市联网，4 县区城乡供水，逐步实现了区域水资源合理调度利用，不断地强化了科学用水、合理用水、节约用水管理措施。

1990 年以前，桃曲坡水库坚持"两个支柱（水费和多种经营）、一把钥匙（责任制）"的发展经营思路，重视农业经济和开展多种经营，管理局年经营收入由 1980 年 20 万元增加到 1990 年 83 万元，基本能维持简单的运行管理；1990—2000 年提出"城市供水、农业灌溉、综合经营"三大经济支柱的经营思路，管理局年经营收入突破 500 万元以上，在不计提水利工程折旧费的前提下，可以维持简单再生产略有节余；2000 年后提出"稳定农业灌溉、开拓城市供水、发展库区旅游、壮大施工队伍"的发展思路，抓住了国家加大水利建设投资机遇，实施了项目带动战略，完成了相当规模的续建、配套工程建设，供水由农村挺进城市，3 座水库并用，3 个城市联网，加速了城、乡供水一体化的进程。

30 多年来，不断完善内部经营管理机制，逐步推行灌溉管理站承包管理、企业分类经营、机关目标考核；财务实行会计委派、一级核算；分配制度上打破了"大锅饭"的束缚，向一线和高效益倾斜；人事管理上改变了"铁工资"的弊端，推行定岗、定员，竞争上岗，实施提前内退和待岗培训办法；干部任用实行"能者上、平者让、庸者下"的任期考核制度；不断完善基层水管组织机制，积极进行支、斗渠改制管理试点；水费缴纳由最初的按亩收费到按量收费、开票到户；管理模式由单一的国家投入、一条龙服务到专管与群管相结合，将逐步过渡到由农民、职工、社会组织多元化投资及民营水利上来；灌溉方式由开灌初的大水漫灌到小畦灌、沟灌和推行新的节水技术；灌区管理水平明显提高，干、支渠输水利用系数由 1980 年的 0.46 提高到 2011 年的 0.78，灌溉水有效利用系数由 0.32 提高到 0.53。

水利科技成效显著，先后研究总结出水库补漏施工技术、马栏河引水深埋软岩小断面超长隧洞施工技术、净水厂工艺施工技术、自动化观测技术、暗管渠施工技术、万亩方田建设施工技术、模袋混凝土防渗漏技术等；综合经营发展由 1990 年前同乡、村"联合体"模式到 2000 年前的"普遍开花"模式，逐步过渡到 2000 年后的把与"水"紧密的企业实体"做大办好"经营模式，在水库旅游开发、水利建筑施工及城市供水管理等方面走出了自己的新路；水利职工文化生活丰富，诗作、散文、自编自演戏剧小品、曲艺等，颂扬和讴歌了近 40 年治水先进人物的功绩；坚持和弘扬"团结一心、爱局如己、负重奋进、争创一流"的桃曲坡精神、"无私奉献、不畏艰险、团结互助、敢为人先"的马栏精神，塑造了桃曲坡文化，形成了"构建文明、富裕、和谐的桃曲坡"的企业目标，"团结协作，顽强拼搏，求真务实，开拓创新"的企业精神，"以水为主，发挥优势，突出发展，注重效益"的企业经营理念和"以人为本，服务社会"

的企业核心价值观。践行企业文化，克难攻坚，奋发向上，各项工作取得了长足发展。管理局 1997 年荣获铜川市文明单位，2002 年荣获陕西省文明单位，2012 年 4 月荣获陕西省先进集体。

四

自桃曲坡水库灌溉工程建成投入运行以来，管理水平不断提高，社会经济效益十分显著。

在灌溉和农业综合措施的配合下，灌区农作物复种指数从 1978 年 1.25 提高到 2000 年后的 1.78，比开灌前提高了 53%；富平县老灌区粮食亩产由开灌初期的 160 千克提高到 1998 年的 461 千克，亩产增加 2.9 倍，统计调查石川河灌区占富平县耕地面积 17.39%，粮食总产占全县 30.2%；耀县新灌区粮食亩产由开灌前的 101.4 千克，提高到 1998 年的 457 千克，亩产翻了两番，新灌区占耀县耕地面积 19%，总产占全县 35%，尤其是大旱之年，效果更为明显。

1980—2011 年 30 余年间，向城乡供水总量 14.93 亿立方米。其中农灌斗口引水 13.67 亿立方米，灌溉农经作物 1186 万亩次，累计增产粮食 29.66 亿千克，农业增产净值 45.12 亿元。城市供水 1.26 亿立方米（截止 2012 年 7 月），水费收入 8357 万元。产生社会效益现值为 304.26 亿元，水利效益分摊系数取 0.5，水利效益现值为 152.13 亿元。

农业的增产丰收来自灌溉效益，水利事业促进了社会经济全面发展。桃曲坡水库建成后，防汛抗洪确保了下游城市、工矿人民生命和财产安全；旅游业的兴旺，带动了交通运输业和服务行业的大量涌现；水资源又为当地渔业发展提供了得天独厚的条件；人民生活水平的提高加速了城乡住房条件的改善和乡镇企业的突起；城乡供水为铜川经济注入了生机和活力，单位立方米水的社会综合效益约为 20 元以上。昔日苍凉的黄土高坡，绿水沸腾起来，如今的沧桑巨变，在新中国成立后的陕西水利史上描绘出浓墨重彩的一笔。

五

喜看今日桃曲坡，30 年业绩铸辉煌。供水服务由向农村服务为主转变为向城市、农村供水全方位服务，供水产品多元化，服务对象延伸了；"三库"并用，"三城"联网、四县（区）城乡供水，生产规模扩大了；生态旅游前景看好，企业规模不断壮大，住宅和办公条件全面改善，经营收入逐年攀升，基础设施增强了。但是由于水资源短缺，供需矛盾突出，需要坚持不懈地将科学、合理、节约用水当作根本措施来抓；城乡供水价格与成本倒挂，研究水价政策，加速水费改革步伐，是实现良性循环的根本性措施；企业管理粗放、经营机制不活，建立创新机制，是目前和今后一个相当时期内的重要课题。

坚持科学发展观，抓住国家加快水利改革发展的机遇，实施项目带动战略，加强基础设施建设，完善经营管理体制，是桃曲坡各项事业长足发展的可靠保证；分析局情、不断研究，与时俱进，明确各阶段经营发展思路，围绕总体目标，务实创新，开拓奋进，是建设、发展桃曲坡的行动纲领；深化体制改革，搞活用人、分配机制，重视人才、举贤任能，建设一支具有较高素质的干部职工队伍，是桃曲坡各项事业蓬勃发展的主力军；重视科技成果的转化应用，研究新技术，总结新经验，开发新产品，采用新工艺，强化管理，提高效益，是桃曲坡水利事业发展进步的推动力。以水为主，突出发展，以人为本，服务社会，构建文明、富裕、和谐的桃曲坡，任重道远，需要进一步调查研究，科学论证，制订规划，明确目标，落实措施，完善制度，健全机制，需要更加团结协作，顽强拼搏，求真务实，开拓创新。

忆往昔，峥嵘岁月稠，看今朝，百舸竞争流，祈未来，前程似锦绣。

大 事 记

古 代

汉文帝时期（公元前179—前163年）修建文昌渠，灌溉怀阳城薄太后花园。

晋惠帝元康元年（291年）秋七月，"雍州大旱，关中饥"；元康七年（297年）七月，"秦雍二州疫，陨霜杀禾，大旱，关中饥。"

唐中宗时期（705年），唐雍州司士参军强循开凿强公渠。

唐玄宗开元二十一年（733年），"关中久雨害稼"；二十二年（734），"关辅秋水害稼"。唐代宗广德元年（763年）九月，"关中大雨，平地水数尺。"

金·元时期（1115—1368年）开凿通城渠。明·永乐四年判官华子范复开通城渠，民赖其利，明成化间知州邓真重修。

成化时（1465年），富平县人韩聪疏浚文昌渠；明万历时（1573年），知县刘兑重修；明崇祯间（1628年），知县崔允升又疏，水流滔然；康熙五十二年（1713年），富平县知县杨勤重修文昌渠，上下四十余里故道犹存，动员窑子头西堡到怀阳城东堡五十里斗夫数百名。光绪二十六年（1900年）经渠绅张鹏等廪恳筹款修复文昌渠，富平县知县周丕绅廪奉各宪批准，拨付赈余银两一千两，以工代赈，正月动工，三月下旬告成。

成化间（1475年前后）知州邓真开凿退滩渠，灌东南负郭田。

清光绪三年（1877年）五月至四年（1878年），久旱无雨，六料无收，"人自相食，户绝什七"。富平境内受灾30393户，男女老少计104286口。县境东北一带灾情尤甚，树皮、草根俱被食之一空，饿殍日见于途，流寓外地者不计其数。

中　华　民　国

民国 9 年（1920 年）6 月 2 日　耀州降雹，大如鸡蛋，历三时之久，禾苗、枝叶全毁，行人死伤甚重。

民国 18 年（1929 年）夏　久旱不雨，田土龟裂，二麦干旱无法下种，秋禾无收，斗麦涨价至银币 6 元。乡民哀鸿嗷嗷之声，弥漫全境。稍堪充饥者，无不挖剥净尽。是年因灾荒饿死者 4000 余人，背井离乡外出逃生者 8000 余人，农村十室九空，一片凄凉，为历史上所罕见，后称"民国十八年年馑"。

民国 19 年（1930 年）8 月　耀州因雨成灾，洪水遍地，新兴滩等八处被淹，禾苗尽毁；沿石川河一带大水为害，历一日夜，觅子镇一带平地水涨数尺，冲毁房屋窑洞无数；至此，三年连旱，六料未收，饿殍遍野，惨状空前。

民国 21 年（1932 年）5 月　耀县漆、沮两河水暴发，高数丈，泛滥成灾，计淹没农田夏禾二万余亩，溺毙 541 人，牲畜 483 头，坏房窑 300 余处。

民国 32 年（1943 年）夏　耀县迭降暴雨，河水猛涨，冲毁县城新东门，附近盐店多被淹没。

中 华 人 民 共 和 国

1949 年

4 月 28 日　耀县解放，县人民政府建设科分管水利。

9 月　西北各地多遭雨灾，近河平原地带受灾尤甚。耀县冲毁耕地 2709.25 亩，冲毁秋田 4605.8 亩，倒塌房屋 2242 间，死 12 人，伤 11 人，水冲走和倒塌伤牲畜 56 头。

1950 年

8 月 14 日　漆水河暴涨，冲毁耀县东门外原漆河滚水桥东端砌石。

1952 年

6 月 11 日　陕西省农林厅在柳林镇设立雨量站，测量沮河水文资料。

1953 年

春季　省水利局查勘队对石川河流域及其支流水资源进行全面查勘。

1958 年

秋季　省水电设计院对石川河及支流进行重点复勘，提出在上游支流沮河建库蓄水方案。

1962 年

夏季　兰州西北设计院对石川河流域查勘，初步选定在其支流沮河桃曲坡村北筑坝建库地形较为优越。

1964 年

春夏之交　省水电设计院在对石川河流域水土资源进行多次平衡研究基础上，提出流域规划，确定在石川河支流沮河下游建库，选定桃曲坡坝址。

1966 年

5 月 1 日　第一机械工业部副部长周健岚为确定三大动力厂址，来桃曲坡水库坝址视察。

1967 年

8 月　省水利厅副厅长于澄世主持在耀县召开桃曲坡水库工程审查会议，参加会议的省水利厅、省水电设计院和咸阳、渭南专署以及受益区的耀县、富平、三原等有关领导，会议一致同意修建桃曲坡水库。

1968 年

5—10 月　省水电设计院对桃曲坡水库和高干渠进行测量，后因"文化大革命"而中止。

1969 年

4 月 3 日　耀县革命委员会（简称革委会）讨论桃曲坡水库工程，决定成立勘测设计机构，在省水电设计院规划基础上开展勘测设计工作，以渠促库。

5 月 23 日　耀县突降大风、大雨伴有冰雹，历时 40 分钟，雹粒大者如鸡卵，雹层厚 15～30 厘米。

6 月 19 日　耀县革委会成立耀渠指，孙建明任指挥，郭进功任副指挥。

7月11日　桃曲坡水库高干渠工程开工。

7月14日　渭南军分区副司令员兼地区革命委员会主任王子平、副主任陈捷三检查桃曲坡水库工地工作。

7月28日—8月10日　漆河两次泛滥成灾，37个单位42户居民被淹。

9月　富平县革委会成立了富桃指，冯忠礼任指挥，赵世英任副指挥。

10月1日　桃曲坡水库工程建设开始清基，标志水库拦河大坝正式开工。

11月　耀县全县动工，民工、机关干部、学生等15000人参加桃曲坡水库塬边渠道工程第一个冬春大会战。

12月4日　渭南地区革委会派水电局领导小组副组长李一平来工地宣布成立渭桃指。由崔加善任指挥，孙建明、冯忠礼任副指挥，朱云龙任顾问，张天祥、韩仕伟任设计组正、副组长，下设渠道工区与水库工区，桃曲坡水库工程全面动工。

1970 年

1月11日　崔加善指挥主持召开了总指挥部第一次委员会议，主要研究确定指挥部组织机构，下设工程组、政工组、材料组和办事组。

1月19日　渭南军分区司令员王明春视察桃曲坡水库工地。

10月11日　渭南地区革委会生产组在渭南县双王公社召开"关于加速桃曲坡水库工程建设座谈会议"（简称双王会议），由耀、富两县分别成立渠道工程和水库工程指挥部，决定撤销渭桃指。

10月16日　耀县革委会决定复设陕桃指，任命县武装部副部长李竹茂为指挥，何云鸿、郭进功为副指挥。掀起桃曲坡水库渠道工程第二个冬春大会战。

1971 年

5月27日　桃曲坡水库大坝工程开始削坡、清基及隐蔽工程处理。

9月4日　渭南地区革委会召开桃曲坡工程会议，由渭南军分区司令员王明春主持，决定恢复设立渭桃指，任命杜鲁公为指挥，陈世让、李竹茂、孙万章为副指挥。

9月　桃曲坡水库溢洪道工程破土动工，10月全面铺开。

1972 年

1月4日　省革委会主任李瑞山在桃曲坡水库工程座谈会上指出：要以最大的决心、最大的干劲、最大的速度，加强领导，加快效益。

1月　高干渠道寺沟倒虹工程开工。

4月　桃曲坡水库输水高洞动工开挖。

8月19日　渭桃指办公基地由大坝移至耀县苏家店。

10月18日　渭桃指成立中国共产党渭南地区委员会桃曲坡水库工程指挥部核心领导小组，由张济伦、陈世让、李竹茂、孙万章、韩耀辉5人组成，由张济伦任组长，陈世让任副组长。

11月16日　水库工程全面开始铺土。

1973 年

2月15日　陕西省军区副司令员熊光焰一行前来桃曲坡工地检查工作。

5月26日　水库工程填土任务完成，12月底土方工程全部完工。

8—10月　桃曲坡水库南支渠（上段）完成建筑物工程，11—12月底，完成渠道土方。

9月10日　桃曲坡水库输水高洞完成掘进任务。

11月　高干渠道寺沟倒虹工程全部竣工。

1974 年

3月9日　桃曲坡水库工地封堵导流洞，水库开始蓄水，经观测漏水严重，引起了省、地、县各级政府高度重视。

10月　渭桃指以21.4万元购买耀县九号信箱塔坡路106号住址，占地面积21亩，作为指挥部正式办公基地。

10月　桃曲坡水库第一次铺包补漏工程开始。

11月12日　省建委〔74〕172号文件对桃曲坡水库灌溉工程初步设计进行批复，批准工程概算投资为2071万元。

1975 年

3月9日　渭桃指召开首次防渗铺包工程验收会议，参加会议的有省、地、县有关负责同志及工人、民工代表。11月耀县11个公社集中上劳力 1.5 万人，完成当年剩余工程。

3月　桃曲坡水库高干渠赵氏河倒虹工程开工。

4月25日　渭桃指首次成立防汛领导小组，组长任今厚，副组长梁纪信，成员有张殿卿、孙龙江、陈引之、孙德录。下设防汛办公室，主任梁纪信，副主任孙德录，孙喜芬办理日常工作。

6月12日　高干渠首次灌溉试水，由水库高洞引水经沮水塬边与下高塝塬渠道退入赵氏河，因寺沟倒虹进口被杂草淤积物堵塞，导致渠水漫溢，冲垮倒虹进口九号沟填方，淹没九号信箱油库及寺沟村，损失近10万元。

9月2日　渭南地委召开石堡川和桃曲坡两库扫尾工程会议，参加会议的有地委副书记杜鲁公、杨存富、孙执中和耀县县委书记董继昌、富平县委书记王品堂，以及桃曲坡水库工程指挥部副指挥朱宗芳、何云鸿和富平指挥部指挥段维智、耀县渠道指挥部指挥王自修。会议要求两库限定时间，尽早完成基建扫尾工程任务。

9月3日　耀县召开县常委会议，决定9个公社上劳，增援高干渠工程建设。5日又召开常委会，决定加强领导，成立渠道扫尾工程会战指挥部，董继昌任总指挥，寇振全、张涛任副指挥，成员有水电、物资及商业等单位人员参加。

10月　渭桃指成立下属单位大坝管理站、灌溉试验站、护渠队、寺沟管理站、下高塝管理站、楼村管理站。

10月　当库水位在 774.63 米时，发现库水位急骤下降，每日下降速度 80 厘米，观测资料记载至22日，历时15天共损失水量为 3254.7 万立方米，最大日漏水达 240 万立方米。

11月　桃曲坡水库第二次铺包补漏工程开始。

1976 年

8月25日　桃曲坡水库入库洪峰流量 260.82 立方米每秒，最大一日洪水总量 1658.16 万立方米，相当于 45 年一遇洪水。

9月　桃曲坡水库溢洪道工程完成。

9月10日　水库大量漏水，渭南地委研究决定成立补漏工程专业队，由富平、耀县各抽 200 人组成常年专业队。

1977 年

1月　桃曲坡水库第三次铺包补漏工程开始。

6月13日　桃曲坡水库高干渠九号支沟填方修复加固工程开工。

11月28日　拉拉沟渡槽开工。

12月上旬　北起阿姑社，南至耀县城西门外，长8.22千米的沮河治理工程开工。

1978 年

4—5月　省水电局会同水利部特邀清华大学水利专家张光斗一行前来渭桃指研究水库漏水治理对策。

5月18日　因"一批两打"运动开展，责成王宝琪清理账务，在一年多的清账过程中，账面有33万元下落不明，造成严重账务混乱。当日凌晨，王宝琪纵火财供科，账据、办公用品、房屋受到严重损失。6月10日王被拘留，后经内查外调贪污现金3980.96元。

6月中旬　杨家庄抽水站开始施工，当年年底完工。

7月19—23日　耀县暴雨成灾，受灾范围14个公社，110个大队，450个生产队，影响人口16.3万人，死伤19人，家畜28头，坏房窑598间（孔），损失粮食10.88万斤，冲毁水利设施、公路、桥涵等。

7月22日凌晨　寺沟地区局部暴雨成灾。凌晨1时10分，桃曲坡水库—槐林堡之间猛降暴雨，降雨强度达60毫米每小时。

10月　渭桃指在灌区开始征收水费。水费组成为固定水费加厘定（计量）水费：按两县配套面积征收固定水费，每亩0.4元每年，富平配套面积为12万亩，耀县配套面积为3.7万亩；每次用水按量计，每立方米水征收厘定水费0.004元；提水灌区每立方米水收0.002元厘定水费，电费按30％预收，用水结束后，按实际均摊。固定水费分两次交纳，当年6月底交纳一次，12月底交纳一次。

1979 年

4月　成立中国共产主义青年团桃曲坡水库工程指挥部总支部，由王现州、周宝玲、刘王记、何永军、王彦芳5人组成，王现州任书记，周宝玲任副书记。

10月　桃曲坡水库第四次铺包补漏工程开始。

11 月 5 日　渭南地区行政公署专员范云轩来桃曲坡水库工地视察工作。

1980 年

1 月　耀县由渭南地区划归铜川市管辖。

4 月　石川河管理处移交陕桃指管理。

5 月 23 日　经陕西省人民政府批准，将桃曲坡水库灌溉工程划归省水电局管理。

10 月 16 日　陕桃指办公楼开工建设。

12 月 2 日　陕桃指在耀县指挥部召开了耀县灌区实行统一管理交接会议，会议决定原耀县沮河管理站、漆河管理站和管辖的 1.7 万亩灌溉面积，全部移交给省桃曲坡水库工程指挥部统一管理。

1981 年

6 月 13 日　陕桃指决定在东干渠筹建庄里管理站、宫里管理站、曹村管理站、惠家尧管理站。

8 月 9 日　耀县开始连续降雨，29 天降雨 442 毫米，占正常年降水量的 80%，耀县境内 5 条河流普遍涨水，桃曲坡、高尔塬、友谊、沟西 4 座水库蓄水位急剧上升，其中桃曲坡水库最高水位达到 782.41 米，超过限制水位 0.41 米，蓄水量达 3100 万立方米，最大泄洪量 103 立方米每秒，泄洪总量 5400 万立方米。

9 月 6 日　桃曲坡水库入库洪峰流量 129.84 立方米每秒，最大一日洪水总量 1123.3 万立方米，最大三日洪水总量 2730 万立方米，相当于 20 年一遇洪水。

12 月 29—31 日　陕桃指召开首届党员大会，参加会议的正式党员有 65 人，会期 3 天。

1982 年

2 月 6 日　中共陕桃指第一届党委会和纪律检查委员会成立，党委委员有荆克斌、瞿瑞祥、陈瑞生、王东才、李云亭、田仲民、王现州 7 人，荆克斌任党委书记，瞿瑞祥、陈瑞生任副书记。纪律检查委员会委员有陈瑞生、刘光炎、陈庚生、李云亭、邱孝贤 5 人，纪委书记陈瑞生，副书记刘光炎。

4月21日　东干渠衬砌工程开始动工，当年11月14日全部竣工。

7月　桃曲坡水库高干渠赵氏河倒虹工程竣工。

7月　桃曲坡水库第五次铺包补漏工程开始。

7月下旬—8月上旬　大雨、暴雨频繁出现。耀县境内各河道都先后发洪，漆河最大洪峰流量192立方米每秒，沮河在桃曲坡水库以上为113立方米每秒。受灾损失，据不完全统计，全县共倒塌房窑431间（孔），死3人，牛2头，水毁抽水站41处，机井3眼、河堤1.85千米，受灾夏秋田33294亩，减产粮食共计15.5万余斤。

1983 年

1月17日　首届工会委员会成立，陈庚生任专职工会副主席，委员有白冬莲、梁纪信、任传德、秦如法、谢彩灵、宋存正。

5月25日　陕桃指指挥荆克斌在耀县主持召开了"两县"工程会议，富平县副县长宋维义，耀县副县长曹玉过等参加了会议，会议对工程验收准备工作、基建贷款工程及田间配套工程作了进一步讨论和落实。

7月9日　陕桃指在西干渠筹建觅子管理站。

8月31日　陕桃指第一栋家属楼——0号楼家属楼开工建设。

9月13日　桃曲坡水库大坝高洞衬砌工程开始施工，同年11月底竣工。

1984 年

6月，田思聪任陕桃指顾问，主持党委工作。

12月25—29日　受省计委委托，由省水利厅主持对水库基建工程进行竣工验收。陕桃指会同省水利厅、省计委、渭南地区行署、铜川市人民政府等14家单位20人组成的竣工验收委员会，下设枢纽、灌区、财务决算3个验收小组。桃曲坡水库灌溉工程通过竣工验收，并于30日正式移交管理单位使用。

1985 年

11月12日　王德成任陕桃指指挥，并兼任中共陕桃指委员会副书记。

1986 年

4月10日　陕桃指下高埝万亩方田建设开工，1987年底建成，1988

年春获陕西省农村科技进步一等奖。获奖人员有：王德成、张有林、孟德祥、李顺山、李佐帮、张树明。

1987 年

3 月 18 日　大坝站更名为"陕西省桃曲坡水库工程指挥部枢纽管理站"。

7 月 10 日　韩永昌任中共陕桃指委员会书记。

7 月 24 日　省水利厅对水库尾留工程包干项目进行竣工验收，认为工程合格，投资节约，通过验收交付使用。

10 月 23 日　经省水利厅批准，同意撤销陕桃指，成立管理局，为县级事业单位，编制 180 人，经费逐步实行自收自支。

1988 年

12 月 6 日　民联干渠冬灌引水时因玉米秆柴草等杂物堵塞渠道，造成三支渠首决口，导致富平县庄里镇永安村中义社 14 户家里进水，其中 8 户墙倒屋塌，3 户房屋全部倒塌，损失约 10 万元。

1989 年

11 月 28 日　张宗山任管理局局长。

1990 年

2 月 28 日　陕西省副省长刘春茂带领省计委、省水利厅和铜川市委、市政府负责人到桃曲坡水库视察，提出桃曲坡水库向铜川市城市供水方案。

3 月 29 日　陕西省副省长刘春茂在铜川市市长刘遵义等领导陪同下在桃曲坡水库现场办公，研究探讨溢洪道加闸并向铜川市供水事宜。

4 月 4 日　陕西省物价局、省水利厅安排桃曲坡水库灌区农业水费实行斗口计量，按量计费，综合平均水费 0.027 元每立方米。

4 月 16 日　刘春茂副省长在西安主持召开铜川供水会议。出席会议的有省计委、建设厅、农牧厅、水利厅、铜川市政府、渭南行署、富平县政府、耀县县政府和管理局负责同志。会议就铜川市城市缺水情况、桃曲坡水库运行情况及需采取的工程措施等内容深入研究和论证。

4 月 27 日　首届桃曲坡灌区灌溉管理委员会在耀县召开会议。

10 月　管理局第一届党员代表大会召开，选举韩永昌、张宗山、武忠贤、任传德为新一届党委委员，韩永昌任书记，张宗山任副书记。

11月14日　徐山林副省长主持召开陕西省政府第46次省长办公会议，研究铜川市供水工程建设问题，决定实施马栏河引水工程，即引泾河支流——马栏河水至桃曲坡水库后向铜川老城区供水。

1991 年

7月9日　陕西省委书记张勃兴在水利厅厅长刘枢机、铜川市委书记潘连生、市长刘遵义、副市长曹玉过和耀县县长蔡少林、副县长林炳春等陪同下，视察桃曲坡水库铜川供水工程。

7月18日　渭南地区行署副专员张仲良、铜川市副市长曹玉过及富、耀两县县长在抗旱保苗夺丰收的紧要关头，前来慰问管理局全体职工。

8月9日　陕西省政协副主席董继昌在耀县县委书记蔡少林的陪同下，视察桃曲坡水库工程。

12月12日　陕西省水利厅以陕水发〔1991〕86号文批复成立了供水指挥部。工程领导小组组长为省水利厅厅长刘枢机，领导小组设指挥部，指挥为管理局局长张宗山，下设供水办公室。

1992 年

1月　管理局第一届团委成立，委员有林剑平、张锦龙、张养社、梁文虎、蔡晓芬5人，林剑平任书记，张锦龙任副书记。

6月23日　陕西省计划委员会以陕计设〔1992〕356号文件批复了桃曲坡水库扩建工程马栏河引水工程初步设计。核定工程静态总投资为2836万元，工程总投资为3159万元。

7—9月　由供水指挥部组织进行隧洞工程施工招投标工作，陕煤建及铁道部第一工程局第五工程处分别中A标段和B标段。

10月1日　马栏河引水隧洞工程B标出口段开工，同时成立庙湾指挥所。

10月10日　徐山林、王双锡副省长主持召开省长办公会议，研究铜川市供水工程投资及水量分配问题。

11月25日　根据省质监站陕水质发〔1992〕4号文件精神，指挥部成立铜川供水水源工程项目质量监督站，站长为梁纪信。

11月27日　王双锡副省长主持召开办公会议对马栏河引水工程建设

中的有关问题进一步作了研究部署。

1993 年

3 月 1 日　马栏河引水隧洞工程 A 标进口段开工，同时成立马栏指挥所。

3 月 5 日　刘恒福任管理局党委书记。

4 月下旬　水利部南京大坝检测中心技术人员和水利专家两个考察组，分别来管理局对大坝安全鉴定进行考察。

5 月 1 日　马栏河引水隧洞工程正式开工。

11 月 10 日　管理局党委书记刘恒福、副局长武忠贤陪同水利部黄委会水电局副局长任小龙、处长马英明和省水利厅计划处处长宋慧玲、副处长侯惠隆等一行视察马栏河引水隧洞施工情况。

1994 年

2 月 2—3 日　省水利厅厅长刘枢机、总工史鉴等一行赴马栏河引水工程工地向奋战在水利工程建设一线的全体职工表示亲切慰问。

3 月 23 日　铜川市副市长曹玉过在耀县副县长黄小刚、管理局刘恒福书记、武忠贤副指挥的陪同下，视察马栏河引水工程。

5 月 21 日　马栏河引水隧洞工程 B 标工地发生塌方，当班副班长邓正万殉职。

9 月 16 日　马栏隧洞 A 标段施工企业在隧洞 1+115.5 桩号处施工期间，因侧墙、顶拱塌落造成轻伤 2 人和工人张三虎同志殉职事故。

9 月 24 日　水利部建设司副处长刘伟和黄委会水电局副局长任晓龙、处长马英明和工程师徐树森一行 4 人组成的水利部地方水利重点工程质量抽查组对马栏河引水工程建设进行了现场检查。

秋　耀县遭受罕见的特大干旱，全年干旱持续 277 天。粮食较上年减产五成。

1995 年

1 月 24 日　陕西省副省长王双锡、省水利厅厅长刘枢机、铜川市副市长曹玉过、管理局有关领导到马栏河引水工地视察工程进展情况，慰问工地工人，并向陕煤建公司二处和七公司各送去了慰问金 3 万元。

4 月 26 日　省计委以陕计设〔1995〕274 号文批准了马栏河引水隧

洞工程概算调整，核定工程总投资 7267.69 万元。

5 月 15 日　张秦岭任管理局局长，兼任局党委书记。

5 月 21 日　马栏河引水隧洞出口与 2 号斜井准确贯通。

5 月　桃曲坡水库向铜川市老城区开始供水。

8 月　省水利厅厅长刘枢机带领专家来桃曲坡水库考察，现场办公，决定建设千亩果林示范基地。

12 月 22 日　《陕西日报》刊出了《凿开老爷岭——马栏引水工程纪实》。

1996 年

2 月 15 日　马栏河引水工程 B 标工地发生塌方，当班班长陈凯殉职。

2 月 16 日　省政府委派水利厅王保安副厅长带领总工程师史鉴、计财处处长豆柯冒着风雪寒冷，来到马栏河引水隧洞施工现场，慰问春节期间坚持开工挖洞的水利建设工程队，并奖励一线职工 2 万元。

4 月 30 日　陕西省省长程安东及副省长王寿森带领省计委、省建行、省财政厅及省水利厅等部门领导赴马栏工地和桃曲坡水库视察，并进入马栏河引水隧洞察看了施工情况，并在耀县召开了现场办公会议。

6 月　桃曲坡水库防汛公路开工建设。

7 月 1 日　问国政荣获省优秀共产党员荣誉称号。

7 月 1 日　省水利厅以陕水河库发〔1996〕17 号文件批复了桃曲坡水库千亩果林基地建设规划设计。

8 月 6 日　耀县房改委以耀房改办〔1996〕第 12 号文件批复，同意在耀县北新街新建 1 号、2 号、3 号职工集资住宅楼 3 栋，共 78 套，总建筑面积为 5770 平方米，总投资 434.5 万元，其中个人集资 145 万元。

12 月　陕西省省长程安东在省八届四次人民代表大会上向全省人民作出庄严承诺马栏河引水隧洞工程将于 1997 年年底贯通。王寿森副省长在全省水利工作会议上向水利厅下达了马栏河引水隧洞工程年底贯通的指令。

1997 年

1 月 29 日　管理局获得水利部"全国水利管理先进单位"称号。

2 月 27 日　问国政荣获全国绿化委员会颁发的全国绿化奖章。

3月11日 省水利厅彭谦厅长会同王保安副厅长、史鉴总工及厅机关有关处室负责人在马栏工地召开现场办公会议。要求隧洞工程年底贯通，工程指挥部从耀县迁到马栏，省水利厅派出工作组进驻工地协助工作。

5月8日 水利部严克强副部长一行赴马栏工地视察工作，检查工地安全。

6月10日 《马栏引水工程简报》以增刊形式刊出了《在马栏，有这样一种精神》一文，文中凝练出马栏精神为"无私奉献的敬业精神，不畏艰险的拼搏精神，团结互助的友爱精神，敢为人先的进取精神"。

6月18日 马栏河引水隧洞总进尺突破10000米大关，省水利厅领导到施工现场表示祝贺，勉励工程建设者鼓足干劲，再创佳绩。

9月15日 省计委以陕计设计〔1997〕600号文批准马栏河引水工程第二次调整概算，核定马栏河引水工程概算总投资为12050.00万元。

9月22日 经国家计委以计财金〔1996〕2890号文（特急）批准发行3000万元的陕西省重点水利工程——马栏河引水工程建设债券在开源证券公司公开上市。

11月24日 田德顺任管理局局长；孙学文任局党委书记；武忠贤任管理局常务副局长（正处级）。

12月9日 马栏引水工程A标1号斜井工区，由于压风机长时间运转造成风包内积压的废油自燃，产生一氧化碳有毒气体，随风管输入工作面，致使隧洞工作面21人有不同程度中毒，经全力抢救，其中赵俊平、姚平印、高亚军3人因中毒严重而殉职。

12月15日 《陕西日报》头版头条刊登了《奇迹是怎样创造的——写在马栏引水隧洞工程贯通前夕》一文。

12月16日 陕西电视台新闻摄像组在马栏工地拍摄专题片《浴血老爷岭》。

12月24日 历时4年8个月的马栏河引水隧洞全线贯通。

12月28日 《陕西日报》第二版刊出报告文学《老爷岭，耸起一座血染的丰碑》。

12月30日 供水指挥部在马栏引水隧洞工程进口工地隆重召开贯通

庆典大会，陕西省政府有关领导，铜川、咸阳市主要领导参加庆典。省政府向参加工程建设的管理局、陕煤建二处、铁一局给排水七公司颁发了嘉奖令，并各奖励20万元。

1998 年

4月23日 马栏河引水枢纽工程顺利截流。

6月3日 省水利厅批准管理局水政监察支队长由张树明担任，副支队长由王山河担任。

9月11日 《秦风周末》报刊出《啊！老爷岭——谨献给国庆49周年暨铜川供水工程建设者》。

9月12日 马栏河引水枢纽工程全面完工。陕西全省八大重点水利工程现场动员会在马栏隧洞进口工地隆重召开，枢纽工程质量得到了省水利厅和各有关单位领导的一致好评，王保安副厅长称其为"精品工程"。

9月26日 马栏河引水隧洞工程进行试通水，过水流量2.0立方米每秒，一次试水成功。

9月28日 马栏河引水工程建成通水仪式在马栏工地隆重举行，程安东省长和省委常委、省纪委书记李焕政、原副省长王双锡以及省属各部门、铜川、咸阳等地市主要负责人，参建单位及当地群众共1000余人参加了这次盛会。省政府对建设单位及参加工程施工各单位颁发了嘉奖令。程安东省长按动通水按钮，涓涓清流顺着万米隧洞流入了桃曲坡水库。

12月7日 省计委以陕计设计〔1998〕1018号文件批复了桃曲坡水库溢洪道加闸工程初步设计。核定工程概算总投资为3705万元。

12月9日 陕计投资〔1998〕1044号文件批准了《铜川市新区给水工程可行性研究报告》批准建设规模10万立方米每日，其中净水厂建设规模为8万立方米每日，地下水2万立方米每日。

1999 年

3月9—16日 陕西省关中灌区更新改造世行贷款桃曲坡水库溢洪道加闸工程招标会议分别在西安、铜川举行，共7家施工企业参加招标，最终省水电工程局中标，承建全部工程施工任务。

3月24日 管理局被省水利厅授予"文明单位"称号。

10月28日 团省委、厅团委联合命名果林站为省级"青年文明号"。

11 月 24 日 省水利厅以陕水计发〔1999〕225 号文件批复桃曲坡水库库区水土保持综合治理实施规划。治理总面积 228.39 平方千米，新增治理水土流失面积 69.922 平方千米。核定总投资 3438.93 万元，其中国家补助 2200 万元，自筹 1238.93 万元。

12 月 26 日 马栏河引水工程竣工验收会议在铜川市铜川宾馆召开，由省计委牵头，省水利厅、省财政厅、管理局和地方有关单位等参加，会议通过看现场、听汇报、查资料进行了充分的讨论，一致通过验收。

2000 年

1 月 3 日 武忠贤任管理局局长。

4 月 10 日 水利部副部长翟浩辉一行来桃曲坡水库考察。

4 月 10 日 省水利厅厅长彭谦来桃曲坡千亩果林基地检查工作。

4 月 14 日 世界银行官员哈拉姆一行 4 人组团，在省世行项目办常务副主任薛建兴陪同下，视察了桃曲坡加闸工程工地和东干渠衬砌现场，检查了财务运作情况。

5 月 27 日 全国政协副主席李贵鲜率政协常委视察团，在省水利厅副厅长马卫东的陪同下，一行 40 余人来桃曲坡千亩果林基地视察。

8 月 以色列水利专家来桃曲坡千亩果园考察节水灌溉工程。

9 月 15 日 富平县的尚书、红星两座水库和 12 名管理人员交管理局统一管理。

10 月 26 日 团省委、厅团委联合命名管理局设计室为省级"青年文明号"。

2001 年

3 月 15 日 关中灌区绿化工作现场会在桃曲坡灌区召开。

7 月 30 日 管理局召开首届职工代表大会。

8 月 2 日 铜川市市长李晓东主持办公会议研究决定，铜川新区供水项目由管理局进行建设管理与经营。

10 月 19 日 铜川市人民政府授权新区管委会与管理局签订了合作协议。将新区供水项目交由管理局进行建设管理和经营。

12 月 15 日 省水利厅以陕水人发〔2001〕120 号文件批复，成立供水公司，属全民所有制企业。县处级建制，具有独立法人资格，经费实行自收自支，独立核算，自负盈亏。

2002 年

4 月 30 日　武忠贤兼任供水公司经理，党九社、张扬锁任副经理。

5 月 14 日　水利部副部长陈雷一行来管理局视察。

6 月 21 日　省计委以陕计项目〔2002〕560 号文对铜川新区净水厂工程和桃曲坡水库高干渠改造工程初步设计予以批复。批复工程概算总投资 8417 万元，核定总占地面积 15.59 万平方米。

8 月 16 日　水利部副部长敬正书来管理局视察，对桃曲坡水库发展旅游给予高度评价。

9 月 15 日　水利部批复锦阳湖生态园为第二批国家水利风景区。

10 月 1 日　管理局在枢纽站举办首届旅游黄金周活动，水利部总工程师何文垣，省人大常委会副主任刘枢机、铜川市副市长呼燕、著名作家贾平凹为锦阳湖国家水利风景区正式挂牌。

11 月 6 日　供水公司接管铜川新区供水业务，接收铜川自来水公司职工 35 名。

11 月 13 日　国家计委、水利部、中央电视台等单位来桃曲坡灌区进行水价调研。

12 月 16 日　省水利厅以陕水建发〔2002〕108 号文件通知，桃曲坡水库除险加固工程开工。

2003 年

1 月　管理局获"全国水利工程管理先进单位"称号。

4 月 3 日　管理局被授予陕西省 2002 年度双文明建设先进单位。

4 月 16 日　水利部副部长索丽生来管理局视察。

8 月 28 日　沮水河流域突降暴雨，河源来水猛涨，洪峰流量为 330 立方米每秒，为 30 年一遇洪水。

9 月　陕西省水利经济工作会议在桃曲坡灌区（铜川市银河酒店）召开。

10 月 27 日　水库蓄水达到历史最高蓄水位 789.00 米。

12 月 11 日　全国末端渠系水价改革现场会在西安召开，与会代表前来桃曲坡灌区庄里站参观考察。

2004 年

6 月　全国绿化委员会授予管理局局长武忠贤"全国绿化奖章"称号。

11 月 17 日　管理局李栋被水利部授予"全国水利工程建设管理先进个人"。

12 月 20 日　撤销管理局水保项目办公室，成立管理局编志办，同行政办公室合署办公。

2005 年

5 月　《陕西省桃曲坡水库管理局管理体制改革实施方案》经管理局专题职代会讨论通过，上报省政府。

12 月 18 日　省水利厅厅长谭策吾率厅机关有关人员来管理局检查工作。

12 月 24 日　供水公司净水厂一期生产线试车成功。

2006 年

1 月 1 日　管理局迁至新区办公楼办公。

3 月 27 日　管理局获"全国绿化模范单位"称号。

5 月 17 日　世界银行考察团来管理局考察了觅子灌区农民用水者协会、参观了水库枢纽工程，并检查水源工程完工现场，赞扬该工程可列为世行项目精品工程。

7 月 21—22 日　省水利厅审查通过对《陕西省城镇供水日元贷款项目铜川新区子项目供水工程初步设计》，项目概算总投资为 12008 万元，其中利用日元贷款 8181 万元。

8 月 31 日　李泽洲任管理局党委书记。

9 月 21 日　陕西省省长袁纯清一行来桃曲坡水库考察。

10 月 8 日　生态园管理处获全国水利风景区建设与管理工作先进集体。

11 月 7 日　管理局与华能国际电力公司铜川电厂签订了《供用水合同》、《厂外补给水工程建设合作协议》，原则确定年度用水总量最高为 550 万立方米，供水期限 30 年。

2007 年

3月14日　陕西省副省长王寿森来铜川市对铜川水资源市场情况进行专题调研，解决铜川新区供水项目建设资金1500万元。

5月21日　省水利厅厅长谭策吾来管理局视察工作。

6月21日　陕西省机构编制委员会批复组建管理局，编制43名，为财政全额拨款的事业单位；同时批复组建管理局下属的农业灌溉和维修养护队伍，自收自支编制147名，实行企业化管理。

9月　召开管理局二届三次职代会，研究讨论《管理局管理体制改革机构设置及定岗定员改革实施方案》。238名在岗职工参加了全员招聘，其中118名职工进行了竞聘演讲。这次改革是管理局历史上规模最大、影响深远的一次改革。

2008 年

4月2日　管理局印发了《陕西省桃曲坡水库管理局绩效考评实施办法（试行）》，实行绩效考核，功效挂钩。职工考核实行平时考核与定期考核相结合，定量考核与定性考核相结合。

7月13日　水利部国家水利风景评审委员会主任何文垣、北京中水新华国际工程咨询公司总经理朱庆平、水利部景区办副处长卫东山、水利综合事业局王国宾和省水利厅、铜川市有关领导一行，对国家水利风景区——锦阳湖生态园进行了复查验收，对管理局修复水利生态、发展水利旅游所取得的工作成效给予充分肯定。

8月8日　管理局农灌用水量年度累计实现4502万立方米，为桃曲坡建库以来历史最好水平。

2009 年

3月16日　管理局与陕焦化公司签订了20万吨甲醇及95万吨焦化项目的供用水合同，年计划用水600万立方米，合同期限15年，合同以计划指标用水、两部制水价为主要内容。

4月26日　实施水利工程管养分离改革，组建了维修养护大队和8个养护分队，招聘维修养护人员102人，实行企业化建制，推行合同化管理。

6月23日　水利部鄂竟平副部长带领水利部建管司、水保司、农水司、灌排中心负责同志一行，莅临桃曲坡水库灌区检查调研了尚书水库除险加固工程，对工程质量和建管工作给予了充分肯定。

11月　管理局印制了企业文化手册，明确了企业目标，提炼了企业精神，确立了企业经营理念和核心价值观。

12月18日　南支与岔口连通工程投入运行，改变了桃曲坡水库利用沮河河道向东、西干输水的方式，节水可达出库量的20%。

2010年

4月13日　管理局实现向陕焦化公司正式供水。

6月11日　水利部总工程师汪洪率国家防总检查组对桃曲坡灌区防汛抗旱工作进行检查，对管理局防汛抗旱工作给予了充分肯定。

6月23日　陕西省发改委以陕发改农经〔2010〕763号文件下达批复，低干输水项目获准立项，批复估算投资6000万元。

7月23—24日　桃曲坡水库流域普降暴雨，24日1时40分洪峰流量达1350立方米每秒，是水库建成以来的最大入库流量。管理局科学调度，积极应对，最大限度控制下泄流量（100立方米每秒），减轻耀州城区及石川河两岸防洪压力，确保下游人民群众生命财产安全。洪水导致大量泥沙淤库，致使水库"翻底"，水库泥沙含量达30%以上，远远超出制水工艺要求。管理局迅速启动应急预案，采取非常措施，以最快速度恢复了正常供水，确保了当地社会稳定。

10月9—14日　省水利厅、财政厅联合检查考核组对灌区维修养护工作进行了检查考核，管理局被评定为A级单位。

2011年

1月11日　郑坤任管理局党委书记。

1月15日　低干渠输水工程开工建设。

7月　陕西省人力资源和社会保障厅将锦阳湖生态园确定为"陕西省专业技术人员继续教育基地"，成为省水利系统确定的两家继续教育基地之一。

7月11日　管理局机关职工自助式餐厅正式开张，局属各单位相继进行职工食堂改建与装修，开启了全面改善职工生活、提高福利待遇的序幕。

8月2日　省水利厅直系统领导干部会议在管理局召开。王锋厅长作重要讲话，强调厅系统广大领导干部职工要以强烈的责任感、使命感和紧迫感，牢牢把握改革发展主动权，发扬锲而不舍的精神，推进水利事业实现大跨越、大发展。

10月　管理局羽毛球馆在新区净水厂建设落成，球馆规模之大、规格之高、设施配备之齐在省水利厅直系统首屈一指，成为管理局加强单位自身建设的标志。

11月6—8日　省水利厅直系统"桃曲坡杯"羽毛球乒乓球比赛在管理局成功举办。

2012 年

2月28日　王洁任管理局党委书记。

4月28日　管理局荣获陕西省先进集体。

5月26日　新区净水厂二期日处理能力为3万吨的生产工艺整体完工，进入调试期，8月底已全面投入使用。

8月26日　6时00分时，管理局2012年灌溉工作全面结束，全年灌区三库斗口引水6021.6万立方米，创建库以来最高纪录。

8月31日　低干渠输水工程累计隧洞开挖6483米，衬砌2835米，工程预计2014年1月完工。

第一章 地 理 环 境

桃曲坡水库位于渭河二级支流沮水河下游，大坝以上控制流域面积830平方千米，占沮水河流域总面积的90.6%。灌区位于关中北部的渭北塬区，水库建成蓄水后，灌溉铜川、渭南及咸阳共40.03万亩农田，1995年开始向城镇及工业供水。

第一节 自 然 环 境

一、地形地貌

1. 库区地形

桃曲坡水库库区属于典型的渭北残塬沟壑地带。黄土塬由西北向东南呈阶梯状降低，塬面较平坦，高程为740～960米。塬区沟壑发育，基底为灰岩、砂页岩，上覆第四系松散堆积层。该区下覆基岩，上覆黄土层，在河谷中有砂砾石层堆积，长期受南北向河流切割及沟蚀发育的影响，加之黄土疏松多孔垂直节理发育，易于冲刷和侵蚀。在长期流水冲刷及其他外应力剥蚀作用下，形成黄土塬支离破碎，塬、梁、峁相间，丘陵起伏，沟壑纵横的特有地貌。经实地勘测，在近坝区228.39平方千米范围内有大小支毛沟361条，其中沟道长度大于1000米的有145条，沟壑密度每平方千米1.5条。

2. 灌区地貌

桃曲坡水库灌区分为石川河阶地和耀州塬区两大部分。地面呈西北高而东南低，呈西北—东南坡向倾斜，高程由850米逐渐降至490米，高差360米左右。地形复杂，地面坡度较大，被石川河、沮水河、漆水河与赵氏河等分成5个自然块状，形成川、塬相间的灌区。

灌区分为塬区和川道两大灌溉系统，原设计库水灌溉面积28.9万亩，引清水、洪水灌溉面积 2.93 万亩，2000 年管理局接收富平县红星、尚书两座水库后，设施总面积增至 40.03 万亩。桃曲坡水库灌区灌溉面积统计见表 1－1。

表 1－1　　　　　　　桃曲坡水库灌区灌溉面积统计表　　　　　单位：万亩

名　称	设施面积	有效面积	引清水、洪水灌溉面积	总面积	备注
桃曲坡水库	28.90	25.50	2.93	31.83	楼村扩灌 2 万亩
红星水库	5.00	1.86	—	5.00	
尚书水库	3.20	2.00	—	3.20	
合计	37.10	29.36	2.93	40.03	

塬上灌区由水库高放水洞供水，经高干渠输往寺沟东塬、下高埝塬、楼村西塬。北起铜川市耀州区寺沟镇，东到耀州区孙塬镇泥阳村，东南接塬下灌区，西南与玉皇阁水库灌区毗邻，通过赵氏河倒虹，输水至耀州区楼村塬，包括三原县马额镇，设施面积共计 11 万亩。

川道灌区原为石川河引水灌区，桃曲坡水库正常蓄水后，石川河引水灌区 1980 年交省桃曲坡水库工程指挥部接管，北起石川河岔口枢纽，东叠二期抽黄灌区，南至富平县城北部，西临泾惠渠灌区，设施面积 29.03 万亩。

二、地质土壤

（一）库区地质

水库位于黄土塬区，沮水河深切塬面 130～150 米，库岸及库盆由石炭—二叠系砂页岩互层组成。坝基及库盆基座由灰岩组成，砂页岩不整合于灰岩之上。库底基岩地形起伏不大，变化较为规律，高程为 724～740 米左右，原河流漫滩及一级阶地成为库底的组成部分。库底堆积物分上下两部分，底部为河流冲积的砂卵石，厚度 7～12 米，上部为水库建成后淤积的砂壤土及人工铺盖，厚度为 15～23 米。二级阶地基座高程 752 米左右，堆积物为二元结构，上部为黄土夹古土壤，下部为砂卵石层，厚约 5 米。三级阶地为库岸组成部分，基座分两级，高程分别为 762 米和 776～780 米，堆积物具有二元结构，上部为黄土状壤土夹古土壤，下部为砂卵石，一般厚度为 3～12 米，厚者达 22 米。河谷两岸断续出露奥陶系马家沟组灰岩，高出河床 10～50 米，部分为崩塌、堆积物覆盖。

1. 地质构造

库区位于祁连山、吕梁山、贺兰山"山"字形构造前弧东翼的内侧和鄂尔多斯地台的南缘，属渭河地堑与渭北隆起接触地带，构造线展布方向为 NEE。经过了两次褶皱变动，即加里东运动和燕山运动。加里东运动在本区褶皱变动上较明显，使马家沟组灰岩与上伏太原组地层呈角度不整合接触。燕山运动使本区构造定型，并形成了铁龙山—桃曲坡背斜。

库区为 8 级地震烈度，相应地震系数为 1/20。

2. 地层岩性

库区出露的主要地层岩性为奥陶系石灰岩、石炭—二叠系的砂页岩及上覆第四系地层。由老到新分布如下。

奥陶系下统马家沟组石灰岩为灰、浅灰色，隐晶质结构，质密坚硬，厚层状，抗风化强。分布于坝轴线上 400 米至下游 2000 米河谷地段，左一支沟出露较广，呈 30°～320°向库内延伸，被库底堆积层覆盖，溶蚀裂缝及岩溶发育。

石炭系上统太原组系杂色页岩及浅灰、紫灰色铝土页岩含煤地层，该层角度不整合于灰岩之上，厚度一般为 6～10 米，最厚 16 米。煤层厚度较薄，为 0.2～0.55 米，一般含一层煤，煤层多分布于本层顶部（距层顶约 1.7～3.5 米）。该石炭系地层易挤压破碎及软化，失水变硬。由于奥陶系古风化面的起伏和河流的侵蚀作用，坝前库区及左一支沟以北库底太原组煤系地层与马家沟灰岩在库底的分解线难以划分。本层完整时，可作为相对隔水层，但由于局部厚度较小，断层裂隙带分布加之人工采煤，整体性遭到破坏，故不能作为完整的隔水层对待。

二叠系下统山西组与下伏太原组呈整合接触，按其岩性可分为两段：下段为中厚层砂岩及石英砂岩，厚约 12～23 米，出露于溢洪道右岸边坡、库底及左岸左一支沟至石沟之间的库岸一带；上段为灰黑色泥页岩，夹腐殖煤及数层砂岩，厚约 40～45 米，分布于水库右岸铁路隧洞口下库底及石沟以北的库西侧。

二叠系下—上统石河子组与下伏山西组呈整合接触，按岩性不同可分

6 层，一般厚度在 5～10 米之间，分布于石沟以北库底及两岸。

第四系地层为①中更新统冲积：砂卵石，分布于右岸高程 840～850 米间，为四级阶地下部堆积物；②中更新统冲积：砂卵石，为三级阶地下部堆积物，分布高程 776～788 米，位于正常蓄水位以下，与水库漏水相关；③中更新统风洪积：黄土状壤土及古壤土，部分位置组成库岸；④上更新统风积：黄土及古壤土，具湿陷性；⑤全新统冲积：为松散砂卵石；⑥全新统滑坡堆积：为粉质壤土夹碎块石；⑦全新统崩塌堆积：由碎块石组成；⑧人工堆积：多为库区补漏处理的铺盖，右岸为修筑铁路的堆渣。

（二）灌区土壤

灌区土壤质地大部分为中壤土，次为重壤土。中壤土有垆土、黑垆土和黄土，质地良好，黏砂粒含量适宜，空隙度适中，通气、透水和保土、保肥性能较好。重壤土为淤积土。

灌区由黄土塬区与川道阶地组成。黄土塬区塬面平缓，微向东南倾斜，呈明显的阶梯状。其上厥黄壤土，适宜农耕。黄土台塬与河谷平原为陡坎接触，相对高差 5～70 米。组成物质上部为黄土，厚 80～120 米，夹 9～20 层古土壤。下部为更新统冲积、洪积和湖沉积物。黄土台塬具有双层结构，上覆黄土，下覆下更新世的不同岩相和前第四系地层，是新构造和古地理环境控制下的综合产物。川道阶地多被黄土覆盖，上部为黄土堆积，下部为河流沉积物，称之为黄土覆盖阶地。组成物质为上更新统砂质黏土和砂卵石；阶地阶面平坦，分布连续；河漫滩及漫滩阶地，分布于河流两侧，由全新黏质砂土、砂卵石组成。灌区川道阶地，质地粗糙，结构不良，适宜花生、蔬菜种植。

寺沟、下高埝、楼村、淡村塬区，表面黄土厚百余米，塬面上有洼地、丘岗、冲沟发育。高程 580～783 米，相对高差 50～200 米，夹 21～23 层古土壤，下部为第三系或前第三系基岩。因受西北风影响，塬面土壤干燥，建库前适宜小麦、红薯、豆类等耐旱作物的种植。

三、气象

1. 气候

灌区属大陆性温带干旱与半干旱气候区，四季冷暖干湿分明。冬季受蒙古极地大陆气团控制，气候寒冷，干燥少雨雪；春季温度回升快，气候日差较大，天气多变，乍暖乍寒，常有大风、霜冻、沙尘及春旱发生；夏季受太平洋副热带海洋气团控制，出现高温与雷阵雨天气，雨量集中，但降水时空分布不均，偶有冰雹，常有伏旱发生；秋季较凉爽、湿润，多连阴雨，气温下降较快。

2. 风向

灌区由于地形差异，四季风向多变。秋、冬两季由于受西伯利亚和蒙古高原气流的影响，多西北风；春、夏两季由于受副热带高压北上西伸的影响，晚上盛行东北风，白天盛行东南风。风力多为二、三级，平均风速2.9米每秒，最大风速20米每秒。

3. 光照

年平均太阳总辐射量526.7千焦每平方厘米，年日照总时数2370小时，日照百分率为53.5%，日照以6月份最大（259.7小时），占全年的11%；9月份最小（168.6小时），占7.1%，主要农作物生育期光照基本满足。

4. 气温

多年平均气温12.8℃。最热月份为7月，平均气温25.8℃；最冷月份为1月，平均气温-1.6℃。极端温度历史记录：最高39.7℃（1972年6月），最低-17.9℃（1991年12月）。初霜日多在11月初，终霜日多在次年3月中旬，平均无霜期228天。

5. 地温

灌区地温的年变化趋势与空气温度一致，年平均为14.8℃，其中7月份最高（29.6℃），1月份最低（-1.2℃）。低温的日变化差异很大，白天吸收太阳辐射时，地表强烈增温；夜间辐射冷却后，又不易得到地中温度的补充。所以白天温度高，夜间温度低。地面结冻和解冻日期，10厘米结冻最早在11月24日，最晚在次年1月21日；解冻最早在1月9日，最晚在2月28日。历年冻土最深38厘米（1973年1月）。在民间广为流传的"三九三，冻破砖；三九四九，冻烂石头"等农谚，反映了灌区冬寒的气候规律。

6. 降水

多年平均年降水量 557 毫米，年际变化大，季节分布不均。四季降水冬季最少，春季次之，夏季较多，秋季最多。年降水多集中在 7—10 月份，总量达年降水的 63.8%。最大降水为 1983 年 829.9 毫米，最小降水量为 1979 年 278.2 毫米，相差 551.7 毫米。桃曲坡水库坝址历年降水量见表 1-2。

表 1-2　　　桃曲坡水库坝址历年降水量统计表　　　单位：毫米

年份	降水量	年份	降水量	年份	降水量	年份	降水量
1976	685.4	1985	537.6	1994	608.8	2003	718.5
1977	362.5	1986	340.6	1995	336.8	2004	387.3
1978	526.7	1987	559.6	1996	616.5	2005	421
1979	278.2	1988	741.5	1997	286.8	2006	569.2
1980	395.5	1989	564	1998	544.8	2007	465.9
1981	683.9	1990	589.5	1999	476.9	2008	417.2
1982	477.3	1991	466.1	2000	498.3	2009	456.2
1983	829.9	1992	585.1	2001	415.6	2010	683.5
1984	748.4	1993	472	2002	308.9	2011	684.7

7. 蒸发

多年平均年地面蒸发量为 1154.2 毫米，干旱指数为 2.1。

第二节　社　会　环　境

一、行政区划

桃曲坡水库地处铜川市耀州区城北 15 千米的桃曲坡村北。灌区位于东经 108°48′～109°22′、北纬 30°45′～35°02′之间。受益范围涉及铜川耀州区、新区，渭南市富平县，咸阳市三原县 4 县（区），23 个乡（镇），186 个行政村，892 个村民小组。

二、人口耕地

桃曲坡水库灌区共有耕地 58.55 万亩，其中设施灌溉面积 40.03 万亩，有效灌溉面积 29.36 万亩。截至 2011 年底灌区人口 50.05 万人，其中农业人口 40.62 万人，非农业人口 9.43 万人。

三、社会经济

1. 农业

灌区以种植业为主，养殖业次之。种植业中以粮为主，林业次之。粮食作物主要有小麦和玉米，兼有少量谷子、豆类、高粱、糜子和薯类；经济作物以油菜、蔬菜、烟叶和药材为主，兼种棉花、大麻、小麻籽、芝麻、蓖麻和花生等；林果业以苹果为主。

2. 工业

历史上铜川的工业以同官煤炭、耀州瓷器驰名，进入 20 世纪 70 年代，随着冶铝、炼铁、电石、机械、灯泡、纺织、服装和食品工业的发展，产品品种大量增加。1978 年冬改革开放后，铜川工业经济发展迅速，煤炭、水泥、陶瓷、耐火材料和电解铝等成为主要工业产品。富平工业基础薄弱，1966—1978 年的 12 年间，先后形成以庄里镇为中心的机械、炼焦、建筑材料工业基地，以县城为中心的食品、化学、造纸工业基地和以县北山区储量丰富的石灰岩为原材料的建材工业基地。

四、交通通信

1. 交通

灌区内交通便利，有咸（阳）铜（川）铁路穿过全境，其支线梅（家坪）七（里坡）铁路从水库旁通过，并在水库边设有吕渠河站。西铜一级公路、西铜高速公路、210 国道（西安—包头公路）从南至北穿过灌区。

2. 通信

灌区联络通信自备专线在建库初期建成，1992 年以前基本使用磁石电话专线通信。共架设线路 73.855 千米，共立电杆 1467 根。装有电话会议设备一套，磁石交换机 4 台，其中机关装交换机 1 台，水库枢纽管理站装分机 1 台，庄里管理站装分机 1 台，寺沟管理站装 10 门台式交换机 1 台，总装机容量 100 门。

从 1993 年开始，管理局和各基层单位先后安装程控电话 50 余部，1996 年开通长途直拨电话。富平县和耀州区移动通信分公司和联通通信分公司在灌区实现了 900 兆、1800 兆双频覆盖。2001 年建立局机关计算机局域网，实现微机办公自动化；2002 年开通互联网，并于 2003 年在枢纽站先后开通 GSM、CDMA 网络，管理局 2003 年购买卫星电话一部，实现灌区有线和无线通信全面覆盖。

灌区现有电台 4 处，分别设在管理局防汛办、枢纽站、尚书站和红星站，供汛期专用。

第三节 水 资 源

一、地表水

灌区地表水资源由石川河支流沮水河、漆水河、赵氏河和石川河干流及泾河支流马栏河组成。

1. 沮水河

沮水河为灌区主要河流，发源于铜川市耀州区以北子午岭的长蛇岭南麓，高程 1637.0～1725.0 米。沿途汇集东沟、西沟、大坡沟、西川水，东南流至陈家楼子纳瑶曲川水，南流至田家咀纳瑶峪川、店子河、蔡家河水，经庙嘴纳柳林西川水，又东南入安里、石柱乡纳梁寨河、马源沟、吕渠河水，至桃曲坡纳柏树源西沟水，又经苏家店出山地峡谷，南流至阿姑社纳胡思泉水进入锦阳川，绕耀州城西门外，至城南与漆水河汇流，经岔口入富平界，注入石川河。

沮水河干流全长 77 千米，流域面积 915.8 平方千米，平均比降 13‰，多年平均径流量 6713 万立方米，平均流量 2.12 立方米每秒。按频率计算最大流量：20 年一遇 850 立方米每秒，30 年一遇 1030 立方米每秒，50 年一遇 1350 立方米每秒，100 年一遇 1780 立方米每秒，1000 年一遇 3250 立方米每秒。历史最大洪水经水文站调查测算为 4010 立方米每秒（1686 年），2110 立方米每秒（1932 年），1280 立方米每秒（1933 年），1178 立方米每秒（2010 年）。据苏家店水文站实测，1970 年 8 月 5 日出现最大流量 1030 立方米每秒。

2. 漆水河

漆水河发源于铜川市以北的嵝岘坡，高程 1951 米，流经金锁、铜川市区、黄堡镇、耀州区的董家河镇、孙塬乡与城关镇，在耀州城南 1000 米岔口与沮水河汇流形成石川河。

漆水河干流全长 64.2 千米，流域面积 808 平方千米，平均比降 8.8‰，多年平均年径流量 3650 万立方米，流量 0.96 立方米每秒。最大流量 10 年一遇 571 立方米每秒，20 年一遇 787 立方米每秒，50 年一遇 1090 立方米每秒，100 年一遇 1320 立方米每秒，200 年一遇 1560 立方米每秒。历史记载，从唐神龙元年（705 年）到民国 24 年（1935 年）1200 余年间，漆水河因暴涨造成的重灾有 13 次。其中清咸丰四年（1854 年）洪峰流量高达 3000 立方米每秒；民国 7 年（1918 年）7 月 1 日，最高洪峰流量为 884 立方米每秒。1970 年 8 月 5 日最大洪峰流量是 842 立方米每秒。但在枯水季节，往往干涸断流。

3. 赵氏河

赵氏河源于耀州区照金镇杨家山，此河原为赵宋皇帝定名，至金代又名金定河。赵氏河系沙泥底河床，西北—东南流向，古名涧峪河，又名见底河，俗称赵氏河。纳耀州区吕村河、陈村河东西二支流，于双岔河汇流后形成干流，经耀州区阿堡寨、申家河、赵家坡、查家河、玉皇阁、鱼池、陈家坪，入富平县境石川河。

赵氏河干流全长 33 千米，总流域面积 287 平方千米，其中峪口以上流域面积 254 平方千米，平均比降 6.6‰。多年平均年径流量 1487 万立方米，流量 0.25 立方米每秒。民国 22 年（1933 年），出现 1130 立方米每秒洪峰流量，为近百年之最。

4. 石川河

石川河由漆水河和沮水河于耀县城南、富平西北梅家坪镇岔口处合流而成，以河床为砂卵石冲积而成得名。流经富平梅家坪镇、庄里、觅子、淡村等 10 个乡（镇），在交口城纳入赵氏河，经吕村乡姚村入临潼界，与温泉河汇入渭河。富平境内河长 33 千米，自上而下有岔口、民联、红旗、南索等引水工程。1980 年桃曲坡水库受益后，岔口以下河道径流减少。

5. 马栏河

马栏河属泾河支流，位于沮水河流域西北方向，发源于旬邑县子午岭南部的马栏林区，是三水河的上游段，经彬县刘家河汇入泾河。河流全长 128.6 千米，流域面积 1320 平方千米。

马栏河引水坝址处多年平均径流量 5514 万立方米，流量 1.75 立方米每秒。1998 年 10 月马栏引水隧洞工程建成，引水枢纽位于旬邑县马栏镇马栏村以下 450 米处，控制流域面积 505 平方千米，设计年径流 4234 万立方米，河长 40.3 千米，多年平均年引水 1927 万立方米。流域内植被良好，为次生水分涵养林区，渗蓄、保水能力强，年径流变差小，洪峰流量小，历时较长，河道趋向渠槽化。桃曲坡水库灌区主要河流特征值见表 1-3。

表 1-3   **桃曲坡水库灌区主要河流特征表**

河流名称	河流长度（千米）	流域面积（平方千米）	比降（‰）	离差系数（C_v）	偏差系数（C_s）	年径流量（万立方米）			
						多年平均年径流量	25%	50%	75%
沮水河	77	830	13	0.73	$2.5\,C_v$	6713	8600	5303	3222
漆水河	64.2	808	8.8	0.8	$2.5\,C_v$	3650	5200	2903	1700
马栏河	40.3	505	5.35	0.7	$2.5\,C_v$	5514	7000	4025	2800
赵氏河	33	287	6.6						
备注	马栏河设计年可引水量 4234 万立方米；石川河岔口枢纽以下断流，赵氏河红星水库由于上游建库，近坝流域基本不产流。								

二、地下水

1. 资源储量

灌区地下水以潜水为主，主要补给源为大气降水、河流、渠库入渗和灌溉回归补给，地下水埋深 20～80 米，最大埋深 134 米，含水层厚 15～80 米，易于开采利用；灌区地下水矿化度 2 克每升的占 90%，适宜灌溉和饮用，主要用于工业及城镇人畜生活用水，部分用于农业灌溉。

　　根据《陕西省地下水资源开发利用图集》和《耀县河谷地区水文地质考察报告》，绘制的《陕西省桃曲坡灌区地下水补给模数图》，将灌区分为7个区，补给模数 5.4 万～56.9 万立方米每年平方千米，可开采模数 3.5 万～42.7 万立方米每年平方千米。全区总土地面积 479 平方千米，地下淡水资源总量为 8849.8 万立方米每年，可开采量为 6323.2 万立方米每年（桃曲坡灌区地下水资源统计见表 1－4）。按耀州区、富平县的水资源统计，1996—1998 年灌区地下水实际开采量为 3568 万立方米每年，占可开采量的 56.4%。

表 1－4　　　　　　　　桃曲坡灌区地下水资源统计表

分区	面积（平方千米）	补给模数［万立方米/（年·平方千米）］	资源量（万立方米/年）	可开采模数［万立方米/（年·平方千米）］	可开采量（万立方米/年）
Ⅰ	66.6	56.9	3789.5	42.7	2843.8
Ⅱ	43.5	10.2	443.7	6.6	287.1
Ⅲ	33.0	13.8	455.4	9.0	297
Ⅳ	39.4	5.4	212.8	3.5	137.9
Ⅴ	90.3	21.2	1914.4	15.9	1435.8
Ⅵ	149.8	9.7	1453.1	6.3	943.7
Ⅶ	56.4	10.3	580.9	6.7	377.9
合计	479		8849.8		6323.2

　　2. 主要含水层

　　（1）松散岩类孔隙水含水层。沿漆水河、沮水河一、二级阶地呈带状分布，第四系厚度各地不一，上游段仅几米至十几米，往下游逐渐变厚，在黄堡镇漆水河谷厚度达 30～50 米，在耀州城沮水河谷厚达 150 米左右。漆水河潜水含水层岩性为砂砾石，厚度 2～5 米，当降深为 0.73～3.4 米时，单井出水量每天 50～130 立方米。耀州地段沮水冲积层孔隙水可分上部潜水和下部承压水，含水层为砂砾卵石。潜水含水层北薄南厚，在 8～50 米之间，潜水位埋深在 6～25 米时，单井出水量为每天 1000～2000 立方米。承压水含水层厚度约 80～100 米，水位与潜水位接近，在降深 11～30 米时，单井出水量每天 700～2400 立方米，潜水层与承压水层富水性均较少。河谷冲积层孔隙与下伏基岩裂隙水均有联系，多接近两侧基岩裂隙水补给，一般由上游河谷两侧向下游河床运动，水位随季节变化，年变幅在 1 米左右。矿化度小于每升 1 克，主要为生碳酸钙镁型水，水质较好，符合人饮和工业用水。

黄土台塬孔隙水主要分布于耀州区下高埝、坡头镇灌区及富平灌区大部分地区。该区具有典型的黄土台塬景观，塬面宽阔平坦，有利于降水的渗入补给。黄土层厚度 50～100 米，地面高程 650～820 米，以 3°～5° 坡度微向东南倾斜。潜水埋深 20～40 米，含水层主要是黄土、粉细砂及底砾石，一般井深 50～100 米，单井出水量每天 200～600 立方米。但由于补给来源单一，地下水资源有限，含水层富水性差，所以集中连片及长期开采受到限制。

(2) 灰岩裂隙岩溶含水层。按奥灰岩出露条件划分为裸露岩溶区、覆盖岩溶区和埋藏岩溶区。裸露区分布范围较小，仅在铜川城区南部、沿漆水河川口至黄堡一带及沿沮水河桃曲坡水库区出露，降水直接补给岩溶水。覆盖区主要在裸露区周边黄土覆盖区。其上缺失黏土隔水层，降水通过上覆第四系黄土层或砂砾石层入渗补给岩溶水。埋藏区指岩溶水埋藏于不同时代碎屑岩之下的地区。埋藏区岩溶水上面有稳定的黏土岩相隔，很难有当地降水和地表水的直接补给。

岩溶水的赋存和富集与岩溶发育程度关系密切，并受岩性、断裂构造和区域水文网的控制，在高程 700～200 米之间均有发育。集中发育于 400～50 米高程之间。岩溶水位高程 380～388 米。水位埋深 250～500 米，且自上而下从东至西富水性逐渐变差。马家沟组和峰峰组灰岩碳酸盐成分较纯、厚度大、岩溶裂隙发育，岩溶水富水性好。2000 年后在黄堡镇、下高埝一带打成岩溶水井，井深 600～700 米，穿入灰岩层 200～400 米，单井出水量都在每天 3000～5000 立方米。

三、水质

1. 地表水水质

本区地表水大部分属重碳酸盐型水，平均硬度 8.4～16.8 德国度。石川河水系离子总量 500～700 毫克每升。

2. 地下水水质

灌区浅层地下水基本为重碳酸盐型低矿化度水，无色、无臭、水质良好，宜于人饮和工农业用水。唯漆水河谷地的地下水受到不同程度的污染，主要污染源是生活污水和垃圾。在宫里灌区境内，地下水含氟浓度较大，受氟中毒危害严重。

岩溶水化学类型为 HCO_3-$Ca \cdot Mg$ 型，矿化度小于 300 毫克每升，总硬度在 124.93～214.16 毫克每升之间，pH 值 7.7，水温 16℃左右，可视为岩溶水循环途径短、交替快的本底水化学类型分布带。

3. 水质污染现状

沮水河流域内主要污染源为煤矿，上游陈家山段中度污染，废水污染负荷比为 23.4，主要污染物为悬浮物、重金属和石油化工洗涤剂。桃曲坡水库水质从 1998 年 5 月开始，委托陕西省水环境监测中心检测，达到《地面水环境质量标准》规定的Ⅱ类水标准，符合 GB 5749—85《生活饮用水卫生标准》的要求；沮水河入石川河处，地表水为Ⅴ类水质。

在铜川境内诸条河流中，漆水河污染相对较重。据 1998 年铜川市调查资料：直接排入漆水河的排污口达 101 处，排入王家河的 31 处，年排放污水 1050.6 万立方米，其中生活污水 1004.7 万立方米，加之沿岸工业及生活垃圾和其他废弃物随意倾倒，使河流水质极度恶化，除洪水期外常出现黑臭现象，因而漆水河被群众称为"污水河"，王家河被称为"多彩河"。据铜川市对漆水河 1996—2000 年连续 5 年的水质监测结果，采用单因子评价法评价：柳湾断面（纸坊村）丰枯水期水质均达到《地面水环境质量标准》的Ⅱ类水质标准；川口断面各水期均超过Ⅴ类标准；雷家沟断面（雷家沟入漆水河处）枯水期为Ⅳ类标准，丰水期达到Ⅲ类标准；漆水河入石川河断面（耀县南关），丰、枯水期均超过Ⅴ类标准。据《铜川市"九五"环境质量报告书》：1996—2000 年漆水河水质综合污染指数分别为 8.78、1.78、2.07、1.70、2.05，5 年平均值为 3.28。漆水河属有机污染，其中石油污染分担率最高为 50.3%，其次为氨氮、耗氧量、高锰酸盐、亚硝酸盐和溶解氧，它们的污染分担率分别为 31.1%、8.0%、

5.4%、2.0%、1.3%。

四、水资源分析

灌区主要入境水资源为漆水河、沮水河和马栏河。其中可供桃曲坡水库调节利用的水资源为沮水河和马栏河，漆水河水资源主要是通过岔口枢纽向东、西两条干渠引清、引洪灌溉和蓄库塘。除夏季漆水河洪水超过20立方米每秒和桃曲坡水库蓄满溢流等有相当弃水，以及年际降雨多在7—10月份有大量弃水出境外，其主要入境流量全可利用。

根据2003年《桃曲坡水库供水分析报告》，3条河流总流域面积2143平方千米，多年平均年径流15877万立方米，设计年来水12055万立方米，可控制利用年径流10947万立方米。

桃曲坡水库设计总库容为5720万立方米，最高年调节水量为2011年的8985万立方米，最低为1995年1373万立方米，2001年加闸工程完工后，水库年平均可供水量5599万立方米；漆水河水源岔口多年平均年引清、引洪灌溉、蓄库，可引水量为1156万立方米。地表水实际利用水量为6755万立方米。由于降雨时空分布和年际差别较大，加之现有水利工程规模限制，多年实际控制径流利用率为0.617。

地下水资源总量为8849.8万立方米每年，可开采量为6323.2万立方米每年，实际开采量为3568万立方米每年，占开采量的56.4%。

沮水河、漆水河和石川河川道灌区设施面积为29.03万亩，灌溉定额270立方米每亩每年，耀州东塬、西塬、下高埝塬区灌溉设施面积11万亩，灌溉定额240立方米每亩每年，全灌区年最大需水量10478万立方米。

灌区城镇及工业供水年最大需水量为4850万立方米。其中铜川市新区供水远景设计2920万立方米每年；铜川铝厂自备电厂设计二期发电需水660万立方米每年；华能电厂设计二期发电需水670万立方米每年；陕焦化公司设计需水600万立方米每年。

以上年需城乡供水总量为15328万立方米。

桃曲坡水库地域地表水可控制利用年径流为10947万立方米，实际利用率为 61.7%；地下水可开采量 6323.2 万立方米每年，实际开采 56.4%。全灌区拥有水资源总量 17264.2 万立方米；由于现有水利工程规模及年际降雨不均，多年实际利用的水资源仅为 10323 万立方米，灌区供需矛盾突出。

第二章 水旱灾害与前期水利

桃曲坡灌区自古以来自然灾害发生频繁。据史籍记载，旱、水、风、虫、冻、雹灾害中，以旱灾次数最多，洪涝为次，且常是水旱灾害在一年内交错发生。雹灾虽局部为害，却年年发生。水旱灾害使两县人民深受其苦，生命财产常常受到威胁。

第一节 水 旱 灾 害

一、旱灾

据《耀县志》记载，明正统二年（1437 年）至崇祯十三年（1640年），200 年内耀县共发生大旱 13 次，平均 15 年一次。清康熙十三年（1674 年）至光绪三十三年（1907 年），230 年内有大旱 13 次，平均 17年一次，民国四年（1915 年）至三十四年（1945 年），30 年内有大旱 10次，平均 3 年一次；1962—1989 年，28 年内共出现干旱 60 次，平均每年2 次。其中百日、双百日大旱共 8 次，平均 3.5 年一次。

晋惠帝元康元年（291 年）秋七月，"雍州大旱，关中饥"；元康七年（297 年）七月，"秦雍二州疫，陨霜杀禾，大旱，关中饥。"

宋高宗绍兴十二年（1142 年）十二月，"陕西不雨，五谷焦枯。"

元文宗天历二年（1329 年）旱，"耀州（富平属）各县饥荒。"

明万历二十八年（1600 年）六月，耀州不雨到翌年，民不聊生，坐以待毙。崇祯六年至七年（1633—1634 年），耀州旱灾严重，百姓初卖田产，继卖子女，初食死人，后食生人。庄烈帝（毅宗）崇祯八年至十二年（1635—1639 年）"大旱"；十三年（1640 年），富平"大旱，人相食，草木俱尽"；耀州大旱人饥，死亡大半。

清康熙十三年（1674 年）、三十一年（1692 年）耀州大旱大饥。乾隆十二年（1747年），耀州正月至五月不雨，收获不够谷种，以至颗粒未收，官府三次赈济。十三年（1748年），耀州入秋干旱，收获不过二三成，官府赈济三次。十五年（1750年）夏，耀州大旱，民饥。十七年（1752年），耀州秋粮因旱成灾。二十八年（1763年）三四月，耀州不雨，收成仅得三四成。道光二十六年（1846年），大旱，富平县境赤野无禾；道光二十七年（1847年），富平岁旱，二麦无收，饥荒甚重，卖儿女、丢弃婴儿到处可见。光绪三年（1877年）五月至四年（1878年），久旱无雨，六料无收，"人自相食，户绝什七"。富平境内受灾30393户，男女老少计104286口。县境东北一带灾情尤甚，树皮、草根俱被食之一空，饿殍日见于途，流寓外地者不计其数。

　　民国4年（1915年），耀县夏秋无收，流亡载道。民国6年（1917年）耀县春旱。民国11年（1922年）秋旱，耀县小麦多未播种；民国17年（1928年），自春至秋，滴雨未下，井泉干涸，夏收不及二成，秋粮颗粒全无。民国18年（1929年）夏，久旱不雨，田土龟裂，二麦干旱无法下种，秋禾无收，斗麦涨价至银币6元，乡民哀鸿嗷嗷之声，弥漫全境。稍堪充饥者，无不挖剥净尽。富平每日饿死74人，多则218人。是年因灾荒饿死者4000余人，背井离乡外出逃生者8000余人。农村十室九空，一片凄凉，为历史上所罕见，后称"十八年年馑"。至民国19年（1930年），三年不雨，六料未收，耀县饿殍遍野。民国21年（1932年），耀县久旱成灾，禾苗枯萎，民心惶恐，流亡多日。民国33年（1944年），是年，耀县天气干旱，风霜为害，夏秋两料薄收，麦苗高不盈尺，亩产二斗左右。民国34年（1945年），清明以至五月，耀县滴雨未下，油菜、豆类颗粒无收，二麦高不盈尺，东西两塬井泉干涸。

　　1952年春季，气候失调，寒温无常，虫害风霜频发。入夏后，久旱不雨，致使麦秋严重减产。富平县10个区99个乡中有8个区、51个乡受灾，受灾户941家，受灾面积15339.3亩，粮食减产78万多斤。

　　1957年7月—1958年4月，耀县连续270天未降透雨，广大群众抗旱播种，大兴水利，进行紧张的冬春灌和担水泼浇，麦田作物仅获得基本收成。

　　1966年春季百日大旱，致使5.5万亩夏田翻耕。6、8、9月又先后遭受暴雨、冰雹袭击，富平县流曲、小惠等公社灾情最重。

1979年9月29日—1980年4月22日，耀县冬春连旱持续207天，小麦亩产仅26公斤每亩，油菜亩产仅4公斤，是新中国成立以来农作物受灾最严重的一年。耀县夏粮仅收三四成，铜川市区（今老城区）工业用水和居民生活用水难以保障，住宅二楼以上基本无水，肩挑手提排队打水屡见不鲜，企业无水处于停产状态。

1985年10月20日—1986年3月16日，耀县持续148日无雨。

1997年5—9月连续140天未见透雨，降水量比平年减少80%，铜川79.8万亩农田受灾，20%面积绝收，10万人发生饮水困难，晚秋播种的5万亩油菜因无墒未出苗。

2007年3月下旬到6月上旬，出现春夏连旱，干旱等级为三级，92日内降水比常年偏少72%，铜川26.85万人受灾，56.49万亩农田绝收。

二、水灾

洪涝灾害，冲毁城池、席卷庐舍、吞没田禾，势不可挡。据《耀县志》记载：民国十九年（1930年）至三十二年（1943年）14年间，共发生大水4次，毁农田数万亩，死人畜千余。1949年后，由于平整土地与修建河堤、水库，河水为患减少，水灾多由暴雨及连阴雨造成。1964—1989年26年内耀县出现严重水灾13次，平均2年一次。累计死伤103人，家畜840头，毁农田4万余亩、房窑1万余间。

宋太平兴国七年（982年）四月，耀州水患，禾苗被毁；富平四月水害稼。

明正统元年（1436年）闰六月，富平、耀州、同官等县骤雨，山洪泛涨，伤稼穑；天顺四年（1460年），富平、耀州雨水连绵，秋成失望，民众缺食；嘉靖十九年（1540年）夏秋之交，霖雨数日不止，屋宇塌损，民众昼夜惶惶然，计为木撑席，富平县城墙塌数处；明崇祯三年（1630年）关内道翟时雍领导群众修筑城外护城石堤。

清康熙二十五年（1686年），沮水冲西城，镇水铁牛漂没无迹。

据清乾隆二十七年（1762年）汪灏《续耀州志》〈城池〉所载：清康熙五十年（1711年）东北城角被漆水冲毁，知州吴宾彦改易河道，水从城东新河道下泄，保护了州城安全。其〈堤工〉中所载：清康熙十四年（1675 年），漆水溃其东，知州钟一元议开河以泄水，筑坝以护堤，十五年（1676 年）知州田邦基继其事，筑堤被水冲毁，十六年（1677 年）夏，霪雨河淤，石堤刷去数丈，重修议于河水东流之西岸别开引河并将十四年议开河道疏浚，十八年（1679 年）竣工，二十六年（1687 年）河水涨，冲刷土坝并石堤，直抵城下，知州汪灏按原堤走向修筑，才使河水离城渐远，保护了城池安全。

据清光绪《富平县志》卷十记载：同治元年（1862 年）"闰八月初八日夜，烈风、暴雨、冰雹骤作，历时两时之久。至（富平）西北隅坡水猝发，县南五里之石川河、县北附廓之玉带渠同时陡涨，势若倒峡排出，浩瀚奔腾，俨与豫东黄河盛涨无异，渠水直漫至城根。稽之志乘，询之耆老，洵为数百年罕见之事。差查上下游，凡滨临石川河、玉带渠，以及北山各峪口滩面、岸上尚未收获之菽麦、晚谷、粳稻、芦苇、并甫经播种之二麦，尽行淹淤；避居北山窖穴坡崖之难民，多被淹毙。正在查报间，乃十三日丑刻，县城内考院西号舍十七间同时忽然倾覆，闻声赶往勘验，飞集差役练勇人等帮同刨救。当时救出难民男妇三百余名口，内有伤者一百一十七人，给予药末及敷治。验明压毙者大小男女婴儿一百七十八名口，捐给绳席埋，种种灾变不测，目击心伤"。当年又遭饥荒，每斗粮贵五千文。同治七年（1868 年）六月，耀州水灾。光绪十二年（1886 年）、三十三年（1907 年），耀州水灾。宣统元年（1909 年），耀州水灾。

据《耀县志》及《陕西自然灾害史料》记载：民国九年（1920 年）六月二日耀县降雹，大如鸡蛋，历三时之久，禾苗、枝叶全毁，行人死伤甚重。民国十九年（1930 年）八月，耀县因雨成灾，洪水遍地，新兴滩等八处被淹，禾苗尽毁；沿石川河一带大水为害，历一日夜，觅子镇一带平地水涨数尺，冲毁房屋窑洞无数。民国二十一年（1932 年）五月，耀县漆沮二河暴涨，水高数丈，泛滥成灾，淹没夏禾二万余亩，溺死 541人，牲畜 483 头，毁房屋窑洞三百余处。民国三十二年（1943 年）夏，耀县迭降暴雨，河水猛涨，冲毁县城新东门，附近盐店多被淹没。

1949 年，富平县风雨成灾，致使麦秋歉收，减产五分之三以上。富平县缺粮户占 30%，受灾人口占 50%，7.8% 的农户颗粒无收，无法生活。曹村、庄里、觅子等处灾情尤甚。秋季，霖雨连降 40 多天，房舍、农具、人畜俱遭损伤。仅流曲二乡、留古八乡淹没秋田 1351.3 亩，受灾群众以豆饼、麸皮、树叶及野菜充饥。当年，富平县 13 个区、98 个乡成立了救灾委员会，借贷麦、秋粮食 3092 石、草 20 万斤、棉花 1998 斤，庄里、城关区发放救济粮共 39282 斤，基本解决了 4232 户、23572 人的生活问题。

1954 年 5 月 29 日，富平天色突变，暴雨倾盆，降水量达 106.5 毫米。8 月 17 日又降暴雨。两次降雨过程来势凶猛，难以防御，为数十年罕见。暴雨过处，平地顷刻成为泽国。石川河、温泉河水暴涨，渠水泛滥，农田冲淹，墙倒屋塌，人畜伤亡惨重。

1956 年 6 月 7 日始，富平阴雨连绵，夏收受到严重影响。由于雨期长，小麦出芽，霉变减产，损失粮食近千万斤；耀县阴雨持续 40 余天，未收及上场小麦皆发芽，收倒未及运者，麦穗落地生根，场上麦垛如同草坪，扒开热气腾腾，霉味扑鼻，夏粮损失惨重。

1960 年夏，霖雨 40 余日，玉米、豆类出芽霉烂，谷子返青，小麦播种期推迟，损失粮食 150 多万斤。

1969 年 5 月 23 日，大风、大雨伴有冰雹，历时 40 分钟，雹粒大者如鸡卵，雹层厚 15～30 厘米，雹线长 5 千米，富平县庄里、南社、齐村等 7 个公社 10 余万亩小麦颗粒无收，4.5 万亩棉花被毁，房屋倒塌 2670 间，打伤群众 30 余人，打死儿童 4 人。麦收时，石川河发大水，洪峰流量 1300 立方米每秒，水面漫溢千余米宽，富平县庄里、洪水、觅子等公社千余亩农田被毁。7 月 28 日、8 月 10 日，漆水河两次泛滥成灾，37 个单位、42 户居民被淹。

1970 年 8 月 5 日，耀县漆、沮二河因大雨同时暴涨，沮河洪峰流量达 1030 立方米每秒、漆河 850 立方米每秒。两岸农田被淹，河堤冲毁、公路及梅七铁路部分路段被毁。

1983 年 6 月中旬，铜川辖区连续阴雨 10 多天，致晚熟小麦地里出芽、霉烂；9—10 月连续阴雨，因灾死亡 22 人，6.7 万亩玉米未熟青干。

1987 年 7 月 2 日，耀县柳林突降暴雨，40 平方千米范围内 31 分钟降雨 36.5 毫米，形成洪水，水毁玉米青苗 1518.5 亩，菜田 179 亩，麦田

1700 亩，鱼塘 3 处，损失鱼苗 2.1 万尾；冲垮河堤 10 米，公路 20 米。雨过天晴，一片狼藉，损失惨重。

2003 年 8 月 28 日—9 月 1 日，铜川普降大雨。其中耀州区 130mm，新区 132 毫米，是常年同期降水量的 4～5 倍，因暴雨洪水造成 10.825 万人受灾，农作物成灾面积 5.86 万亩，倒塌房屋窑洞 1808 间（孔），漆水河、沮河共 10 千米河堤水毁。

2010 年 7 月 22—24 日，铜川大范围暴雨，致沮河出现 100 年一遇洪水，毁坏堤防 223 处、灌溉设施 288 座；洪水将 100 万吨泥沙带入桃曲坡水库，受大流量冲击引起水库"翻底"现象，导致库水泥沙严重超标。据新区供水公司 25 日检测，库水泥沙含量达 35％以上，浊度为 2.5 万～3 万 NTU，远远超出制水工艺要求，无法进行正常供水，给工业和新区居民生活用水造成严重影响，铜川新区城市供水全城停水 59 小时，局部停水 3 天。

第二节 前 期 水 利

由于水旱灾害的频繁发生，对人们生存带来严重威胁，因此，当地人民兴修水利抗御自然灾害活动从未间断，"自汉以来，业有引者"。

一、沮水河引水

历代在防洪修堤的同时又进行了河渠建设，古代河渠建设在漆、沮水河下游城郊一带，清末以后开始在赵氏河等有零星建设。根据《新唐书》、《旧唐书》、《宋史》、明万历《陕西通志》、清顾祖禹《读史方与纪要》、清雍正《陕西通志》、明嘉靖《耀州志》、清乾隆《续耀州志》等记载，沮水河川道有八项河渠工程。

（1）烟雾渠，明嘉靖中（1530 年前后）知州李延宝开。在耀州西北十里，灌寺沟田。1953 年改建烟雾渠工程（延长渠道），扩大了灌溉面积。

（2）通城渠在耀州西北（杨家庄），金、元故渠。明永乐初耀州判官华子范复开，成化年间知州邓真重修，灌城北及城中田，一名洒街水。

（3）甘家中渠，亦由明嘉靖中（1530 年前后）知州李延宝开。位于烟雾渠以下，灌寺沟崖上田。

（4）甘家渠，在甘家中渠以下，灌寺沟崖下田，其成渠年代不详，当早于甘家中渠。

（5）强公渠，位于耀州西南，唐渠、唐雍州司士参军强循所开。据新唐书《强循传》："强循，字季先，凤州人。仕累雍州司士参军。华原无泉，人畜多渴死。循教人渠水以浸田，一方利之，号强公渠。"此渠经调查系从县城西南齐家坡村下沮水西岸引水经城南柳沟，岔口西岸灌溉耀县城南与富平今西干渠灌区一带土地。

（6）水磨渠，明嘉靖（1557 年）前开，在耀州西南（阴家河），灌杨家河与方巷口田。

（7）越城渠，明嘉靖（1557 年）前开，在耀州西南，灌西南负郭田。

（8）新开渠，在耀州西北二十里，位于烟雾渠以上，引沮水，灌苏家店田，其成渠年代在清雍正以前（约 1723 年）。

二、漆水河引水

明成化年间（1475 年前后）知州邓真开漆水渠和退滩渠。漆水渠在耀州东南五里，由涧沟引漆水；漆水渠又南为退滩渠，灌东南负郭田。清代创修顺城渠，引漆水灌溉耀州城东北街地。1961—1966 年，在漆水渠西岸建成铜耀渠自流引水工程和灌区配套工程。

1971 年建漆水支流友谊水库，1974 年建涧沟水库。

三、石川河引水

清·张凤鸣《耀州漆沮流利害记》载：……水乃由旧循西乳山东会漆沮自此合流，出鹌鹑谷入富平境为石川河。每年 7—9 月是洪期，有时亦于 4、5 月份发早洪。每逢暴洪，洪峰高流，使河流自然景观大为增色。清邑人赵兆麟曾作《春日过岔口揽胜》一诗："岭南鹌鹑别封疆，历历相传岁月长。漆沮流来还袯裯，山崖断处是频阳。峰峦耸翠依天秀，桃杏飞红带雨香。极目登临情不厌，几回搔首自徜徉。"故漆沮合流入富平界自北而南，两滨皆可开渠导灌，凡数十里获利无算。东滨之渠则有判官、文昌、通镇、永济、石惠、自在、永兴、新渠、顺阳、石水、永润、广济、永丰、溢水、遗爱、千年、阳九十七渠；西滨之渠则有堰武、仲渠、白马、永兴、洞子河、西广济、永寿、长泽等九渠。

据明万历《富平县志》记载：明神宗万历十一年（1583 年），东岸由北向南有判官、文昌、通镇、永济、自在、永兴、新渠、顺阳、石水、永润、寇莱公等 13 条引水渠道，灌河东农田 126 里。西岸向北向南，有堰武、中、小白马、白马、永兴、洞子、永寿、长泽 8 条引水渠，灌河西农田 85 里。

清乾隆四十三年（1778 年），石川河两岸引水渠达 27 条，灌田 29030 亩。其中西岸 14 条，灌田 13900 亩；东岸 13 条，灌田 15130 亩。到光绪十七年（1891 年），石川河东岸 11 条引水渠，灌田 14270 亩；西岸引水渠 16 条，灌田 14860 亩。

1949 年后，石川河两岸引水工程有了新的发展。从 1955—1980 年，先后将原有渠道废弃，改建及新建民联渠、西干渠、东干渠、红星渠、南索渠及千斤渠。为了加大引洪量，保留并改建了堰武、觅子、联合、丰联、永润渠。各引水口布设了螺杆启闭，方形钢木闸板式的进水闸和冲沙闸。该河两岸的干支渠总长 245.4 千米，建筑物总计 1022 座，总引流量 110.2 立方米每秒。设施面积 22 万亩，较前扩大灌溉面积 7 倍。石川河川道重点河渠工程记述如下。

（1）文昌渠，位于富平县石川河东岸石家桥，汉文帝时（前 179 年）所建，以灌溉怀阳城薄太后花园，后历久湮废。成化时，富平县人韩聪疏浚；万历时，知县刘兑重修；崇祯间，知县崔允升又疏，水流滔然。渠道经窦家窑、生姜村、杨家斜、庄里镇、元陵、方井、吴村、南董家庄、北董家庄、怀阳城，全长 17.5 千米，渠宽 1.5 米，渠深 0.5 米，灌溉农田 3500 亩。沿渠有白杨 2000 株，居民 700 户。至清初，年久失修。康熙三十年（1691 年）大荒之故，厥后谋兴复。康熙五十二年（1713 年），富平县知县杨勤重修文昌渠，上下四十余里故道犹存，动员从窑子头西堡至怀阳城东堡五十里斗夫数百名。道光十年（1830 年），石川河东岸崩渠，堰不能引水，渠利遂废。此后，咸丰、同治及光绪十一年（1885 年）以来，屡次修复，功皆不果。据《重修文昌渠碑》和《文昌渠渠规碑》载，光绪二十六年（1900年）经渠绅张鹏一等禀恳筹款修复文昌渠，富平县知县周丕绅禀奉各宪批准，拨付赈余银两一千两，以工代赈，重修文昌渠，亲自督修，光绪二十八年（1902年）正月末动工，三月下旬告成。"自怀阳城起，至侯家滩止。凡旧渠淤者深之，邻渠逼者避之，石渠隘者凿之。"共计用工三千五百个，用银七百二十两，余银二百八十两发商营运，以备渠道要工需要。工程告竣后，呈拟渠规七条，树碑勒石，令众一体遵守。

（2）寇莱公渠，系北宋莱国公寇准（渭南下邽人，961—1023年）主持所建，引石、温之水，经华阳张桥入渭南，灌其家乡农田（万历时，已废。清光绪年间，仍存留遗迹）。

（3）民联渠，1955年在原文昌渠、实惠渠基础上合并整修而建成。渠首位于岔口以下4.55千米处之东岸，引水高程569.967米，设进水闸一孔，最大引水流量6立方米每秒，保灌面积7300亩。1963—1974年，增设进水闸、冲沙闸各1孔，加大流量为12立方米每秒。1977—1978年，石川河比降用潜流坝调整为1/300后，进水口筑砌石溢流坝一座（3米高）。干渠沿河左侧一级阶地经下尧、朱皇、白樊等村，至庄里镇北，明穿咸铜铁路，再经安乐、于家、涝池、董南向东南退入宫里沟，全长11.74千米，共有支渠5条，总长35千米，斗渠86条，总长52千米，各类建筑物共297座。其中三支渠全长6.4千米，引水流量3立方米每秒，经永安、前东等村后由南折东退入街子水库；四支渠全长4.7千米，引水流量3立方米每秒，经董南、大杨村退入街子水库，以富余之水蓄库。五支渠，在干渠末端设闸引流3立方米每秒，经齐村、下二里村，绕胡窑沿安乐、兴隆方向，退入温泉河，全长5.7千米。1982年在东干渠8.44千米处，增开连通渠道1条，设4米×2.4米雍水闸一座，使民联渠引流畅通。有效灌溉面积扩大为43200亩。

（4）西干渠，1958年3—11月建成。渠首位于岔口滚水坝右侧，坝长52米，高3米，水泥砂浆砌石结构。渠首设进水闸、冲沙闸各1座，引水高程595.15米，引水流量6立方米每秒。渠线沿河右岸经洪水乡的庙沟、周家、党家、王家湾、赤兔及淡村乡的禾家塬退入石川河，全长12千米。设支渠3条，总长9.3千米；斗渠23条，总长34.5千米。由于流量偏小，引洪不足，1963年11月—1964年12月，恢复了联合、觅子辅助引洪渠。1975年纳入桃曲坡水库灌区后，用混凝土分次衬砌部分干渠，补配了所有设施。支渠增设为12条，总长21.3千米，各类建筑物94座，引洪能力15立方米每秒。设施面积43227亩。6支渠由干渠10＋150米处设联合分水闸引流8立方米每秒，向西穿咸铜公路，落差19米入沟，经急流槽和两级跌水，输入红星水库。1981年桃曲坡水库南支渠建成，退水至西干6支渠，渠线部分迁改，减少流量为5立方米每秒。

（5）东干渠，1958年11月—1960年修建。渠首位于岔口滚水坝左侧。坝长52米，设进水闸、冲沙闸各2座。进水高程594.70米，引水流量10立方米每秒。干渠南行至上尧村东折，经洪坡、上杨过宫里沟，绕三凤山脚下向东北，跨尚书沟至薛镇，退入顺阳河，全长40千米。由于工程质量太差，宫里沟大填方7次行水，5次决口，水不过尚书沟，下游工程自行销毁。经1963—1965年和1975年两次加固整修后，渠首增设进水闸、冲沙闸各3孔，引水量增至30立方米每秒。支渠19条，混凝土衬护干渠4千米（1982年干渠上、中段11.5千米全部衬护）。干支渠总长67.2千米，建筑物380余座，末端退入尚书水库，设施面积增加到103642亩。

（6）堰武渠，从耀县境内沮水河引水，干渠长3千米，流量0.2立方米每秒。水沿石川河右岸下行，灌洪水乡约1000亩。

（7）觅子渠，从岔口以下3.4千米石川河右岸引水，干渠长5千米，流量4立方米每秒。灌觅子乡田6700亩。

（8）联合渠，从岔口以下6.627千米石川河右岸引水，干渠长7千米，流量4立方米每秒。灌觅子乡联合村一带农田9200亩。

（9）丰联渠，从岔口以下8.54千米左岸引水，渠长4千米，流量4立方米每秒。灌庄里乡农田2100亩。

四、赵氏河引水

赵氏河历史上称金定河或赵氏河。明万历《富平县志》载："阳九渠，始作者余公子俊也。一曰杨渠，渠起处为漆沮所。漆沮上游引灌者多，则堰於石川河中游，即《长安志》'石川堰'，横引金定水灌之……湮者岁久，知县刘兑疏之，今滔滔矣，更名曰广惠渠。"清光绪《富平县志》记载："广惠渠湮废已久，明时西安知府余子俊始疏之，知县刘兑重疏易名焉。"赵氏河引灌历史悠久。明万历年间，又开金定渠，至清乾隆、光绪年间，两渠仍兴灌。渠道均起盘龙湾。金水灌东、西渠村田1000亩；广水灌谢村、小牛村田1200亩。1957年，在两渠原有基础上，合并改建成一个灌溉渠，仍称广惠渠，清水引赵氏河，洪水拦石川河。引赵水口在张家桥村右岸崖下，引流量3立方米每秒。沿石川河右岸，循金定渠线止吕村乡永红抽水站，称南干渠，引流量1.5立方米每秒，长3千米。由石川河至北支渠为北干渠，长9千米，全渠设支渠4条，总长21.5千米，斗渠41条，总长56.5千米。经1963年改建、加固和1974—1976年扩建，全渠系建筑物193座。扩大流量为20立方米每秒，设施面积27163亩，灌溉东上官、城关、南社、吕村等5乡镇农田。

第三章 水 库 建 设

桃曲坡水库工程于 1969 年 10 月 1 日动工，在毛泽东主席"备战、备荒、为人民"思想的指导下，富平、耀县人民自力更生，采取打人民战争的形式，充分利用国家有限的基建投资，边勘测、边设计、边施工，经过艰苦奋战，于 1973 年 5 月建成拦河大坝；1974 年 3 月 30 日封堵导流洞后开始蓄水，库区先后经过 5 次大的铺包补漏，1977 年 9 月枢纽工程基本建成；后经水库枢纽续建、坚持连年补漏治理以及技术补课措施等，1980 年试运行，1983 年底完成水库配套工程建设，1984 年通过竣工验收，1986 年完成尾留工程，1987 年成立管理局，水库工程正式投入运行，灌区开始全面受益。

第一节 规 划 设 计

一、灌区规划

桃曲坡水库灌区因其古代水利沿袭，先有沮水河、漆水河和石川河川道老灌区。1958 年，当地政府组织灌区群众先后在民营古堰基础上修建石川河岔口枢纽以及东干、西干、民联 3 条干渠，以引清、引洪农田灌溉。但由于缺乏调蓄能力，加之规模小，远不能满足农业灌溉的需求。因此，在石川河上游筑坝蓄水，调节利用，成为地方政府和人民群众的祈盼。省水电设计院经过 1953 年、1956 年查勘和 1958 年重点复勘，于 1958 年提出了在石川河支流建库蓄水，以自流结合提水和引洪等方式，灌溉耀县、富平、三原等川塬地区 40 万亩农田的规划。水电部西北设计院（兰州）于 1962 年查勘，初步选定在沮水河桃曲坡村北筑坝。省水电设计院自 1964 年以来对石川河流域的水土资源平衡进行了多次调查研究，提出了流域规划，确定在石川河支流沮水河下游建库，选定桃曲坡坝址，于 1967 年 8 月完成《陕西省石川河沮水桃曲坡水库灌溉工程设计任务书》。该任务书针对地区水资源短缺、土地广阔等特点，确定了灌区规划原则：①坚持全面规划，统筹兼顾，上下游兼顾；②合理分配水量，新老灌区并重；③自流、抽水兼顾；④充分利用地下水资源，在宜井地区有计划地发展井灌，统揽全局实行低定额灌溉。

灌区规划范围包括沮水河、漆水河川道，沮水东、西塬，赵氏河西塬以及石川河老灌区 6 部分，区域内共有耕地 58.55 万亩，隶属渭南、咸阳两地区的耀县、富平、三原 3 县。其中：

沮水河、漆水河川道河谷较窄，可灌面积不大，沮水河川道设施面积 1.2 万亩，漆水河川道 1.1 万亩。

沮水东塬地势较高，地面坡度大，发展抽水灌区 1.0 万亩，扬程 70 米。

沮水西塬（即下高埝塬）位于沮水与赵氏河之间，由桃曲坡水库自流引水，控制 5.9 万亩，另外抽水解决 50 米扬程以内面积 1.5 万亩，规划设施面积 7.4 万亩（其中耀县 6.1 万亩，富平 1.3 万亩）。

赵氏河西塬除自流引水控制 4.8 万亩外，抽水解决 0.3 亩，扬程 65 米，规划区设施面积 5.1 万亩（其中耀县 2.4 万亩，三原 2.7 万亩）。

石川河老灌区（岔口以下）属富平县，区域内川道地形平缓，地下水埋深较浅，规划区域设施面积 23.3 万亩。

以上 6 部分共计 39.1 万亩，为桃曲坡水库灌区规划可控制的设施面积。

1970 年 8 月 6 日，渭桃指召开扩大会议，调整了原规划赵氏河西塬三原县 2.7 万亩设施面积，富平县规划面积由 15 万亩增至 17 万亩，耀县规划面积由 11.2 万亩增至 11.9 万亩，桃曲坡水库灌区规划设施面积仍为 39.1 万亩（灌溉规划面积见表 3-1）。

二、库区勘测

石川河流域规划历经多年不断调整并逐步完善，1958 年由省水电设计院编制"石川河流域初步规划"，提出在沮水阿姑社与七里坡修建两座水库。1958 年 8—10 月，经石川河流域水利工程委员会协商，决定动工

表3-1　　　　　　　　桃曲坡水库灌溉面积规划表　　　　　　单位：万亩

灌溉面积 / 灌区		原控制面积				建库规划面积				备注
		自流	抽灌	渠井双灌	合计	自流	抽灌	渠井双灌	合计	
耀县	沮水东塬					0.65	0.35		1.00	老灌区规划面积小于原控制面积部分为发展面积
	沮水西塬					4.60	1.50		6.10	
	赵氏河西塬					2.10	1.00		3.10	
	沮水川道	1.86	0.15	0.30	2.31	1.20			1.20	
	漆水川道	0.50			0.50				0.50	
	小　计	2.36	0.15	0.30	2.81	9.05	2.85		11.90	
富平	东干渠	9.80			9.80	9.80		2.16	11.96	
	西干渠	3.25		1.07	4.32	2.39		1.93	4.32	
	民联渠	3.24		0.96	4.20	3.51		0.69	4.20	
	红旗渠	1.38		1.34	2.72	1.38		1.34	2.72	
	沮水西塬					1.30			1.30	
	小　计	17.67		3.30	21.04	18.38		6.12	24.50	
三原								2.70	2.70	
总计		20.03	0.15	3.67	23.85	27.43	2.85	8.82	39.10	

修建七里坡水库，后因技术与劳力等问题下马停工，仅完成土坝结合槽部分开挖。1962年冬季，水电部西北设计院对石川河流域进行查勘，初步选定在沮水河桃曲坡村北筑坝方案；1963年省水电设计院规划队提出《石川河水库灌溉工程初步规划意见》，同时提出在桃曲坡建坝；1964年省水电设计院针对石川河流域水土资源平衡进行调查研究，完成《石川河沮水桃曲坡水库灌溉工程设计任务书》，提出桐家韦、苏家店与桃曲坡坝址，后来由于航空工业部六二三研究所（简称2号信箱）的修建，苏家店建坝已不可能；1965年省水电设计院进行方案论证，确定桃曲坡坝址；1968年10月，省水电设计院地质队完成库区及枢纽地质报告，测量队完成水库地形图测绘，因"文化大革命"中断工作，以致后来几次补充勘测工作。

省水电设计院自1958年开始进行桃曲坡水库勘测工作，1967年提出了《桃曲坡水库工程设计任务书》，并由省水电局组织渭南地区、富平、耀县、三原会同设计院进行了现场审批。1969 年 12 月渭南地区水电局、省水电设计院及水库工程指挥部，对工程设计方案进行比较，同年 12 月 6 日渭桃指召开会议研究土坝地质问题。1970 年 3—10 月又在原有基础上进行补充勘探，论证了兴建砌石重力坝的工程地质条件，提出了相关资料；根据设计要求，地质队于 1971 年 9 月份又提交了《耀县桃曲坡水库土坝方案补充地质勘察报告》，勘察完成左岸砂砾石地质测绘 1∶1000 平面图 0.0024 平方千米；坝基坝肩补充地质测绘 1∶1000 平面图 0.2 平方千米；坑探坑 2 个，进尺 27.6 米。

三、水库设计

桃曲坡水库枢纽工程设计由省水电设计院完成，分初步设计和技施设计两阶段进行。初步设计阶段主要进行了水文计算，坝址、坝型的比较与选定，枢纽建筑物设计，施工组织设计，工程概算以及地质勘测和测量等项工作；技施设计阶段主要完成土坝，溢洪道，高、低放水洞的设计和施工导流、度汛方案等工作。

1967 年省水电设计院完成了《桃曲坡水库工程初步设计说明书》，因受"文化大革命"的影响中断工作。1970 年完成桃曲坡水库砌石坝的技术设计。同年冬天，广大群众高举红旗、顶风冒雪，储备石料 1.2 万立方米，修导流渠 500 米，后因石坝三材用量大，地、县不易解决，经渭南地区革委会 1971 年 1 月同意，变砌石坝方案为土坝方案。1971 年 1 月 15 日，渭南地区决定改变坝型，清基暂停。同年 1 月 20 日，渭南地区水电局、富耀两县负责人会同省水电设计院技术人员现场研究坝型方案。5 月 21 日，省水电设计院提出在原清基基础上坝轴线位置下移 100 米，溢洪道由原左岸移至右岸，确定按土坝进行放线、削坡清基工作，按原重力坝轴线设计施工，同时要求进一步查明土坝的工程地质条件。自 1971 年 3 月，省水电设计院进行土坝设计，在地、县密切配合下，当年 6 月编制出《桃曲坡水库枢纽工程初步设计说明书》。同年 9 月 3 日，由省水电设计院向渭南地委常委会议（扩大）作汇报，9 月 5 日，渭南地区以渭地革水下发〔1971〕049 号《关于改变桃曲坡水库工程大坝方案的报告》批复。同年 9 月 28 日，渭桃指成立，大坝坝型经过石坝—土坝—石坝—土坝的不断比较，在地区工程指挥部成立大会上最终确定为土坝。1972 年 4 月编制《桃曲坡水库工程技术施工设计说明书》。1974 年 8 月，渭桃指根据以上文件，结合 3 年多的施工经验，编制出《桃曲坡水库灌溉工程扩大初步设计预算书》；1971—1979 年省水电设计院先后完成《桃曲坡水库土坝方案补充地质勘察报告》、《桃曲坡水库土坝加固工程地质勘测报告》、《桃曲坡水库漏水处理工程地质勘察报告》；1981 年 6 月根据施工中的问题及漏项改善项目，编拟出《桃曲坡水库技术补课工程项目及概算报告》，均报经省水电局批准。

坝址选择：经流域规划阶段比较后提出两个坝址，即桐家韦与桃曲坡坝址。认为桃曲坡坝址控制流域面积大、工程量小，地质条件较好，淹没范围少，作为规划的选定坝址。

设计标准：根据水库库容和灌溉面积，桃曲坡水库应为Ⅲ级水利工程，但因下游有国防厂、耀县城区及铁路等重要设施，将设计标准提高为Ⅱ级，防洪标准为 100 年设计，1000 年校核。由于梅七铁路线准备兴建，1967 年省水电设计院与铁路设计单位协议，确定桃曲坡水库水位不超过790.5 米。

水库调节：沮水河 50％保证率年径流为 6180 万立方米，漆水河多年平均年径流量 3591 万立方米，可引用 1156 万立方米，共计多年平均年来水 7336 万立方米。28.9 万亩农田多年平均年需水量 7531 万立方米，在来水小于需水的情况下，不能用保证率为 50％的典型年进行调节计算；另一方面水库库容受到限制，所以，调节计算只能在既定的库容条件下，检验洪水保证程度，真实年法演算结果如下：正常挡水位 784 米；多年平均保灌面积 17.2 万亩；调节库容 3250 万立方米；灌溉保证率 46％。

坝型设计：设计坝型为均质土坝，高度 61 米，坝后每米宽渗流量0.29 立方米每昼夜，大坝稳定计算采用滑动圆弧法，计算下游坝坡最小稳定安全系数，正常情况下 1.34，校核情况下 1.17；上游坝坡在水位降落情况下最小安全系数为 1.23、正常情况下 1.68、校核情况下 1.48。沉陷量加高计算未作，采用了坝高的 0.8％，即 0.5 米。

筑坝土料储量达 311 万立方米，为坝体方量的 3.5 倍，运距均在 1 千米之内。其天然含水量 17.1%～18.6%，湿容重 1.71 吨每立方米，干容重 1.45 吨每立方米。填土设计干容重 1.65 吨每立方米，含水量 20%，力学指标采用算术平均值：$\phi=19°$，$C=30$ 千牛每平方米。根据地形、地质条件以及工程布置和筑坝材料情况，当地有丰富的土料，施工技术简单，便于打人民战争，符合"自力更生、艰苦奋斗"的延安精神。

四、立项实施

1967 年 7 月，省水电设计院完成桃曲坡设计任务书，由耀县受托上报，要求列为国家基建项目。1967 年 8 月，省水电局副局长于澄世在耀县主持召开桃曲坡水库工程设计任务书审查会议，同意修建桃曲坡水库工程，随即开展桃曲坡坝址地质及渠道勘测设计工作。省水电设计院于 1968 年 5—10 月对水库和高干渠做了部分测量，准备开展设计，后因"文化大革命"而中断。

1969 年 3 月，在全省计划工作会议上，耀县革委会副主任崔加善提议要坚决上马修建桃曲坡水库工程，恳请上级大力支持，并表明了地方人民期盼兴修水利的信心和决心，受到省、地领导重视与支持。会议期间，耀县、富平和三原县与会代表进行了联系沟通，加快了施工准备的进程。

1974 年省建委批复《关于桃曲坡水库灌溉工程扩大初步设计预算书》，工程预算投资为 2071 万元。

第二节　组　织　施　工

一、开工准备

桃曲坡水库建设施工，一是受"文化大革命"影响，建设程序不够规范，属计划、协调较差的"三边工程"；二是坝型方案多次反复变化，施工准备阶段多，具有一定的盲从性；三是机械化程度低，主要依靠人力施工。从技术准备、现场准备、劳力准备上，省水电设计院、渭南地区及富平县做了大量工作。

技术准备：1969 年秋省水电设计院派李英杰带队，由设计队及地质队驻工地现场技术设计交底，工地指挥部组织人力，于同年10月1日开始破土清基，标志拦河大坝正式开工（其后因土石坝方案变更又重新开工）；1972年2月完成《桃曲坡水库溢洪道技施设计》；1974年11月完成《桃曲坡水库高洞技施设计》，1975年2月底高洞技术交底，同时进行测量放线。

现场准备：按《施工组织设计》，1969年冬—1970年春完成进场道路和筑坝材料准备。包括运输路线、机具配设和施工劳力组合。同时指挥部在这期间完成了施工区供水系统、电力供应。

劳力准备：由富桃指按阶段要求提出需用民工数量，县上各职能部门全力配合公社、大队、生产队催劳上人，多次掀起大会战高潮；民工以公社为单位集体办灶、统一食宿，自1969年秋—1972年末，在施工的同时，累计在库区上下游挖建窑洞数千孔，作为民工住宿和办公用地。

二、组织机构

修建桃曲坡水库，耀县积极主动，提出以渠促库；富平县要求迫切，号召全县总动员；三原县因受水面积小，自动退出，使原规划跨渭南、咸阳两地区的水利工程变为只隶属渭南地区统辖的富、耀两县。1969年春省农业会议上，由渭南地区组织富、耀两县协商成立施工机构，水库建设组织机构由下而上建立完善。

1969年6月19日，耀县革命委员会成立"耀县桃曲坡渠道工程指挥部"，同年9月，富平县革委会成立"富平县桃曲坡水库工程指挥部"。

1969年12月4日，渭南地区革委会派水电局领导小组副组长李一平来工地，召集富平、耀县以及省水电设计院人员宣布成立"渭南地区革命委员会生产组桃曲坡水库工程指挥部"，下设富桃指和耀渠指。

1970年1月11日，崔加善主持召开总指挥部第一次委员会议，主要研究组织机构，总指挥部决定成立工程组和综合组。同时要求富、耀两县指挥部尽快抽调人员，分别设工程组、政工组、材料组和办事组。地、县工程指挥部负责工程施工。所有出工民工均按照军事化建制，以公社为单位组成营、营下以大队为单位组成连、以生产队为单位组成排、班。营以下又设常年专业队和群众运动两部分，营设工程、材料、安全组，连、排固定专人负责。

1970 年 10 月 11 日渭南地区革命委员会决定撤销地区工程指挥部，分别成立耀县、富平县桃曲坡水库工程指挥部，负责施工管理，直接受渭南地区领导。1971 年 9 月 4 日，渭南地区革命委员会决定复设"渭南地区桃曲坡水库工程指挥部"，会议由渭南地区军分区司令员王明春主持，任命杜鲁公任指挥，陈世让、李竹茂、孙万章为副指挥。1972 年 1 月后，指挥部主要人选数次易人，至 1986 年施工结束。1980 年 1 月，耀县划归铜川市管辖，渭桃指交接省水电局管辖，更名为"陕西省桃曲坡水库工程指挥部"。地、县指挥部同时办理移交手续。

在水库建设过程中，省、地各级领导给予大力支持。1972 年 1 月 4—5 日，省革命委员会召开桃曲坡水库工程座谈会，会议传达省革委会主任李瑞山的指示：要求以"最大的决心，最大的干劲，最大的速度，加强领导，加快效益"建设桃曲坡水库工程，会议期间李瑞山接见全体与会人员。

1975 年 9 月 2 日，渭南地委召开石堡川和桃曲坡两库扫尾工程会议，会议要求两库限定时间，拼死拼活完成两库基建扫尾工程任务。会后下发了《关于加速石堡川、桃曲坡两水库基建扫尾工程步伐的会议纪要》（渭地发〔1975〕108 号）。富平县委 9 月 2 日连夜召开常委会议，决定除原来的一名常委外，再上一名常委，一个驻工地坐镇指挥，一个在后方上下联系，加强后勤、上劳力等工作。耀县县委 9 月 3 日召开县常委会议，决定 9 个公社上劳力，9 月 5 日又召开常委会，决定加强领导，在县委统一领导下，成立渠道扫尾工程会战指挥部，积极做好大会战各项准备工作。

三、任务分配

桃曲坡水库施工任务按受益面积，以劳力为依据，兼顾受益地区的实际承受能力进行分配，并适当动员非受益区进行支援。施工任务由富平县和耀县按 6：4 比例分配，富平县承担水库枢纽工程建设，耀县承担高干渠系工程设计与施工。施工以人力为主，采取打人民战争的方式，明确对争取工期有决定意义的关键部位，辅以必要的机械设备。施工顺序，先重点工程，再一般建筑物，先塬边渠道，再塬面渠道。最多日上劳力 2 万多人。

四、后勤供应

水库建设期间所需三材全部外购，总部在耀县及富平庄里火车站分设两个料厂。由于工程材料需求量大，运输采用土洋结合形式，施工场外运输由卡车、拖拉机及马车运输到施工现场。场内运输任务全由人力架子车承担。其他设备、地材耗材、零配件等由两县指挥部材料组按计划采购。

五、施工计划

全部工程分 3 个阶段进行：

第一阶段：1971 年 7 月—11 月下旬，主要任务是保证截流。8 月初完成准备工作，主攻导流洞，10 月底打通导流洞并开挖衬砌，至 11 月下旬完成 100 米衬砌后，进行截流。截流前完成削坡、岸坡结合槽及溢洪道进口部分的土石方开挖。低洞凿通后，进行低洞闸门井和高洞的开挖衬砌。

第二阶段：1971 年 11 月下旬—1972 年 5 月底，是工程建设的高潮。截流后进行清基和河床结合槽的开挖，1971 年 12 月 15 日前完成结合槽混凝土浇注及溶洞堵塞。12 月下旬开始土坝填筑，到 1972 年 5 月底小断面抢修到 770 米拦洪高程，大断面达到 755 米高程，共完成坝体土方 43 万立方米。同时 1971 年 12 月完成低洞闸门井衬砌，1972 年 3 月完成工作桥及检修闸门安装，并继续进行溢洪道高洞开挖。期间最高日上劳力 13507 人。

第三阶段：1972 年 5 月—1973 年 5 月。到 1973 年 1 月完成土坝剩余 47 万立方米填筑任务，3 月完成高洞开挖及高洞闸门安装，4 月完成溢洪道砌护，5 月完成安装弧形闸门及其他收尾工作。

第三节　拦　河　大　坝

桃曲坡水库原设计为Ⅲ级水利工程，但因下游有耀县县城、工厂、铁路等城镇企业，1965 年 2 月 22 日省人委召集地、县及设计单位协商，将大坝设计等级提高为Ⅱ级建筑物，其他仍按Ⅲ级建筑物考虑（见图 3－1、表 3－2）。

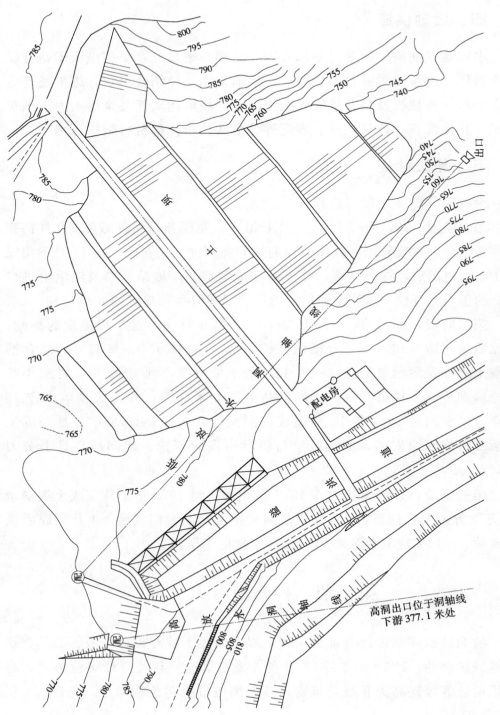

图 3－1　桃曲坡水库枢纽平面布置图

表 3-2

桃曲坡水库枢纽工程竣工特性表

项目	数值	项目	数值	项目	数值
水库名称	桃曲坡水库	工程总投资	3030 万元	侧槽式溢洪道 堰顶高程	784.0 米
主管部门	陕西省桃曲坡水库灌溉管理局	设计单位	陕西省水电设计院	堰高	11 米
所在地点	铜川市耀州区西北 15 千米处马嘴山	施工单位	桃曲坡水库指挥部	侧槽顶长	89 米
所在河流	渭河水系石川河支流沮水河	建设日期 开工	1969 年 10 月	首端堰顶长	15 米
集水面积	830 平方千米	建设日期 竣工	1984 年 12 月	消能形式	挑流
多年平均年降水量	587 毫米	基本地震烈度	VI 度	最大泄流量	2660 立方米每秒
多年平均年径流量	7361 万立方米	设计地震烈度	VI 度	校核洪水流速	9.8 立方米每秒
多年平均年输沙量	65.9 万吨	高程基准面	黄海基面	溢流堰断面	修圆梯形断面、砌石堰体
水文特征 设计 重现期	100 年	库区迁淹 赔偿高程		放水低水洞 型式	圆形有压
设计 洪峰流量	2180 立方米每秒	移民高程		断面尺寸	3.0 米
设计 洪水总量	2313 万立方米	淹没耕地	1450 亩	进口底高程	755 米
水文特征 校核 重现期	1000 年	迁移人口	467 人	闸门型式	弧形钢闸门
校核 洪峰流量	3880 立方米每秒	工程 主坝 土方	708.8 万立方米	最大泄量	100 立方米每秒
校核 洪水总量	4516 万立方米	石方	66.5 万立方米	启闭设备	螺杆
调节性能	年调节	混凝土	6.8 万立方米	放水高水洞 型式	城门洞、无压
校核洪水位	790.5 米	坝型	均质土坝	断面尺寸	3 米
设计洪水位	788.2 米	坝顶高程	792 米	进口底高程	762.8 米
汛期限制水位	780 米	最大坝高	61 米	闸门型式	平板钢闸门
正常蓄水位	784.0 米	坝顶长度	259 米	最大泄量	5.5 立方米每秒
死水位	762.8 米	坝顶宽度	6 米	启闭设备	螺杆
水库特征 总库容	5720 万立方米	坝基防渗形式	黏土防渗墙		
其中 调洪库容	471 万立方米	防浪墙 形式	浆砌石		
其中 兴利库容	4300 万立方米	墙高	1 米		
其中 死库容	380 万立方米	墙宽	0.4 米		

拦河大坝设计最终定为均质土坝。于 1971 年 5 月 27 日开始重新削坝肩坡、清基及隐蔽工程处理等工作；1972 年 11 月 16 日全面铺土；1973 年 5 月 26 日上土结束，12 月底全部竣工。1974 年 3 月 9 日封堵导流洞，水库开始蓄水。

大坝由省水电设计院地质队勘测，省水电设计院设计，富平县施工。共计完成土方 145.9 万立方米，石方 6.94 万立方米，砌石 3.18 万立方米，混凝土浇筑 2058 立方米，投工 443 万工日。消耗钢材 13.4 吨、木材 145 立方米、水泥 923 吨、沙子 1.18 万立方米、炸药 345 吨，投资 483.53 万元。

一、坝址

坝址位于马咀山下的峡谷中，区域基岩为下奥陶系马家沟统石灰石，构造简单，层位稳定。坝区溶洞特别发育：坝左岸 44 个、右岸 21 个，形状以拱形和树枝状为主，大部分溶洞为铝土填充，密实程度不等。

二、坝基

坝基河床宽约 30 米，河道平面呈 S 形，河道断面呈 V 形，谷口以上为开阔的河川腹地，两侧基岩裸露，构成 30～50 米高的坡坎。左岸覆盖黄土和黄土状亚黏土，为夹石土壤层，厚 13.9～150 米，分布高程 767 米以上，右岸轴线高程 775 米以上属湿陷性黄土。基底高程为 731 米，坝基与坝体采用岸边排水带和河床排水褥垫相结合的形式，位置在结合槽以下。河床灰岩顶板上覆盖砂砾石层厚 5～8 米，采用截水槽防渗。

三、坝体

大坝为碾压式均质土坝，坝高 61 米，顶宽 6 米，底宽 350 米。土坝上游坡比分别为 1∶2.5、1∶3.0、1∶3.5、1∶3.0。在高程 755 米、781 米分别设宽 2 米的戗台，在高程 770 米设 1.4 米宽的大平台。下游坡比分别为 1∶2.0、1∶2.5、1∶3.0、1∶2.0。在高程 747 米、762 米、777 米分别设宽 2 米的戗台。上游坝坡在死水位的 775 米以上设有 100 厘米厚的反滤层护坡。下游戗台设纵向砌石排水明沟 2 条。沿戗台设有横向排水沟

4 条，共长 708 米。坝址处筑有高 17 米的棱柱形堆石排水体，顶部高程为 747 米，清基后与两岸嵌接，底宽为 50 米，前有 74 米的褥垫层，与两岸排水带相连。

大坝完工后，分别在断面桩号 0＋121 米、桩号 0＋156 米、桩号 0＋191 米、桩号 0＋226 米的高程 786 米、792 米、781 米、765 米、753 米处设置变形观测桩 5 排，共 18 个，上游坝坡面并设置水位观测水尺桩（见图 3－2）。

四、坝顶

土坝坝顶高程 792 米，坝顶长 259 米，顶宽 6 米，为泥结石路面，车辆通行顺畅。坝顶设置浆砌石防浪墙，墙高 1 米，宽 0.4 米。

五、施工情况

大坝施工基本按设计要求进行。设计与施工后土坝整体及细部构造几何尺寸和大坝边坡尺寸分别见表 3－3 和表 3－4。

1. 施工方法

施工以人力上土为主，机械碾压。根据击实试验及吸取外地土坝施工经验，工地预制了 8 吨重的混凝土平碾和 10 吨重的混凝土肋带形碾，用拖拉机推拉组合碾压，平滚碾压 1～2 遍，用肋碾复压 6～7 遍，施工取土样测试干容重必须满足 1.65 吨每立方米以上。碾压方向，在 750 米高程以下，顺河方向进行，以前后推拉为主，750 米高程以上，以旋转拉碾为主，采用半边铺土半边碾压的连续施工法，在机械碾压不到的岸坡处采用人工夯打，规定岸边夯打宽度为 1 米。

1972 年春季，坝体施工分两步：第一步先上小断面回填土，高程到 770 米，拦蓄 100 年一遇洪水；第二步大断面铺开，一鼓作气完成 97 万立方米土坝填土任务。小断面高 39 米，底宽 228 米，顶长 168 米，宽 6 米。

在底洞导流前小断面范围已作了部分回填，有 1500 平方米的面积已达到 735 米高程。施工过程中将小断面又分为两部分：截水槽前先上土，后半部分按施工进度要求于 762 米高程赶上，一同回填至 770 米高程。

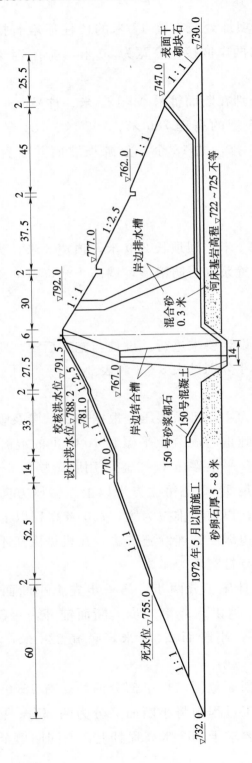

图 3-2 大坝横剖面图(单位：米)

表 3-3　　　　　　　　土坝几何构造尺寸表　　　　　　　单位：米

项　目	设计	施工后	说　明
坝顶高程	792	792	
最大坝高	61	61	
坝顶宽	6	6	
最大坝长	294	259	副坝施工比设计短 21 米 主坝施工比设计短 14 米
最大坝宽	350	350	
排水体顶部高程	747	747	
截水墙底板宽	15	14	开挖尺寸不够设计尺寸 13.3 米， 经设计代表同意按 14 米施工
防浪墙尺寸	1.0×0.4	1.0×0.4	
其他细部尺寸			详见灌溉工程竣工报告

表 3-4　　　　　　　　土坝上下游边坡尺寸表　　　　　　　单位：米

部位	设　计		施　工　后	
	高程	坡度	高程	坡度
上游	732～755	1∶3.0	732～755	1∶3.0
	755～770	1∶3.5	755～770	1∶3.5
	770～781	1∶3.0	770～781	1∶3.0
	781～792	1∶2.5	781～792	1∶2.5
下游	730～747	1∶1.5	730～747	1∶1.5
	747～762	1∶3.0	747～762	1∶3.0
	762～777	1∶2.5	762～777	1∶2.5
	777～792	1∶2.0	777～792	1∶2.0

　　低洞 1972 年 4 月 5 日开始导流。由于施工场地狭窄，截水槽开挖艰巨，经过紧张的坝基清淤工作，4 月 15 日开始铺土回填，至 5 月 1 日地区指挥部传达上级指示，汛期即到，大坝停止填筑，此时填土高程已达738 米。5 月 7 日柳林水文站报来上游暴雨形成洪峰流量 40 立方米每秒，当时低洞导流仅有 19.3 立方米每秒的泄洪能力，工地指挥部率领全体指战员采取非常规措施全力抢救，导流堤仍被冲垮，大水漫坝淹没了截流

槽，原计划未能实施。之后大量劳力转入低洞衬砌、溢洪道开挖等其他工程。同时为了保住大坝已回填的土方安全度汛，指挥部采取了几项临时措施：一是在截水槽上游 12 米处修筑了砌石护坡；二是抓紧坝基清淤；三是加快左岸结合槽 738 米以上的开挖和坝肩左岸危崖的处理等，为汛后大量上劳力做好一切准备工作。1972 年 11 月 16 日全面复工，逐步大上劳力，到 1973 年春日上劳力达到万人以上，平均日上土方达 1 万立方米左右，并创最高日回填土方 1.3 万立方米的纪录。连续作战、日夜不停，土坝回填采取三班倒，经过 192 天的苦战，在 1973 年 5 月 26 日完成了填土 97 万立方米的筑坝任务。

2. 质量控制

（1）严格遵守各项制度。工地党委对全体施工人员进行了"百年大计，质量第一"的教育，制定了"土坝施工细则"和"土坝质量十项要求"。成立了各级质量控制组织，总部在大坝设有蹲点组，规定所有施工人员必须服从技术员、化验员的技术指导。指挥部设有质量检查验收领导小组，除化验室用干容重控制外，在土场、上坝路口、坝面都有专人检查土料，凡不符合规定者，都不能装车拉进坝区。土场及土坝路口设置土料质量要求牌和大幅标语，时刻引起人们的注意。

（2）加强对机压人员的思想教育和领导，提高碾压技术，加快碾压速度。规定司机在坝面机压要听从技术带班的指挥，否则不予计时。

（3）面质量控制。设计压实干容重为 1.65 吨每立方米，主要控制土料、铺土厚度和干容重。铺土厚度要求 25～30 厘米，按照规定铺均匀、铺平整。技术人员注意了接茬处理，严禁漏压现象发生。每次机压后要由质量检查化验组进行含水量和干容重的测定，合格后方能继续铺土。

（4）冬季施工措施。冬季施工实行快取、快运、快铺、快碾的四快连续施工法，集中统一铺土，统一碾压，分区包干，加强碾压质量和强度。如 1972 年冬季坝面施工的部分，12 月底总部土坝施工蹲点组在高程 739.6 米以下的冬季填土区打坑进行了抽验，取样 62 件，合格率达 100％，平均干容重 1.729 吨每立方米。同时坝体施工预留高度为 0.5 米。

3. 隐蔽工程处理

（1）削坡工程。根据设计要求，两岸坝肩坡度应缓于 1：0.75。施工时基本达到此要求，局部地方坡度陡于 1：0.75 的陡坎，采用 50 号水泥砂浆进行了补贴。削坡后左坝肩 766 米高程以下为 1：1，以上为缓慢平台，右坝肩高程 775 米以下为 1：0.75，以上缓于 1：1。削坡工程于 1971 年 7 月开工至 1972 年 3 月共削土 2.03 万立方米，开石 3.75 万立方米，计工日 9.86 万个。

（2）清基工程。根据地质勘探，河床部分覆盖 5～8 米不等深度的砂卵石层，基岩顶板高程 722～725 米不等，砂卵石层上覆盖坡积和淤积砂泥石。设计要求：上游坝坡脚清至 732 米高程，下游坝坡脚清至 730 米高程，中间部分以上、下坡脚高程为基线。工地安排清基分两步走：截水槽上游先抢修，下游划片包干限期完成。截水槽上部清基于 1971 年 11 月 20 日开工至 1972 年 9 月完成。共计挖运土石泥 11.63 万立方米，开石 0.95 万立方米，计工日 33.73 万个。

（3）结合槽工程。根据坝肩部位的地形地质特点，设计上将截水槽向坝轴线上游上移 12 米，截水槽底宽 15 米，边坡 1：1，河床截水槽和岸边结合槽均要求深入新鲜岩面 1 米。岸边结合槽底宽由高程 730 米的 15 米渐变至 767 米高程的 6 米，由高程 767 米向下游倾斜至坝顶，底宽不变，截水槽底部、岸边结合槽底分别浇筑 0.5 米厚、0.3 米厚的混凝土盖板。

开挖后的截水槽岩石顶板高程 726 米，新鲜岩面高程 722 米，底宽 14 米，浇筑后的混凝土面高程 722.5 米，岸边结合槽开挖深度均达新鲜岩石面，底宽由高程 722.5 米的 14 米至高程 767 米渐变为 6 米；左岸高程 767 米以上为 4 米，右岸高程 770 米以上为 3 米，向下游倾斜直至坝顶宽度左右均不变，结合槽轴线上的溶洞，清理后用混凝土封闭，岸边排水带按设计施工（结合槽帷幕灌浆未作）。截水槽与岸边结合槽于 1971 年 11 月 20 日开挖，1972 年 4 月 15 日完成，共计开挖卵石泥土 2.17 万立方米，开石 0.37 万立方米，浇筑 150 号混凝土 1757 立方米，计工日 21.68 万个。

（4）坝体湿陷性黄土处理。右坝肩高程 775 米以上的湿陷性土壤在坝肩削坡工程中均彻底清除，左坝肩高程 767 米以上的弱湿陷性黄土在土坝施工中清除利用。共计处理土方 2.19 万立方米，计工日 1.06 万个。

（5）溶洞、裂隙的处理。在坝肩范围内的 65 个溶洞及左岸 5 条断层的处理办法：对深度不大的小溶洞清除充填物后用混凝土填塞；大型溶洞清除充填物后用 50 号浆砌块石封闭洞口；对裂隙或断层清理深达到裂缝宽度的 1～1.5 倍，两侧清至新鲜岩石，并使断面达到上大下小，用混凝土进行填塞，共计方量 0.26 万立方米，用工日 1.51 万个。

（6）左右岸三级阶地砂砾石层的处理。土坝左岸轴线折向下游 45°修筑副坝，长 90 米可截断砂砾石带；施工时经设计代表同意将副坝向下游折角 50°35′13″，副坝长 65 米，既缩小工程量又达到截断砂砾石带的作用。在左一支沟对裸露砂砾石带进行了黄土覆盖，起到了双层作用。右岸坝轴线上游 12～40 米间基岩裸露，无砂砾石。右岸坝轴线的砂砾石宽度 20 米，厚 0.5 米，底板高程 774.65 米，在结合槽开挖时按要求清除。

第四节 溢 洪 道

溢洪道位于土坝右岸，由侧槽、溢流堰和陡坡组成。堰顶高程 783.96 米，100 年一遇泄洪流量 1350 立方米每秒，堰上水头 4.2 米，相应库水位 788.2 米；1000 年一遇泄洪流量 2660 立方米每秒，堰上水头 6.5 米，相应库水位 790.5 米（见图 3-3）。

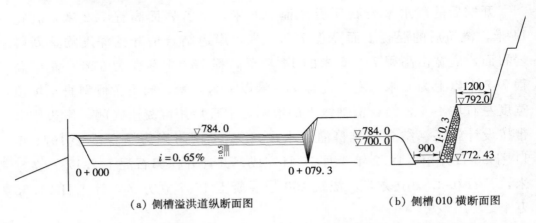

（a）侧槽溢洪道纵断面图   （b）侧槽010横断面图

图 3-3 溢洪道断面图（单位：高程、桩号为米；尺寸为厘米）

溢流堰长为"L"形分布，侧堰顶长 89 米，正堰顶长 15 米，共 104 米长。为修圆梯形断面堰，最大堰高 12 米，堰体为 50 号水泥砂浆砌块石，150号钢筋混凝土护面，厚0.3米；侧槽长79.3米，底宽由首端7.62米至出口扩散为20米，原设计出口高程772米，底坡0.65％，在基岩上设0.3米厚150号混凝土护面。侧槽右岸为71米长的土坡，护岸外坡为1∶0.3的挡土墙，最大墙高20米，墙体为50号水泥砂浆砌块石。高洞挡墙与该挡土墙之间用导流墙相连，构成完整的护岸。溢洪道陡坡段长225米，底宽20米，底坡1％，边坡1∶0.3；出口段高出下游河床41米，为不衬砌石渠，岩石陡壁，无工程措施，水流沿石渠自由下泄。

陡槽桩号0＋047米处修双曲拱公路桥（汽－15，拖－60）与坝顶相连。

溢洪道工程1971年9月破土动工，于1976年9月完成。累计完成土方33.1万立方米，开石21.5万立方米，砌石10432立方米，混凝土2004立方米，工日126万个，投资162.2万元。

一、施工情况

1. 土石方开挖

溢洪道右岸为高边坡，土方开挖顶部高程为862米，沿大坝轴线方向向两侧下斜，岩石顶板高程810米左右，溢洪道左岸高程794米平台最高覆土10米，台宽约20米。岩面高程在陡坡段桩号0＋185米以前为792～794米，向后倾斜至桩号0＋225米为770米。

土方工程1971年9月破土动工，1973年6月13日完成。以人工开挖为主，爆破为次，人工拉运，大部向下游出土，部分为土坝利用。共完成挖运土33.1万立方米。

石方工程1973年6月13日开始，1975年9月完成。用机械和人工打眼爆破，人工拉运，向下游出渣，大部分渣石被坝坡护石、高洞挡墙、溢流堰衬砌利用。共完成开石21.5万立方米。

2. 侧堰衬砌工程

基础开挖由北向南成阶梯状，高程782～771.5米均达新鲜岩面，于1975年4月16日开始砌石，10月完工。同时进行钢筋工程及木模安装，11月开始混凝土浇筑，混凝土用温水拌和并加入3％的氯化钙与2％的氯化钠，进行催化与防冻，于 1976 年 1 月完成。累计砌石 1.04 万立方米，浇筑混凝土 2004 立方米。

3. 双曲拱桥工程

双曲拱桥为 30 米单跨、矢高为 5 米的轻型建筑物，采用全排架钢筋混凝土施工技术，现浇拱肋与横梁焊成一整体，提高了双曲拱桥梁刚度。1976 年 3 月开始进行施工准备，6 月正式开工，9 月完成，工期 6 个月。

4. 挡土墙工程

侧槽右挡土墙按开挖后的土石分界面清出完整的基岩，经指挥部验收后开始砌石，断面尺寸及质量按设计要求进行，施工采用搭架升料的方法进行。

二、设计变更

溢洪道侧堰北端与高洞口紧连。1974 年 5 月 10 日因土坡滑坡，高洞口挡墙前移，溢洪道侧槽右岸挡土墙之间用导流墙相连，改变了侧堰长度，由原设计 20 米变为 15 米。

开挖后的侧槽右岸，除按设计护坡长度施工外，加长了高程 785 米与高程 788 米两台上部 43 米的砌护长度。对左岸侧堰与双曲拱桥之间高程 780 米以上土坡进行了砌护；对该段护坡以下的破碎基岩，进行开挖，用 150 号混凝土补贴；对右岸桥头高程 792 米平台上部严重风化区采取浆砌石护坡。

高边坡土坡开挖断面不规则，设计单坡坡比均为 0.5，施工为 1：0.6～1：0.52～1：0.24～1：0.32，各级平台宽 2.5 米左右（后经 1984 年、1991 年和 2002 年 3 次削坡，见第四章水库补漏及除险加固）。

侧堰末墙与右岸坝头前沿全部用 50 号浆砌石砌护围包，并在堰前基岩铺盖了 3 米厚的黄土。

第五节 高、低放水洞

根据灌区用水需要，桃曲坡水库输水建筑物分为高、低两条放水洞。

一、高放水洞

高放水洞工程担负着向高干渠新灌区输水任务。进口位于低洞进口前缘，设计流量 5.5 立方米每秒。洞长 377.4 米，洞轴线在平面上为一直线，与低洞轴线夹角 39°41′44″。高洞全线穿过灰岩，进口高程 762.8 米，出口高程 762.11 米，比降 1/500；进水闸前为压力流，进口喇叭口壁厚 0.5 米，150 号钢筋混凝土矩形断面；闸后为明流，衔接段断面为 2 米×2 米，长 28 米的缓流段，与已废竖井连接；废井后设消力池，长 13 米，宽 2.4 米，深 1 米，池底为 150 号现浇混凝土。隧洞开挖时为 2.6 米×2.6 米 Ⅱ型开石断面，衬砌后进口段为 2 米×2.1 米 150 号钢筋混凝土矩形断面，消力池后 310.6 米为城门洞型断面，底宽 2.0 米，直墙高 1.7 米，拱高 1.0 米，底部与直墙 150 号混凝土衬砌，拱顶部为开石断面（见图 3-4）。

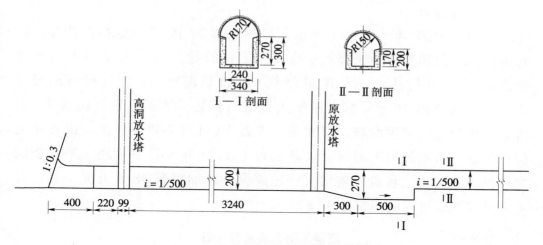

图 3-4 高放水洞纵断面图（单位：厘米）

闸井位于进口后 8.4 米处，闸台高程 792 米，闸底坎高程 762.83 米，闸孔尺寸为 2 米×2 米（宽×高），安装两扇 2.2 米×2.1 米平板钢闸门，用两台 500 千牛螺杆启闭机启闭，闸门设计水头 27 米，总水压力 13.4 兆帕。后闸为工作闸，动水启闭，前闸为检修闸，静水启闭。闸井为半井半塔建筑物，井深 7.17 米，塔高 22 米，内径均为 3.5 米，井壁厚 0.35 米，150 号混凝土衬砌，放水塔为 150 号混凝土浇筑，壁厚由底部 1.01 米渐变至顶部 0.5 米，坡比 40：1。

塔顶用单跨长 8 米、宽 3 米钢筋混凝土梁板桥与岸边挡土墙相连。岸边滑坡段挡土墙底宽 18 米，在高程 770 米处留有 3 米平台，按 1∶0.6 坡比渐变至高程 792 米，顶宽 1 米；平均高度 25 米，顶长 31 米，底长 45 米，挡墙底边在低洞工作桥中线前 1.5 米处折向溢流堰角，按 1∶0.6 的坡比延至堰顶前高程 783.5 米三角平台为止。挡墙用 80 号水泥砂浆砌块石，用 150 号混凝土块砌筑迎水面。滑坡段挡土墙施工后，将低洞工作桥 1 号桥墩与高洞塔身部分建筑全部包砌在内。

高洞进口前明流槽长 29.6 米，底宽 3 米，用厚 0.1 米 100 号混凝土铺筑防渗；两侧挡墙均为 1∶0.3 边坡，用 80 号水泥砂浆砌块石，砌筑高度根据土层稳定坡度决定。

高洞工程共完成土方 9.9 万立方米，开石 5470 立方米，砌石 1.31 万立方米，混凝土和钢筋混凝土 4087 立方米，工日 27 万个，投资 88.71 万元。

1. 施工情况

高洞于 1972 年 4 月动工开挖，1973 年 9 月 10 日完成掘进任务，同时进行了扩洞和消力池及高程 792 米平台的开挖。1974 年 2 月开始竖井掘进，4 月中旬完成；4 月 30 日竖井开盘浇筑混凝土，洞前砌石同时开工；1974 年 5 月 10 日，竖井混凝土浇筑高程达 774 米，砌石高程达 770 米时，高洞进口发生滑坡。渭桃指于 5 月 18 日通知暂停施工，由省水电设计院进行滑坡处理工程设计，新设计于 1974 年 9 月 8 日经工地党委同意后投入施工，工程量成倍增大，比原设计增加投资 48.8 万元。其主要工程量与原设计对比见表 3-5。

表 3-5　　　　　　　　高洞主要工程量对比表

工程项目	单位	数　量	
		原设计	新设计
挖土	立方米	1075	40917
浆砌片石	立方米	313	9647
150 号混凝土	立方米	825	3120
回填土	立方米	0	11387
开石基	立方米	0	382

放水塔工程于 1975 年 2 月 9 日开始浇筑，1975 年 5 月底全部完工。高洞开挖分全断面掘进和扩洞两个阶段进行。隧洞掘进采用风钻打眼人工爆破，人力与手扶、四轮拖拉机配合运输出渣；扩洞采取风钻与人力开凿配合进行。扩洞后发现塔后 28 米处灰岩节理发育，岩面破碎，裂隙、溶洞较多，且洞顶有渗水，采用 150 号混凝土浇筑，并进行灌浆处理。原竖井后段至高洞出口，有 15 处裂隙、溶洞，均属浅表层，大部分被铝土充填，岩面基本完整，与设计情况相符，未采取工程措施。

放水塔混凝土浇筑采用升料架进料、机械拌和、机械振捣的方法，施工进度较快。

2. 设计变更

（1）1974 年 5 月 10 日高洞进口发生滑坡，原闸门井在高程 772.2～774.6 米水平移动 6～7 厘米，滑坡主轴方向 N40°，滑动面 ϕ ＝6°08′，C＝15 千牛每平方米。设计修改主要项目有滑坡范围内高程 792 米以上挖土减重，滑坡前缘至挡土墙间回填土加重干容重为 1.5 吨每立方米；挡土墙断面加大为滑坡挡墙；闸门井报废封堵（通气孔保留）改由桩号 0＋038 米处另建放水塔；高洞进口由桩号 0＋054 米延至桩号 0＋029.6 米，洞长衬砌延长 24.4 米；低洞工作桥至溢流堰进口适当补强并增加导流墙。

（2）桩号 0＋072.6～0＋098.6 米消力池段，原设计拱顶用片石衬砌，开挖后基岩面完整，经设计代表同意减去拱顶衬砌。

（3）高洞洞身桩号 0＋098.6～0＋407 米段原设计为 2 米×2.1 米 Ⅱ形开石断面，地区指挥部征得设计单位同意后，将无压隧洞毛断面开挖改为 2.6 米×2.6 米开石断面，增大了开石量。

（4）高洞进口段右侧挡墙面临库区，地基有 2～3 米的软泥砂层，边坡极不稳定，开挖时出现多次小塌方和两次大塌方，致使无法按原设计开挖，经设计代表提出加大开挖方案，增大了土方和砌石工程量。

（5）高洞检修闸门，原设计为单耳启吊，由于承压滚轮轴套设计间隙过小，两侧摩擦力不平衡，启闭困难，征得设计单位同意后，闸门两侧各加设两个侧轮。

二、低放水洞

低放水洞担负着施工导流、灌溉放水、泄洪拉沙、防汛泄空水库等项任务。施工导流及灌溉放水流量 8～20 立方米每秒，设计泄空水库最大流量 97 立方米每秒，最大泄洪流量 100 立方米每秒。隧洞全长 335.3 米，比降 1/300（在桩号 0＋133.5 米前为施工导流洞，进口高程 740 米）。放水洞为压力隧洞，圆形开石断面，外径 3.6 米，内径 3.0 米，200 号钢筋混凝土衬砌厚度 0.3 米；进口高程 755 米（桩号 0＋073.19 米），平流段长 26.63 米，出口高程 738.65 米（桩号 0＋405 米）。进口喇叭口壁厚 0.5 米，为 200 号双筋混凝土矩形断面，闸后与隧洞断面相接（见图 3－5）。

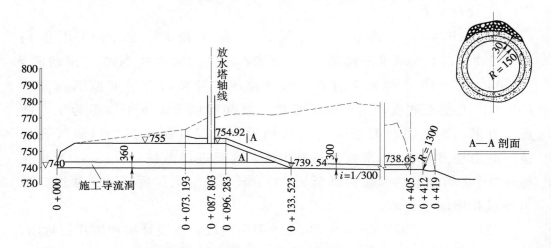

图 3－5　低洞纵剖面图（单位：高程、桩号为米，尺寸为厘米）

导流洞进口尺寸为 3 米×4 米，封堵采用 8 块 3.5 米×0.5 米×0.5 米（宽×高×厚）H 形钢筋混凝土叠梁。

工作闸设在出口，孔口 2.5 米×2.5 米，安装 2.5 米×2.85 米弧形钢闸门，用 500 千牛螺杆启闭机启闭，闸门设计总水头 80 米，总水压力 56 兆帕，动水启闭。事故检修闸门设在进口后 14.61 米处，孔口 2.5 米×3 米，安装 3.34 米×3.05 米平板钢闸门，用 1250 千牛钢丝绳启门机起吊，闸门设计水头 30 米，总水压力 22.4 兆帕，动水中降落。闸井为半井半塔建筑物，井深 9.5 米，塔高 27.5 米，内径均为 4 米，井壁厚度 0.5 米，用 150 号混凝土衬砌，塔壁用 150 号混凝土浇筑，壁厚由底部 1.13 米渐变至顶部为 0.5 米，坡比 40∶1。

放水塔用工作桥与库岸相连，桥为 3 跨 15 米钢筋混凝土梁板桥，宽 3 米，最大负重 6.5 吨。放水塔塔壁最大拉应力为 38 牛每平方厘米，抗滑安全系数 2.28，抗倾安全系数 1.55。

低洞工程由富桃指施工，共完成土方 3.85 万立方米，开石 1.86 万立方米，砌石 2291 立方米，浇筑混凝土和钢筋混凝土 6476 立方米，工日 40.45 万个，投资 113.84 万元。

1. 施工情况

低洞工程于 1971 年 6 月开工，11 月开始进洞，以人工打眼、放炮土法掘进为主，进度缓慢，截至 1971 年 12 月底仅掘进 48.2 米。由省水电局召集桃曲坡水库建设座谈会后，增加压风机 4 台，又在桩号 0＋270 米临河处增设了斜洞，开展了 4 个掘进面，提高了掘进速度。1972 年 3 月 27 日全长 414 米的导流洞打通，经过断面整修和底部裂隙处理，于 4 月 5 日实现低洞导流，1972 年 6 月 15 日—7 月底完成扩洞，同时对洞底进行了清洗，对侧部溶洞和超挖部分用 50 号浆砌片石进行了补砌。从 8 月 8 日开始，至 9 月 22 日完成平洞 260 米的钢筋混凝土浇筑后正式导流，1973 年度完成进口段和弯道段的隧洞衬砌。

放水塔工程 1973 年 7 月 23 日开始修建，11 月 21 日完工。工作桥工程 1973 年 7 月开始，12 月底完工。

洞内压力回填灌浆 1974 年 3 月准备，5 月 10 日初步完成，经检验灌浆质量不够理想，在 1975 年 4 月进行二次补灌，5 月底全部结束。

出口弧形门闸台工程由于埋件加工不能按期交货，延期至 1977 年 5 月开工，9 月份全部完成低洞工程。

低洞设计未作地质勘测，认为全线穿过厚层灰岩，但在桩号 0＋356～0＋366 米出现砂卵石层。为防止塌方，采取人工掘进，并进行支撑。为适应施工导流要求，对砂卵石层段采用 80 号水泥砂浆砌块石砌成厚 0.5 米、长 12 米、内径 4 米的一段成洞，接着又在桩号 0＋325 米顶部出现了大塌方，稳定后的尺寸为沿轴线方向长 7 米，横宽 5 米，洞顶以上高 9 米，塌体成椎形。对塌方漏斗先在洞内衬砌洞顶，然后在洞顶以上开挖竖井，用 150 号混凝土和 50 号浆砌石各回填 1 米，以上用素土夯实至井口，然后进行了洞内压力灌浆。

隧洞开挖后，桩号 0＋133.52～0＋246 米（坝轴线）段基岩比较完整，溶洞裂隙较少，发育不深；桩号 0＋246～0＋405 米（出口）段基岩破碎，溶洞裂隙发育，大溶洞和砂卵石层交错出现。鉴于坝轴线下段洞顶岩石较薄，经设计单位现场研究决定，在不改变钢材用量的前提下，对坝轴线上段桩号 0＋133.52～0＋246 米之间双筋改为单筋，坝轴线下段分别在桩号 0＋320～0＋332 米及桩号 0＋338～0＋376 米之间将双层环向受力筋由 $\phi12$ 变为 $\phi20$，间距由 20 厘米变为 10 厘米，混凝土标号由 200 号提高到 300 号，其余部分按原设计施工。

洞内所用的环向筋与纵向筋均采用人工绑扎，搭接长度按 30 天执行。隧洞衬砌分进、出口两个工作面施工，断面浇筑分 1/4 底拱和 3/4 边顶拱两次进行，轴线方向由中间向进、出口连续浇筑。7 天以后拆模，洒水养护。隧洞及放水塔混凝土浇筑全部采用人工运料，机械拌和，机械振捣。

2. 设计变更

（1）轴线长度。原设计总长 328 米，施工后总长 335.3 米，比设计长出 7.3 米。①设计进洞桩号 0＋081 米，施工进洞桩号提前至桩号 0＋073.19 米。②设计塔前平洞长 3.5 米，塔后平洞长 2.96 米，施工后塔前平洞长 5.11 米，塔后平洞长 1.98 米。③施工后下弯道与平洞交接高程的改变影响。

（2）洞轴线。扩洞施工，隧洞下段若按原轴线施工，将加大工程量，所以从桩号 0＋130 米开始，轴线逐渐向右偏离，至桩号 0＋406 米，向右偏距为 0.11 米。

（3）洞底高程。在桩号 0＋137.16 米处，原设计导流洞底岩面高程 739.54 米，衬砌高程 739.84 米，为导流洞段不存淤，便于封堵，施工时采取了衬砌高程 739.54 米，从桩号 0＋133.52 米开始，隧洞下段高程均降低 0.3 米。

（4）导流封堵。由于库区铺包分两次进行，导流洞封堵亦分两次进行。1974 年 3 月底第一次封堵情况：①洞口除叠梁外用 1200 个草袋在梁前加固。②叠梁后 6 米长用混凝土封堵，因受淤泥影响后移至桩号 0＋

031～0＋045 米做了 14 米混凝土块石堵塞段。③导流洞与低洞弯道交接段封堵由原来的 21.4 米改为 22.92 米。④除封堵之外，在洞口又铺盖了黏土。⑤叠梁门尺寸和配筋均按设计施工。1974 年 10 月炸开叠梁和封堵段进行铺包导流，1975 年 3 月进行了第二次封堵。为形成楔形体堵塞，桩号 0＋032.5～0＋045 米为第一段堵头段，第二段尺寸不变，洞前用石渣封口，黏土覆盖。

（5）放水塔基高程。原设计塔基顶板高程为 767 米，施工开挖后为 766 米，故塔身比设计增高 1 米，竖井减少 1 米，涉及局部尺寸相应改变。

第六节 工 程 验 收

根据《陕西省水利水电工程质量检查及验收办法》，渭南地区水库工程指挥部制定了《桃曲坡水库工程质量检查及验收办法》，在局部或全部竣工后，进行了阶段验收和竣工验收。

一、质量检查

设置工程质量检查组，发动群众，群策群力，保证工程质量。县指挥部设 5～7 人的质量检查组，由 1 名指挥负责，吸收群众、技术人员、营连负责人和设计代表参加，营设质量检查小组，由 3 人组成，连设质量检查员。

水库指挥部规定严格执行工程质量检查，特别是把工程质量检查贯穿在施工过程的始终。严格遵守施工管理和操作规程，不得降低质量标准要求。凡不合质量要求的，必须采取补救措施或令其返工。对于已经出现的质量事故，责令停工整顿，追究当事人责任，经研究采取合理的返工补救措施后，方可继续施工。

建立严格的技术责任制。图纸、文件、设计、审核、编制等各个环节，要求当事人签名，做到严肃认真，责任分明。工地主要领导分工主管技术工作，对发生的质量事故，做到认真分析原因，逐级追究责任，对责任人员严肃处理，对施工连队责令限期返工。

二、阶段验收

阶段验收是在施工过程中对隐蔽工程或重点工程的重要部位完成后进行的验收，对阶段性工程初次进行拦洪、引洪发挥效益时进行的验收。一般小型建筑物和土、石、隧洞等只作竣工验收，不进行阶段验收。

阶段验收由负责施工的营或重点工程的临时领导机构提出申请，由县指挥部负责组织、地区指挥部派员参加，采取领导干部、技术人员和群众三结合（包括设计代表）的办法进行验收。

三、竣工验收

竣工时间安排分两个阶段：第一阶段由 1983 年 7—12 月，以工程普查和两县财务决算为重点。第二阶段由 1984 年 1—3 月，初步完成全部工程竣工验收资料的整编和财务决算编制，指挥部进行内部验收。

竣工验收采取分级验收的方法进行，一般单项工程和土石渠段、隧洞竣工后，由县指挥部组织进行验收；重点单项工程竣工后，由渭桃指按照"十二条验收办法"逐项进行验收；整个工程竣工后，省水利厅、省计委、渭南地区行署、铜川市人民政府等 14 家单位 20 人组成验收委员会，省水利厅厅长曹廷甫任主任委员。委员会成立枢纽、灌区、财务决算 3 个验收小组。委员会成员名单见表 3-6。

按照 1980 年 6 月 19 日水利部颁发的《水利基本建设工程验收办法》的规定和省水电局具体要求，工程验收内容主要包括基建工程和财务决算两项，同时涉及到临时运行、移民征地、工伤安置等方面，工程竣工时间确定为 1983 年 12 月 31 日，即 1983 年底以前为工程建设时期，属竣工验收和财务决算的服务时间，凡拖在这个时间以后但属原设计范围的在建尾留项目，不列入这次竣工验收。验收内容包括大坝枢纽和灌区渠道两部分。

1984 年 12 月 25—29 日，省计委委托省水利厅主持对水库基建工程进行竣工验收。尾留的 7 项 34 个单项工程由水库指挥部设计，报省水利厅审批，1986 年底全部完成。1985 年省水利厅下发陕水计发（1985）第 002 号批转《桃曲坡水库灌溉工程竣工验收报告书》。1987 年 7 月 24—25

日，省水利厅对尾留工程包干项目进行了验收，完成尾留工程共 7 项 35 个单项投资 705 万元，认为工程合格，投资节约，同意全部交付使用。

表 3 - 6 桃曲坡水库灌溉工程验收委员会成员表

职 务	姓 名	单位与职务
主任委员	曹廷甫	省水利厅厅长
副主任委员	张正欣	省计委施工管理处副处长
	李天文	渭南地区行署副专员
	孙天锡	铜川市人民政府副市长
	余光夏	省水利厅副总工程师
委员	蒋允宁	省建行干部
	罗经盛	省审计局干部
	侯平原	渭南地区水利局副总工程师
	吴志贤	铜川市水利局局长
	李逢都	省水电设计院总工程师
	林柄春	耀县人民政府副县长
	雷志峰	富平县人民政府副县长
	李如芳	耀县建行行长
	杜杰	耀县民政局局长
	周维夫	省水利厅计划基建处处长
	周道	省水利厅财务处副处长
	汤保澍	省水利厅水管处主任工程师
	田思聪	桃曲坡水库指挥部党委负责人
	王德成	桃曲坡水库指挥部副指挥
	郑根运	桃曲坡水库指挥部副指挥

四、质量评定

验收委员会根据本工程的初步运用效果认为：为彻底改变渭北高原农业生产的基本条件，修建桃曲坡水库灌区是完全必要的和及时的。其工程的整体规划设计和重点建筑物的结构造型在技术上和经济上也都是合理的。

关于工程施工质量的评定，验收委员会原则同意各小组对工程各个部位质量的鉴定意见。

枢纽验收小组认为：水库工程的规划设计基本合理，枢纽建筑物的施工质量良好，库区补漏的设计和施工成功，效果比较显著。

1. 大坝工程质量

（1）大坝的竣工尺寸、结构构造符合设计要求。

（2）大坝的清基、削坡、结合槽开挖以及灰岩裂隙、溶洞处理等，均按设计要求施工，并经过阶段检查验收，质量较好。

（3）大坝建成已有 10 年，坝面尚未发现裂缝或塌陷。根据对施工中填土干容重测验资料分析，平均为 16.42 千牛每立方米（设计要求 16.17 千牛每立方米）合格率达 90.7％。

1972 年底，对大坝高程 739.6 米以下坑探检查。共取土样 62 个，平均干容重为 16.95 千牛每立方米，合格率达到 100％。1984 年 3 月，在背水坡坑探检查，高程 784 米以下取土样 117 个，平均干容重 16.56 千牛每立方米，合格率 75％。高程 784 米以上取土样 9 个，平均干容重 15.88 千牛每立方米，合格率 22％。可见正常蓄水位以下坝体质量良好，仅正常蓄水位以上填土质量较差。又 1973—1976 年坝体实测最大沉陷总量 120 毫米，为坝高的 0.19％，从位于坝顶的砌石防浪墙外观分析，无裂缝和不均匀沉陷等异常现象。上述情况说明，大坝的施工质量良好。

2. 放水低洞工程质量

放水低洞及水塔已运用 9 年，放水量达 3 亿立方米，并经过泄洪设计最大流量 100 立方米每秒，持续时间达 24 小时的考验；低洞衬砌混凝土强度，经用回弹仪测定，合格率达 83％；成洞面积误差在 ±5％ 内。证明放水洞工程质量良好。

3. 放水高洞工程质量

放水高洞工程已于 1975 年按原设计要求建成，1983 年按技术补课要求进行了洞内衬砌。放水塔和洞身的混凝土衬砌密实平整，结构尺寸准确，经过 9 年输水运用无异常情况，证明施工质量良好。

4. 溢洪道

溢洪道进口的溢流堰、侧槽和陡坡段已于 1974 年按原设计竣工，溢流堰工程质量良好。建议富桃指按设计院 1983 年提出的溢洪道加固工程设计完成剩余工程任务。

5. 库区补漏

库区铺包补漏工程已经取得了显著效果，水库在今后的运用中还可能出现漏水问题。为此，要求指挥部加强库区漏水观测，尽量做到早发现、早处理，并采取切实措施，防止严重漏水事故的发生。

五、验收结论

（1）根据国家关于基本建设竣工验收的有关规定，经对工程的全面检查与鉴定，水库工程经过 10 余年的建设，基本完成了扩大初步设计和技术补课工程设计主要工程项目的建设任务，并已形成一定的生产能力，初步发挥了灌溉效益，移民、征地和工伤人员的安置与处理均较为彻底。因此，验收委员会认为，桃曲坡水库工程已具备投产条件，可以办理移交手续，并决定 1984 年 12 月 30 日由施工单位正式移交管理单位使用。

（2）考虑到桃曲坡水库工程的尾留工程项目较多，今后两年施工任务还相当艰巨。工程正式移交管理运用后，作为主要承担施工任务的工程指挥部机构，可以延续再保留两年，与管理机构合并办公，一套人马，两个牌子，务必于 1986 年底完成全部尾留工程的施工任务。尾留工程任务完成后撤销水库工程指挥部机构。

（3）遗留问题：

1）加强水库管理，合理调度运用，搞好上游水土保持工作。桃曲坡水库灌溉工程，具体蓄水设施，水源较为充足，自流灌溉多，灌水成本低，经济效益显著。但是，由于近多年库区上游植被严重破坏，毁林开荒，加之梅七线施工弃土堆入河道，致使暴雨洪水期泥石俱下，来水含沙量俱增，造成水库的大量淤积，严重影响水库寿命。为此，验收委员会建议，今后除管理单位加强工程管理合理调度运用，尽可能创造条件，蓄清排洪，减少淤积外，有关方面也应积极配合，做好上游水土保持和流域治理工作，绿化荒山荒坡，植树种草，严禁毁林开荒，破坏植被，以延长水库寿命，保证水库正常蓄水运用和发挥效益。

2）在工程建设期间库坝区的移民与征地工作，曾委托耀县人民政府负责完成，耀县政府对这一工作极为重视，并做了大量细致的工作，但由于种种原因，资料不全，界线没有划清。对此，验收委员会建议由耀县人民政府配合工程指挥部查清库坝区征地范围、设置界桩、分清权属，绘出平面图，以利于水库的管理和运用。

3）坝下游和库周桃曲坡沟的渗漏问题，应加强观测，掌握动态，查明原因，找出规律，提出处理措施，逐步予以改善。

4）据探孔初步探查，大坝在高程 768～777 米范围，有较弱夹层，尚待查明。今后除加强观测外，在补充观测孔时，要注意观测，寻找范围，查清原因，必要时应采取补强措施。

5）放水低洞龙抬头处工作缝曾有渗水和射流发生，应认真检查，搞清问题，研究处理；龙抬头以下的局部冲蚀破坏，应及时用高强砂浆修补；弧形工作闸门底在止水运用中容易损坏，由设计院提供改善意见，指挥部予以实施。

6）关于桃曲坡水库灌溉工程的管理体制问题，建议由有关方面召开专门会议研究解决。

7）关于富平、耀县两县反映 1975—1977 年遗留的工程款问题，验收委员会认为仍按中央有关文件精神和 1978 年省上领导指示办理。

第七节 移 民 征 地

根据省革委会建委陕革建规发〔1972〕41 号文件批复和耀县革委会〔1970〕159 号、〔1975〕77 号文件精神，桃曲坡水库水利工程建设中，由耀县于 1972—1983 年分次进行征租土地、淹没拆迁和移民安置工作。

一、淹没范围

水库按 100 年洪水设计，1000 年洪水校核，相应库水位 790.5 米，并由设计单位应用工程地质类比法对水库塌岸和浸没范围进行了预测，以此作为淹没范围。

二、拆迁原则及补偿标准

1. 拆迁原则

总体要求是拆多少，建多少，拆什么，建什么。以原有住宅的数量和质量合情合理予以补偿。

2. 补偿标准

（1）拆迁房屋：每平方米建筑面积补偿8～15元；拆迁公社以上单位公房，补偿费可适当高于群众的房屋，但最高不得超过1倍。拆建窑洞根据开挖土方量所需要的劳动力来确定，每立方土外方补偿0.9元，内方土补偿1.3元（砖、石砌窑不得超过1倍）。被迁入地如条件所限，无法打窑时，以窑改房，按迁建房屋标准补偿。每间补偿250～300元。住宅内的其他建筑（如锅台、围墙、猪圈、厕所等），另行给予适当补偿。

（2）附着物的处理：

零星树木：直径10厘米以下的（未结果的经济树木在内）由树主自行移植，每棵发给移植费0.05～0.1元；直径10厘米以上的成材树，由树主自行砍伐，适当付给砍伐费。有收益的经济树木按近2年产量总值补偿。

树林：凡属国有林木，按林业部门规定办理；属集体所有者，由所有者砍伐，付给一定的砍伐费。

水井、水窖、涝池以及通信、供电、水利等设施，一般应按所需工、料予以补偿。

对与群众生活、生产有关的水源、交通、渠道等设施，如需阻断或破坏的由施工单位，应先改道或另行修建。

坟墓：由坟主自行迁移，单棺者发给迁葬费7元，两棺者发给9元，三棺以上者发给12元，无主坟由用地单位代迁。烈士坟墓，由用地单位会同有关部门处理，迁葬费从实支付。

（3）征用土地补偿：征用土地的补偿费以最近3年（1969—1971年）实产量（指粮食产量）的总值为标准。对于荒山、荒坡、河滩（已耕种的除外）一律不予补偿。

（4）铲毁青苗：经批准铲毁征用（租用）土地上的农作物，其补偿费

标准是：初下种和初出土的补偿一季实产量的 50%；生长期的补偿 60%
~80%；将要成熟的补偿全部产量。

三、移民安置

水库淹没区征地、移民于 1972 年初开始，当年 6 月结束，征用土地
1450 亩，迁移安里公社安里村和石柱公社吕渠河村居民 102 户，拆迁房
屋 160 多间，窑洞 422 孔及其他附属物，共计迁安费 4.28 万元。渠道征
租地处理工作随工程开展逐年进行，渠道占地中高干渠道连同建筑物、抽
水站、管理站等共征地 473.42 亩，迁移居民 4 户，拆迁房屋 21 间，窑洞
12 孔，水窖一个及其他附属物，共计迁安费 6.78 万元；渠道租地 568.1
亩，连同青苗赔偿费共 7.69 万元。

第四章 水库补漏及除险加固

桃曲坡水库建设初期，已发现库区两岸有大量的废弃煤窑，并在近坝区 0.5 平方千米范围内探明各种岩溶洞穴 149 个。水库蓄水之初出现漏水，1976 年地质补探结果表明，库区漏水点主要集中在坝前到石沟以北区域。1974—1982 年曾进行过五次较大的铺包补漏处理，取得一定效果，大的集中渗漏基本得到控制。但是库区小的漏水点、裂缝、塌坑仍不断出现，渗漏问题一直未能彻底解决。1995 年 6—9 月利用以工代赈项目对土坝迎水坡隆起及库区进行补漏加固；1999 年冬季对库区石沟范围 7 处塌坑群及裂缝采取定点补漏措施。2002—2005 年水库除险加固，又对近坝区进行了补漏防渗处理，库区渗漏基本得到控制。

第一节 渗 漏 分 析

桃曲坡水库与石川河岔口距离较近，据省地质勘测队资料分析，按岔口地下水位高程推测，库区地下水位在高程 384～398 米之间，低于库底 350 米之多，呈"悬挂"式水库。

一、防渗起因

水库土坝工程自 1974 年 3 月 9 日封堵导流洞，第一次蓄水运行，从 3 月 10 日开始对入库流量、水位进行观测及水量平衡计算（见表 4-1）。

观测期分析，损失水量占来水量的 57.4%，从 3 月 10 日—6 月 30 日 112 天时间，日平均渗漏量达 4.8 万立方米。水库工程指挥部同省水电设计院地质队及驻工地设计代表联合分析确认："由于库区石灰岩之裂隙、溶洞和灰岩露头未曾彻底处理"，造成库区漏水。1974 年 3 月省水电局和渭南地区决定，立即对坝前石灰岩区进行防渗铺包处理，防渗设计由省水电设计院承担，富平、耀县承担补漏施工任务，1974 年 10 月—1975 年 3

月完成首次铺包补漏工程。

表 4-1   第一次蓄水渗漏观测计算表

日　　期		库水位（米）		蓄水量	来水量	损失水量	日均渗漏
起	止	起	止	（万立方米）	（万立方米）	（万立方米）	（万立方米）
3月10日	3月31日	740.0	747.85	93	130	37	1.68
4月1日	4月30日	747.85	749.65	49	185	136	4.53
5月1日	5月31日	749.65	751.96	83	270	187	6.03
6月1日	6月30日	751.96	754.76	175	354	179	5.77
合　　计				400	939	539	

第一次防渗处理工程结束后，于1975年3月16日封堵导流洞。第二次试蓄水运行，并对库水位和流量进行观测（见表4-2）。

表 4-2   第二次蓄水渗漏观测计算表

日　　期		库水位（米）		蓄水量	来水量	损失水量	日均渗漏
起	止	起	止	（万立方米）	（万立方米）	（万立方米）	（万立方米）
3月18日	3月27日	748.00	750.82	64	86.4	21.89	2.19
3月28日	4月15日	750.82	752.95	85	136.91	45.73	2.40
4月16日	4月30日	752.95	758.31	338	440.19	62.71	4.18
5月6日	5月21日	760.24	763.08	265	334.97	67.43	4.21
5月22日	6月11日	763.08	764.18	109	241.44	123.27	5.87
合　　计				861	1239.91	321.03	

根据观测资料，来水量1239.91万立方米，损失水量321.03万立方米，损失水占来水的25.9%。第一次铺包补漏工程完成后，库水位高程在755米（死水位）以下与1974年同期比较有一定的防渗效果，库水位在748~755米之间日平均损失水量由铺前的5.44万立方米减少到铺包后的3.00万立方米，日渗漏量减少了2.44万立方米。但在库水位超过755米以上，在755~764米之间，日平均损失仍为5.20万立方米。1975年10月7日当库水位在774.63米时，发现库水位急骤下降，每日下降速度80厘米，从10月7—22日历时15天观测资料记载共损失水量为3254.7万立方米，最大日漏水达240万立方米；10月21日在左岸石沟以北出现

大漩涡，当库水位下降至 753 米时，在左岸石沟以北 180 米处山坡下露出 C_3 和 C_4 两个煤窑。此时，库水改道，坝前干涸，上游来水全部经 C_3、C_4 漏走。漏水发生后，普查库区周围地下水并无异常变化，库底铺盖及淤泥表面亦无漏水塌坑，只有岸边和台地发现大小漏洞和塌坑 36 个。水库渗漏引起了省、地、县各方面的密切关注，在省水电局的高度重视下，会同水利部和中国科学院专家现场考察，进行灰岩地区全方位渗漏分析，水库补漏工作被提上了重要议事日程。

二、渗漏形式

1. 垂直渗漏

在黄土覆盖区漏水点表现为塌坑和裂缝。在砂卵石铺盖区，没有明显塌坑和裂缝，库水通过砂卵石层进入灰岩形成隐蔽性漏水通道，不易发现。库底与灰岩地下水之间形成一个非饱和含气带，水库渗漏与灰岩地下水互不连接，这就形成一种"悬库"库区。垂直渗流速度很大，所以水库渗漏以垂直渗流为主。

2. 水平渗漏

库区右岸的二叠系砂岩透水性强，最为明显是库外的桃曲坡沟有水平出流，当水位超过高程 766 米时，桃曲坡沟在高程 755～768 米之间就出现一条长约 85 米的渗漏带，并随水位上升而逐渐扩大，当水位低于高程 766 米时，渗漏带逐渐减少，直到消失。通过对 1980—1991 年 12 年间桃曲坡沟旁渗漏量的观测、汇总计算，年均渗漏水量 39 万立方米，占水库总体渗漏的 3%。

3. 绕坝渗流

由于截流槽以上坝底砂卵石层没有铺设反滤，加之又与下面灰岩形成隐蔽性漏水通道，坝体浸润线呈陡降型。绕坝渗流时有时无，只在 1981 年、1982 年、1984 年、1988 年、1996 年、1998 年 6 年间棱体下出现过明流，而且只有在水位超过高程 781 米时的高水位长时间运行状况下，才有绕坝渗漏明流出现。

综上所述，水库渗漏形式主要以垂直渗漏为主，垂直渗漏约占总渗漏的 90% 以上。

三、渗漏部位及原因

坝址位于灰岩区，灰岩在库区出露于坝前，灰岩与上石炭系太原组页岩主要分布于库底左侧，呈条带状延伸，长约 800 米，宽 40～180 米。该区发育有两组岩溶—古岩溶和晚期岩溶。岩溶一般被页岩、铝土充填，充填不好的以及遭受后期改造破坏的岩溶是水库漏水的主要通道。

1. 漏水原因

主要原因有：一是灰岩中岩溶；二是坝址地下水位深达数百米，垂直渗水有良好的出路；三是灰岩（有岩溶和裂缝的灰岩）裸露或库区第四组松散物出露；四是灰岩上的砂页岩完整性遭到破坏，与下部灰岩溶洞串通；五是二叠系砂岩透水，并延伸库外。

2. 渗漏部位

（1）左岸垂直渗漏。大面积渗流和集中漏水同时存在，以集中漏水为主体。渗漏的主要原因是灰岩上覆岩体被裂隙、断层、废弃煤井、通风井、滑塌、崩积所破坏，与灰岩连通形成了漏水通道；三级阶地砂卵石处于正常蓄水位以下，厚度 5～22 米，透水性较大，与灰岩漏水溶洞间接连通；左岸可划分为 3 种地质区域：①坝前到左一支沟为灰岩裸露、黄土覆盖区裂隙发育；②左一支沟以北到石沟以南为砂页岩风化区，岩石完整性遭到破坏与下部灰岩溶洞贯通；③石沟以北一部分地区为石炭系煤系地层，为煤炭采空区。

（2）右岸水平渗漏（或即邻谷渗漏）。漏水原因是组成库岸的 P_{1-2}^3 砂岩裂隙发育，形成了渗漏通道，分布在水库右岸自高洞进口上游 200～500 米之间。

（3）库盆垂直渗漏。分为两大区，右侧砂页岩区以大面积渗流为主，因上部淤积 15～23 米厚砂壤土，透水性弱，可以起到相对隔水作用。左侧灰岩岩溶发育，页岩分布采空区（C_3+O_1），大面积渗流和集中漏水同时存在，上部淤积砂壤土，对大面积渗流虽能起到隔水作用，而对集中漏水不起作用。

水库淤积物厚度为 15～23 米，分布高程 744～767 米，主要成分为砂壤土，间夹一层填筑土。淤积土可分为 3 层：上层淤土为中等透水，防渗作用较差，下层淤土及中层间夹人工铺土为弱透水，防渗性能较好。

四、渗漏量计算

桃曲坡水库蓄水运行 32 年来，由于坚持不断地进行渗漏治理，库区渗漏得到控制。水库渗漏量的分析计算采用时段水量平衡法，根据《桃曲坡水库大坝安全鉴定》之附件二（水库渗漏、淤积分析），1980 年到 2011年水库来水、水位、降雨、蒸发等观测资料，以月为计算时段，剔除有农灌出库水量的月份。计算公式为：月渗漏量＝月初库容＋月来水量＋月库面降水量－月蒸发量－月末库容。水库渗漏量计算见表 4-3。

表 4-3　　　　　　　　桃曲坡水库逐年渗漏量计算表

序号	年份	年来水量（万立方米）	年渗漏量（万立方米）	日均渗漏量（万立方米）	渗漏与来水比值（%）
1	1980	3687	143.5	0.39	3.9
2	1981	13100	1074.1	2.94	8.2
3	1982	7466	1235.5	3.38	16.5
4	1983	22758	1740.6	4.77	6.5
5	1984	14106	1595.4	4.37	11.3
6	1985	8481	1199.4	3.29	14.1
7	1986	2284	190.5	0.52	8.3
8	1987	1943	58.5	0.16	3.0
9	1988	14982	1024.7	2.81	6.8
10	1989	3843	776.4	2.13	20.2
11	1990	3564	367.3	1.01	10.3
12	1991	5858	716.8	1.96	12.2
13	1992	3920	498.4	1.36	12.7
14	1993	4347	240.9	0.66	5.5
15	1994	3431	596.2	1.63	17.3
16	1995	1373	56.8	0.16	4.1
17	1996	5524	664.8	1.82	12.0
18	1997	2833	804.8	2.20	28.4

续表

序号	年份	年来水量 （万立方米）	年渗漏量 （万立方米）	日均渗漏量 （万立方米）	渗漏与来水比值 （%）
19	1998	4126	771.2	2.11	18.7
20	1999	5008	794	2.2	15.9
21	2000	5128	1865.2	5.1	36.4
22	2001	7336	1616	4.4	22.0
23	2002	4464	603.6	1.6	13.5
24	2003	22540	3436	9.4	15.2
25	2004	5154	1494.8	4.1	29.0
26	2005	4595	201	0.55	4.4
27	2006	7664	1187.4	3.25	15.5
28	2007	9120	1348	3.69	14.8
29	2008	5213	1024	2.81	19.6
30	2009	4198	749	2.05	17.8
31	2010	14436	1260.5	3.45	8.7
32	2011	19546	1635	4.48	8.4
合计		242028	30970.3	2.65	12.8
1980—2011 年平均渗漏量		967.8		日均渗漏量 （万立方米）	2.65
				2.65	

从蓄水位与渗漏量的关系分析：水库渗漏量随蓄水位的升高而增大，随水位的降低而减小，具有一定的规律性。一般水位在 770 米以下时，日均渗漏量在 0.67 万立方米以下；水位 770～780 米时，日均渗漏量在 0.67 万～4.4 万立方米之间；水位在 780～784 米时，日均渗漏量在 4.4 万～7.9 万立方米之间；水位在 784～788.5 米时，日均渗漏量明显加大，在 7.9 万～15.3 万立方米间。

第二节 库 区 补 漏

根据实际渗漏观测分析和地质勘察成果，在处理库区渗漏时采用锲形混凝土与黄土铺盖相结合的措施，并根据具体渗漏部位采取不同的防渗措施。

一、铺包补漏

桃曲坡水库土坝工程自 1974 年建成后，历经 9 年 5 次大的铺包补漏工程，到 1984 年水库漏水基本得到控制，开始正常蓄水运行。

1. 第一次铺包补漏（1974 年 10 月—1975 年 3 月）

1974 年 9 月 24 日渭桃指召开核心组扩大会议，会议研究确定了铺包补漏工程的炸洞方案。1974 年 10 月 12 日炸开导流洞泄空水库后普查发现，坝前 5 处溶洞附近有漏水迹象，呈落水漏斗，直径 2～3 米，深 1～1.5 米，其中 $K_{左6}$ 可见流水明洞，直径达 8 米，左一支沟口高程 749.22 米有煤窑塌坑一处；石沟至吕渠河村南台地上有塌坑 11 处，呈圆柱状，综合原地质调查资料，对库区原来的 13 处溶洞和左一支沟口废煤井，均清除洞内淤积，用混凝土填塞，填塞深度不小于洞径的 1.5 倍，放水洞进口石灰岩露头处均用 200 号混凝土护面防渗；对坝前区石灰岩及砂卵石覆盖部分，为了防止其垂直漏水，用黄黏土进行表面铺盖，且从坡岸进行粘土贴坡封闭，铺盖总长 490 米。参考省内外已建水库的防渗经验，考虑黄土天然覆盖和淤积的防渗作用，铺包厚度按 1/10 水头计算（水头以正常蓄水位 784 米计算标准），最厚不超过 5 米，最薄不低于 1.5 米。左一支沟及左岸砂卵石露头在正常水位以下者，铺包最小厚度为 3 米，干容重均要求 1.6 吨每立方米，石沟至吕渠河村南台地上的 11 处塌坑，当时认为此处灰岩已伸入下层，未作处理。1974 年 10 月 27 日渭南地区水电局为加快水库补漏工程建设，在耀县召开水库防渗铺包会议。会议决定铺包范围、重点及两县分工：以河道水流主槽为界，耀县铺包左岸，富平铺包右岸。为便于施工，河道水槽由耀县疏通，降低水位，排除滩地积水。铺包结束前的河道合拢和导流洞封堵，由富平承担完成。

补漏工程按规定进行阶段验收，施工期间对富平工区打探坑 8 个，取样 132 个，其中合格 127 个，占 96.1%，对不合格的采取返工措施；对耀县铺包区打探坑 12 个，取样 138 个，合格 97 个，占 70.2%，施工质量未达到铺包设计要求。1975 年 1 月 17 日，经渭桃指核心组研究讨论，以渭桃指字 010 号《关于要求耀县对铺包工程进行局部返工处理的请示报告》上报渭南地区。同年 1 月 27 日耀县县委书记董继昌在大坝工地与朱宗芳、张殿卿商谈县委对铺包补漏工程局部质量返工意见，并及时采取了返工补救措施。第一次铺包补漏工程共完成土方 85 万立方米，投劳力 129 万个工日。

2. 第二次补漏（1975 年 11 月—1976 年 6 月）

1975 年 11 月 8 日中共渭南地委书记杜鲁公在桃曲坡水库主持召开富平、耀县指挥部主要负责人参加的水库补漏工程分工会议，就尽早处理水库渗漏，加快工程建设步伐等问题作出重要决定。水库补漏工程任务按扩灌面积比例进行分配，富、耀两县各按 50％承担；先按已暴露的工程量估算，最后以各县实际开挖回填的工程量统一结算；其中耀县承担处理坝前区至左一支沟范围，富平县承担处理左一支沟至石沟范围及大坝至石沟以北道路等。

这次补漏重点是石沟以北集中漏水区。首先在石沟以北修筑施工导流围堰，随后开挖处理 C_3、C_4、C_{12}、C_{14}、C_6 及 C_5 煤窑和 K75－1 溶洞。C_3 煤窑在一级阶地上，地面高程 753 米，洞口高程 742 米，清除洞内淤积后，发现有平洞与 C_4 煤窑连通，内部为煤炭采空区，采空区底部为石灰岩并与溶洞串通，溶洞底部呈大裂隙，宽度 0.5～1.5 米，走向 N56°E 和 N66°E，可见深度距地面 29 米，下部仍有砂卵石及顽石充填，深不可测，可见部分长度 46 米，洞底有风声。观察证明 C_3 煤窑是这次漏水的主要通道。处理时除将洞口用混凝土封堵外，又将与连通的 C_4 煤窑采空区全部用混凝土填塞。C_4、C_{14} 煤窑地面高程分别为 753 米、754 米，在一级阶地基石滑塌体前缘，岩石破碎，开挖时几次坍塌，开挖难度很大，C_4 煤窑用混凝土填塞并封堵与 C_3 煤窑连通采空区，当时因汛期将到，未能彻底开挖处理，只在坑内用混凝土和黄土回填。C_{12} 为大型塌坑，直径 17 米，深 8 米，地面高程 751 米，原计划开挖到基岩，但开挖到高程 737.5 米时已临近汛期，按当时的情况作了紧急处理：下部浇筑直径 8 米，厚度 1 米的混凝土板，混凝土板上铺砂砾石厚 3 米；上部设混合砂反滤，再用黄土夯填至原地面。C_5 煤窑及 K75－1 溶洞，开挖后均用混凝土填塞。对其余塌坑经过逐一开挖检查，均属施工遗留的土窑洞、探坑、电杆坑等沉陷，全部用黏土进行了夯填。第二次补漏于 1976 年 6 月中旬处理完毕，共完成土石方 13.4 万立方米，投劳力 28.81 万工日。

第二次大的铺包补漏工程完成后，渭桃指在 1976 年 11 月—1977 年 2 月对库区地质问题用钻探和人工开挖等方法进行勘探，组织两县专业队 400 人（富、耀两县各 200 人）进行库区局部防渗补漏，因施工任务较小，工程由渭桃指直接领导两县专业队完成。

3. 第三次补漏（1977 年 1—8 月）

这次补漏重点处理石沟以北 250 米，包括原施工围堰范围内，为主要漏水区。

1976 年 6 月 20 日第三次下闸蓄水，当库水位在 755.7～757.41 米时，日平均损失水量为 3.35 万～5.65 万立方米，与 1975 年相同水位相比悬殊不大。在 6 月 27 日晚至 28 日早，库水进入围堰，当围堰内外水面相平后，发现漏水量突然增大。据 6 月 28 日—7 月 8 日 10 天观测，库水位由原 757.41 米下降到 756.75 米，日平均漏水量达 14.7 万立方米，说明这次漏水主要在围堰内，经渭桃指请示渭南地区后，于 1976 年 7 月 11 日开启低洞闸门，泄走水位 755 米以上库水后，将围堰堵挡，发现漏水点仍为 C_4、C_{14}、C_6 煤窑。7 月 21 日又发现距 C_4 40 米的岸坡上出现塌井 C_{15}，洞口呈椭圆形，直径 5～7 米，深 9 米，塌井周围全为页岩，塌井口高程 768 米。此外，围堰内又出现塌坑 C_{16}，位于 C_3 和 C_{12} 之间，直径 7 米，深 1.5 米。

为了较彻底地查清一些可疑的漏水通道，减少处理的盲目性，决定进行库区地质补充勘探，对已暴露的问题进行有限的实验性处理。1976 年 10 月省地质钻探队开始钻探，至 12 月下旬在围堰区东山坡平台打孔 6 眼，共计深度 320 米，平均每孔深度 50 米。同时进行物探，从钻探资料看，由南向北钻孔地面高程 763.78～758.46 米，石灰岩顶高高程为 745.38～721 米，物探灰岩内有 10 处溶洞。从石沟以北（包括石沟）根据已钻探资料分析，认为灰岩分布范围比过去大，问题集中的范围是左一支沟至围堰北段，现在集中漏水区岸坡不稳定，溶洞距地面较深。若待钻探完拿出全部彻底处理方案，时间较长，影响灌区受益。因此，从实际出发，按照边钻探、边处理、边受益的原则，1977 年 1 月开始进行第三次补漏铺包。

根据工程方案，对 C_4、C_6、C_{14}、C_{15}、C_{16} 进行补漏处理；C_4 及 C_{14} 由于向下开挖至基岩难度很大，经研究开挖到高程 742.5 米，在长 24 米，宽 5 米范围下部用 1 米×1 米见方混凝土块，混凝土块上干砌石厚 2 米，铺 4 米厚砂砾石，以上又铺 0.5 米厚混合砂，再回填土。C_{16} 与 C_4 及 C_{14} 的处理方法相同。

C_{15} 先用水进行冲填整平后，浇筑 2 米厚的混凝土塞子，其上回填土；C_6 用混凝土堵塞，对围堰内全面用黏土铺盖至高程 756 米，最大厚度 14 米，平均厚度 4 米；库岸以 1：3 边坡包封至高程 768 米。这次补漏铺包于 1977 年 8 月结束，共完成土石方 10.8 万立方米，投劳力 23.15 万工日。

第三次铺包完成后，库区地质钻探工作继续进行，在石沟又不断发现新的漏水点，右岸也出现许多漏点。由于水库蓄水影响，渭桃指决定对库区石沟左、右岸进行水中倒土以防止产生大的渗漏。工程于 1978 年冬季上劳力，1979 年 4 月完成。

4. 第四次补漏（1979 年 10 月 15 日—12 月 16 日）

重点是从左一支沟至上游北端 5 号煤窑，长 1100 米进行全面铺包，同时从右岸高洞进口上游 155 米起至原铺包末端，长度 404 米进行岸边铺包，铺包面顶部高程 765 米。

第三次铺包工程结束后，渭桃指安排专人对库水位和渗流量继续进行观测，截止 1977 年 8 月 31 日，当库水位在 755.84～757.78 米时，日平均漏水量为 1.164 万立方米。根据补充地质勘探过程中揭示的问题，中国科学院专家意见："本区不仅灰岩存在漏水问题，同时上覆岩层不含水，地下水位距河床有 300 多米，形成一个包气带，是一个悬库，而且群众所掘的煤窑星罗棋布。为查明库区漏水而进行深孔钻探意义不大，对处理水库渗漏问题，其资料没有多大价值，无需进行工费浩大的深孔勘探，想用勘探手段一下子把全部漏水之处弄清楚是费事的，而且几乎是不可能的，也不可能一次就处理得很彻底，只能是一面补漏，一面蓄水，一面受益，在运用当中如果发现问题再进行处理"。据此，省水电设计院提出了第四次铺包补漏工程方案，即左岸从左一支沟起至上游北端 5 号煤窑止，右岸从高洞进口上游 155 米起至原铺包末端，共长 2504 米进行全面铺包。1978 年 1 月拿出第四次补漏铺包工程设计方案，将处理范围分成Ⅲ个区：第Ⅰ区为重点铺包区，在左岸由左一支沟口至 C_5 煤窑北全面进行黏土铺包，高程 756 米以下水中倒土，高程 756 米以上分层碾压。设计干容重 1.6 吨每立方米；第Ⅱ区增补岸边结合区，从右岸高洞进口上游 155 米起至原铺包末端，铺包顶部高程 765 米，长度 404 米；第Ⅲ区抛土覆盖区，即右岸 F_1、F_2 断层及 70 号、72 号漏水点，抛土覆盖顶高程 760 米，长度 250 米。

原计划 1978 年秋季动工，因农业减产，未能如期开工，只做了一些施工前的准备工作。到 1979 年 10 月第四次补漏全面开工，富平、耀县两县在工地先后召开誓师动员大会。富桃指提出"团结战斗向前看，鼓足实干八十天，每劳日完一个三，铺包补漏提前完，誓为四化多贡献"的战斗口号，实现工地日上劳力万人以上。

施工开始先从岸坡向库内淤泥上倒 1～1.5 米厚虚土。用空机碾压，使淤泥向外挤压，再用拖拉机带滚子进行压实。为了解决覆土向前滑动，在填土坡角外伸出 5～8 米平台，以增加稳定性。但滑塌时有发生。1979 年 11 月 8 日 3 时在桩号 0＋127～0＋247 米，长度 120 米，填土至高程 765 米时，发生了一次滑塌，错槎 1.8～2.5 米，裂缝宽 5～7.5 米，可见深度 3～5 米；同日 22 时在桩号 0＋247～0＋392 米，长度 145 米，填土至高程 764 米时又发生了一次滑塌，错槎 1.5～3 米，裂缝宽 2.5～5 米，可见深度 3～5 米，两次滑塌共计土方近 1 万立方米。11 月 9 日省水电局总工程师于澄世亲临现场察看，并召开了"关于研究处理桃曲坡水库铺包补漏工程铺包面发生裂缝、滑塌问题的座谈会议"，决定将左一支沟至石沟南这一区域坡角向后错留平台做削岸坡处理。按照这一方案，经过两个月昼夜艰苦施工，于 1979 年 12 月 16 日完成全部施工任务，共完成土石方 57.49 万立方米，投工 92.40 万个。

5. 第五次补漏（1982 年）

1982 年夏灌放水期间，库水位由 776 米降至高程 766 米时，在库区左右岸坡出现了 24 处漏水点和跌穴，左一支沟右岸出现了约 200 米长的土裂缝。具体办法是对各漏水点先开挖，深度按实际情况而定，然后再进行夯填，一般夯填深度为直径的 1.5 倍，对长 200 米的土裂缝，先开挖 3～4 米深，下部较小裂缝灌泥浆，上部再用黄土回填。第五次补漏由省桃指组织富平县民工实施，共完成土方 2.12 万立方米，石方 265 立方米，混凝土 80 立方米，卵石护坡 1200 平方米。

库区经过五次大规模的补漏处理，大的漏水点得到控制，但每至高水位运行后，会不同程度地出现新的漏水点和裂缝。

二、以工代赈项目补漏加固

1995 年 6 月，利用以工代赈项目，结合水库渗漏和水库土坝迎水坡变形隆起情况，对土坝迎水坡高程 783～792 米隆起进行拆除查探处理和库区石沟口漏水区进行补漏加固。由于工程施工处于汛期，时间紧，任务重，采取了议标承包方式，以单价承包，照图施工，验收结算的承包形式，发包给桃曲坡水库工程队、枢纽站等施工单位。工程开工后，正值久旱无雨，气温居高不下，给基建工人的精神和生活带来很大影响。为鼓舞士气，管理局提出"早完一日工，多蓄一天水，保灌一片苗"的口号，动员全局职工冒着 37～38℃ 高温，义务劳动 10 余天，日出劳力 120 多人，为施工单位装土，感动了广大基建民工，极大促进了补漏工程进度。8 月 2 日晚，库区出现特大暴雨，左一支沟洪水冲毁未完的铺包面碾压土近 2000 立方米，造成损失 2 万元。这次补漏 1995 年 6 月 16 日正式开工，同年 9 月 28 日竣工，施工总天数 102 天，共完成机械碾压土 10.17 万立方米，水中抛土 1.16 万立方米，铺设反滤料 315 立方米，完成库区排水沟砌石 168 立方米，混凝土浇筑 84 立方米。

1998 年夏，水库运行至水位 780.24 米时，虽然上游来水 1.2 立方米每秒，但库水位并未上升，平均日渗漏量达 8 万立方米。冬灌结束后，管理局组织技术人员对库区进行全面、系统的检查。发现近坝区左岸至石沟范围内，高程在 769～776 米间，有 7 处较大面积的塌坑群及裂缝，最大漏水点直径为 2.8 米，可见深度 2.7 米。在对漏水点进行勘测后，根据不同地形特点制定出相应的补漏措施。其中对缓坡地带的塌坑，采取 PVC 膜料铺设，陡坡地带则采用 1：9 水泥土回填。

三、治理效果

水库经过 1974—1982 年 5 次大的铺包补漏以及 1995 年完成的以工代

赈项目补漏加固，共完成土方 208.04 万立方米，石方 4.0 万立方米，混凝土 2620 立方米，工日 383.5 万个，投资 508.66 万元。其后由于坚持不断地渗漏治理，大面积的漏水已基本得到控制。根据观测资料分析，当库水位在 770 米以下时，日渗漏量由处理前的 4.18 万立方米、5.87 万立方米、14.7 万立方米到最大日渗漏量 240 万立方米，减少到 1984 年的 1.2 万～3 万立方米。相比之下，5 次铺包补漏处理取得了显著成效。当库水位在高程 775～780 米时，日平均渗漏量 5.0 万～8.7 万立方米之间，在高程 780 米以上时，日平均渗漏量在 11.5 万～15.0 万立方米之间。从以上观测结果看，日渗漏量随着水头的升高而有增大的趋势。分析说明，水库铺包补漏工程收到很大效果，渗漏基本得到治理，但在高水头运行时仍应采取防渗措施，防止重新出现集中漏水点的可能。

第三节 除 险 加 固

一、前期立项

水库经过多年运行，仍然存在影响大坝安全和防洪蓄水的主要问题：一是大坝左坝肩存在 4 条横缝及变形裂缝密集带；二是溢洪道右岸高边坡不稳定；三是高、低放水洞工作闸及高洞检修闸启闭力不够，且高洞工作闸门楣变形扭曲；四是大坝安全监测设施过时且不健全；五是库区渗漏严重等。对此，管理局 2001 年 8 月完成除险加固工程项目建议书以及《大坝地质安全鉴定书》，2001 年 8 月 21 日省水利厅组织土坝鉴定专家组审查，桃曲坡水库被评定为三类坝即病险库，同意对其进行除险加固。2001 年 10 月 29 日水利部大坝安全管理中心批准三类坝鉴定结果，2001 年 11 月管理局委托省水电设计院完成《桃曲坡水库除险加固可行性研究报告》及《桃曲坡水库除险加固初步设计》，2001 年 12 月 17 日省水利厅会同省计委以陕水计发〔2001〕420 号文件批复立项，核定除险加固 8 个单项工程，概算总投资为 2891.02 万元。2002 年 6 月省设计院完成《桃曲坡水库除险加固工程初步设计》。

2002 年 8 月 19 日、2002 年 9 月 18 日省水利厅下文对桃曲坡水库除险加固工程项目法人组织机构、工程实施方案和招标方案进行了批复。

二、项目机构

2002 年 10 月管理局成立项目法人机构，负责除险加固工程建设管理。项目法定代表人由管理局局长武忠贤担任，副主任为张树明、李栋、武斌生；项目技术副总工程师为张广潮。

三、项目实施

水库除险加固项目分为右岸高边坡削坡减载、坝体裂缝灌浆、库区防渗治理等 3 大项共计 8 个单项工程。根据工程投资规模及防汛应急的特殊情况，对监理标段、坝体裂缝处理、高边坡削坡、金属结构改造等标段进行邀请招标；对库区补漏、防汛上坝公路、大坝自动化安全监测系统、水库防汛自动化测报系统等标段进行公开招标。主体工程 2002 年 11 月 15 日开工，全部工程 2005 年 8 月 27 日通过初步验收，交付使用。桃曲坡水库除险加固项目建设概况见表 4-4，桃曲坡水库除险加固工程分布见图 4-1。

表 4-4 　　　　　　桃曲坡水库除险加固项目建设概况表

序号	项目名称	施工单位	监理单位	建设时间	完成投资（万元）
1	高边坡削坡减载	陕西飞龙水利水电工程有限责任公司	陕西省水利工程建设监理有限责任公司	2002.12.20—2003.4.30	154
2	坝体裂缝灌浆	陕西金泰水电工程有限责任公司	陕西省水利工程建设监理有限责任公司	2002.11.15—2003.5.7	202.09
3	库区防渗治理	陕西飞龙水利水电工程有限责任公司	咸阳郑国工程监理有限公司	2003.4.25—2005.7.30	980
4	库区防汛路	陕西飞龙水利水电工程有限责任公司	咸阳郑国工程监理有限公司	2003.9.9—2004.5.20	471.76
5	金属结构改造	陕西河海水电建筑工程有限责任公司	咸阳郑国工程监理有限公司	2005.3.1—2005.5.29	78
6	大坝安全监测系统	西安兰特水电测控技术有限责任公司	陕西大安工程建设监理有限责任公司	2004.12.20—2005.12.20	247.68
7	水库洪水调度系统	西安交大博通资讯股份有限公司	陕西大安工程建设监理有限责任公司	2004.12.25—2006.5.20	165.75

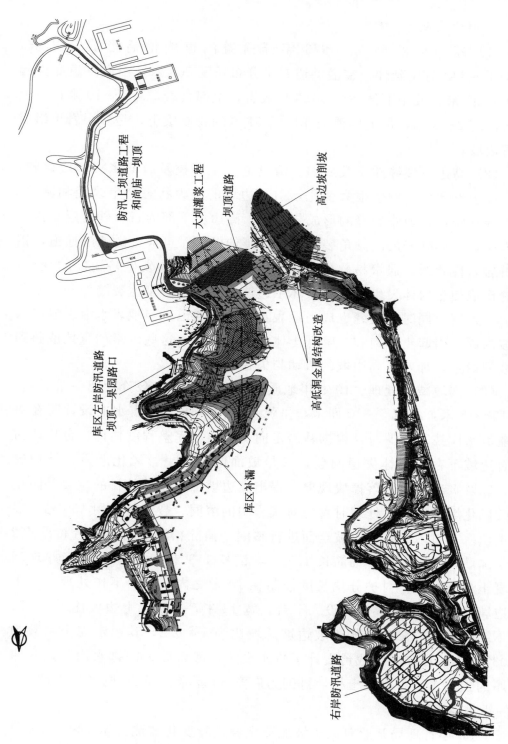

图 4-1 陕西省桃曲坡水库除险加固工程分布图

1. 削坡减载

（1）高边坡的形成。1973年开凿溢洪道侧槽后形成高边坡，呈313°～332°方位延伸，在溢洪道右岸分布长度200米，由溢洪道底算起高90～92米，其中下部20～30米是灰岩，上部页岩，高3～10米；再上砂岩，高2～8米，最上层覆盖厚度约51米的粉质壤土，是多层岩土组成的高边坡。

（2）高边坡裂缝性质及成因。溢洪道施工开挖及后期多次削坡修整，高边坡坡形和坡比发生很大变化，引起边坡的应力状态产生改变和调整，最终导致张拉、剪张裂缝的形成与发展。高边坡下部为石英砂岩层和铝土页岩层，石英砂岩层高倾角裂缝发育，延伸较大，可成为滑弧的通道，铝土页岩岩性软弱，遇水易软化，在上部荷重作用下易发生挤压蠕动变形。裂缝形成使土岩体发生分离，破坏了边坡的完整性，发生裂缝部分的土体丧失了强度，同时，裂缝也成为地表水下渗的通道，当地表水沿裂缝渗入边坡内部，引起土体饱和，降低土体的抗剪强度，这些因素严重地威胁到边坡的稳定，加剧了高边坡的滑动与失稳趋势。

（3）削坡减载处理。1979年地质勘察在边坡第三台阶发现一条裂缝，长12～15米，缝宽5～10厘米，呈弧形延伸。1983年省水电设计院在对桃曲坡水库技术补课时，根据基岩走向、倾角和完整程度估计，分析认为岩石边坡不存在整体失稳问题，只是坡面凹凸不平，风化严重、结构破碎，以及页岩存在剥落掉块现象，提出高边坡加固设计的目的主要是防止继续风化塌落掉块。处理时首先对灰岩中的溶洞、裂缝等采用150号、混凝土填塞。对砂、页岩边坡全面进行整削，清除松动危岩，然后布设 $\phi22$ 砂浆锚筋，间距2米，锚筋长1.5米，锚长1.3米，再以20厘米厚现浇混凝土全部衬护，衬护分块长度控制在10米之内，缝间不作处理。在土质边坡坡顶以下14.5米处设大平台，宽12米，平台以上边坡比1∶0.5，以下维持原状，修整后的土坡边坡总坡比为1∶0.8，其稳定安全系数为1.037。在坡顶和各级戗台设计了排水设施，戗台以上的排水沟，以6厘米厚的预制150号混凝土板，衬砌为底宽30厘米，深20厘米，边坡1∶1的排水沟。

1986年管理局开始对高边坡弧形裂缝进行变化监测，至1990年8月

6 日未发现新的变化，1990 年 10 月发现顶部裂缝变化加快，并且与第三台裂缝相互贯通，呈 NW—NE 向延伸，长 105 米，宽 1～15 厘米，裂缝北（东）方向土体下错，垂直错距 12～15 厘米，在高边坡下部基岩护坡面鼓起，并出现了两条水平裂缝，据当时 15 天观测，水平位移 2～3 毫米。1991 年 3 月 22 日，省水利厅、省水电设计院及管理局技术人员共同查勘现场，认为引起上部土体变形的主要因素一是边坡过陡，总坡比 1：0.6，单级坡比为 1：0.4～1：0.5，再加上降水入渗等因素，以致变形破坏，经稳定性验算，安全系数为 0.69～0.81，处于不稳定状态；二是土体下层是砂岩、铝土页岩夹杂石炭系薄煤层，存在潜在的滑动面，开挖溢洪道以后山坡变陡，岩层应力增大，雨水从土层裂缝渗入后，岩体滑移，使混凝土护坡开裂错位。并提出了解决方案。

1991—1992 年对高边坡上部土体进行了削坡处理，第一步于 1991 年汛前采取应急措施，进行抢险，简单易行的处理措施：削头减重防止崩塌或滑塌。第二步根据加固处理设计要求进行削坡，设计的坡型和坡比如下：自基岩顶部和黄土层底部交界处按 1：0.7 的边坡削至高程 822 米处，在此高程设 5 米宽平台，然后由此平台开始以 1：0.7 的坡比削坡至高程 834 米，在此处设大平台，平台宽 14 米，再以 1：0.7 削坡至高程 847 米，并设 8 米宽的平台，高程 847～857 米间的削坡坡比为 1：0.7，在高程 857 米处设 3 米宽的平台，由此平台到坡顶的削坡坡比为 1：0.7。根据稳定计算，削坡后的土坡边坡安全系数为 1.15。工程共削除土方 10 万立方米，但对已产生裂缝深度范围内的土体未全部削除。

1997 年溢洪道加闸项目可研设计时，发现高边坡顶部土质边坡局部重新出现延长达数十米的纵向裂缝，岩质边坡表层的混凝土护坡坡面出现多条垂直裂缝及水平裂缝。1998 年 7 月世行贷款项目办专家在水库现场考察时对高边坡的稳定性提出进一步论证的意见。2000 年初，为了探明高边坡裂缝产生的原因以及高边坡的稳定性，管理局委托省水电设计院地勘总队进行地质勘探和研究，结果证明高边坡在含水量较大的情况下是不稳定的。

2002 年水库除险加固项目，对高边坡采取削坡减载、设置护坡及排水等措施进行综合处理。溢洪道右岸高边坡削坡工程由土方开挖、排水渠及砌石护坡等三大部分组成。

土方工程开挖范围高程为 811～863 米，形成 5 级平台，平台高程分别为 811 米、823 米、833 米、843 米、853 米，台宽为 6 米、9 米、11 米不等，土质单坡坡比均为 1：0.7。各级平台坡脚设置排水沟。

在高程 811～823 米坡面，基石裸露、风化严重，且有铝土暴露，对风化严重的基岩部分及暴露的铝土部分采用浆砌石砌护。

自 2002 年 12 月 20 日正式开工，至 2003 年 4 月 30 日完工，历时 135 天，共计完成土方开挖 107212 立方米，浇筑 C20 混凝土排水渠 95 立方米，M7.5 砂浆砌石 410 立方米，完成投资 154 万元。

2. 坝体裂缝灌浆

桃曲坡水库坝体两肩有多条裂缝，左坝肩的裂缝成因为坝体不均匀沉降，该段主坝与副坝连接部位沉降差达 120 毫米。在左坝肩段，坝体既有裂缝分布，又存在裂缝密集带，是大坝的一个薄弱部位，该段发育裂缝 4 条，属于坝体沉降变形产生的裂缝密集带。马栏河引水和溢洪道加闸工程竣工后，水库高水位运行机会增多，坝体渗漏及稳定问题更加突出。根据大坝裂缝的走向、深度及分布特点，采取充填式灌泥浆的方法对坝体裂缝进行处理。坝体充填灌浆采用黏土浆液，灌浆土料选用距施工地点约 1.5 千米的黄土状壤土。根据《土坝坝体灌浆技术规范》对土料性质进行评价，详见表 4－5。

表 4－5　　　　　　　　灌浆土料物性指标与标准对照表

项　目	规范要求	试　验　值		评　价
		Ⅰ号料场	Ⅱ号料场	
塑性指数（%）	10～25	17.1	16.4	符合
黏粒含量（%）	20～45	25.9	30.8	符合
粉粒含量（%）	40～70	73.6	68.8	Ⅰ号料场偏高 Ⅱ号料场符合
砂粒含量（%）	<10	0.4	0.4	符合
有机质含量（%）	<2	0.04	0.05	符合
可溶盐含量（%）	<8	0.62	0.23	符合

在灌浆之前进行了浆液性能的试验，以保证土坝充填灌浆的浆液具有较好的流动性、稳定性，对裂缝有足够的充填能力，在纯黏土浆液的性能指标（黏度、稳定性、胶体率、失水量）不能满足规范要求时，通过浆液试验对比，在浆液中加入 1%～2% 的工业用碱，使浆液的胶体率提高，失水量减少，以水土比 1：1 的浆液为例，加入浆液的胶体率由 65% 提高到 88%，稳定性由 0.3 克每立方厘米降至 0.1 克每立方厘米，失水量由 48 立方厘米每 30 秒降至 12 立方厘米每 30 秒，满足规范要求。

依据坝体裂缝的构造、产状及特点，将裂缝处理范围分为三个区：Ⅰ、Ⅱ区各 3 排孔，Ⅲ区 9 排孔，孔排距均为 1.5 米，孔深超过裂缝尖灭点 2 米，横向处理范围向裂缝尖灭点以外 2～3 米。共造孔灌浆 437 个，造孔进尺 8870.85 米，灌浆进尺 7996.85 米。

工程于 2002 年 11 月 15 日开工，2003 年 5 月 7 日竣工，历时 173 天。施工期间遭遇历年最低温度，最低温度 −20℃，最大风速 18 米每秒，施工气候环境较差。2003 年 5 月坝体裂缝灌浆工程完工，水库水位在正常挡水位 788.5 米以上运行 60 天，2003 年 10 月 27 日最高蓄水位至 789.07 米，通过汛期及日常的多次检查没有发现大坝有异常情况，大坝裂缝得到有效治理，消除了大坝安全隐患。

3. 库区防渗治理

（1）补漏加固。依据库区渗漏点的分布与渗水量大小，考虑库区渗漏对大坝安全带来的危害及其对水库效益的影响和资金投入情况，总结以往水库防渗补漏实践的经验得失，确定了"统一规划，点面结合，分区分片分期治理"的设计原则。

根据设计原则，确定"点""面"结合，"封堵"与"铺盖"并重的补漏防渗方案。将库区补漏工程规划为 9 个防渗补漏区，左岸岸坡从坝前向上游依次规划为Ⅰ、Ⅱ、Ⅲ、Ⅳ区，库底为Ⅴ、Ⅵ区，右岸从上游至坝前依次为Ⅶ、Ⅷ、Ⅸ区，由于水库已淤积至高程 762.00 米，将库岸各区在此高程以下划归为库底防渗区。

Ⅰ区位于坝前至左一支沟口上游 180 米的位置，地面分布高程 768～788.5 米，高程 780.0 米以下原人工铺土厚度 3～14 米，该段地形平缓，岸坡在 1：2.5～1：8 之间，采用柔性防渗材料，选用"二布一膜"复合土工膜料上覆 0.5 米厚黄土（保护土工膜）。

Ⅱ区处于左一支沟口上游 180 米以上至石沟口下游 110 米的位置，分布高程 767～787.8 米，岸坡相对较陡，坡比在 1∶1.5～1∶2 之间，采用板膜复合防渗，板采用 10 厘米厚预制 C20 混凝土板，主要对下部土工膜料起保护作用，适应于本区原铺包面和砂砾裸露区域。

Ⅲ区位于石沟口一带，地形相对较缓，坡比为 1∶2.5～1∶5，采用柔性防渗材料（同Ⅰ区）。

Ⅳ区从石沟口至 M5 煤窑位置，全长 320 米，分布高程 767～788.5 米，岸坡较陡，坡比为 1∶1～1∶2，采用混凝土护坡防渗，有效地防止了岩石风化和基岩裂隙发展。

Ⅴ区位于库盆，主要集中在坝前和左岸，渗漏形式为垂直渗漏，采用土工膜防渗。

Ⅵ区位于库盆右岸，库底淤积厚度达 15～23 米，其中 P_1^2 地层具相对隔水作用，该区以分散渗漏为主，很少出现集中渗漏，不再进行补漏处理。

Ⅶ区位于右岸南湾上游，坡比 1∶1～1∶2，同Ⅳ区采用混凝土护坡防渗。

Ⅷ区位于右岸南湾下游，坡比 1∶2～1∶3.6，坡比大于 1∶2.5 的区域同Ⅰ区采用"二布一膜"复合土工膜料防渗；坡比小于 1∶2.5，采用混凝土护坡防渗（同Ⅳ区）。

Ⅸ区位于右岸坝前，坡比 1∶2～1∶3.5，采用混凝土护坡防渗（同Ⅳ区）。各规划补漏分区面积参见表 4－6。

表 4－6　　　　　补漏工程规划分区面积汇总表　　　　单位：平方米

面积＼区域	Ⅰ	Ⅱ	Ⅲ	Ⅳ	Ⅴ	Ⅶ	Ⅷ	Ⅸ	合计
库底 PE 防渗区	5640				181733				187373
岸坡复合土工膜防渗区	114677		32975				47943		195595
板膜复合防渗区		11264							11264
混凝土护坡防渗区				23798		12722	19017	26715	82252
合计	114677	11264	32975	23798	181733	12722	66960	26715	476484

施工图设计时，经现场考察并商设计、监理单位同意对水库补漏工程防渗措施及补漏区域进行了调整。

初步设计划分 9 个防渗区域，设计批复批准实施 5 个区域，当时只进行了平面划分，没有考虑库水位引起的、自然的垂直划分；水库补漏采用覆土＋土工膜、混凝土＋土工膜、现浇混凝土等防渗防冲措施。初步设计防渗措施无法进行水下施工，管理局同设计、监理单位讨论研究后，确定水库补漏按低水位、高水位分别实施，两区划分大致以高程 771.5～773 米为界，高水位区继续采用原结构形式，低水位区采用膜袋现浇混凝土防渗技术。

模袋混凝土防渗护坡首先要保证岸坡的稳定性和安全度，其次是岸坡的坡比不宜过陡，一般不能超过 1∶0.5，否则模袋混凝土有可能下滑。水库近坝区经过几次铺土补漏防渗后，岸坡稳定，且高程 773 米以下岸坡比基本在 1∶1～1∶4 之间，适宜铺设模袋混凝土。设计模袋混凝土防渗护坡坡比基本维持了岸坡自然坡比，只是对岸坡局部凹凸部位进行修整，使其基本达到统一坡比。岸坡回填部分的密实度不低于 0.85。模袋混凝土护坡厚度为 15 厘米，混凝土强度等级为 C20，抗冻标号 F50，抗渗标号 W2。

（2）迎水坡改造。迎水坡改造主要针对高程 773 米以上到坝顶范围进行改造，拆除重修。

迎水坡改造没有改变原坝坡坡比，主要对干砌石护坡进行修复，反滤层上面干砌石厚度为 40 厘米，用 5 米×5 米钢筋混凝土网格梁将其分块固定。钢筋混凝土网格梁断面尺寸为宽 30 厘米，高 40 厘米，主筋 4ϕ12，箍筋 ϕ6@250，混凝土强度标号为 C20，抗冻标号为 F50，抗渗标号 W2。

（3）坝前区左右岸整治。水库坝前区左右岸 100 米范围内岸坡凌乱，左岸为残土丘包，右岸溢洪道前为加闸施工时修筑的土石围堰。对坝前区左右岸 100 米范围内进行推运整理碾压，将岸坡分成 2～4 级平台与坡面整理碾压，坡面整理成 1∶3 边坡。

水库左岸整理成四平四坡，四平台为：高程 773 米平台，宽 5 米；高程 778 米平台，宽 8.5 米；高程 782 米平台，宽 16 米；高程 787 米平台，宽 22 米。高程 773 米平台以下坡面采用模袋混凝土护岸防渗，高程 782

米平台与高程 787 米平台之间 1：0.4 坡面用 M7.5 浆砌石护坡。其余平台和坡面均用预制空心混凝土或实心砌块下铺土工膜进行防渗砌护，基础土方碾压密实度为 0.85。

右岸整理成二平二坡，二平台为：高程 773 米平台，宽 5 米；高程 778 米平台，宽 34 米；高程 773 米平台以下坡面采用模袋混凝土护岸防渗，其余平台和坡面均同左岸进行防渗砌护，基础土方碾压密实度为 0.85。

（4）左一支沟主槽防渗。对左一支沟主槽区两岸 100 米范围内进行整治砌护，并在沟口修筑一座低坝，拦截低水位时库水进入左一支沟主槽区，形成一座池塘。低坝为均质土坝，坝高 7.5 米，坝顶高程 782.80 米，坝顶宽 3.5 米，坝顶长 50 米，上下游坝坡均为 1：2。低坝两坝趾用 M7.5 浆砌石挡土墙砌护 1.5 米高，上游坝坡和坝顶采用六边形混凝土预制块砌护，下游坝坡采用六边形镂空混凝土预制块砌护，内填素土。坝体回填土的压实系数为 0.95。

对左一支沟主槽区两岸 100 米范围内进行了整治砌护，将岸坡从高程 776.20～784.80 米之间整治成"一坡二平台"。高程 776.20～781.60 米之间为 1：1.5 的岸坡，高程 781.60 米平台宽 2.0 米，高程 782.80 米平台宽 6.0 米，二平台采用六边形混凝土预制块及草坪砖砌护，二平台之间和高程 782.80 米平台的岸坡高程 782.80～784.80 米之间采用 M7.5 浆砌石挡土墙砌护。

除险加固共完成库区补漏 13 万平方米，完成投资 980 万元。

4. 金属结构改造

高、低放水洞的金属结构与机电设备经过 20 多年的运行，存在闸门、压杆、卡子梁及埋件防腐涂层失效，表面锈蚀严重；闸门滚轮锈死，闸门门楣埋件严重扭曲，启闭机和电气控制设备老化等一系列问题。

金属结构改造主要更换高洞 2 扇平板闸门及主轮、3 台螺杆式启闭机；更换低洞检修闸门主轮、弧形工作门铰链轴套；对闸门进行喷砂除锈、涂漆防护；对螺杆式启闭机的压杆进行镀铬处理；维修低洞检修闸门启闭机并更换启闭机钢丝绳；改造高、低洞供电系统。工程于 2005 年 3 月 1 日开工建设，同年 5 月 29 日完成施工任务，共投资 83.8 万元。

5. 大坝安全监测系统

大坝安全监测系统主要内容为坝体表面变形监测、闸门变形监测、高边坡变形监测、坝体及绕坝渗流监测、坝体裂缝及高边坡裂缝监测、库水位及坝后水位监测、环境量监测、闸门监控及图像监视系统。大坝安全监测系统由西安兰特水电测控技术有限责任公司施工，于2004年12月20日开工建设，2005年12月20日完工，共投资247.68万元。

6. 洪水调度系统

（1）建设内容及系统工作方式。洪水调度系统包括信息采集、信息处理查询、洪水预报调度、数据库及系统管理等6个子系统。其中信息采集、洪水预报调度、洪水调度系统等3个子系统是其主要子系统。工程结合流域的自然地理情况，建有1个中心站（管理局），1个分中心站（枢纽管理站），1个中继站（石门关），10个自动遥测站（①雨量站5座，分别设在青草坪、瑶曲、庙湾、石门关、石柱；②雨量、水位站2座，设在黄堡、柳林；③雨量、闸位、水位站2座，设在桃曲坡水库大坝、马栏；④水位、闸位站1座，设在岔口），遥测站与中心站、分中心站之间通信方式采用GSM技术。遥测站与中继站电源配置均采用太阳能蓄电池组浮充供电方式，中心站利用通讯专用电源及5千伏安UPS不间断电源供电。信息化系统采用10/100兆快速英特网技术，WINDOWS2000网络操作平台，以Client \ Server方式组建信息化网络系统，为管理局LAN和WAN网络服务平台提供基础，使洪水调度系统、大坝安全监测系统、灌区灌溉管理系统、办公自动化系统实现网络共享及运行。洪水调度系统是在局

图4-2 流域站点组网图

域网平台基础上，将采集到流域内水雨情信息进行处理。流域站点组网见图 4-2。

（2）项目建设情况。2004 年 12 月 20 日开工，2005 年 9 月完成遥测站及中心站硬件设备的安装调试，2006 年 5 月完成软件系统的设计、开发和调试工作，建设任务全面完成。共投资 165.75 万元。

（3）系统试运行。

1）数据缺失率：数据缺失是指在考核期内某一测点或某一采集单元由于自动化系统本身的原因采集不到数据而造成的数据缺失，为严格考核，在统计数据缺失时还应将测值错误或因自动化系统本身而引起的数值超限数据也作为缺失数据。2006 年 6—10 月洪水调度系统数据缺失统计见表 4-7。

表 4-7　　　　2006 年 6—10 月洪水调度系统数据缺失统计表

序号	月份	应测报数据	实际测报数据	缺失次数	缺失率	备注
1	6	1705	1696	9	0.5	
2	7	3692	3678	14	0.4	
3	8	5602	5592	10	0.2	
4	9	5980	5970	10	0.2	
5	10	5268	5256	12	0.2	
6	11	988	986	2	0.2	
小计		23235	23178	57	0.3	

根据对以上的数据统计，经计算系统的数据缺失率为 0.3%，小于 1%（规范要求）。

2）水情作业的可靠性：

a. 预报方案作业完成率。在试运行期间，流域内发生两次较大降雨，分别是 2006 年 8 月 14 日 8:00—15 日 20:00 及 8 月 28 日 7:00—29 日 8:00，作业均未受影响，作业完成率为 100%；据实时统计，自各站发出降雨量信号、中心站接收、雨量资料整理至洪水预报作业结果输出，总历时 12 分钟，符合 SL61—2003《水文自动测报系统技术规范》规定的完成一次作业总历时不得大于 30 分钟的要求。

b. 洪水预报精度。在系统试运行期间，将两场洪水过程预报作业值与实测值进行对比（结果见表4-8），20060815洪水，预报洪峰流量及洪水总量均大于实测值，峰现时间相同。20060828洪水，预报洪峰流量大于实测值，误差18%；洪水总量大于实测值；峰现时间早于实测值3个小时。总体上看，这两场洪水预报精度不高，误差较大，分析原因主要是在选择洪水预报模型时选用的是1970—1983年的历史洪水资料进行预报模型调整参数，近二十几年来流域范围内陈家山、崔家沟等大型厂矿的兴建，对洪水的拦截起到一定的作用，同时近几年流域内植树造林，植被覆盖率明显增大，下垫面因素变化大，对预报的精度有较大影响。

表4-8 　　　　　　　　洪水预报与实测数据对照表

序号	洪水场次	洪峰流量（立方米每秒）		洪水总量（万立方米）		峰现时间		备注
		预报	实测	预报	实测	预报	实测	
1	20060815	496.39	105.53	2628	235	15日4时	15日4时	
2	20060828	162.53	137.76	2554	443	28日10时	28日13时	

根据对以上系统平均无故障时间、数据缺失率的统计计算结果及水情作业的可靠性分析，系统在试运行期基本满足系统可靠性要求。

3）降雨量比测：各个遥测站仪器设备安装到位后，试运行期对其进行了人工比测、数据统计（结果见表4-9），根据对上述数据的统计计算，系统雨量观测误差百分率小于3%（规范要求）。

4）系统试运行存在问题及处理建议：①柳林遥测站（入库水位流量站）遥测入库流量与实测流量相差较大，原因是柳林测流断面为自然河道，主河槽冲淤、摆动变化不定，没有固定的水位流量曲线。②由于系统投入试运行后，发生过两场流量大于100立方米每秒的洪水，洪水预报精度还需进一步验证，预报模型参数尚需进一步调整。

2007年5月8—9日，省水利厅在铜川市主持召开验收会，桃曲坡水库除险加固大坝安全监测系统和洪水调度系统项目通过初步验收，系统工程已开始试运行。

表4-9　　　　桃曲坡水库流域降雨量人工自动比测统计表　　　单位：毫米

站点	月份	6	7	8	9	10	11
瑶曲站	自动测报	100	107	285	86	25	13
	人工测报	102	106	290	88	25	13
	测值差	—2	1	—5	—2	0	0
	测差绝对值	2.00	1.00	5.00	2.00	0.00	0.00
	误差百分率（%）	1.96	0.94	1.72	2.27	0.00	0.00
庙湾站	自动测报	110	82	209	96	30	8
	人工测报	111	83	204	96	29.2	8
	测值差	—1	—1	5	0	0.8	0
	测差绝对值	1	1	5	0	0.8	0
	误差百分率（%）	0.90	1.20	2.45	0.00	2.74	0.00
柳林站	自动测报	109	130	247	83	29	7
	人工测报	110	127	249	84	28.5	7
	测值差	—1	3	—2	—1	0.5	0
	测差绝对值	1	3	2	1	0.5	0
	误差百分率（%）	0.91	2.36	0.80	1.19	1.75	0.00
坝区站	自动测报	97	82	257	78	45	7
	人工测报	100	82.8	249.5	80.2	45.8	6.9
	测值差	—3	—0.8	7.5	—2.2	—0.8	0.1
	测差绝对值	3	0.8	7.5	2.2	0.8	0.1
	误差百分率（%）	3	0.97	3.01	2.74	1.75	1.45
马栏站	自动测报	69	109	166	81	16	4
	人工测报	70.3	112	162.2	83	15.9	4.1
	测值差	—1.3	—3	3.8	—2	0.1	—0.1
	测差绝对值	1.3	3	3.8	2	0.1	0.1
	误差百分率（%）	1.85	2.68	2.34	2.41	0.63	2.44

在 2007 年 10 月—2011 年 12 月期间，洪水预报系统各雨点雨量测量准确，但洪水预报系统由于系统参数调试的原因，仍存在较大预报误差，处于停运行阶段。

第五章 马 栏 引 水

马栏河引水工程是为增加桃曲坡水库水源，解决铜川水荒而实施的跨流域引水工程，是陕西省"八五"期间的 20 项兴陕工程之一。该工程由泾河支流马栏河引水至沮河入桃曲坡水库，每年可从马栏河引水 1200 万～1500 万立方米。经水库调蓄后供往铜川，缓解铜川老城区用水困难。

马栏河引水工程由引水枢纽、隧洞、出口连接渠道三部分组成，枢纽工程位于咸阳市旬邑县马栏镇西北约 450 米的马栏河上，出口连接渠道位于铜川市耀州区庙湾镇三十六亩地的半面沟与沮河支流西川河之间。关键工程老爷岭引水隧洞，全长 11.491 千米，横穿泾、渭分水岭——老爷岭，为无压隧洞，城门洞型，洞轴线方位角为 $134°03'47''$，设计断面 2.0 米×2.1 米；拱顶圆弧半径 1.05 米，设计流量 3 立方米每秒，正常水深 0.85 米，设计比降 1：400；校核流量 4 立方米每秒，校核水深 1.05 米。隧洞埋深 65～400 米，地质复杂，涌水量大，是典型的软岩深埋小断面超长隧洞。工程建设共完成土石方 17.77 万立方米，混凝土 4.67 万立方米，砌石 0.51 万立方米，灌浆 3500 米（1 万吨）；消耗钢材 610 吨、水泥 2 万吨、石子 3.76 万立方米、砂子 2.9 万立方米、木材 2800 立方米，投劳力 75 万工日，总投资 11920 万元。马栏河引水工程特性见表 5-1。

表 5-1　　　　　　　　　　马栏河引水工程特性表

序号及名称	单　　位	数　　量	备　　注
一、水文			
1. 流域面积			
全流域面积	平方千米	1320	
枢纽以上流域面积	平方千米	505	
2. 径流量			
多年平均径流量	万立方米	6183	
$P=95\%$时年径流量	万立方米	1892	

续表

序号及名称	单 位	数 量	备 注
3. 代表性流量			
多年平均流量	立方米每秒	1.96	
调查历史最大流量	立方米每秒	178	1949 年 9 月
设计洪水流量	立方米每秒	280	$P=3.3\%$
校核洪水流量	立方米每秒	390	$P=1\%$
施工导流流量	立方米每秒	50.1	$P=20\%$
枢纽施工导流流量	立方米每秒	11.87	$P=20\%$，1—7 月
4. 泥沙			
多年平均年输沙量	万吨	5.0	
多年平均含沙量	公斤每立方米	0.0008	
二、枢纽			
1. 溢流坝上游水位			
正常水位	米	1204.23	
设计洪水位	米	1205.45	
校核洪水位	米	1205.79	
2. 溢流坝下游水位			
设计洪水位	米	1204.38	
校核洪水位	米	1204.71	
3. 回水长度	米	406	
三、工程效益指标			
$P=95\%$时年引水总量	万立方米	1437.8	
四、淹没损失及工程占地			
1. 淹没耕地	亩	26.5	
2. 工程永久占地	亩	29.0	
3. 施工占地	亩	110.69	
五、主要建筑物			
1. 溢流坝			
坝顶高程	米	1204.23	
坝高	米	5.23	
坝顶长度	米	71	
2. 进水闸			

续表

序号及名称	单 位	数 量	备 注
设计引水流量	立方米每秒	3.0	
校核引水流量	立方米每秒	4.0	
平坝水位引水流量	立方米每秒	6.0	
底槛高程	米	1202.6	
闸孔尺寸（宽×高）	平方米	2.0×2.0	单孔、铸铁闸门
3. 冲沙闸			
平坝顶时的泄流量	立方米每秒	15.37	
最大泄洪流量	立方米每秒	38.49	校核洪水量
闸槛高程	米	1201.8	
闸孔尺寸（宽×高）	平方米	2.0×2.5	单孔、铸铁闸门
4. 隧洞			
围岩性质：泥质长石砂岩			
隧洞长度	米	11491	
断面尺寸（宽×高）	平方米	2.1×2.0	门洞形
衬砌厚度	米	0.25～0.60	150 号现浇混凝土
5. 渠道			
渠道长度	米	672	
其中：明涵长度	米	200	
断面尺寸（宽×高）	平方米	2.1×2.0	门洞形
明渠长度	米	472	矩形、陡坡
断面尺寸（宽×高）	平方米	2.6×1.2	
六、施工			
1. 主体工程数量			
土石方开挖	万立方米	17.7	
混凝土和钢筋混凝土	万立方米	4.67	
砌石	万立方米	0.51	
回填灌浆	米	3500	隧洞长度
闸门启闭机安装	套	2	
2. 主要建筑材料			
水泥	吨	19000	
钢材	吨	1100	

引水隧洞洞线位于地下水位以下，在复杂的施工条件和恶劣的环境中，建设者先后攻克了马栏引水工程的"六大难关"，即：采取高压进洞、中途加压，攻克了供电半径3500米的难关；采用串联风机、分段排污，攻克了洞内3500米的长距离通风难关；采取增大容量、洞内充电，攻克了单趟运距6000多米的运输难关；采用多趟管路、五级接力，攻克了日排水4000多立方米的排水难关；采取全封闭钢支撑与锚杆管棚联合支护技术，攻克了战胜恶劣塌方的施工难关；凭借坚韧毅力和集体智慧，一年完成了两年的开挖任务，攻克了提前贯通的进度难关，凝结出了"无私奉献、顽强拼搏、团结互助、敢为人先"的马栏精神。

第一节 立 项 审 批

20世纪80年代末期，随着改革开放的不断深入，铜川老城区规模不断扩大，缺水问题日益突出，被誉为陕西省建材和煤炭基地的渭北中等工业城市处于严重的水荒之中，缺水已成为制约铜川经济社会发展和影响居民正常生活的主要因素。

为解决铜川水荒，1990年11月24日，由副省长徐山林主持召开的第46次省长办公会专题研究铜川市供水工程建设问题，会议确定了铜川市城市供水水源方案，即实施桃曲坡水库溢洪道加闸工程增加库容1000万立方米，实施马栏河引水工程向桃曲坡水库引水1200万～1500万立方米，两项工程实施后，每年可由桃曲坡水库向铜川老城区供水1200万～1500万立方米。工程设计工作由省水利厅负责，工程建成后，由省桃曲坡水库管理局统一管理，工程所需资金由省上负责安排。

1991年1月19日，副省长王双锡在旬邑县召开现场办公会，协调解决了水源问题。1992年5月21—22日，省计委对桃曲坡水库扩建工程（马栏河引水工程）初步设计进行了审查，并以陕计设〔1992〕356号文批复了马栏河引水工程初步设计。

第二节 勘 察 设 计

一、现场勘察

省水利厅委托桃曲坡水库管理局负责马栏河引水工程的勘察设计和建设管理工作。1991 年春，管理局邀请省水利厅咨询中心、省水电设计院有关设计人员在武忠贤、吕景峰、李栋等陪同下，由当地村民田庚德带路，徒步现场踏勘，初步确定了初设线路。

1991 年 10 月，管理局成立供水办，武忠贤任主任，随之进行"三通一平"现场踏勘和调研，确定施工技术方案。

1991 年 12 月，省水电设计院地质总队完成了工程地质和测量成果报告。

二、初步设计

初步设计由管理局设计室承担，由于时间紧、任务重，加之对小断面、长距离、大埋深隧洞设计工作经验不足，管理局高度重视，由局长张宗山亲自挂帅，武忠贤具体负责，在全局抽调精兵强将，全面开展设计工作，为了加快设计工作进度，于 1991 年 12 月、1992 年 2 月，在西安化工招待所两次封闭办公。设计工作具体分工：隧洞设计由李栋负责，枢纽由吕景峰负责，施工组织设计由武忠贤、党九社、雷耀林、王京潮负责，水文水利分析计算由刘钊、吕景峰、李栋负责，概算由李丛会、赵红负责。为确保一次通过省计委审查，从 1991 年 11 月开始，管理局聘请水利工程专家赵申义、屈承德指导设计工作，进行质量把关。1992 年 1 月工程初步设计全面完成并及时上报待批。

1992 年 5 月 21—22 日，省计委组织省、市、县有关部门和专家在西安召开了马栏河引水工程初步设计审查会议，查看了马栏引水工程现场。做出批复，主要内容如下：

（1）设计原则。同意设计所遵循的编制原则，即在不影响旬邑县工农业生产用水的前提下，引取马栏河洪水和多余水量注入桃曲坡水库。

（2）建设规模。同意年引水量为 1200 万～1500 万立方米，隧洞引水设计流量为 3 立方米每秒，校核流量为 4 立方米每秒。取水枢纽溢流坝长 80 米，引水隧洞长 11.491 千米。

（3）工程等级及建筑设防标准。马栏河引水工程主要建筑物为Ⅲ等 3 级，次要建筑物为Ⅲ等 4 级，其它临时工程设施为 5 级。枢纽工程防洪标准按 30 年一遇设计，100 年一遇校核，不考虑地震设防。

（4）枢纽布置及建筑物设计。同意采用混凝土溢流坝坝型，下阶段设计中应对坝体的混凝土截渗墙进行优化；同意隧洞轴线设计推荐方案，断面为城门洞型，按 2.1 米×2.0 米设计。隧洞底部采用 20 厘米厚现浇混凝土衬砌，侧墙与顶拱视洞线工程地质情况，分别采用喷锚和安装混凝土预制块方案。

（5）施工。鉴于地质勘探工作深度不够，建设单位应尽快组织力量先行开挖两条施工斜洞，以获得地下水位、地质条件等基础资料，为施工图设计提供依据；施工总工期按 3 年半安排，其中含半年施工准备时间；由于隧洞断面较小，在施工组织设计时应采取切实可行的劳动保护及安全措施。

（6）拦河坝回水淹没处理及工程占地。拦河坝回水淹没耕地 34 亩，无迁移人口，工程总用地 87 亩。

（7）工程管理机构。定员编制为 35 人，新建办公、仓库及生产等临时房屋，建筑面积 2000 平方米，同意配备生产、生活用车 3 辆。

（8）工程静态总投资为 2836 万元（1991 年物价水平），考虑价差预备费、贷款利息后工程总投资为 3159 万元。

三、地形测量

引水隧洞是整个工程的关键和主体，安排为一期工程；枢纽和渠道次之，安排为二期工程。施工准备阶段以引水隧洞为中心开展工作。1992 年 4 月，由省设计院测量总队李军安带队，党九社、李栋、王京朝参加，对隧洞进出口和两个斜井工作区测放控制基准点。5—6 月，管理局组织专业技术人员，由党九社带队，李栋、雷耀林、王京朝、付民盈、古增勤、张世琪参加，对隧洞出口、2 号斜井工作区进行地形图测量，由雷耀林带队，李栋、王京朝、付民盈、古增勤、张世琪参加，对隧洞进口、1号斜井工作区进行地形图测量，测量人员自带干粮，每天早出晚归、工作14个小时以上，经1个多月奋战，完成了在茂密林区的测量工作，为工程开工及施工组织准备提供了基础性资料。

第三节　施　工　准　备

为了保证工程顺利实施，1991年12月12日省水利厅批复成立供水指挥部，任命张宗山为指挥，武忠贤为副指挥，指挥部下设供水办公室，负责工程的勘测设计、招标和施工准备工作。1992年10月开始施工准备，为适应管理工作的需要，指挥部设立工程科，现场设马栏、庙湾两个现场指挥所，两个现场指挥所，在所属区域内，行使项目管理和工程监理职能。马栏所负责枢纽工程和隧洞工程（A标），庙湾所负责出口渠道工程和隧洞工程（B标）以及隧洞灌浆工程。1992年11月成立了供水工程质量站，梁纪信任站长。1995年5月以后，供水办公室的后勤、财务合并到管理局职能科室。

一、组织机构

供水指挥部及其下属科、所负责人员先后发生变化，按时间顺序记述。指挥：张宗山、张秦岭、孙学文；副指挥：李云亭、吴宗信、武忠贤、田德顺；工程科科长：常俊伍、吕景峰（副）、李栋、李七顺（副）；项目质量监督站站长：梁纪信、吕景峰（副）、雷耀林（副）；财务科科长：张维民、何耀文；马栏指挥所所长：党九社、林兴潮（副）、张满屯、席刚盈（副）；庙湾指挥所所长：胡克勤、任双乐（副）、党九社。

二、工程招标

招标工作由供水指挥部负责。1992年7月18日在《陕西日报》刊登了引水隧洞工程招标通告，标段划分：进口段6019米为A标段，出口5472米为B标段，A、B标各设一个施工斜井。通过公开招标，A标由陕西省煤炭建设公司中标承建，B标由铁一局五处中标承建。一年后由于铁一局内部机构改革，在工地施工的铁一局五处四段 12 队划归铁一局给排水工程总公司，由该公司承担引水工程施工任务。

引水枢纽工程由于专业性较强，采用议标的形式确定陕西省水电工程局承建。

出口渠道工程采用议标的形式，确定铁一局给排水总公司承建。

隧洞回填灌浆工程由于专业性较强，采用议标形式，确定陕西省水电勘察设计院地质总队承建。

三、外围协调

马栏河引水工程属跨流域调水项目，涉及咸阳、铜川、渭南三个地市的水权、城市供水和农业灌溉等诸多矛盾，外围协调难度非常大，外围协调工作在张宗山、武忠贤同志的亲自领导下开展。

由任传德带队，党九社、林兴朝、张锦龙参加，主要协调旬邑、耀县两个县的土地征用工作，工作范围涉及政府、水利、土地、林业各个行业，深入县、乡、村各级组织，于 1992 年 10 月解决了耀县境内的清障工作，于 1993 年 3 月解决了旬邑县境内的清障工作，确保了施工单位顺利进场；1998 年以后的外围协调工作由武忠贤和张锦龙负责。

施工供电的外围工作由武忠贤、尹军锋、王天祥负责，先后从马栏农场完成了隧洞进口、1 号斜井工作区供电方案的论证、手续的报批、供电线路的架设和马栏农场变电站的扩容改造，从陈家山煤矿完成了隧洞出口、2 号斜井供电方案的论证、手续的报批、供电线路的架设等工作。

四、施工保障

1. 施工道路

隧洞进口与 312 公路相接，距耀州区 100 千米，出口与庙湾镇及陈家山煤矿公路相接，距耀州区 60 千米，进口经耀县瑶曲镇到出口 85 千米。

隧洞进、出口和 1 号斜井施工道路利用原有生产路，经扩宽铺设泥结石路面，满足施工要求；2 号斜井施工道路陈家山煤矿到岭底村施工道路利用原有生产路，经扩宽铺设泥结石路面，岭底村到碑子沟口施工道路利用原村民进山小道扩宽铺设泥结石路面，碑子沟口到 2 号斜井根本没有路，有几处又处在齐崖地带，为了减少修路工作量，也便于施工场地布设，施工单位铁一局五处提出将 2 号斜井位置向隧洞出口方向平移 1000米，业主同意了该方案，同时，该方案也造成了 2 号斜井与隧洞出口的提前贯通，给 B 标段后期的排水带来了方便，给 2 号斜井上游工作面后期的运输、通风、供电带来了困难。全线共改造及新修临时道路 18.5 千米。

2. 施工用电

（1）隧洞工程（A 标）：改造马栏农场转角变电站，由原 400 千伏安增至 1000 千伏安，利用农网，进口架设 400 米，1 号斜井架设 4.5 千米10 千伏高压线路，最高峰架设变压器 5 台，容量 955 千伏安。

（2）隧洞工程（B 标）：工程初期为自备电源供电，1993 年 5 月 20日架设 5.5 千米 10 千伏高压线路与陈家山煤矿电网相连，解决了隧洞出口用电。1994 年 1 月从隧洞出口架设 3 千米 10 千伏高压线路与 2 号斜井连接，解决了 2 号斜井的施工用电，最高峰架设变压器 3 台、稳压器 1台，容量 765 千伏安。

施工用电共改造变电站 1 座，架设高压线路 13.4 千米，安装变压器8 台、稳压器 1 台，总容量 1720 千伏安。

3. 材料供应

钢筋、水泥由指挥部指定管理局物资站供应，闸门启闭机由指挥部采购，地材由施工单位采购，砂子采用沣河及灞河中砂，石子采用铜川川口及西川河碎石。

第四节　引　水　隧　洞

1992 年通过公开招标确定了施工单位，1992 年 10 月 B 标铁一局五处进驻工地；1993 年 3 月，在省土地局、省林业厅、省水利厅和咸阳市人民政府的大力支持、协调下，完成了旬邑境内施工用地征用工作，同月A 标陕西煤炭建设有限公司进驻工地。

截至 1996 年底，完成隧洞掘进 2110 米，累计完成隧洞掘进 8302 米，平均月进尺 188 米，剩余隧洞掘进 3189 米；完成混凝土浇筑 1865 米，累计完成混凝土浇筑 6598 米，剩余混凝土工程 4893 米。按照 1996 年底的施工计划，指挥部提出隧洞贯通的理想工期为 1998 年 6 月，可能工期是 1998 年 12 月。

1997 年，随着黄河小浪底和长江三峡大江截流成功，中国水利工程建设迎来了大发展的良好机遇。根据陕西省马栏河引水隧洞工程、东雷二期抽黄工程、定边供水工程等一批水利工程建设速度缓慢的情况，年初省长程安东在陕西省八届四次人民代表大会上向全省人民庄严承诺马栏河引水隧洞工程将于 1997 年底贯通。王寿森副省长在全省水利工作会上向水利厅下达了马栏河引水隧洞工程年底贯通的指令。当时全省在建的水利工程中，马栏引水隧洞工程是条件最差、困难最大的项目，部分业内专家到工地现场调研后认为，年底贯通的可能性不大。因为整个隧洞工程剩余长度为 3189 米，是以往年均进尺的 141%，且施工条件更为艰苦：其一，在进口段与 1 号斜井面贯通后，工作面将由 4 个减少为 2 个；其二，风、水、电、运输系统达到极限；其三，A、B 两标段均进入高埋深地段、坍塌规模不断扩大；其四，高埋深带来了地下水涌水量的增大，排水难度增加；其五，A、B 两标段各工作面月进度在 40 米左右。施工难度前所未有，任务压力空前增大。

1997 年 3 月 11 日，省水利厅厅长彭谦深入工地调研并召开现场办公会，围绕程安东省长在省人民代表大会上的承诺，就加快工程进度做出一系列重要指示：一是要求管理局党政领导班子要站在讲政治的高度把隧洞贯通当成全局工作压倒一切的首要大事来抓，对工程指挥部领导进行了明确分工，马栏供水指挥部由孙学文同志任指挥，田德顺同志任第一副指挥，武忠贤同志为常务副指挥。指挥部日常工作由田德顺、武忠贤同志负责，坚持坐镇指挥。田德顺主要负责筹资融资、外联协调、后勤保障等工作，武忠贤主要负责工程技术、施工管理、建设监理和质量控制等工作。田德顺、武忠贤同志对工程建设重大问题有决策权和临机处置权。二是切实加强施工管理。三是采取超常规措施加快工程进度，实施辅助系统改造工程，围绕总体目标打破常规，采取非常措施，加快工程进度，确保工程质量。四是制定加快工程进度的激励政策。

厅长现场办公会以后，指挥部立即行动，在两个标段分别召开动员大会，按年底贯通要求倒排工期，编制马栏隧洞工程贯通实施计划，由常务副指挥武忠贤带领指挥部全体干部职工于 1997 年 3 月 19 日进驻马栏工地现场，坐镇指挥，直接参与马栏指挥所工作和现场施工管理。

进入现场后，指挥部立即召集参建各方召开专题会议研究落实厅长现场办公会精神，会议认为：马栏河引水隧洞工程进入攻坚阶段，面临的形势非常严峻，一是隧洞正处于老爷岭腹地，遇沟道有断层，高埋深霹雳发育，坍塌规模不断扩大。二是风、水、电、运输等辅助系统已达到极限，是制约工程进度的关键。三是分析总结近年来的进度情况可以看到，工程开工以来隧洞掘进平均月进度 188 米，月平均单工作面进度只有 31 米左右，1997 年 1 月单工作面平均进度为 51.6 米，2 月单工作面平均进度只有 28.7 米，而要达到年底前贯通，月平均单工作面进度必须达到 99.5 米以上才能完成。因此必须采取非常规措施，攻坚克难，才能完成组织交给的艰巨而光荣的任务。会议指出：①实行全封闭轻钢支护是有效控制塌方规模，确保施工安全，加快进度的首要条件。②甲方全体参战人员深入一线参与现场管理，实行工作面联合值班制度，发现问题立即解决。③倒排工期，将任务分解到每个工作面、每个班，实行日清、旬结、月平衡，对没有完成任务的班组，立即采取有效措施，确保任务的完成。④对风、水、电、运输等辅助系统立即进行改造，对于急需的大型设备由施工方负责采购订货，甲方立即向设备生产厂家付款，尽可能缩短采购时间。⑤制定特殊的奖励激励政策，调动一切可以调动的积极性，全面投入抢贯通中。⑥制定了 6·30 隧洞进口与 1 号斜井贯通小目标，以及实现年底前全线贯通和确保 1998 年 10 月工程建成通水的大目标，制定切实可行的施工计划和保障措施，采用超常规的管理模式，打破甲乙方界限，指挥部直接参与现场施工管理，决战老爷岭。

指挥部直接参与对 A 标下游面的管理，从资金投入、设备材料、技术力量等方面向下游倾斜，为了解决 A 标下游面洞内供电问题，以前 10 千伏高压进洞由施工单位自行实施，需要 7 天时间，而 1997 年在武忠贤常务副指挥的精心组织下仅半天就完成了。A 标下游面影响工程进度的主要问题是排水，解决排水问题成了工地的头等大事，指挥部和施工单位想办法，在狭窄的洞内，架设了两趟管道排水，并备用大功率电机、水泵多台，出现问题及时更换，确保施工作业面的正常掘进。指挥部昼夜坚守工地，对每个班组、每道工序的施工情况了如指掌，对存在的问题随时采取措施，加快了工程进度。通过以上措施的积极落实和实施，隧洞掘进日进尺最高达到了 9.6 米，墙拱混凝土衬砌日进度达 27 米的最高纪录。

经过建设者全员上下的顽强拼搏，实现了 6 月 17 日 1 号斜井和进口段贯通，使指挥部制定的 6·30 贯通目标提前了 13 天，缓解了 A 标通风压力；B 标于 1997 年 12 月 5 日 12 点抵达 6＋019 分界点，提前 26 天完成了标段建设任务。按照指挥部 "A 标主攻，B 标配合，贯通不分标段" 的部署，B 标于 12 月 19 日向 A 标掘进 44.1 米，提前 12 天顺利撤出工作面；12 月 24 日，A 标掘进至贯通点，历时 4 年零 8 个月的马栏河引水隧洞工程全线贯通，提前 7 天完成了年前大家公认的难以完成的艰巨任务。1998 年 9 月 26 日，全面完成了引水隧洞铺底、枢纽工程、出口渠道等建设内容，工地进行了试通水；9 月 28 日马栏河引水工程建成通水仪式在马栏工地隆重举行，省长程安东、省委常委、省纪委书记李焕政、原副省长王双锡以及省上各部门、铜川、咸阳等地市主要负责人，参加施工的单位及当地群众一千多人参加了这次盛会。省政府对建设单位、施工单位颁发了嘉奖令。程安东省长亲自按动通水按钮，涓涓清流顺着万米隧洞流入桃曲坡水库。

一、开挖

采用钻爆法施工，进口工作面为煤电钻钻眼、砂岩地质段采用 2 号岩石炸药，砾岩地质段采用 4 号岩石炸药。A 标段采用电雷管起爆，B 标段采用火雷管起爆。电雷管起爆集中，爆破后抛渣较远（一般抛渣距离在 20 米左右），砂岩爆破作业后即为沙土状，加之地下水大，水浸泡后全成泥沙，出渣困难较大。砾岩段岩石强度较高，爆破后成型好，砂岩段岩石强度低，爆破后普遍发生较大洞顶塌落及洞壁坍塌。施工中 B 标总结出 "短掘、快支、多循环" 的七字方针，有效地加快了工程进度，保证了施工安全，降低了工程造价。

二、装渣

以人工装渣为主，部分采用装岩机装渣。人工装渣速度较慢，效率仅为 2.0 立方米每小时，且易发生不安全事故。装岩机为 0.17 立方米，自重 3.5 吨，电力自行牵引，装岩机翻斗将掌子面渣子翻入平板车内，装渣速度较快，效率为 5.0 立方米每小时，但易发生装渣机掉道及机械故障，影响作业。

三、运输

采用轻轨电瓶车运输。A 标段采用 18 公斤每米轻轨铺设，600 毫米轨距轨道，2.5 吨电瓶车牵引。进口段采用 0.6 立方米翻斗车出渣，每次牵引 2～3 车，后改为 1.0 立方米平车出渣及运送混凝土，每次牵引 2 车。在 K1＋100 处设避车场一处，每次空车和重车在此汇车，斜井段采用 1.0 立方米 "U" 形车（俗称元宝车）出渣，1.2 立方米平板车运送混凝土，每次牵引 2 车，斜井上游面施工任务较少，未设避车场，斜井下游面在 K4＋700 处设避车场一处，用于汇车。斜井采用 55 千瓦卷扬式铰车吊运。

B 标段采用 15 公斤每米轻轨铺设，762 毫米轨距轨道，8 吨电瓶车牵引，2.5 吨电瓶车辅助作业。出口段采用 0.7 立方米翻斗车出渣，每次牵引 10～15 车，每次爆破后的全部石渣一次运完。斜井段出渣及混凝土运输采用 1.2 立方米的平板车作为运输工具，平板车容量大、稳定性好，与翻斗车相比更适宜长距离运输，提高劳动效率，缩短单循环时间，一般每次牵引 10～15 车，统一在出口堆渣场人工卸渣。为提高出渣效率，隧洞开挖及衬砌时在左侧洞壁每 40 米设一移车器位置，装渣时利用移车器将空车移到前边，以便于装渣。移车器的使用，大大缩短了因断面小而无法倒车带来的时间浪费，也减少了牵引动力的消耗。正常情况下汇车只需 1～2 分钟时间。从出口到斜井上游的运距一般在 3000～5500 米，电瓶车能量消耗较大，来回占用时间较多，故在 K7＋710 米处开挖一长 40 米的汇车洞，重车、空车、电瓶车都可在此汇车。

四、支护

引水隧洞在开挖过程中因受断层破碎带、层理特别是在劈理及地下水的影响下，经常出现大小不等的顶部塌落和洞壁坍塌，最大的楔形塌方高度达到手电都照不到顶的 20 米以上高度。B 标的木支护达到了三层，在井下号称"楼上楼下，电灯电话"，给正常施工和安全造成极大威胁。因此支护工作成功与否直接关系到施工进度和施工人员安全。施工中根据地质情况和坍塌规模先后采用了木支护、锚杆支护、管棚全封闭超前支护、钢支护四种支护方式。

五、衬砌

隧洞衬砌采用现浇 150 号混凝土，分墙拱和底板两次进行。

（1）墙拱混凝土衬砌根据开挖地质情况，分集中衬砌、开挖和衬砌同时进行两种形式。混凝土衬砌按清基、立模、开仓浇筑的顺序进行。支撑模板的拱架用 10 号工字钢或轻轨加工。直墙部分为普通建筑钢模板，型号为 B×L＝20 厘米×150 厘米或 B×L＝30 厘米×150 厘米，拱部采用可调试弧型模板，型号为 B×L＝20 厘米×150 厘米。采用人工浇筑入仓，人工机械振捣。在 B 标率先实行了隧洞掘进和混凝土的平行作业，既加快了工程进度，也保证了施工安全。

（2）底板衬砌。隧洞底板衬砌在隧洞墙拱衬砌后完成，由于洞内涌水量大，底板混凝土施工非常困难，要保证底板衬砌的浇筑质量，解决好施工作业面的排水是关键。通过现场多次实验总结，提出底板浇筑采用"前堵、下排、上护"的具体方法。前堵是指截堵混凝土仓面上游来水，通过上游来水积蓄的时间差最大限度降低浇筑仓面来水；根据来水量情况，每隔 200～300 米设挡水墙一道，挡水墙高 1.0～1.5 米，紧靠墙角用 ϕ200 橡胶管引导排水向下游；然后在浇筑仓面上有每 20 米左右再设一挡水坎，积水通过悬空管道排至浇筑仓面下游。下排是指沿洞轴线两侧底板下铺设两道 ϕ50 毫米塑料排水暗管，暗管做成花管，外包透水布，置于小槽中，同时上面再覆盖一层透水布，防止泥沙和灰浆堵塞暗管，岩面清理平整、干净，以免积水。上护是指对浇筑成的底板在收面初凝后进行有效的覆盖，防止面部明水和底部渗水破坏混凝土表面及内部结构。采用双层护面，即下膜上板，收面后立即覆以 2.1 米宽的塑料薄膜，再覆以钢模板保护。通过以上措施，有效解决了底板浇筑过程中仓面排水及成品保护，确保了底板浇筑质量。

六、灌浆

灌浆工程由省水电设计院地质总队承担，庙湾指挥所进行旁站监理。由于受资金条件限制，回填灌浆共完成 3700 米（K5＋500～K9＋226），消耗材料 1 万吨。灌浆施工工艺流程如下：布孔—造孔—材料运输—灌浆及复灌—终灌—场地清理。

（1）布孔。在拱顶布设单排孔，孔距 2～3 米，每 50 米为一灌浆单元。

（2）造孔。由于单元内灌浆孔串浆及复灌的需要，部分孔需二次复开。灌浆孔开孔采用风钻钻孔，孔径为 45 毫米，进入围岩 10 厘米终孔。

（3）材料运输。洞内采用轻轨电瓶车运输。

（4）灌浆工艺。

1）灌浆压力。工序灌浆孔口压力不大于 0.2 兆帕，部分Ⅱ序孔和重要部位为压力灌浆。

2）灌浆材料。水泥采用秦岭 425 号 R 普通硅酸盐水泥，砂料为灞河砂。

3）浆液配比。回填灌浆采用水泥砂浆灌注，水灰砂比例为 0.6：1：1.5。

4）灌浆控制。考虑到灌浆过程中灌浆孔时有堵塞情况，如果单纯按灌浆压力控制，不能真实反应实际注入的灌浆数量。因此，在实际灌浆控制中现场作业按单孔干料灌入量不低于 6.2 吨来控制，保证了灌浆效果。

灌浆的计量工作，由庙湾指挥所在现场进行。因此，指挥所职工在井下工作 8 个小时，连同吃饭、准备和进、出隧洞的时间，总需要 16 个小时左右。他们下班走出井口时，身上是厚厚的一层水泥沫，非常辛苦。

七、供电

马栏河引水隧洞因受地形限制，隧洞作业段仅设两个斜井，形成 6 个工作面，工作面平均距离 1915 米。随着进尺的不断延伸，用电设备不断增加，供电矛盾日益突出，直接影响到了施工的正常进行。为此，在施工中多次进行供电系统改造，主要是增大容量、提高电压、减少损失。增大

容量即针对两个斜井用电量不断增大的实际情况，在原有 315 千伏安变压
器各一台的基础上，1 号斜井中先后增设了 180 千伏安和 160 千伏安变压
器各一台；2 号斜井增设 250 千伏安变压器 1 台。提高隧洞工作面电压从
两个方面进行：一是将洞内外分开，洞内专用 1～2 台变压器，相应输出
端电压同时提高一档，达到 440 伏。同时在洞内适当位置（B 标桩号
K8＋300 米）设电力稳压器（B 标 100 千伏安），以补偿洞内输电线路造
成的电压损失。二是直接采用用 16 平方毫米铠装电缆将 10 千伏高压引入
洞内，在适当位置（进口桩号 K1＋100 米处，1 号斜井下游桩号 K4＋700
米处）洞壁扩挖变电洞室，安设防爆变压器（100 千伏安）和防爆电柜，
形成洞内变配电系统。减少损失主要是采用大截面电力电缆，主干线一般
为 90 平方毫米铜芯橡胶套电缆，以减少沿途的电压及电能损耗。通过以
上三条措施使低压供电距离达 3500 米以上，满足了掌子面 20 千瓦装岩
机、1.5 千瓦振捣器和 4 千瓦潜水泵的使用。

八、排水

马栏隧洞涌水量大，B 标段由于施工单位因斜井地形复杂，为了减小
道路施工难度，便于施工场地利用，将 2 号斜井向下游移动 1000 米，2
号斜井和出口段提前贯通，因而排水比较容易。A 标段向下游掘进，洞
内地下水集中在掌子面，需机械抽排，难度较大，因而排水工作直接关系
到施工掌子面的作业效率。1997 年以前曾因排水问题使掌子面遭淹没造
成一个月没有进度，平均每月影响施工达 10 天以上。1997 年以后开始对
排水系统进行了全面的改造。以 1 号斜井排水为例，在井底设集中水仓
（约 30 立方米），上游通过自流进入井底集中水仓，下游每 500 米左右设
一大水仓（约 10 立方米），用 30 千瓦或 40 千瓦水泵从大水仓排水到集中
水仓；每 30～50 米设一小水仓（约 1 立方米），由 4 千瓦潜水泵排入大水
仓；井底集中水仓水由 2 台 75 千瓦水泵和 1 台 90 千瓦水泵排出地面，日
排水量约达到 4000 立方米。

九、通风

风机采用 YBT - 62 型轴流风机，风筒为拉链式 PVC 柔性风筒，调整

合理的风机间距，并在实施串联风机前安设一段 3 米长的刚性风筒，解决缩径问题。

十、高压供风供水

进口工作面采用煤电钻打眼，完成了 2513 米的施工任务，故无高压风水系统，在其它三个工区均采用风钻打眼，高压风、水系统的布置基本类似。

开工初期由于设备不到位，一般采用 9 立方米柴油空压机或 6 立方米电动空压机及临时性管道。以 2 号斜井供风系统为例，地面设压风站一座，配备 20 立方米、130 千瓦和 10 立方米、55 千瓦电动空压机各 1 台，施工前期以 10 立方米空压机为主，后期以 20 立方米空压机为主，10 立方米空压机作为备用。高压风管主贯通面总长 3500 米，初期为 100 毫米口径钢管，后期经计算不能满足施工要求，对管道进行了改造，主要是将与压风机站连接的 500 米风管更换为 150 毫米口径钢管，以减少风压损失，其余 3000 米仍采用 100 毫米口径钢管，保证了工作面 2 台钻的正常工作。

在距井底 100 米高差的位置设高压水池，用 50～75 毫米口径钢管供至风钻。

第五节 枢 纽 工 程

枢纽工程采用邀请招标方式，由省水电工程局一处承担施工任务，1998 年 3 月 1 日开工，同年 9 月 12 日完工。施工总计划：一期导流期间完成 0＋00～0＋60 段的坝基截渗墙、坝基混凝土及护坦施工；二期导流期间，首先完成 0＋60～0＋80 段的坝基截流墙、坝基混凝土及护坦施工。然后是坝肋、混凝土坝内砌石，坝面混凝土依此交错进行，最后进行的是护坝、绕坝防渗墙、海漫施工。

一、施工导流

施工导流分两期：

一期处于河流的枯水期，利用原河床明渠导流，采用双层彩条布对上、下游各 40 米范围内明渠底部及两侧进行衬护。1998 年 3 月 1 日开始至 4 月 23 日结束，主要完成 0+00～0+60 段拦河坝基础开挖，坝基截渗墙施工及坝基基础处理工作，同时完成了进水闸及冲砂闸闸室段高程1204 米以下，冲沙闸消力池高程 1202.6 米以下部分的地基开挖、混凝土浇筑等全部工程，为早日实施二期导流创造条件。

1998 年 4 月 23 日马栏河顺利截流，开始冲沙闸的二期导流。为减少基坑渗水量，二期导流同样对冲沙闸进出口明渠段各 30 米范围内进行衬护。导流为枢纽工程全面施工创造了条件，减轻洪水对施工的威胁。为避免发生较大洪水影响，抓紧进水闸、冲沙闸上部的施工，并对上、下游围堰进行加固。

二、拦河坝

拦河坝共分坝基截渗墙、护坦、溢流坝体、护坝和海漫五部分：

1. 坝基截渗墙

截渗墙由 3 月 1 日开始开挖，3 月 14 日开始混凝土浇筑。为减少开挖，保证工期，在枢纽开工前先期在截渗墙位置设立了两排护桩，以保证截渗墙边墙稳定。由于基坑较深，开挖时分两层开挖。首先开挖地下水位（1202 米）以上部分，然后将导流明渠衬护，开挖集水井，降低地下水位后再开挖下层至基岩面。为了减小排水量，截渗墙施工采用开挖一段（20米）浇筑一段的施工方法。

混凝土浇筑时在截渗墙顶上用工字钢和木板搭设平台，挂溜槽将混凝土泄入槽内。

2. 护坦

护坦覆盖层开挖至岩面后，为防止基岩风化，清理后立即开始砌筑30 厘米厚砌石保护层，砌石结束后开挖尾坎齿槽，绑扎护坦钢筋，浇筑护坦混凝土。按设计变更后 71 米长，共分为 4 块浇筑。按施工次序依此为 0+60～0+40 段、0+40～0+20 段、0+20～0+09 段，最后为 0+60～0+80 段。

尾坎齿槽开挖采用煤电钻打孔，乳化炸药，导爆管引爆，梯段毫秒微差爆破，人工出渣，并预留 20 厘米保护层人工撬挖。

护坦混凝土浇筑采用 1 吨小翻斗车直接运输至仓面，人工平仓，振捣棒及平板振捣器振捣，人工收面。尾坎采用大块木模板表面钉铁皮，一次架立而成。两侧用方木支撑。中间采用 φ12 对拉锚杆支撑。

3. 溢流坝体

坝体为混凝土坝，坝体设计变更后全长 71 米，分为 4 段施工，相临施工缝处加止水带。溢流坝坝面为抛物线形，为节约工程投资，大坝坝心采用浆砌石。施工内容及工序分坝基混凝土、坝内砌石、坝面混凝土浇筑等。

坝体施工采用先浇筑坝肋，再进行两坝肋间的坝内浆砌石施工，最后进行浇筑坝面混凝土。

每段坝体坝肋距离为 666.7 厘米，4 道坝肋之间正好为一个坝段（20米）。坝肋宽度 72 厘米，坝肋两侧模板为木模，为确保堰面曲线形式，坝肋顶面采用大块定型钢模板。为了安装顶面大块钢模板的需要，在浇筑坝肋时，在下游挡木板轴线上预先埋入 φ18 螺栓，以固定大块模板。

浇筑两块肋墙后，即可进行两坝肋间的坝内浆砌石施工。砌石施工完成后，浇筑坝面混凝土。坝面大块钢模板分 3 块，每块长 6.1 米，下面一块为反弧段，中间一块为直线段，上面一块为曲线段，每块重约 2 吨，安装拆移困难较大。为此，加工制作了一简易行车，以安装、拆移大块钢模板。在上、下游沿坝轴线方向铺设简易轻轨，长度同坝长，简易行车在其上行走，移动安拆 3 块大型钢模板。

在坝面混凝土浇筑过程中，反弧段混凝土表面气泡现象比较严重，是施工中的一大技术难点，在省水利厅重点工程处指导下，经多次试验，总结出了增加混凝土和易性，薄层浇捣，使用排气铲等方法使气泡大大减少。另外，反弧段在混凝土初凝后及拆模，对气泡严重的地方及时进行人工修补，保证表面光洁、平顺。

4. 护坝

护坝为厚 0.6 米的混凝土墙，全长 24 米，背部为浆砌石挡土墙，保证护坝的稳定。

5. 海漫

海漫铅丝笼块石紧靠护坦尾坎，顶面与尾坎齐平。全长71米，宽15米，厚1米。施工时先选择一块较平坦场地，用10号铅丝纺织成4米×5米网片，网眼为（15×15）平方厘米。网片按5米长一侧顺着坝轴线摆放，将块石摆成5.0米×1.0米×1.0米的长方体，然后将网片折叠起来，包裹住堆石，用10号铅丝封口。

三、两闸施工

1. 冲沙闸

冲沙闸包括导墙段、闸室段、陡坡段、消力池段等四部分。冲沙闸施工的快慢，直接影响到二期导流工程，对整个枢纽工程的进度起着决定性的因素。1998年4月23日前，主要进行了基础土石方开挖、陡坡段、消力池段高程1202.6米以下部分，闸室段高程1204米以下土建施工及导流墙部分施工；4月23日进入二期导流后，为提高防洪标准，首先进行了陡坡段、消力池段侧墙混凝土施工，其次是闸室段侧墙混凝土施工。

消力池、陡坡段及闸室段因基岩出露比原设计高程要高，变更后直接开挖至基岩面，两侧墙混凝土均分层浇筑。采用大块木模板，镀锌铁皮贴面。闸门、门框一次性安装，调整就位，浇筑混凝土固定。

2. 进水闸

进水闸包括闸室段、陡坡段、消力池段、渐变段四部分。施工中先进行了闸室侧墙施工，然后进行陡坡段、消力池段及渐变段施工。

进水闸闸室段施工方法与冲沙闸基本相同。进水闸消力池段及渐变段底板混凝土一次从里向外浇筑，接下来浇筑陡坡段底板混凝土。混凝土的运输是用1吨小翻斗运至洞口，再通过人工翻倒至仓面。在底板混凝土侧墙位置预设插筋，然后将该三段侧墙及顶拱模板一次立好，同时浇筑混凝土。

3. 闸房

闸房为9根方形钢筋混凝土柱框架结构，37砖墙填充，外墙贴瓷砖，共有铝合金结构两门六窗，房顶造型为两个尖顶小木房，上贴中国红三曲瓦。

闸房地板、顶板均采用方木、圆木满堂支撑，木模一次立完，绑扎钢筋，浇筑混凝土。

四、人行工作桥

工作桥桥墩为圆柱形，除2号、6号桥墩直径为45厘米，其余1号、3号、4号、5号、7号桥墩直径均为40厘米，桥墩高3.8米。桥面板全长72米，为八跨连续梁，1998年7月9日开始浇筑桥墩，7月17日全部混凝土浇完，最后焊接栏杆和悬索安装施工。

由于当地昼夜温差特别大，为了减小混凝土的温度应力对混凝土可能产生裂缝的不利影响，桥面板施工均在晚上进行，并采用跳槽浇筑的办法。

由于当地吊装等条件限制，变更原预制桥面为现浇，桥面板全长72米，用钢架管一次性搭设满堂架，模板为木模加钉镀锌铁皮再用木模板立模，钢筋采用焊接。

五、绕坝截渗墙

截渗墙开挖后最终确定为109.4米，墙顶高程1204米，基础深入基岩50厘米，墙厚60厘米，共浇筑混凝土302立方米。

混凝土截渗墙共分11次（块）浇筑，其中0+63.3~0+109.4段三块3次，0+000~0+63.3四块8次。

第六节 渠 道 工 程

渠道工程附属马栏河引水隧洞工程B标段，由铁一局给排水工程总公司第七工程公司施工，于1998年5月5日开工，同年7月25日完工。渠道全长672米，连接隧洞出口与河道。其中K0+000~K0+200段为明涵，红色砂岩地基，断面与隧洞相同为2.0米×2.1米的城门洞形；K0+200~K0+672为明渠，砂砾石、黏土基础，1.2米×2.6米矩形断面。在3号、4号弯道处设导流墩，比降依次为1/200、1/9.5、1/40，在原生产路处设10吨级桥两座。

一、明涵

明涵石方开挖采用钻爆法施工，2 号岩石炸药爆破，非电毫秒雷管起爆，人工配合装岩机装渣，两台翻斗车运输。衬砌时先用浆砌石铺底，在铺好的基础上砌筑两边墙，然后浇筑边墙及拱部混凝土（厚度为 10 厘米），最后再砌筑拱部浆砌石，底板混凝土（厚度为 10 厘米）。

二、明渠

明渠部分土石方开挖以推土机为主，爆破松动，人工整修。砂卵石基础的处理试验，先后进行白灰加水、砂卵石级配试验，最终确定为按级配控制，10 吨振动碾碾压，确保施工质量。在清理好的基础上先砌筑底部及两边浆砌石，最后再用建筑钢模板浇筑直墙混凝土，拆模后铺底板混凝土，人工收面。

第七节 施 工 控 制

马栏引水隧洞断面小、埋深大、涌水量多、地质复杂，仅 A 标每天就有 4000 多立方米的涌水量，加之隧洞为泥质砂岩，岩质松软，强度低、遇水软化。膨胀的软岩自高埋深和地下水的共同作用下，造成的坍塌异常剧烈。隧洞工程施工中共遇到破碎带 4000 多米，断层 80 余条，大的塌方 20 多次，最大塌落高度 8.5 米，塌落长度 20 米。因受地形限制仅布设 2 个斜井，导致通风、供电、运输矛盾十分突出。

马栏引水隧洞是罕见的深埋软岩小断面超长隧洞，是陕西水利史上最艰难、最具挑战性的重点水利工程。工程质量、进度、资金、安全控制工作异常艰巨。

一、测量控制

马栏河引水工程隧洞工程洞线全长 11.491 千米，为超长隧洞，加之隧洞横穿老爷岭，地形复杂，控制测量是保证隧洞能否准确贯通的关键。控制分两部分，即洞外控制测量和洞内控制测量。

1. 洞外控制测量

洞外控制测量在开工前委托省水电设计院测绘总队完成。为保证隧洞准确贯通，1997年隧洞全线贯通前对洞外控制进行了复测。

洞外测量分为洞外平面测量和洞外高程控制测量。洞外平面控制测量时，各工作面布置平面控制网点，构成小三角控制网，布置控制网点共同构成导线环控制网。导线各水平角用全站仪全测回法分别观测左角2个测回，导线边长使用全站仪往返对向观测2个测回。根据测定的导线，设定洞口投点。洞外高程控制测量，根据设定的水准点，分别在各个洞口附近采用二等高程控制测量精度要求引设2个水准点。采用水准仪多次往返引测，全站仪复测，各工区进行水准联测。

2. 洞内控制测量

由施工单位完成，施工测量设计及贯通测量方案报经建设单位批准。1994年初，管理局委托省水电设计院测绘总队定期对洞内控制测量进行校测，并制定详细的作业指导文件，保证了1997年12月24日隧洞全线贯通。

（1）洞内平面控制测量。采用中线支导线控制进行平面控制测量，导线点用全站仪定出，角度观测2个测回，测角中误差小于2.5″。洞内平面控制测量时，每次建立新点都必须检测前一旧点，确认旧点没有发生位移，才能发展新点。其次导线应尽量布设在避免施工干扰、稳固可靠地段；导线边以接近等长为宜，一般直线地段不宜短于200米。边长丈量，用钢尺丈量时，钢尺经过检定；当使用全站仪时，注意洞内排烟和漏水地段的测量状况。洞内导线点，用全站仪测设，标志顶点应比洞内地面低20～30厘米，上面加设坚固覆盖，然后填平地面，覆盖不和标志顶点接触，避免洞内运输或施工的碰撞。铺底时用全站仪加以恢复，改用永久性钢筋桩布设。

（2）洞内高程水准测量。洞内水准测量，将洞外水准点的高程引到洞内，作为洞内高程控制的基础和为隧洞施工放样的依据，以保证隧洞在竖向正确贯通。在隧洞贯通之前，洞内水准点的延伸采用往返对向、多次观测进行检测。同时在洞内每隔200～500米设立一个永久水准点。为施工便利，在导坑内拱部边墙上每50米设立一个临时水准点。水准仪到标尺的距离不超过 50 米，标尺直接立于导线点上。因洞内施工干扰较大，采用挂尺传递高程，高差计算公式用 $h_{ab}＝a－b$，但对于零端在顶上时，读数为负值。

3. 洞内施工测量

（1）施工中线测量。永久性中线点用全站仪测设，直线上每 100 米一个、曲线上每 50 米一个；临时中线点用经纬仪测设，直线上每 20 米一个、曲线上每 10 米一个，掘进衬砌延伸中线点用经纬仪每 10 米加密一个，曲线上采用长弦支距法串线加密，直线上直接串线加密。

（2）施工水准测量。施工水准测量采用水准仪每 10 米加设一个临时水准点，掘进采用水准管抬设加密。

（3）断面轮廓的测设。断面轮廓的测设采用串线设定，高程采用水准管设定，轮廓线采用布点连线设定。

二、质量控制

1. 质量保证体系

指挥部设项目质量监督站专门负责工程质量的监督与检测，现场指挥所配备有质量监督员。施工单位落实"三检制"，班组设质量员负责初检，项目队设专职质检员负责工程质量的复检，经理部技术负责人负责工程质量的终检。增强各级领导和质量管理人员的质量意识，落实主要负责人是工程质量的责任人，组织主要工种操作人员进行岗前技术培训。

2. 施工过程质量检查

现场指挥所对工程质量实行跟踪监控，从原材料的入场、混凝土拌和到浇筑，严格按照《陕西省马栏河引水工程施工技术质量管理办法》进行检查和控制，指挥所监理人员跟班作业、旁站监理，对不合格的砂子、石子、水泥责令施工单位限期清除出工地，对不合格的混凝土拌合物责令施工单位弃掉，对不合格的工序令其返工，对未达到开仓条件的绝不开仓，发现问题及时处理。

为确保工程质量，指挥所监理人员每天在隧洞掌子面跟班作业，旁站监理，并于掌子面交接班，每天井下工作 10 个小时以上。由于坚持井下跟班作业，现场监理掌握一线施工中存在的诸多问题，现场指导，缩短了工作检查时间，避免了质量检查与施工之间的推诿扯皮，同时能够及时发现施工现场和工队施工管理中存在的问题，为领导管理决策提供了翔实科学的事实依据，保证了项目管理的针对性，有效解决了管理中存在的各类问题，不仅保证了工程施工质量，也大大提高了现场作业效率。

3. 工程质量检测

供水指挥部还组织质检人员定期对工程质量进行检测，对有质量缺陷的部位及时令施工企业进行处理，对质量不合格的局部工程坚持返工，对质量事故采取"三不放过"原则，即事故原因未查清不放过；事故责任人未受到教育不放过；处理措施未落实不放过。

4. 质量奖罚措施

对施工质量实行奖优罚劣，重奖重罚，质量与结算及奖罚挂钩，两个现场指挥所根据工地实际情况制定详细的《质量奖罚办法》，对优秀施工单位、优秀质量管理小组、优秀质量监督检查人员给予奖励；施工企业中对保证质量作出贡献的队、班组、个人给予奖励。所需费用由建设管理费和施工企业奖金总额中平衡调剂，奖金由现场指挥所直接发放。质量及进度奖罚机制的建立，极大调动了现场作业个人和施工单位的积极性，为工程的顺利完工起到了决定性的作用。

三、进度控制

由于工程条件差、技术难度大，施工极其困难，前期工程进度一直步履艰难，直到 1996 年底，只完成隧洞掘进 8302 米，平均月进尺 188 米。

指挥部根据 1997 年 3 月 11 日，省水利厅厅长彭谦现场办公会精神，按照倒排工期的原则，编制马栏隧洞工程贯通实施计划，树立"两加（加大投入、加快进度）、三破（观念突破、技术突破、管理突破）、五保证（保贯通、保 A 标、保斜井、保下游、保掘进）"的指导思想，提出了的保重点工作面、重点工序、重点目标的实现。打破常规管理，大胆参与管理，实施四个结合，即：合同管理与直接管理相结合，以直接管理促进合同管理；增加投入与优化结构相结合，在概算范围内加大投入，以投入换效益；技术研究与施工实际相结合，以技术换速度；宏观管理与过程管理相结合，加强过程管理，明确阶段目标，以确保总目标实现。指挥部工程科进行明确分工，落实专人负责控制工程进度，编制了详细的"九七隧洞贯通计划"和"九八通水计划"，分别将任务落实到旬、落实到天，落实到班，明确责任，按照"日差旬补月保证"的原则控制进度。通过召开班前会、旬例会、月总结会及坚持井下联合值班制度，对施工中出现的问题及时研究解决，不断加强施工管理，狠抓工序衔接和工时利用。工程指挥部深入一线、靠前指挥，攻难点、抓弱点、包重点。会上明确了影响贯通和通水的主要矛盾为 A 标，难点为 1 号斜井下游面，弱点是组织管理工作不适应，重点是进度不理想。

在概算控制范围内，加大对工程的投入力度，保证工程资金供应，费用构成按三部分：一是原合同价款；二是与进度挂钩的动态结算政策；三是奖励费用。

指挥部根据工地实际情况，及时制定、调整激励政策，其奖励同进度挂钩。每个小班都有明确的任务，当班完成，当班奖励，超额完成，加倍奖励，极大调动了全体员工特别是一线职工的积极性，出现了二线人员主动要求到一线去的好势头。例如，在 A 标段极大地提高了人工装渣速度，创造了日进尺 9.6 米的最高纪录。

影响马栏引水隧洞 B 标年底贯通的主要因素是地质条件差，断层裂隙发育，霹雳不断，塌方规模大。为此，指挥部在工地现场召开年底贯通动员会后，指挥所立即深入掌子面统计分析存在的问题，按照指挥部的安排部署，制定适合 B 标的掘进方案和奖惩办法。根据地质条件，总结出了"短掘、快支、多循环"的掘进施工原则，成功地实现了全封闭钢支撑和管棚支护方案，遏制塌方，使隧洞月进尺由过去的 30～40 米提高到 70米，再提高到 130 米。同时，成功地战胜了楔形塌方，妥善处理了霹雳、流沙等恶劣地质地段，对通风、供电系统进行了改造，攻克了砾岩爆破技术难题，合理调度，妥善解决了 6000 米出渣运输问题。其中，串联式通风方案被运用到秦岭隧道施工中，效果显著。

通过以上举措，1997 年 12 月 24 日实现了隧洞全线贯通目标，1998年 9 月 28 日实现了马栏河引水工程全线建成通水的目标。

四、工程调概

马栏工程自 1992 年 10 月开工后，由于地质复杂，先后经过两次调概：1995 年 4 月 26 日，省计委以陕计设计〔1995〕274 号文批准了马栏河隧洞工程概算调整，核定工程总投资 7267.69 万元；前期工程（1996 年底期间）由于地质变化、资金不足、单价偏低及施工企业管理上存在一定问题，加之缺乏技术力量、投入不足、设备陈旧，导致进度缓慢。到 1996 年底仅完成隧洞工程的 60%。1997 年 9 月 15 日，省计委以陕计设计〔1997〕600 号文批准了马栏河引水工程第二次调整概算，核定马栏河引水工程概算总投资为 12050.00 万元。

第八节　工　程　验　收

1998 年 9 月 28 日建成通水后，工程进入了配套完善和竣工验收的资料整编阶段。

一、资料整编

工程建成通水后，管理局保留了原施工队伍中的部分人员，及时对马栏河引水工程 8 年来的资料按要求进行整编，加快了编制竣工验收文件的进度。参加编制竣工验收文件和整编资料的主要人员有：雷耀林、李七顺、李全洋、冯宏革、卢宏社、成建莉、王天祥、赵振锋（地质队）。工程档案资料分为立项审批文件、合同文件、设计文件、施工原始记录、质量评定测试资料、竣工验收有关报告及竣工图和财务档案共七部分。竣工验收报告按 SD184—86《水利基本建设工程验收规程（试行）》编制定稿。到 1999 年 7 月，水利部颁发了 SL 223—1999《水利水电建设工程验收规程》，按新规程的要求对原竣工验收报告重新进行了编写，竣工验收文件共 12 个。

二、工程质量评定

工程质量按照 SL 176—1996《水利水电工程施工质量评定规程》、设计文件、施工图纸、国家和部颁的行业现行施工规程、规范或技术规定及结合合同文件制定的《马栏河引水工程施工技术质量管理办法》进行质量控制和评定，验收评定结果如下：

1. 枢纽单位工程

枢纽工程包括溢流坝、进水闸、冲沙闸、工作桥和绕坝截渗墙5个分部工程，质量全部合格，优良率100%。施工中未发生质量事故，混凝土拌合物质量达到优良，原材料质量合格，铸铁闸门及启闭机制造质量合格，外观质量得分率94.8%，施工质量检验资料齐全，达到优良等级，评为优良。

2. 隧洞单位工程

隧洞工程包括进口段、1号斜井上游段、1号斜井下游段、2号斜井上游段、2号斜井下游段、出口段和回填灌浆七个分部工程，质量全部合格。进口段、1号斜井上游段、2号斜井下游段、出口段和回填灌浆5个分部工程质量优良，优良率71.4%，原材料及中间产品质量合格，外观质量合格率92%，施工质量检验资料齐全，评定为优良等级。

3. 渠道单位工程

渠道工程包括明涵和明渠两个分部工程，质量全部达到合格标准。施工中未发生质量事故，混凝土拌合物质量达到优良，原材料质量合格，外观质量得分率83%，施工质量检验资料齐全，达到合格等级。

按照SL 176—1996《水利水电工程施工质量评定规程》，3个单位工程中2个评为优良，主要建筑物隧洞单位工程为优良，故马栏河引水工程质量等级评定为优良。

三、工程验收

项目档案分为建设单位和施工单位两大部分，在工程建成后各自收集整理，通水后于1999年6月全部移交指挥部。①供水指挥部设立专人负责工程资料的收集整理和信息传递，各现场指挥所设专人负责资料的等级管理工作；②施工单位设专人负责收集施工过程原始记录、工程质量检测和质量评定资料。

1999年12月30—31日马栏河引水工程竣工验收会议在铜川宾馆召

开。会议由省计委组织，省水利厅及施工等有关单位参加了会议。会议听取了汇报，查实了施工现场，一致认为工程质量优良，通过竣工验收，可以交付使用。

四、工程投资

马栏工程共完成投资 11920 万元，其中：①拨改贷 700 万元；②建设银行贷款 2700 万元；③省非经营性基金 1950 万元；④以工代赈 370 万元；⑤省财政专项 1200 万元；⑥小水资金 1300 万元；⑦防保资金 700 万元；⑧水利债券 3000 万元。

第六章　续建工程

　　桃曲坡灌区是关中九大灌区之一，由于灌区工程长期运行、投资不足，设施老化，加之灌溉水源紧缺，灌区灌溉效益下降，直接制约灌区发展。1999—2011年利用世界银行贷款、农业综合开发及续建配套与节水改造项目资金，对灌区进行续建配套及更新改造。

第一节　溢流堰加闸

一、立项审批

　　省计委以陕计农〔1992〕546号文将《陕西省关中灌区改造工程项目建议书》上报国家计委。1993年9月，国家计委审查项目建议书后以计农经〔1993〕1754号文下达了《关于陕西省关中灌区改造工程规划方案的批复》，同意对关中地区九大灌区进行改造。桃曲坡水库溢流堰加闸工程被列为关中灌区重要水源改造工程之一。

　　1997年10月，管理局成立溢洪道加闸工程前期工作组，同年12月向省水利厅上报工程可研报告；1998年10月上报工程初步设计；省计委于同年11月组织省水电设计院、西北水利科学研究所、省水利厅计划处、农水处、管理局等单位对工程初步设计方案进行了审查；同年12月省计委以陕计设〔1998〕1018号文《关于桃曲坡水库溢洪道加闸工程初步设计的批复》，批复建设内容为：溢洪道右岸高边坡铝土页岩处理、大坝稳定加固、梅七铁路防护、溢洪道陡槽处理及堰顶设置10.5米×5.5米闸门七孔。加闸后正常挡水位提高4.5米后高程为788.5米，新增有效库容1040万立方米。工程概算总投资为3705万元。

二、工程设计

　　桃曲坡水库溢洪道加闸工程由省水电设计院设计，从1998年6月开始，2000 年 5 月结束。工程设计包括六部分内容，分别为：溢流堰堰顶加设闸门、溢洪道改造及出口消能加固、闸房建筑工程、金属结构制安及电气安装工程。

1. 加闸施工

溢洪道加闸工程是在原溢流堰上加闸以抬高正常蓄水位，溢洪道轴线仍维持原有轴线不变，侧槽与泄流段维持原过水断面不变。堰上共设 7 孔闸门，闸孔尺寸 10.5 米×5.5 米。溢流面总宽为 73.5 米，溢流堰总长86.1 米。设 7 扇平面工作钢闸门，采用 7 台 QPQ2×250 千牛固定卷扬启闭机启闭；为满足闸门检修要求，设 1 扇平面检修钢闸门，采用 1 台 2×200 千牛电葫芦启闭。

2. 溢洪道改造

侧槽（桩号溢 0+079.28～溢 0+000.00 米）维持原梯形过水断面不变，边坡比 1：0.3。梯形槽底，上游宽 7.62 米，下游宽 20 米，侧槽长79.28 米，比降 6.5/1000，出口底高程 772.0 米。

泄流段（桩号溢 0+000.00～溢 0+137.50 米）维持原梯形过水断面不变，底宽 20 米，比降 1/100，维持原边坡比 1：0.3。在桩号溢 0+000～溢 0+033.8 米段中部设置台阶式导流导向墩，使侧槽水流平顺导入泄流段，改善水流流态。

渐变段（桩号溢 0+137.50～溢 0+175.634 米）该段底宽由 20 米渐变到 22.8 米。渐变段比降 1/500，进口底高程 770.625 米，其中渐变段长 30 米，过渡段长 8.13 米。

3. 出口消能加固

陡坡段（桩号溢 0+175.634～溢 0+221.738 米）：采用矩形过水断面，底宽 22.8 米，进口底高程 770.549 米。在桩号溢 0+175.634～溢 0+181.959 米段设一半径为 20 米，圆心角 18.435°弧形底板，其余为 1：3陡坡段，避免底部衔接不平顺产生负压。

挑流鼻坎（桩号溢 0+221.738～溢 0+240.00 米）设半径为 18.0米，圆心角为 58.435°的圆弧段，底宽 22.8 米。

护坦段（桩号溢 0+240.00～溢 0+251.00 米）底宽 32 米，长 7～11米，底板高程 751.00 米。

4. 闸房

闸房全长 105.15 米（含楼梯平台），2 层框架结构；建筑面积 1565 平方米；安装有 7 孔闸门。外墙铺贴 100 毫米×100 毫米浅色方形小面砖及蓝灰色镀膜玻璃幕墙。建筑抗震设防裂度为Ⅵ度，50 年设计耐久年限，二级耐火等级。

5. 金属结构安装

溢流堰上加设闸门 7 孔，每孔宽度 10.5 米。设置工作闸门 7 扇，每扇闸门均设固定启闭机 1 台，单门单机；检修闸门共用 1 扇，用移动式启闭设备。

6. 电气安装

闸房设计安装 18.5KWYZ 型电动机 7 台，总容量 129.5 千瓦，电动机电压等级采用 0.4 千伏。配电采用 0.4 千伏电源供电，进线采用电缆，电动机回路采用 DZ 型开关，以电缆引接至电动机。

三、施工准备

1. 工程招投标

管理局项目执行办公室 1999 年 1 月编写了陕西省关中灌区改造工程——桃曲坡灌区改造工程——桃曲坡水库溢洪道加闸工程招标文件，上报世界银行驻京代表处。1999 年 2 月 4 日，世界银行驻京代表处同意进行公开招标；同年 2 月 9 日，管理局项目办在《陕西日报》刊登了招标通告；3 月 10 日上午 10 时，陕西省关中灌区改造工程世行贷款项目办公室在西安举行开标会议，进行公开招标；招标专家组从资格审查、投标报价分析、技术条件分析、合同及财务信誉等四方面进行了综合评审，陕西省水电工程局中标。4 月关中灌区改造工程世行贷款项目办公室作为业主单位与施工单位签订了合同协议书。施工单位在实施期间成立桃曲坡水库加闸工程项目经理部，先后由陕西省水电工程局第四工程处的张胜利、李建成任项目经理，整个施工建设过程中未发生任何质量事故。

2. 项目建设管理

（1）组织机构。1998 年管理局成立了关中灌区更新改造工程世行贷款项目桃曲坡执行办公室，项目办主任由管理局常务副局长武忠贤担任，副主任由张树明副局长担任。

（2）工程监理。施工监理由省水利监理公司承担，监理单位成立工程项目监理部，先后委派了总监理工程师党恩魁（1999年4月—2001年10月）、王志忠（2001年10月—2002年2月）、王耀利（2002年2—5月）和各分部监理工程师。编制监理规划及监理实施细则，按照监理程序办事，履行监理的权利和义务，执行合同和技术规范，搞好"三控制，两管理，一协调"，严把工程质量关。

（3）质量监督。省质监站直接对桃曲坡水库溢洪道加闸工程进行质量监督，并派驻灌区质检组进驻工地，委派质量监督员，经常到工地进行检查和监督，参加分部工程验收，组织进行外观验收，并定期汇总上报工地质量情况。

（4）合同管理。加闸工程施工合同采用单价承包形式。对设计、监理等单位实行总价承包管理。在工程建设中没有发生纠纷和索赔事件。

四、工程建设

加闸工程地处石灰岩地区，地质条件复杂、新老建筑物紧连，施工难度大。为保证施工质量，创建精品工程，建设单位和施工企业密切配合，采用先进技术和新的施工工艺，收到了良好效果。

1. 控制爆破应用

（1）利用非电毫秒微差爆破网络技术，严格控制单响药量，使爆破震速符合建筑物安全规定。聘请专家教授进行爆破试验，确定了深孔采用单孔单响，浅孔3～10孔为一响，最大单响药量不超过3.5千克。在施工中，根据不同的爆破区域，采用了掏槽、预裂、光爆和梯段爆破等多种技术综合应用。如：溢洪道渐变段两岸齿槽开挖，开挖深度小于0.6米，预裂效果差，采用掏槽和光爆技术联合应用。在4万立方米的爆破施工中，周边的供水渡槽、交通桥、放水塔、变电站等建筑物无一损伤。

（2）静态爆破应用。在改造项目施工中，个别结构物形状复杂，位置特殊，无法利用网络爆破时，适时的采用静态爆破有效地解决了这一难题。如：选用北京生产的高效无声松动剂，其颗粒为末状，施工时加水拌制成最优含水状装入钻孔中，依靠本身水化热产生放热反应，钻孔受周边约束产生膨胀压，使岩石在无震动、无噪声、无飞石的情况下，安全地破碎。施工时分段装药松动，即：外排孔先装药松动，8～10小时后再对内排孔装药松动，最后组织人工用风镐进行撬挖、清渣。

2. 大块定型钢模板

在混凝土施工中，经过反复摸索，采用大块定型钢模板。由省水电工程局修配厂根据设计加工而成，面板厚度4～6毫米，肋板选用100毫米槽钢，间距500毫米×500毫米，基本尺寸为2050毫米×1460毫米，单片重200～300千克。施工时采用倒链配合人工就位，利用基岩锚杆内拉。

3. 简易滑模

溢洪道陡坡段坡比1：3，衬砌厚度1.2米，经过方案比较，采用简易滑模，即利用现有大模板，拼装成简易滑模：长12.3米，宽1.46米，采用2个100千牛倒链牵引，以两边侧模及中间预设的钢筋为轨道，边入仓边牵引，后面组织工人进行收面、压光。混凝土入仓充分考虑了地形条件，利用溜槽垂直运送混凝土30余米，再通过分溜槽直接入仓。

五、设计变更

1. 溢流堰

溢流堰下原设计为帷幕灌浆处理。为便于与库区整体补漏相衔接，取消帷幕灌浆，堰前开挖回填部分改用黏土夯实回填至原地面线，压实度0.93；岩石出露段采用R200 F100 W4混凝土铺盖，但不高于高程780.00米。

新堰体基础开挖后发现基岩破碎，增设基础固结灌浆，孔、排距1.5米×1.5米；对置于强风化、未作深度处理的老堰体基础作固结灌浆处理，孔、排距2.0米×1.5米。在对老堰体基础灌浆施工过程中发现：老堰体砌体密实性较差，增设一排砌石灌浆孔。

为增强砌体与基岩的有力结合，便于砌石施工，在基岩面与砌石结合处增设200号混凝土垫层。

2. 溶洞处理

地基开挖时，在右翼墙外侧发现直径约7米溶洞，内充填灰白色铝土页岩。处理时将软弱充填物按要求挖除，用250号混凝土回填找平后浇筑混凝土盖板梁。新堰基础与老堰体下溶洞按规范将软弱充填物清除，用200号混凝土回填。

3. 挑流鼻坎

在桩号溢0+228米～溢0+237米段有一条斜向贯通裂隙，裂隙面倾向下游；在桩号溢0+240米～溢0+250米段岩面突降，高程751.00米以下岩层走向不明，护坦岩石风化破碎，整体性差，将挑流鼻坎段和护坦段位置向上游平移10米。

4. 陡坡段处理

因溢洪道陡坡段左岸边坡溶洞、断层和构造裂隙等不良地质现象发育，经省水电设计院、管理局和陕水电工程局共同研究决定：①对溢洪道陡坡段和挑流鼻坎段左岸土质边坡统一向溢洪道外侧方向后移4.5米；②对溢洪道（桩号溢0+165.634～溢0+238.00米）左岸的岩质边坡（包括顶部平台）及砂卵石层边坡喷R200 F100 W4混凝土（厚5厘米）支护；③清除溢洪道（桩号溢0+165.634～溢0+238.00米）左岸岩质边坡中的溶洞、断层和融蚀裂隙中表层的软弱充填物；④取消陡坡段（桩号溢0+165.634～溢0+211.738米）底板左侧的通长伸缩缝，使左侧边墙与底板整体连接。

六、工程验收

溢洪道加闸工程于1999年4月9日开工，2002年5月31日全面完成施工任务。完成主要工程量：土方17.6万立方米，浆砌石0.99万立方米，现浇混凝土2.76万立方米，钢筋及金属结构制安597.34吨，闸房建筑1806平方米，工程总投资3028.36万元。单元工程在施工过程中由现场监理结合工序验收直接进行，重要的基础隐蔽工程由监理、业主、质检三方联合验收。由监理部组织业主、设计、施工、质检等部门对该工程进行了分部验收，分部工程全部合格，优良率100%。省质监站组织参建各方对工程进行了外观验收，桃曲坡灌区项目执行办组织参建单位对工程验收资料进行归档整理，按省项目办管理办法的要求和程序颁发了桃曲坡水库溢洪道加闸工程的完工证书。2005年12月15—16日通过省水利厅组织的竣工验收，工程质量等级评为优良。

七、运用及效益

在 2001 年 10 月 16 日主体工程完工后即下闸试蓄水 800 万立方米，初显成效；2003 年 8 月 29 日下闸蓄水，水库蓄水位达到高程 789.0 米（加闸后的最高蓄水位），下泄洪水 1.05 亿立方米，溢洪道和闸门经受长达 120 天的高水位考验，工程运行安全。2003 年、2007 年、2010 年及 2011 年秋、冬均满库蓄水，较加闸前多蓄水 1040 万立方米，为灌区灌溉提供了充足水源，充分显示了加闸工程的社会效益和经济效益。

第二节　水　保　治　理

桃曲坡水库库区地形破碎，植被较差，水土流失严重。为有效控制水土流失，延长水库寿命，改善生态环境，管理局先后进行了两次大规模库区水保治理工作。1998—2004 年为第一阶段，主要利用国家水土保持债券资金实施；2009—2012 年为第二阶段，主要是利用国债和陕西省煤炭石油天然气资源开采水土流失补偿费使用项目专项资金实施。

一、水保国债项目

（一）1999—2004 年度实施库区水保综合治理

1998 年管理局以〔1998〕130 号《关于报送陕西省桃曲坡水库库区水土保持综合治理规划的报告》文件上报省水利厅，1998 年 12 月经省水利厅商省计委、以陕水计发〔1998〕247 号文件立项批复，将桃曲坡水库水保综合治理工程列为国家水土保持债券项目。1999 年 7 月，管理局委托陕西省水土保持学会科技咨询服务部编制《桃曲坡水库库区水土保持综合治理实施规划》，以管理局发〔1999〕077 号文上报，陕水利厅以陕水计发〔1999〕225 号文批复实施。

项目治理区以水库大坝上游流域面积 228.39 平方千米为范围，新增治理水土流失面积为 69.922 平方千米。综合治理措施包括营造水保林 2.3 万亩，发展经济林果 3.5 万亩，坡改梯 2.39 万亩，新建苗圃 240 亩，种草 48 亩，封禁治理 2.26 万亩，修淤地坝 3 座，沟边埝 55.2 千米，建石谷坊 10 座，柳谷坊 200 座，修护岸工程 3.9 千米，建蓄水窖 1000 眼，发展水浇地 1230 亩，新修生产道路 25 千米，管理房 2 座、看护房 22 座。批复总投资 3438.93 万元。其中国家债券 2200 万元，地方自筹 1238.93 万元。

1. 项目安排

（1）近坝治理区。近坝区中、强度和极强度侵蚀流域面积为 72.4 平方千米，重点治理水土流失面积 40.65 平方千米，计划新增治理面积 30.6 平方千米，占近坝区流域面积 42.3%，占重点治理 75.3%。包括桃曲坡水库枢纽、石柱乡及安里乡等 55 项水保综合治理任务，共安排国债投资 2200 万元。项目分 4 年实施（1999—2002 年），1999 年安排投资 184 万元，2000 年安排投资 736 万元，2001 年安排投资 837 万元，2002 年安排投资 446 万元。

（2）上游治理区。库区上游大范围属微度侵蚀和轻度侵蚀区，以兴建基本农田、经济林、防护林、塬峁、沟边防护工程等水保治理措施予以治理，由地方政府组织群众自筹配套资金实施。

2. 项目实施

国债资金主要安排在近坝区重度侵蚀的 72.4 平方千米，对坝前区 7.35 平方千米建成高标准的水土保持生态旅游示范区。

在近坝区 72.4 平方千米范围内累计治理近坝区重度侵蚀区域内的水土流失面积 40.65 平方千米，新增治理面积 28.2 平方千米，营造水保林 1.6 万亩，经济林 7206 亩，种草 1290 亩，建苗圃 419 亩，累计绿化植树 96.88 万株。修建梯田 2270 亩，封禁治理 10 平方千米，建石谷坊 9 座，淤地坝 2 座，建水窖 60 眼，管理房 2 座，看护房 22 座，修排水沟 4.8 千米，加固河堤 2.3 千米，发展果园及节水灌溉 1230 亩，建抽水泵站 2 处，修筑道路 23.15 千米。项目决算主要是近坝流域上游中、强和极强度重点治理区，共完成国债投资 2213.34 万元。

（1）成立机构。水保综合治理项目 1998 年立项批复后，1999 年由管理局综合经营办公室负责实施，2000 年 6 月管理局成立水保项目办公室，负责水保项目的实施工作，邀请陕西省水土保持局技术承包。单项工程施工由业主方委派甲方代表进驻工地，现场施工监理人员根据工程实际，临时抽调枢纽站、园艺站技术骨干进行现场质量全过程旁站监督。

（2）项目管理。库区水保工程试行招标实施，合同制管理及小型项目按预算制管理等 3 种形式。

1）水保工程招标。对 50 万元以上工程或分片绿化措施，按区域划分单元，试行水保工程招投标。园林景观绿化采用最优方案合理中标，水保风景林绿化采用合理低价中标，要求保栽保活。在招投标过程中，管理局先后邀请西安园林设计院和西北农业大学专家进行评标，专家组通过商务报价、技术保证等各方面进行评标，推选一家首选单位，两家候选单位，最后由管理局招标领导小组定标，确定中标单位。招标合同包括保栽保活，按成活率兑现内容。春植结束后，付给绿化单位合同价的 10% 预付款，9 月底植树季节结束，按成活率兑现，成活率达不到 50%，不兑现，成活率达到 50%～85% 以上者，按比例兑现，扣除 10% 质保金，待质保期 12 个月满后，无质量缺陷责任后，兑付质保金。工程类招标严格按基建工程招标程序进行。先后中标单位有：耀州区塔坡苗圃、汉中创价公司、铜川园林公司、西安红叶公司、丹凤苗圃站、陕西圣业工贸公司、西安绿荫公司、杨凌区玉祥公司、杨凌区美凌公司等。通过招投标实施的项目有 10 个，决算投资 918.87 万元。占总投资的 45.14%。

2）合同管理。50 万元以下的工程采用合同制管理，建设单位（管理局）同各施工单位分别签订合同，明确项目地点、工程内容、技术和质量标准、投资工期和各自的责任。按工程类型分为绿化类合同和工程类合同。绿化类合同管理办法：建设单位预付款在开工后 21 天内支付，预付款为合同总价的 15%，在进度付款中逐步扣回；建设期内按植树季节付款，植树季节阶段验收后，按成活实际数量支付，成活率低于 50% 不予支付，支付比例不超过 85%；交工验收，成活率达到 95% 以上，视为合格，据实结算，预留 10% 的质保金待工程缺陷责任期满最终验收后，兑现质保金。工程类合同管理办法：建设单位开工后 14 日内支付预付款，预付款为合同总价的 10%，施工过程中，建设单位按甲、乙和监理三方联合签订的工程量进度表拨款，工程竣工验收后，预留工程结算总额的 5% 作为工程质量保证金，质保期满，质量无缺陷责任，予以付清。按合同制管理实施的项目有 33 个，决算投资 890.75 万元。占总投资的 43.75%。

3）预算制管理。对于部分小型项目主要安排管理局下属的枢纽管理站和飞龙公司实施，管理局下达年度计划，由管理局属单位上报预算，管理局水保项目办核定工程量和单价后下达批复，按进度、质量拨款，决算验收后，按缺陷责任规定付款。按预算制实施的共有 16 个项目，决算投资 226.09 万元。占总投资的 11.11%。

（3）问题和不足。库区流域治理项目量大、面广、战线长，地形复杂，群众工作难度大。将流域上游大范围轻度治理区，安排由地方政府组织群众利用劳动积累工和自筹资金实施，项目实施与管理统一性、协调性较差。

由于水保治理项目试行招标实施，在操作过程中不够规范，对招标实施的 10 个项目由管理局作为业主方成立招投标领导小组和专家组例行招投标程序。在建设过程中，由于招投标中对个别投标商的信誉度考察不够严密，出现了西安红叶公司和丹凤苗圃站两家施工单位不能很好地执行招投标合同约定，导致中途更换施工单位。

3. 竣工验收

2004 年 7 月，经西安中勤万信会计事务所对项目进行财务审计。认为："水保项目建设严格按照陕西省水利厅陕水计发〔1999〕225 号文件批复实施，建设程序符合水利基本建设管理规定；会计资料齐全，会计核算符合《国有建设单位会计制度》的有关规定；财务管理符合《基本建设财务管理规定》的要求；竣工决算编制资料齐全、完整，财务决算编制按照 SL 19—2001《水利基本建设项目竣工财务决算编制规程》要求，符合竣工财务决算编制规程，具备竣工验收条件。"

库区水保治理 1999 年春季开始实施，2004 年秋季结束，主要工程及治理措施全部完成。各单项工程完工后，由管理局组织设计、监理、质量及施工等单位进行竣工验收，工程质量均达到合格以上。2004 年 12 月 4 日，库区水保治理项目通过综合验收，认为立项程序合理，工程质量合格，项目报账程序符合建设单位财务报账制度，治理区的面貌发生了根本性变化，近坝区已经形成了高标准的生态旅游示范区，达到了治理水土流失和提高生态效益并重的目的。

（二）2009 年度实施水库库区吕渠河小流域治理工程

桃曲坡水库库区吕渠河小流域治理工程规划区面积 11.41 平方千米，治理水土流失面积 4.48 平方千米。分工程措施、生物措施和封禁措施，其中新修梯田 157.5 亩、修筑道路 1.5 千米、制作网围栏 2.5 千米、布设谷坊 40 座、沟头防护 1.3 千米、新栽水保林 2250 亩、封禁 4168 亩。省发改委、省水利厅以陕发改投资〔2009〕852 号文下达中央预算内资金 83 万元，省水利厅以陕水财发〔2009〕112 号文下达 2009 年地方政府债券省级配套资金 21 万元。

工程由管理局设计室设计，郑国监理公司监理，绿荫公司施工。

工程于 2009 年 8 月 1 日开工，2009 年 11 月 20 日完工，同年 11 月 22 日建设方提出工程竣工验收申请，11 月 28 日管理局与建设方、监理方对工程进行全面验收。

二、煤炭石油天然气资源开采水土流失补偿费使用项目

2008 年 11 月，陕西省人民政府印发《陕西省煤炭石油天然气资源开采水土流失补偿费征收使用管理办法》，建立和完善资源开发水土保持补偿机制，防治水土流失，利用煤炭石油天然气资源开采水土流失补偿费，管理局申报项目对库区水保治理缺陷区进行完善、提高，先后对库区墓坳和老虎沟小流域进行了综合治理。

（一）墓坳小流域水土保持综合治理

2010 年 3 月 29 日，管理局以管理局发〔2010〕35 号文向省水保局报送了《桃曲坡水库墓坳小流域水土保持综合治理可行性研究报告》，省水利厅、财政厅以陕水发〔2010〕124 号文下达了 2010 年煤炭石油天然气资源开采水土流失补偿费水土保持治理资金 300 万元。陕西省水保局以陕水保发〔2011〕39 号文件下达了《关于 2010 年度陕西省煤炭石油天然气资源开采水土流失补偿费使用项目桃曲坡水库墓坳小流域水土保持综合治理工程实施方案的批复》，批复新项目总资金 300 万元。项目 2011 年 3 月开工，至当年 9 月共治理面积 3.97 平方千米、布设谷坊 45 座、沟头防护 1.3 千米、种植林木 987 亩、封禁 4950 亩。

墓坳水土保持综合治理工程由陕西瀚川水利水保设计咨询有限公司设计，郑国监理公司施工监理，绿荫公司、铜川晨龙科工贸有限责任公司、丰源广告有限责任公司三家企业联合施工，其中绿荫公司和铜川晨龙科工贸有限责任公司负责苗木的栽植工作，合同施工期为 2011 年 3—10 月，管护期为 2011 年 11 月—2012 年 10 月；丰源广告有限责任公司负责水保标志牌的制作安装，合同施工工期为 2011 年 5 月 25 日—6 月 30 日。工程质保期为一年。

墓坳水保工程共治理面积 900 亩，其中晨龙公司 600 亩，绿荫公司 300 亩，栽植乔灌木 19 个品种 3.65 万株，整修道路 3.5 千米，架设安装管道近 4000 米。丰源广告有限责任公司制作水保标志牌一座，标志牌为双面钢质结构，每面尺寸为 21 米×8 米。2011 年 9 月组织了项目验收，并进入质保期。

（二）水库坝区左岸老虎沟流域治理

老虎沟水土保持综合治理工程由桃曲坡水库设计室设计，管理局以〔2011〕60 号文件上报，2011 年 9 月由省水保局以〔2011〕244 号文件下达项目批复，批复概算资金 220.70 万元，其中：省级投资 220 万元，自筹资金 0.7 万元。建设内容为：完成小流域水土综合治理面积 4638.75 亩，其中工程措施有：新建植物谷坊 20 座，沟头防护 2.6 千米，新修生产道路 3 千米；林草措施为：新造林 1867.5 亩，其营造雪松水保林 1132.5 亩，红叶李、油松水保林 735 亩；其他措施有：疏幼林封禁 2775 亩，疏林地补植雪松 12000 株，新建网围栏 1.8 千米，封禁告示牌 6 面。

管理局通过项目招标，确定飞龙公司为施工单位，郑国监理公司为施工监理单位。

工程自 2011 年 10 月 10 日开工，同年 11 月 30 日完成工程建设，历时 50 天。经过三方人员初步验收，满足工程质量要求，进入管护期。

第三节 上 坝 公 路

一、施工道路

桃曲坡水库建设期施工道路由耀县县城沿沮河左岸至航天工业部六二

三研究所（简称 2 号信箱）基地简易公路，再由苏家店河谷盘山新修 4 千米施工便道通往水库枢纽，全长 14 千米，成为水库建设期间的主要生产道路。水库建成后施工道路仍作为通往水库枢纽的唯一道路，并一直被作为防汛路沿用。由于道路盘山而上，坡陡弯急，路面狭窄，对施工运输和汛期抢险造成困难。

1980 年 5 月，陕桃指对上坝公路进行加宽，增设排水渠道，对个别转弯改线，设计标准按三级泥结石碎石路面设计。道路施工分两段进行，分别由富平指挥部和耀县渠道指挥部承担。

1984 年 5 月陕桃指安排枢纽站维修上坝路，在路线各弯道处铺设混凝土路面，路面 5 米宽，每 5 米设伸缩缝一道，铺筑面长度 180 米。1985 年 8 月，利用尾留工程项目对上坝公路进行硬化衬砌，安排溢洪道施工领导小组承担施工任务。工程从 2 号信箱后门口坡脚开始，到水库坝面全长 3000 米。工程于同年 11 月底完工，计完成土方 0.1 万立方米，混凝土 1180 立方米，投资 11.96 万元。

1992 年 8 月 30—31 日连续 7 小时降雨 97 毫米，数处约 3 千米道路被泥石流堵塞，淤积厚度 0.4～1 米，交通中断 3 小时。1993 年 2 号信箱搬迁到西安，原 2 号信箱专用公路无法得到及时维护，路面破烂不堪，道路中断现象经常发生，对水库管理和防汛安全构成严重威胁。

二、防汛专线

2000 年 12 月 5 日，省水利厅以陕水计发〔2000〕379 号《关于桃曲坡水库防汛公路（世行项目）初步设计的批复》批准实施修建水库防汛专线，与原河谷盘山生产路共同形成通往水库枢纽复线，核定工程总投资 410.42 万元。防汛专线自水库枢纽开始，经马咀村、韩古村、吕坡村与耀石公路相接，全长 6.087 千米。1996 年 5—11 月枢纽管理站组织劳力开通土路，1996 年 11 月—1997 年 3 月管理局工程队铺设碎石灰土路基，2001 年 1 月 20 日，由飞龙公司进行混凝土路面硬化施工。道路参照三级（山岭、重丘地区）公路标准设计。路基宽度 7.5 米，基层为 3∶7 灰土垫层和碎石灰土垫层，路面宽度 6.0 米，面层采用 C25 混凝土。路肩采用同标号混凝土一次浇成，挖方路段设双侧排水沟，填方路段采用自然排水。

工程于 2001 年 3 月 20 日开工，同年 10 月 31 日竣工，实际施工为 225 天。施工过程中将工程分为两段，桩号 K0＋915～K3＋460 米段的生活区、拌和站及料场设置在桩号 K2＋200 米处的马咀村，位置居中；桩号 K3＋460～K6＋080 米段生活区及料场设置在桩号 4＋300 米处的韩古庄村，位置优越，交通便利。

1. 主要工程量

（1）路面基层（泥灰结碎石）37188 平方米，分布在桩号 K0＋000～K6＋080 米，平均摊铺厚度为 21 厘米。

（2）路面 C25 混凝土面层：厚度 20 厘米，分布在桩号 K0＋000～K6＋080 米段，总计 40699 平方米。

（3）排水沟总长 5014 米，分别位于桩号 K0＋000～K0＋915 米段左侧，桩号 K0＋915～K1＋960 米段两侧，桩号 K3＋800～K4＋660 米段两侧，桩号 K5＋000～K5＋460 米段右侧。

（4）护坡砌石平均厚度 40 厘米，分布于桩号 K0＋915～K6＋080 米段沿线填方段，计砌石 1482.20 立方米。

（5）钢筋制作安装分布于桩号 K0＋000～K6＋080 米段，总计 12 吨。

（6）3：7 灰土垫层分布于桩号 K4＋187～K4＋680 米段，总计 13790 立方米。

2. 质量监督

防汛公路工程由省质监站负责质量监督工作。工程质量监督员：胡宗民高级工程师、刘跟战工程师。

桃曲坡水库防汛专用公路的建成，与原沮河上坝生产道路形成复线，为水库管理和防汛提供便利，也为水库旅游业发展打下坚实的基础。

第四节 房 建 工 程

一、机关

1. 耀州区办公旧址

1974 年以 21.4 万元购买耀县九号信箱塔坡路旧址，占地面积 21 亩，成为渭桃指正式办公基地。原有建筑包括一座 652 平方米的两层办公楼，3 座 1378 平方米的两层宿舍楼和其他附属建筑（仓库、汽车库房、食堂等）共计房建面积 2713 平方米。1977 年、1978 年两次征耀县城关镇解放大队土地共 9.3 亩，与渭桃指机关连成一片，用于修建油库、车库、修理间及材料库房。1981 年 10 月 16 日由铜川煤炭基建公司第一工程处第五施工队以包工包料形式承包新建四层宿办楼，1981 年 7 月竣工。大楼由西安市建筑设计院设计，按 8 级抗震设防。楼长 44.6 米，宽 13.2 米，高 13.8 米，建筑面积 2007.16 平方米。大楼除门厅 4 层外其余均 3 层，内走廊、内楼梯间 2 个，厕所、浴洗间分层设置。2006 年 1 月管理局搬迁铜川新区后，办公旧址移交局下属企业飞龙公司、物资站、设计室使用。

2. 新区办公楼

管理局新区基地位于铜川新区华原东道，占地面积 29.1 亩。新区办公楼大楼工程立项于 1998 年，于 2003 年 7 月自筹资金实施建设，由华源公司施工，委托信远监理公司监理，建筑科技大学设计研究院设计，建筑面积 5482 平方米，7 层框架结构，内设电梯一部，楼梯通道两处，室内配置中央空调、水暖、网线宽带、电视、电话。1 层为商业大厅，2～6 层为办公区，2～4 层各设有不同规格档次会议室，7 层为可容纳 200 人的会议室兼多功能厅，总投资 1000 万元。

二、枢纽站

1975 年 4 月成立大坝管理站，同年 10 月由富桃指完成管理站基建工程，包括宿舍 374.4 平方米，食堂 105.6 平方米，厕所 14 平方米及照明、上水等附属工程，总计建筑面积 494 平方米，场院占地 3.0 亩。1986 年拆除 1 层右侧砖窑顶上的回填土和防水层，现浇混凝土屋面，并在楼西侧间和楼梯间加盖 3 层，楼梯以东局部续盖 2 层。

枢纽区其他房建工程还有：果林站 3 层单面宿办楼 1996 年 11 月 11 日开工，1997 年 12 月 24 日竣工，砖混结构，建筑面积 998 平方米，由铜川市设计院设计，管理局工程队施工，工程总造价 68.04 万元。枢纽站食堂位于枢纽站院内，2000 年 5 月动工，同年 11 月竣工，由建筑科技大学设计研究院设计，主体由管理局工程队承建，装饰工程由西安环岳装饰工程有限责任公司承建，建筑面积 482.43 平方米，工程总计投资 94.50 万元。锦阳湖宾馆是对枢纽站原迎面宿办楼进行改建、续建和装饰，顶部为半球体装饰，底层为窑洞式外窗拱圈装饰。2001 年 4 月 20 日开工，同年 6 月 30 日竣工，工程包括 2 层续建面积 145 平方米，在门房与楼体之间增设通至二楼层面室外独立楼梯一个 114 平方米，共计建筑面积 960 平方米。工程由宝鸡市岐山县建筑工程公司承建，主体 2 层，局部 3 层，配有水、电、暖、洗手间、会议室、标准客房和豪华客房，总投资 194.95 万元。望湖宾馆于 2003 年 9 月 18 日开工，2005 年 5 月 26 日竣工。建筑面积 5000 平方米，框架结构，主体 3 层、局部 7 层（观景台），抗震设防烈度Ⅶ度。由建筑科技大学设计研究院设计，西安建筑研究设计院工程监理公司监理，陕西铁龙建筑装饰工程有限公司第十三项目部施工建设。室内装修按宾馆功能要求设有大堂，标准客房，大、小茶艺室，棋牌室，大、小会议室，大会议室内设有配套的音响系统。

三、基层单位

1. 庄里管理站

位于富平县庄里镇东关，占地面积 3073.75 平方米，原为富平县石川河管理处，隶属富平县水利局管理。1980 年由于桃曲坡水库隶属关系变更，同年 4 月富平石川河管理处移交陕桃指管理，2000 年 8 月 11 日改造原 3 层宿办楼，同时拆除原有砖木结构 2 层楼一座，同年 10 月 20 日竣工。大楼由西安惠通装饰工程有限责任公司施工改造及设计，建筑面积 694.1 平方米，总投资 59.4 万元。

2. 觅子管理站

位于富平县觅子乡，占地面积 3185.7 平方米，1983 年 7 月渭桃指委托庄里管理处承建觅子建站，负责觅子站基建工程，同年 12 月 15 日竣工。2000 年 8 月 20 日开工实施旧楼改造，于 2000 年 9 月 30 日竣工，由西安惠通装饰工程有限责任公司设计、施工。楼体为宿办一体化，外墙砌瓷砖，共计 14 间房，每层 7 间 12 个宿办室，2 层 2 间为会议室，室外楼梯采用阳光板封顶，总计建筑面积 323.8 平方米，总投资 26.3 万元。

3. 宫里管理站

位于富平县宫里乡街道，占地面积 3487.54 平方米，于 1981 年 6 月筹建。2000 年 8 月开工新建管理站宿办楼，2001 年 7 月竣工。宿办楼主楼 2 层，局部 3 层，为砖混结构。总建筑面积 988 平方米，由西安金狮环境工程建筑设计研究院设计，宝鸡市岐山县建筑工程公司承建。工程总计投资 103.58 万元。

4. 曹村站

位于富平县曹村乡，占地面积 2605.6 平方米，于 1981 年 6 月筹建。站内宿办楼于 2000 年 8 月开工新建，于 2000 年 10 月竣工，楼体为 3 层框架结构，建筑面积 1250 平方米，由建筑科技大学设计研究院设计，杨凌示范区建设工程有限公司承建，工程总计投资 103.0 万元。

5. 惠家窑管理站

位于富平县庄里镇惠家窑村南，占地面积 2988.5 平方米，于 1981 年 6 月筹建。原住房为人字屋架瓦房 128.64 平方米，平房 106.53 平方米，2004 年 10 月改造，新建 2 层宿办楼一栋。建筑面积 691.2 平方米，宿办楼长 27.84 米，宽 15.54 米，高 10.2 米。楼地基采用大开挖，3∶7 灰土换填，屋面采用防水卷材，历时 50 天，同年 11 月完工，共投资 80.36 万元。工程由省第六建筑工程公司承建，省水利监理公司监理。

6. 楼村管理站

位于耀州区坡头镇，占地面积 3610 平方米，1975 年由耀渠指承建窑洞 8 孔 144 平方米，会议室、食堂 4 间 80 平方米（砖土木结构），建筑面积共计 224 平方米，作为耀渠指在楼村临时办公场所。1984 年陕桃指建站，站内基建包括宿办楼、灶房、围墙、厕所、照明及自来水，建筑面积 420 平方米，共投资 5.96 万元，其中宿办楼 2 层，砖混结构，建筑面积 355 平方米，投资 4.16 万元；灶房砖木结构，3 间面积 65 平方米。同年 12 月 15 日竣工并交付使用，1985 年 1 月成立楼村管理站。2000 年 8 月 11 日原宿办楼开工实施改造，于 2000 年 9 月 30 日竣工。由西安惠通装饰工程有限责任公司组织设计并施工。建筑总面积 323.8 平方米，共投资 26.3 万元。

7. 下高埝管理站

位于耀州区下高埝乡，占地面积 4701 平方米，1973 年由于耀县渠道指挥部承建，并将耀渠指和下高埝管理站永久房建结合起来一并安排。房屋建筑面积 339 平方米，办公室和会议室采用砖木结构，灶房、库房和厕所采用砖土结构。1974 年耀渠指由苏家店搬迁至此。1980 年 12 月耀县沮河水利管理站交付陕桃指后，管理局成立下高埝管理站，站内 2 层宿办楼于 1986 年 4 月—1987 年 5 月新建，建筑面积 330 平方米。

2009 年 4 月管理局成立维修养护大队，与下高埝管理站共用办公场所。

8. 寺沟管理站

位于耀州区寺沟镇阿姑社沮河左岸，占地面积 6165 平方米，1973 年由耀渠指修建砖砌窑洞 10 孔共 174.9 平方米，砖木结构房屋 70 平方米。

9. 马栏管理站

位于咸阳市旬邑县马栏乡马栏村，占地面积 4553.5 平方米，1998 年 4 月由局工程队修建宿办楼，砖混结构，建筑面积 807.7 平方米，年底竣工。

10. 红星管理站

位于红星水库枢纽左岸，占地面积 1485 平方米，1969 年 12 月水库建成以后隶属富平县水利水保局管理，站内有职工办公、生活用房 5 间 105 平方米。2000 年 9 月移交管理局。

11. 尚书管理站

尚书水库建成后一直没有成立管理单位，水库枢纽和灌区仍由原尚书水库施工委员会（临时）管理，富平县对其实行自收自支管理。原有房建包括：瓦房 5 间 110 平方米，平房 5 间 105 平方米。2000 年 9 月尚书水库及其灌区移交管理局管理，2003 年新建平房 3 间 65 平方米，用作灶房使用。

12. 陕西省水利防水材料厂

陕西省桃曲坡水库预制厂位于富平县庄里镇西北部，占地面积 7590 平方米，1982 年 4 月由庄里水管处扩建预制厂及推料场；1993 年改制成立陕西省水利防水材料厂，作为焦油塑料泥防水材料的定点生产厂家。

2008年3月,因中冶陕压重工设备有限公司新建20000吨每天锻钢轧辊制造及提高热加工生产能力项目征用土地,防水材料厂所在土地、房屋及地上附着物一并转让。

13.陕西铜川供水有限责任公司

位于铜川新区长虹北路以东,环城北路以南。2001年成立,占地面积14.84万平方米,2002年7月开工建设净水厂,同年11月正式接管新区供水业务。综合办公楼是供水公司新区净水厂管理中心,总建筑面积4298平方米。大楼由建筑科技大学设计研究院设计,陕西省第六建筑工程公司承建,2003年6月16日开工,2004年11月3日完工,11月5日通过初步使用验收。办公楼和中央操作控制室分别为4层和2层钢筋混凝土框架结构;车库和浴室分别为2层和1层砖混结构,地基处理采用大开挖灰土回填。室内为分体式空调采暖。2011年,管理局投资390万元对供水公司办公楼进行全面装修。

四、安居工程

庄里老干部楼:管理局老干部家属楼位于庄里站内旧窑洞北,1985年7月由庄里管理站施工,同年年底竣工,独家独院形式,每户2层4间,砖混结构,楼梯下作为灶房,总建筑面积352.2平方米。以砖围墙分隔成4户,分户设门,户门口设5平方米厕所1座,临街设大门,与庄里管理站分隔。

耀州区塔坡路旧址:1983年拆除原2层宿舍楼后,同年8月0号家属楼动工新建,3层共30户,建筑面积2027.7平方米,1985年竣工验收。

耀州区家属小区:1号、2号、3号、4号家属楼位于耀州区仿古街什字,总占地面积15亩。1号、2号楼1992年动工修建,6层共48户,建筑面积4079.16平方米,1996年底完工;3号楼1997年完工,6层共30户,建筑面积2818.76平方米(包括一层门面416.21平方米);4号家属楼于2002年10月28日开工,2004年底完工,6层共63户,建筑面积9559.8平方米(包括一层门面977.26平方米)。

铜川新区住宅楼:管理局新区住宅楼(5号、6号住宅楼),位于陕西铜川新区华原东道管理局新区办公基地后院。工程于 1998 年立项，2002年 11 月开工，由华源公司施工，工程由建筑科技大学设计研究院设计，委托信远监理公司监理，住宅楼为 2 幢 6 层砖混结构建筑楼，共有 5 个单元，3 种户型，5 号楼为 3 个单元 1 种户型，单户面积 153.12 平方米，6号楼为 2 个单元 2 种户型，面积分别为 152.63 平方米和 189.01 平方米，共计 60 户，建筑面积 9757 平方米，总投资 842.18 万元。

第七章 渠 道 泵 站

桃曲坡水库灌区输水渠道工程由高干渠系和低干渠系两大灌溉系统组成。高干渠系主要为高干渠,低干渠系利用 15.3 千米的沮水河天然河道从水库输水至岔口枢纽,岔口以下有东干渠、西干渠和民联渠 3 条干渠。

高干渠、东干渠、西干渠和民联渠 4 条干渠总长 77.8 千米,各类建筑物 389 座,干渠水力要素见表 7-1;支渠 35 条,总长 139.54 千米,各类建筑物 892 座;斗、分渠 1924 条,长度 865.85 千米,各类建筑物 2028 座。灌区有杨家庄、野狐坡、尤家咀 3 处固定抽水站,均属高干渠新灌区所辖。

1999 年 4 月,管理局利用关中灌区改造工程世行贷款对灌区进行更新改造,包括水源工程、输水设施改造、配水系统改造与扩大和运行管理设施改造,项目中期调整后,总投资调整为 11433 万元。

2000 年 4 月,管理局完成《陕西省桃曲坡水库续建配套与节水改造规划》,优先安排险工段工程和影响灌区效益发挥的关键工程,干、支渠采用混凝土衬砌、土工复合膜防渗。1999—2005 年批准建设项目 18 项,衬砌渠道 65.251 千米,改造建筑物 205 座,批复总投资 5667 万元,其中国债投资 3600 万元,省配套 2067 万元。续建配套与节水改造中 10 个项目与世行项目相互配套,东干三支、南支下段等 8 个工程属纯国债项目。

2004 年 3 月 15 日,开工建设农业综合开发项目,2006 年 7 月完工。完成建设项目:干渠开挖疏浚及衬砌 1 条 5.6 千米,干支渠道防渗衬砌 18 条 75.43 千米,新建改建渠系建筑物 589 座,管护基础设施改造两处 800 平方米,渠道绿化 20 千米。5 项共投资 2235.75 万元。

表7－1

桃曲坡水库灌区干渠水力要素统计表

序号	渠道名称	起讫桩号	几何形式	设计流量（立方米每秒）	设计水深（米）	设计流速（米每秒）	口宽（米）	比降	底宽（米）	内坡比	衬高（米）	竖直段高（米）	弧段高（米）	圆弧半径（米）	圆心角（°）
1	高干渠	0＋000～5＋121	半圆涵洞	4.4	1.196	1.047	—	1/2000	3.5	—	3	1.25	—	1.75	180
		5＋121～9＋567		4.4	1.249	1.175	—	1/1500	3	—	2.5	1	—	1.5	180
		9＋567～15＋853	梯形	4.0	1.32	0.82	7	1/2000	2	1：1.25	2	—	—	—	—
		15＋853～17＋000		1.6	1.32	0.813	5.5	1/2000	1	1：1	1.8	—	—	—	—
2	东干渠	0＋000～18＋367	弧角梯形	10	1.0	1.495	9.48	1/1300	4.9	1：1	1.5	—	0.565	1.93	45
		18＋367～22＋509	弧底梯形	8	1.25	1.396	6.6	1/1600	1.28	1：1	1.5	—	0.82	2.8	45
		22＋509～30＋028	弧底梯形	5	1.15	1.262	5.48	1/1500	—	1：1	1.5	—	0.88	3.0	90
3	西干渠	0＋000～11＋127	弧角梯形	8	1.10	1.632	6.6	1/1000	1.4	1：1	1.5	—	0.779	2.66	45
		11＋127～15＋295	弧底梯形	6	1.15	1.53	5.51	1/1000	—	1：1	1.4	—	0.923	3.15	90
		15＋295～18＋300		1.5	0.8	1.10	3.1	1/1000	—	1：1	1.05	—	0.7	1.2	90
4	民联渠	7＋808～10＋868	弧底梯形	3.0	1.0	1.21	4.06	1/1300	—	1：1	1.2	—	0.41	1.4	90
		10＋868～12＋500	U形渠道	1.5	1.0	1.06	2.22	1/1300	—	1：0.32	1.2	—	0.587	0.85	144

注　民联渠上段土渠为原设计水力参数。

第一节 高 干 渠 系

高干渠由水库放水高洞出口始，至赵氏河倒虹出口止，全长 17.7 千米（其中塬边渠道 9.179 千米），设计流量 4.4 立方米每秒，加大流量 5.5 立方米每秒，控制灌溉面积 11.5 万亩。明渠为梯形混凝土衬砌渠道，底宽 2～3.5 米，边坡 1∶1.25～1∶0.25，渠深 2～2.1 米，纵向比降 1/2000～1/1000。高干渠自 1969 年 7 月 11 日开工，1975 年 6 月主要渠道建成受益，1985 年 8 月配套全面竣工，2001—2006 年铜川新区供水建设项目将渠首以下桩号 0+000～9+180 米段 9.18 千米改造为暗渠。高干渠系有支渠 3 条：东支渠、南支渠和西支渠，总长 37.7 千米，各类建筑物 146 座；抽水站 3 处：杨家庄、野狐坡和尤家咀抽水站，总装机容量 1553 千瓦，抽水灌溉面积 2.85 万亩。

一、高干渠

（一）勘测设计

在省水电设计院 1967 年《桃曲坡水库灌溉工程设计任务书》基础上，高干渠工程的勘测设计由耀渠指完成。1969 年耀县农业建设服务站成立渠道工程测量队，同年 4—5 月完成塬边渠道定线与地形补充测量。由省水电设计院地质队李福亭带队完成塬边渠道地质勘探工作。

渠道设计分为两个阶段：第一阶段 1969 年 6 月—1970 年 1 月，完成高干渠塬边渠道与部分过沟建筑物初步设计，由渭桃指审查批准。第二阶段 1970 年 1 月—1973 年 12 月，完成干、支渠道与建筑物技施设计和施工详图。1970 年 8 月完成《桃曲坡水库灌溉工程技施设计说明书》与《桃曲坡水库灌溉工程技施设计预算说明书》，确定了多跨石墩双曲拱渡槽设计方案，同时完成了重点渡槽、倒虹与铁路交叉工程设计；1971 年 9 月在渭南地区水利工作队的配合下完成赵氏河倒虹、东塬倒虹初步设计及塬上抽水泵站设计和东支渠测量定线工作，1973 年 12 月完成赵氏河倒虹与东塬倒虹技施设计。设计成果及完成时间等详见表 7-2。

表 7 – 2   **高干渠渠道主要建筑物设计成果统计表**

项 目 名 称	完成设计成果		设计人	完成时间
	图纸（张）	计算书（本）		
稠桑沟 70 米单跨双曲拱渡槽初步设计	4	1	张津生	1970 年 8 月
稠桑沟 5 跨 24 米石碹双曲拱渡槽技术设计	8	6	汪仰成、张思恩、张洞文	1973 年 3 月
麻子沟双跨 36 米石拱渡槽技术设计	3	1	张炎	1970 年 7 月
麻子沟 4 跨 19 米石碹双曲拱渡槽技术设计	3	2	汪仰成、张尚文	1972 年 6 月
寺沟现浇混凝土管桥式倒虹技术设计	6	3	刘自强	1971 年 10 月
赵子河预应力管道双管全倒虹技术设计	7	2	刘自强	1973 年 12 月
野狐坡、尤家咀、杨家庄抽水站技术设计	48	8	高大新、刘惠琴、赵中贵、张仰池	1973 年 10 月

（二）干渠建设

高干塬边渠道施工从 1969 年 7 月 1 日开工，至 1973 年底竣工，历时 4 年零 5 个月，完成渠道长 9.179 千米，建筑物 94 座（主要为渡槽 6 座，倒虹 2 座，隧洞 7 座）。完成土方 132.62 万立方米，石方 20.69 万立方米，混凝土 8364 万立方米，投劳力 337.22 万工日，投资 483.76 万元。

1969 年 7 月 1 日，塬边渠道开工，最早是耀县下高埝公社在高干渠上游段（桃曲坡—苏家店渠段）动工，随后楼村公社与寺沟公社相继在中段（苏家店—麻子村沟）开工。7 月 14 日，耀渠指在寺沟公社阿姑社小学（指挥部临时住所）召开了耀渠指第一次全体会议，会议宣布了指挥部机构设置。8 月 22 日指挥部搬住苏家店河东临建工棚。从 11 月起耀县 16 个公社组织民工、机关干部、学生自带工具、粮食进驻工地，塬边渠道全面开工，掀起了第一个冬春水利建设施工高潮。

截至 1969 年底大会战施工最高日上劳力 1.5 万人以上，完成挖土 26 万立方米，开石 2.1 万立方米。1970 年 1 月 19 日渭南军分区司令员王明春检查工地工作，勉励工地继续发扬"自力更生"的精神兴修水利。

经过第一个冬春会战，完成渠道土方开挖任务。但工程一直未列入国家基建项目，除渭南地区补助 20 万元（包括水库）外，全部资金由两县及相关社、队自筹解决，难以开展较大型水工建筑物施工。1970 年 10 月 11 日在渭南县双王公社召开了"关于加速桃曲坡水库工程建设座谈会议"（简称"双王会议"），会议研究决定：桃曲坡水库设施灌溉面积 28.9 万亩，按耀县 11.9 万亩，富平 17 万亩进行分配；水库枢纽和 22.5 千米干渠列入国家基建；在陕西省政府未批准前由两县自力更生修建，国家适当补助；确定富平承担枢纽工程，耀县承担高干渠系全部工程任务，要求 1972 年 5 月完成任务。1970 年 10 月 16 日晚 11 时，由耀县革委会主任董继昌主持召开了县革委会核心小组会议，决定重新成立耀渠指，任命县武装部副部长李竹茂为指挥，何云鸿、郭进功为副指挥，确定抽调前塬 6 个公社（镇）（即下高埝、寺沟、楼村、城关、石柱、稠桑）民工 8000 人，掀起第二个冬春会战，民工生活费从梅七线耀县兵团借款解决。11 月初建设大军进驻工地，迅速推进了渠道剩余土、石方、隧洞以及重点建筑物施工，至 1971 年 3 月中旬，土渠开挖全线贯通，隧洞掘进 1000 余米，开工的重点建筑物有麻子沟渡槽、寺沟倒虹、阿姑社与苏家店填方等，累计完成工日 85.2 万个，完成投资 83 万元。

1. 铁路交叉工程

梅七铁路线从沮水西岸与高干渠道相互交叉北行，在阿姑社沟—桃曲坡沟之间与渠线长约 6.5 千米交叉 11 处；苏家店处渠路并肩高程接近，在苏家店以南 4.2 千米内渠线高于铁路；在苏家店以北 2.3 千米内，铁路高于渠道，渠路相互交叉干扰。1969 年 7 月 31 日，省革委会基建指挥部开会传达省领导指示："凡因铁路引起渠道改线增加的费用由铁路方面承担，纳入铁路预算"。耀县革委会设计组人员与铁路设计院一队从 1969 年 11 月—1970 年 4 月曾多次进行现场勘查和方案比较，在省水电设计院测量队和地质队协助下完成了改线测量和地质工作。1970 年 6 月完成"梅七铁路线与高干渠交叉工程设计方案及投资预算"，经与铁路方多次研究校核，确定除铁路倒虹外，其他全部交叉工程由耀渠指承担施工任务。铁路交叉施工从 1969 年 11 月—1973 年 5 月，历时 3 年多，共结算投资

36.18万元，全部交叉工程施工于1973年10月竣工。

2. 跨沟渡槽

高干渠重点渡槽工程有3座，即麻子沟、桃曲坡沟、稠桑沟渡槽。

麻子沟渡槽原设计为4跨石拱渡槽，孔径19米，高36.8米，长108米。1970年11月开工，为早期开工的试点工程，完全依靠耀县社、队群众在自力更生情况下由城关镇施工，靠人力抬运，设备简陋，高墩砌石，技术力量缺乏，仅有一名外请技工，地方工匠经过一年的实践摸索，基本掌握了选料场、凿石料、砌高墩等技术。1972年4月耀渠指派技术人员到石堡川水库渠道工地——聿津河石墩双曲拱渡槽参观学习后，将上部结构改为双曲拱形式，提出"麻子沟渡槽拱肋吊装施工方案"，制安吊装机具，预制拱肋拱波，于1972年底按计划安全地完成全部拱肋吊装。经实测拱肋在吊装中最大沉陷值1.5厘米，施工观测再无变形。1973年5月10日，麻子沟渡槽主体工程完工。

桃曲坡沟渡槽原设计为单跨60米双曲拱渡槽，高30米，长96米。借鉴麻子沟渡槽设计施工经验，设计变更为4跨孔径19米的石墩双曲拱渡槽。1972年3月中墩开工，1973年8月基本完成主体工程。

稠桑沟渡槽原设计为单跨70米双曲拱渡槽，高50米，长144米。于1971年11月开工，1973年11月底主体工程完工。

3. 倒虹工程

高干渠沿线有倒虹3座，即梅七铁路倒虹（由铁路部门施工）、寺沟倒虹和赵氏河倒虹。

寺沟倒虹为现浇钢筋混凝土管道桥式倒虹，最大压力水头47.7米，管径1.8米，管道长241.8米，管桥高15米（为双跨19米石墩混凝土拱桥）。1970年11月动工，1972年1月耀渠指成立"寺沟倒虹施工领导小组"，由李竹茂、王自修任正、副组长，施工领导小组及时增加施工技术力量，制定施工方案，提出以管桥施工为重点，掀起施工会战。1973年4月初倒虹经过试水运行良好，5月开始管道内壁砂浆抹面工作，同年11月倒虹工程全部竣工。1975年6月12日8时46分高干渠开闸放水，流量0.5立方米每秒，由于寺沟倒虹进口拦污栅位置不当，加之水中柴草、钢筋安装形式、密度等因素，致使倒虹进口右面渠道填方处裂缝并发生决口。3000多方渠水流入右面大土坑中，大土坑的积水从土坝中间穿孔，坑内积水全部倾泻于九号信箱，冲毁填方，致使九号信箱3个油罐进水，顶部和周围掩土被冲，淹没九号信箱工区灶房及寺沟大队饲养室一个，一户社员住宅和寺沟供销社收购站进水。

赵氏河倒虹属高水头、小流量，具有丘陵沟壑代表性的水工建筑物，为当时陕西省内最高的压力水头（120米）。1975年3月开工，1976年2月，因资金问题停工，1979年3月复工，1982年竣工。为预制安装混凝土双管倒虹，管长1178.6米，管径800毫米，最大压力水头120.43米。采用山西省阳高和陕西省西安两地生产的承插式预应力钢筋混凝土管，火车托运到耀县，由汽车运输至工地安装。进出口闸阀钢管件由富平庄里五号信箱加工，镇墩现浇钢筋混凝土采用人工弯扎钢筋，机械拌和振捣。管道基础除河床与东岸陡坡为砂岩外，其余全为原状黄土，管道安装前进行现场试压鉴定，每个镇墩基础隐蔽部分按工序要求进行阶段验收，每安好一段管道即进行充水加压试验。全部管线安装工程完成后，于1981年10月28—30日进行充水试验，达到质量要求。共完成挖土7.84万立方米，填土1.86万立方米，砌石2436立方米，混凝土1352立方米，投劳力37.91万工日，投资138.42万元。施工分两期进行：

一期（1975年3月—1976年2月）。1975年3月，耀县革委会成立赵氏河倒虹指挥部，由惠树发任指挥，李祚虔、韩耀辉、刘洁三任副指挥，在耀渠指领导下负责倒虹工程施工，参加施工的有4个公社（镇）2500名民工。1976年2月因资金落实不到位停止施工，累计完成土方1.1万立方米，备片石2500立方米、碎石（灰岩）700立方米。

二期（1979年3月—1982年7月）。1979年3月，耀县政府决定赵氏河倒虹复工，由楼村公社抽调民工300人组成施工营，先进行导流渠开挖、施工道路整修、试压设备加工、架设供电线路等，10月集中劳力开展河床段开挖和东西管坡剩余土方工程。1980年3月进行管道试压，浇筑河道5号、6号及7号镇墩和河道管道基础混凝土，并完成河道部分平管及竖管的安装工程。同年10月，县委决定将剩余的建筑物安装工程以承包方式由楼村营继续完成。同时赵氏河倒虹与赵氏渠交叉工程——赵氏渠隧洞附属工程于1980年7月开工，1981年9月开始衬砌隧洞，1982年

1月隧洞建成通水。赵氏河倒虹工程于1982年7月竣工。

（三）干渠加固工程（1979—1980年）

1975年6月12日，高干渠试水运行后初步交付使用，对发现高边坡有崩塌隐患问题的渠段进行加固处理，1979年6月开工至1980年12月底竣工。工程项目包括增设明涵（13座）、排洪工程（4座）、与新建拉拉沟渡槽共计18项工程。完成土、石方23.8万立方米，砌石1.2万立方米，混凝土1120立方米，投劳力35.4万工日。

其中拉拉沟渡槽新建工程位于塬边高干渠6、7号隧洞之间，长33.64米，原施工为填方涵洞，在1972年施工中由于寺沟营干土筑坝质量差，1975年运行以来，多次裂缝漏水，抢修维护无效，1977年10月经渭南地区水电局批准报废填方，改为双曲拱渡槽。渡槽为单跨20.26米双拱渡槽，1978年11月初开工，1979年3月7日全部竣工。完成土方4500立方米，砌石406立方米，混凝土360立方米，投劳力3万多工日，投资5.61万元。

（四）干渠更新改造

2000年高干渠改造工程被列入关中灌区改造世界银行贷款项目，同时也被列入2001年度续建配套与节水改造项目。

管理局2002年3月25日完成并上报了高干渠改造工程的初步设计，省计委于同年6月21日以陕计项目〔2002〕560号文批复。

2001年节水续建项目由中铁一局集团市政环保工程总公司承建，于2003年9月9日开工建设，2004年12月30日完工。完成渠道衬砌2813.47米（桩号0+282.17～5+121.04米），其中明渠改明涵1388.47米，明涵及隧洞维修5座，长1152.8米，渡槽封闭改造3座，长272.2米，新建检查井8座。完成土方3.33万立方米，石方0.73万立方米，钢筋制安8.34吨。工程投资450.06万元（其中国债133万元）。

2002年节水续建项目——高干渠改造工程，2003年5月进行了公开招标，由渭河工程局中标，郑国监理公司监理，2003年5月20日开工建设，2004年5月20日完工。完成明渠改明涵2.191千米（桩号5+121.04～9+567.84米），维修涵洞及隧洞2座，长1.974千米，高边坡治理9处，长1.613千米，新建建筑物3座，包括新建检查井1座，重建退水闸、分水闸各 1 座，工程投资 567.75 万元。

2003 年节水续建项目——高干渠改造工程，于 2004 年 4 月进行了招投标，由西安市水利建设工程总公司中标承建。完成渠道改造桩号 0＋000～4＋495.7 米段内渠道和建筑物共 3.47 千米，其中明渠改明涵 6 处长 1055.82 米（1 号、2 号、3 号、4 号、11 号明涵及红旗涵洞）；改造隧洞 3 处长 908.79 米（2 号、3 号及长青洞）；渠道改明涵 7 段长 1091.57 米；明涵拆除重建 2 段长 414.89 米（7 号涵、向阳洞）。改造建筑物 9 座（其中维修渡槽 3 座总长 266.1 米，改建节制、退水闸各 1 座，维修倒虹 1 座，新建检查井 3 座）。完成土方 2.21 万立方米，石方 0.63 万立方米，混凝土 0.35 万立方米，钢筋制安 4.979 吨，工程投资 301.16 万元。

2008 年续建配套节水改造项目。该项目是国家应对国际金融危机，拉动内需保增长，加快水利发展的新增项目，改造高干渠桩号 9＋568～15＋853 米（南支节制闸）段渠道，工程核定总投资 1329.57 万元（中央预算内专项资金 1060 万元，地方配套资金 269.57 万元）。建设内容为：改造渠道 6.285 千米，改造建筑物 6 座（其中斗门 5 座、节制分水闸 1 座），设计流量 4.4 立方米每秒，加大流量 5.5 立方米每秒，比降 1/2000。

（1）渠道衬砌改造 4.775 千米，桩号 10＋018～12＋630 米、桩号 13＋690～15＋853 米，横断面采用弧底梯形，现浇混凝土板膜复合结构衬砌，板厚 10 厘米，混凝土标号 C15 W4 F50。板下铺设复合土工膜。

（2）明渠改暗涵 1.51 千米，桩号 9＋568～10＋018 米、桩号 12＋630～13＋690 米。采用 M7.5 浆砌石砌筑，城门洞型断面，尺寸为（宽 ×高）3.5 米×3.0 米，拱顶砌石厚 50 厘米，侧墙与拱的内表面采用 M10 水泥砂浆抹面。底板为 30 厘米厚 M7.5 浆砌石，10 厘米厚现浇 C15 混凝土护面。

该项目委托省水规院和管理局设计室共同设计，飞龙公司施工，郑国监理公司进行监理，省质监站对工程质量实施监督。

工程于 2009 年 1 月 12 日正式开工，2009 年 3 月 20 日完工。为确保工程建设任务按时完成，每天平均布设工作面 9 个，平均日上劳力 350 余人，最多日上劳力达 500 人。共完成渠道衬砌改造 6.285 千米（桩号：

9+568～15+853 米），改造建筑物 10 座（其中斗门 3 座，生产桥维修 5 座、节制分水闸 1 座、新建测流桥 1 座）。完成工程量：土方开挖 31436.89 立方米，土方回填 72369.26 立方米，砌石 12125.36 立方米，混凝土 4362.9 立方米，钢筋制安 0.67 吨，膜料铺设 37755 平方米，砂浆抹面 12372 平方米，拆除重建闸房 34.26 平方米，闸门及启闭机安装 6 台套。

高干渠改造工程共划分为 7 个分部工程，217 个单元工程。经省质量监督中心站核定，高干渠改造工程质量等级评定为合格等级。经过 2005—2011 年的运行，渠道最小引水流量 0.2 立方米每秒，最大流量 5.0 立方米每秒。灌溉期间经多次检查未发现异常情况，工程运行良好，水力要素达到设计要求。

二、支渠工程

1. 东支渠

东支渠从高干渠桩号 5+779.19 米处引水，南下经杨家庄后东行，全长 8.6 千米，建筑物 30 座，于 1974 年 10 月中旬开工，至 1976 年 5 月底竣工，完成渠道土方、建筑物及渠道衬砌工程（5 千米），共计土方 36.4 万立方米，石方 1842 立方米，砌石及混凝土 357 立方米，投劳力 22.8 万工日，投资 2.57 万元。由寺沟营修建，日平均上劳力 1000 人，日最高上劳力 1500 人。1980 年 10 月—1981 年 5 月进行水毁复修。

2008 年国家为应对国际金融危机，拉动内需保增长，将高干东支渠纳入续建配套节水改造项目。项目核定总投资 170.63 万元（中央预算内专项资金 140 万元，地方配套资金 30.63 万元），批复改造渠道 3.2 千米，其中改造明渠 2808 米，改造隧洞 1 座 392 米，填方加固 2 处，改造生产桥 1 座。高干东支渠衬砌改造横断面采用弧底梯形，C15 W4 F50 现浇混凝土板模复合结构衬砌，混凝土全断面铺设复合土工膜，每 5 米设横向伸缩缝一道，设计流量 1.0 立方米每秒，加大流量 1.2 立方米每秒，比降 1/2000。

东支渠改造工程于 2009 年 1 月 12 日开工，同年 3 月 20 日完工。共完成渠道衬砌改造 3200 米，其中明渠改造 2804 米，隧洞改造 396 米，填方体加固 2 处，新建桥梁 1 座、维修桥梁 3 座。完成主要工程量：土方开挖 6724.72 立方米，土方回填 6745.94 立方米，砌石 245.78 立方米，混凝土 1062.11 立方米，钢筋制安 0.71 吨，膜料铺设 12692 平方米。

该项目设计、施工、监理与质量监督单位同高干渠更新改造——2008 年续建配套节水改造项目。

2. 南支渠

南支渠由高干渠桩号 13＋890 米处引水，退水至西干渠六支渠，全长 16.972 千米，原设计流量 2.0 立方米每秒，加大流量 2.5 立方米每秒，共有建筑物 110 座，灌溉面积 3.7 万亩，渠道衬砌采用混凝土梯形断面，底宽 1.2 米，边坡比 1：1。南支渠上段在耀县境内，于 1973 年 8—10 月底完成建筑物工程，同年 11—12 月底，完成渠道土方，1981 年 5 月—1982 年 4 月完成渠道混凝土衬砌工程。南支渠下段在富平境内，因线路方向与高程问题，耽误时间较长，后经渭桃指召集两县多次协商，一直到 1974 年 8 月 24 日最后由渭南地区研究确定按高程 649 米放线。1974 年 11 月—1975 年 1 月，完成渠道土方工程，1975 年 4—12 月底完成建筑物工程。南支渠工程由下高垴、孙塬、楼村 3 个公社承担，日平均上劳力 2500 人，日最高上劳力 5000 人，共完成挖土方 26.5 万立方米，填土 14.96 万立方米，砌石 4142 立方米，混凝土 3931 立方米，投劳力 58.27 万工日，投资 44.61 万元。

2001 年通过节水改造项目对南支渠进行改造，将原梯形断面渠道变为弧底梯形，流量由原 2.5 立方米每秒增加到 4 立方米每秒。大荔黄河水利实业有限公司承担施工任务，2002 年 3 月 20 日开工，同年 12 月 31 日完工，完成明渠衬砌 4.7296 千米（桩号 1＋500～3＋090 米、桩号 4＋416.5～7＋556.1 米），改造建筑物 26 座（其中跌水 11 座，斗门 14 座，新建涵洞 1 座）。完成土方 3.51 万立方米，石方 0.1 万立方米，混凝土 0.24 万立方米，钢筋制安 1.53 吨，完成投资 190.262 万元。

2004 年由大荔黄河水利实业有限公司改造南支渠桩号 0＋000～1＋500 米、桩号 3＋090～4＋417 米、桩号 7＋556～238 米共 3 段，全长 6.5 千米，其中：衬砌明渠 6.11 千米，改造跌水 20 座、引水口 15 个、生产桥 3 座，新修量水堰 2 座。工程于 2004 年 8 月 18 日开工，同年 12 月 31

日完工，完成土方 2.07 万立方米，石方 0.13 万立方米，混凝土 0.27 万立方米，钢筋制安 1.32 吨，共投资 257.79 万元。

3. 西支渠

高干渠赵氏河倒虹以下为西支渠，原规划测量定线由省水电设计院测量队于 1969 年冬完成，由倒虹出口北上，穿越隧洞绕行上塬，渠道初次考虑采用梯形断面，后经 1974—1980 年多次测量比较，曾 3 次测量两度施工，历时 11 年，最后于 1985 年 8 月竣工。

1980 年 3 月，由省水电设计院承担测量设计工作，即第三次测量定线，按渠首接倒虹口后南行，穿越 2.3 千米隧洞上塬（隧洞采用马蹄形混凝土衬砌），由上楼村以下跨耀小公路经冯兰村西南下至张家沟村退水入三原玉皇阁水库，渠道全长 13.2 千米，塬面渠道改为 U 形混凝土形式。

西支渠第二次施工从 1983 年 5 月开工，1985 年 8 月竣工，完成土方 22.6 万立方米，砌石 2661 立方米，混凝土 6899 立方米，投劳力 27.3 万工日，投资 122.277 万元，由楼村公社施工，日平均上劳力 500 人，日最高上劳 1600 人。

第二节　低　干　渠　系

低干渠系包括沮水河寺沟川道和石川河川道老灌区。耀县寺沟川道由烟雾渠和通城渠两条支渠自流引水灌溉。富平县石川河灌区自岔口枢纽以下有东干渠、西干渠及民联渠 3 条干渠。

一、烟雾渠

烟雾渠位于耀州区城北，沮水河以西川道区。从渠首引水经阿姑社、寺沟、阴河、杨河至方巷口以南退入沮水河，全长 11.75 千米，灌溉面积 5000 多亩。桃曲坡水库建成后接管了烟雾渠，控制面积由高干渠覆盖。

二、通城渠

渠道位于耀州区城北沮水河以东川道区，渠道从杨家庄以北沮水东岸引水、南行经杨家庄、阴家滩、中坡、槐林、塔坡于泥阳退水入漆水河，灌溉面积 3800 多亩。桃曲坡水库建成后接管通城渠，原控制灌溉面积由东支渠覆盖。由于沮水河河床逐年下切，原引水口高出河床，自 1995 年后不能正常引水灌溉，被耀州区水务局作为城北排洪渠道加以利用。

三、岔口枢纽

岔口枢纽位于桃曲坡水库下游 15.3 千米的漆、沮两河交汇处。初建于 1958 年，为浆砌石滚水坝，安装进水闸 6 孔（东干 3 孔、西干 3 孔）、冲沙闸 4 孔（东干、西干各 2 孔）、退水闸 3 孔（东干 2 孔、西干 1 孔），最大引水能力为 40 立方米每秒。

1999 年岔口渠首被列入续建配套与节水改造项目，省水利厅陕水计发〔2000〕122 号文件批复概算投资 177.92 万元。由西安理工大学水利水电土木建筑研究院设计，省水利监理公司监理，陕西铁龙建筑装饰工程公司中标承建。2000 年 8 月 15 日开工，2001 年 11 月底完工。完成拦河坝上游导流渠改造、东干渠首闸后 175 米渠道衬砌，坝下游左右岸砌石护坡工程，新建东、西干渠首闸房及生产管理用房，更新 13 孔闸门及启闭机，坝下游左岸挡土墙、下游消力池及护坦加固等。完成土方 1.22 万立方米，石方 0.38 万立方米，混凝土 0.10 万立方米，钢筋制安 22.15 吨，共投资 185.76 万元。

岔口改造工程施工中，因受地形和基础等客观因素影响，增减了两处工程内容：一是原设计联系两渠首闸房的工作桥因受地形限制无法实施，经上报省项目办同意后取消吊桥项目。二是右导流渠基底开挖后，露出基岩，经项目执行办、设计单位、监理部三方研究，采取整体砌筑 75 号浆砌石 20 厘米厚；喇叭口在原设计基础上整体浇筑 10 厘米厚 C20 混凝土；左导渠在原设计基础上浇筑 25 厘米厚 C20 混凝土。

2001 年 12 月 10 日，由监理部组织业主、设计、施工、质监等部门对东干与岔口渠首改造工程进行了分部验收，验收分部工程全部合格。2003 年 9 月，省质监站组织参建各方对工程进行了外观验收，评定该单位工程外观得分率为 83.3%。

四、东干渠

东干渠位于富平县境内，兴建于 1958 年，属引洪工程。自岔口渠首左岸进水闸引水，途经富平县梅家坪、庄里、宫里、曹村等四乡镇，至尚书水库结束。渠道全长 30.026 千米，原设计流量 30 立方米每秒，担负着富平 14 万亩农田的灌溉和下游朱皇、街子、桥头等小型库塘的输水任务。渠道分为上、中、下 3 段，比降 1/1200～1/1500，渠道断面形式为梯形断面。

东干渠首次衬砌从 1982 年 7 月 21 日开始动工，同年 11 月 14 日竣工，衬砌长度 4025.5 米，完成混凝土 3416 立方米，砌石 1263 立方米，土方 14732 立方米，上劳力 3.5 万个工日，共投资 23 万元。

1999—2002 年，利用世行贷款和续建配套与节水改造项目进行东干渠更新改造、相互配套。上、中、下游流量分别设计为 10 立方米每秒、8 立方米每秒、5 立方米每秒，衬砌渠道 17 千米，上、中游采取弧角梯形断面衬砌，斜边坡比 1：1，其中上段平直段底宽 4.9 米，半径 1.93 米，弧段高 0.565 米；中段平直段底宽 1.28 米，半径 2.8 米，弧段高 0.82 米；下游采用弧底梯形断面，半径 3 米，弧段高 0.88 米；同时加固朱皇沟、宫里沟、上尧、陵前填方 4 处 1.97 千米，修复改造建筑物 41 座。

东干渠改造工程划分为上、中、下 3 个标段施工，分别于 2000 年 4 月 25 日、2000 年 9 月 8 日和 9 月 15 日正式开工，分别于 2000 年 12 月 31 日、2001 年 5 月 20 日和 7 月 25 日主体工程完工，2001 年 9 月底全面完成施工任务。共完成渠道衬砌 19.498 千米（其中上段 6.52 千米，中段 6.55 千米，下段 6.42 千米），并新建、改造各类建筑物 92 座，其中节制闸 3 座，支、斗门 49 座，桥梁 39 座，涵洞 1 座。完成主要工程量：土方 34.24 万立方米，膜料铺设 19.07 万平方米，混凝土 21039 立方米，浆砌石 3566 立方米，钢筋制安 14.24 吨，闸门启闭机安装 62 台套，共投资 1529.71 万元。中标承建单位为杨凌示范区建筑安装工程总公司、陕西铁龙建筑装饰工程有限公司、富平县第二建筑公司，监理单位为省水利监理公司。

东干干渠更新改造工程第一阶段完工后，管理局在 2001—2011 年利用农业综合开发及续建配套与节水改造项目对东干部分支渠安排衬砌，见表 7 - 3。

表 7 - 3　　　　　东干支渠农业综合开发改造工程统计表

序号	渠道名称	衬砌长度（千米）	建筑物（座）					工程量			工程投资（万元）	备注
			跌水	桥梁	斗门	量水堰	合计	土方（万立方米）	石方（立方米）	混凝土（立方米）		
1	东干一支渠	1.52	4	3	5	1	13	0.633		270	26.5	
2	东干五支渠	2.36	13	3	16		32	1.083	563	903	176.9	
3	东干六支渠	2.375	20	8	14	1	43	0.937	82	453	39.6	
4	东干七支渠	2.31	15	5	21	1	42	0.912	50	440	38.4	
5	东干八支渠	2.435	22	12	14	1	49	0.961	75	466	41.1	
6	东干九支渠	5.61	42	12	18	1	72					在建
7	东干十支渠	4.81	38	7	27		72	1.899	1964	2219	423.62	
8	东干十分支渠	4.81	16	8	11	1	36	1.356	566	1281	112.6	
9	东干十一支渠	6.752	40	15	22	1	78	3.993	905	2441	141.69	
10	东干十二支渠	8.16	46	9	19		74	6.682	8213	3113	275.64	
11	东干十三支渠	12.19	46	21	35	1	103	8.646	8243	3842	312.29	
12	东干十四支渠	1.92		4	6	1	11	0.568	164	491	42.7	
13	东干十五支渠	2.74	8	6	11	1	26	1.056	385	751	57.8	
14	东干十六支渠	2.41	8	4	6	1	19	0.864	302	642	47.6	

续表

序号	渠道名称	衬砌长度（千米）	建筑物（座）					工程量			工程投资（万元）	备注
			跌水	桥梁	斗门	量水堰	合计	土方（万立方米）	石方（立方米）	混凝土（立方米）		
15	东干十七支渠	2.23	5	5	7	1	18	0.536	185	519	38.2	
	合计	52.852	243	103	179	12	537	28.151	19546	15514	1246.42	

2004年4月29日由飞龙公司中标承建东干渠渠道衬砌1.5千米改造工程。于2005年9月10日开工，同年12月31日完工，共衬砌渠道1.69千米（桩号9+560～11+250米），改造建筑物4座，其中维修节制闸1座，改造生产桥3座，投资189.18万元。完成工程量：土方1.65万立方米，石方0.01万立方米，拆除0.27万立方米，混凝土0.18万立方米，膜料铺设1.79万平方米。

2009年4月3日由飞龙公司中标承建东干渠渠道衬砌5.743千米改造工程。于2009年5月26日开工，同年10月25日完工，共衬砌渠道5.743千米（桩号5+926～9+560米、桩号11+25～13+359米），改造斗门7座，拆除重建闸房1座。投资761.17万元，完成主要工程量：土方8.47万立方米，砌石0.007万立方米，混凝土0.61万立方米，膜料铺设6.39万平方米，闸房建筑38.93平方米。

五、西干渠

西干渠位于富平县境内，兴建于1958年，属引洪工程。起至岔口引水枢纽，沿石川河右岸，途径富平县梅家坪、觅子、淡村等3乡（镇）。渠道全长18.14千米，分为上、中、下3段，比降1/1000，梯形渠道。担负着4.13万亩农田的灌溉和下游红星水库的输水任务。

1999—2000年被列入续建配套与节水改造项目，对渠道更新改造，上游流量设计为8立方米每秒，断面采用弧角梯形现浇混凝土，平直段底宽1.4米，半径2.66米，弧段长1.02米；中、下游流量设计分别为6立方米每秒、4立方米每秒，断面采用弧底梯形现浇混凝土，其中中段半径

3.15米，弧段长0.675米；下段半径1.2米，弧段长0.88米；改造各类建筑物108座。其中节制闸2座，支斗门34座，桥梁43座，跌水29座。工程由管理局设计室设计，省水利监理公司监理。工程分上、下两个标段，分别由中铁第二十工程局和中铁第一工程局给排水工程总公司中标承建。于2000年4月18日开工建设，2001年4月20日完工，共衬砌渠道18.154千米（桩号0＋000～18＋154米），加固觅子、东西康两处填方，长2.1千米，完成土方21.82万立方米，石方0.7万立方米，混凝土1.13万立方米，膜料铺设12.58万平方米，钢筋制安1.16吨，共投资956.07万元。

2005年10月由中铁一局集团市政环保工程公司中标承建西干退水渠两条，共衬砌渠道1176米，其中1号退水882米，2号退水294米；改造建筑物10座，斗门4座，跌水3座，陡坡2座，量水堰1座。投资135万元。完成主要工程量：土方1.82万立方米，石方0.2万立方米，混凝土0.08万立方米，钢筋制安0.26吨。

六、民联干渠

民联干渠位于富平县庄里镇北部，于1955年由原古渠道改建而成，渠道全长11.74千米，全部为土渠行水，设计引洪流量12立方米每秒，有5条支渠，灌溉富平县长春、庄里、齐村及华朱乡（镇）的4.3万亩农田。

2001年，省水利厅以陕水计发〔2001〕171号文件批复干渠改造工程，放弃原民联渠首引水渠线，改由从东干四支渠取水，将东干与民联连通。过水流量由1立方米每秒扩大到3立方米每秒。对民联干渠4.692千米土渠进行了衬砌改造，其中桩号0＋000～3＋060米段采取弧底梯形全断面现浇混凝土板膜复合结构，设计流量3.0立方米每秒，桩号3＋060～4＋692米段采用U形单一混凝土衬砌防渗，设计流量1.5立方米每秒，并新建、改造各类建筑物20座，其中节制闸2座，进水闸3座，斗门4座，桥梁9座，跌水2座。工程分东干与民联连通和民联干渠改造两个标段，由管理局设计室设计，省水利监理公司监理，飞龙公司中标承建。2001年3月7日开工，2002年4月15日完工。

在民联干渠标段施工过程中对部分建筑物进行了优化改造。主要变更有以下 4 点：一是桩号 0＋670～0＋779.6 米、桩号 3＋245～3＋318 米、桩号 4＋446～4＋481 米、桩号 4＋665～4＋691 米段基础出现了黑色淤积层，地基松软问题，将淤积层清理至原状土，采用 3：7 灰土回填至设计高程；二是在弯道砌体施工中，因原砌体与衬砌混凝土表面无法连接，加之原砌体局部损坏且桩号 0＋550 米处观测井超出设计断面，故决定拆除桩号 0＋134～0＋289 米、桩号 1＋736～1＋794 米、桩号 2＋010～2＋082 米、桩号 2＋998～3＋045 米段砌体及桩号 0＋550.3～0＋625.3 米段混凝土板，用浆砌石连接；三是民联干渠一、二支节制闸、进水闸原闸板锈蚀毁坏、启闭设备损坏，对局部进行改造；四是民联干渠原闸房破烂不堪，拆除原闸房新建。

连通工程与民联干渠改造两项工程共衬砌渠道 6.962 千米，新建、改造各类建筑物 64 座，完成土方 3.86 万立方米，石方 0.08 万立方米，混凝土 0.32 万立方米，钢筋制安 6.73 吨，膜料铺设 2.66 万平方米。累计投资 258.28 万元。

干渠工程完工后，项目办利用农业综合开发项目同时对民联 3 条支渠进行衬砌，见表 7－4。

表 7－4　　　民联支渠农业综合开发改造工程统计表

序号	渠道名称	衬砌长度（千米）	建筑物（座）					工程量			工程投资（万元）
			跌水	桥梁	斗门	量水堰	合计	土方（万立方米）	石方（立方米）	混凝土（立方米）	
1	民联一支渠	4.89	22	17	28	1	68	2.74	251	1079	110.7
2	民联二支渠	4.31	20	13	19	1	53	1.71	266	1127	111.5
3	民联三支渠	4.63	30	13	20		63	1.93	353	1008	120.4
	合计	13.83	72	43	67	2	184	6.38	870	3214	342.6

七、低干输水工程

水库至岔口枢纽之间利用 15.3 千米沮河天然河道输水，水量渗漏损失严重，为节约水资源，2010 年 6 月 23 日，省发改委下发了《关于桃曲坡水库灌区低干渠改造工程可行性研究报告的批复》（陕发改农经〔2010〕763号）文件，同意续建配套桃曲坡水库灌区低干渠输水工程。工程全长7987.16米，包括隧洞7座，长7307.47米，渡槽5座，长594.38米，明涵3座，长73.31米；输水渠道渠首设分水闸1座，高干渠上设节制闸1座。批复工程估算总投资6000万元。

低干输水工程设计流量3.0立方米每秒，加大流量4.0立方米每秒。隧洞、明涵采用C20钢筋混凝土衬砌，圆拱直墙断面，内壁尺寸2.2米×2.2米，其中直墙高1.7米，岩石段衬砌厚度0.3米。渡槽采用C25钢筋混凝土箱式简支梁结构，槽箱为矩形，内壁尺寸2.2米×2.2米，顶、底板厚0.3米，侧壁厚0.35米。

工程划分为2个监理标项和2个施工标项，全部采用公开招标方式。2010年12月23日10时，在管理局进行了公开开标，经评标委员会评审，确定监理Ⅰ标项中标单位为省水利监理公司，中标价为59.64万元，监理Ⅱ标项中标单位为郑国监理公司，中标价为59.34万元；确定施工Ⅰ标项中标单位为中十冶集团有限公司，中标价为2796.45万元，施工Ⅱ标项中标单位为飞龙公司，中标价为2699.5621万元。

2011年3月18日，省水利厅下发了低干渠输水工程水行政许可决定书，计划工期：2011年1月10日—2014年1月9日。

低干渠输水工程于2011年1月15日开工，截至2011年12月30日，两个标段累计完成隧洞掘进4280.5米，墙拱衬砌2449米，喷混凝土支护1634.5米，完成土方开挖17975立方米，石方开挖10908立方米，混凝土4450立方米，钢筋制安195.2吨，钢拱架116.4吨。完成投资1662万元。

第三节 抽 水 泵 站

一、野狐坡泵站

野狐坡抽水站位于铜川市耀县下高埝乡董家坡村，1974年兴建。由桃曲坡水库高干渠桩号9+556米处取水，设计流量1.05立方米每秒，四级提水，总扬程 52.852 米，共安装 9 台机组，总装机容量 703 千瓦，灌溉面积 1.5 万亩。泵站工程于 1973 年 7 月放线开工，1974 年春开始厂房基建和机电安装，1975 年 8 月建成。包括野狐坡抽水站和抽水支渠 2.24 千米（衬砌 2.1 千米），计土方 8.57 万立方米，砌石 1976 立方米，混凝土 433 立方米，投劳力 18.44 万工日，投资 24.99 万元。

2000 年 3 月，桃曲坡灌区项目执行办组织完成野狐坡泵站改造工程初步设计，上报省项目办，省项目办审查后以〔2000〕092 号文报省水利厅。2000 年 12 月 4 日，省水利厅以陕水计发〔2000〕323 号文批复了工程初步设计。由于批复改造工程内容与铜川新区供水项目建设内容重复，2005 年 4 月 25 日，省水利厅以"陕水规计发〔2005〕72 号"《陕西省水利厅关于桃曲坡水库灌区 2004 年续建配套节水改造项目实施方案的批复》对该项目建设内容进行了调整。批复建设内容为：合并野狐坡一、二级抽水站，在野狐坡铜川新区供水站的基础上新增农灌水泵机组、金属结构及变配电设备。泵站设计流量 0.60 立方米每秒，灌溉控制面积 1.5 万亩，其中改造后的一、二级站灌溉面积 0.54 万亩。

项目由管理局设计室设计，郑国监理公司监理，中铁二十局集团有限公司中标承建。

工程于 2004 年 12 月 7 日开工，2005 年 2 月 26 日完工。完成一级泵站厂房建筑，新建进水前池，高干渠至一级泵站输水箱涵 138 米，更换农灌水泵机组两套，更换变压器、低压开关柜、配电箱等电器设备 10 台；铺设预应力钢筋混凝土管 565 米。完成的工程量：土方 2653 立方米，混凝土 626 立方米，厂房建筑 236 平方米，平板闸门安装 2 台，钢筋制安 63.47 吨，投资 103.01 万元。

二、杨家庄抽水站

杨家庄抽水站位于高干东支渠东支倒虹出口处，原设计为一级站，后因东支渠规划调整，将 1080 亩自流灌溉面积改为抽灌面积，县、社自筹修建二级站，安装 10 寸水泵 1 台，扬程 30 米，总扬程 56.5 米。一级站安装 3 台 10SH－9A 水泵机组，二级站设 1 台 10SH－9A 机组，水泵 4 台，装机容量 280 千瓦，电力变压器 2 台，总容量 395 千伏安，抽灌面积

4500 亩。工程从 1969 年测量定线，1978 年完成施工，1979—1983 年进行了改建和增建工程。共完成土方 1.16 万立方米，石方 302 立方米，混凝土 6 立方米，投劳力 1.478 万工日，投资 6.497 万元。

2004—2005 年利用关中灌区改造工程世行贷款项目和灌区续建配套与节水改造项目对其进行更新改造。省水利厅以陕水计发〔2004〕109 号文对杨家庄抽水站改造工程初步设计进行批复：拆除重建泵站厂房 80 平方米，进水池 1 座，高低出水池各 1 座；铺设压力管道 380 米；更换全部机电设备。泵站设计流量 0.34 立方米每秒，灌溉面积 4500 亩。两站合一只设一级泵站，总布置方案为站内装设 3 台水泵机组，单机单管输水。

工程由管理局设计室设计，郑国监理公司监理，渭河工程局中标承建。2005 年 3 月 10 日开工建设，7 月 25 日完工，完成泵站厂房 83.25 平方米，新建进水池及高、低出水池各 1 座，铺设管道 550.05 米，安装 10SH - 9 水泵 2 台，Y2250M - 455 千瓦电机 2 台，8SH - 9 水泵 1 台，Y2250S - 475 千瓦电机 1 台，低压配电屏 3 面，软启动设备 3 台，变压器 2 台，真空泵 1 台，安装 MD11 - 6D 起重机 1 台。完成土石方 0.92 万立方米，浆砌石 0.03 万立方米，混凝土 0.009 万立方米，投资 92.16 万元。

三、尤家咀抽水站

尤家咀抽水站位于高干西支渠 1 号隧洞进口，灌溉耀县楼村乡的冯兰、上楼、尤家咀、牛村四个行政村的耕地，抽水站累计扬程 97.5 米，控制高程 741.0～839.0 米，规划设计面积 9000 亩。1983 年 3 月在完善修改西支渠设计时，将一级站由 1 号隧洞进口改在 2 号隧洞进口处引水，扬程 56 米，安装 10SH - 6 机组 4 台，出口高程 789.25 米，灌溉面积 3000 亩。二级站扬程 21 米，安装 10SH - 13 机组 2 台，出口高程 838 米，灌溉面积 2500 亩，总扬程 97 米，流量 0.54 立方米每秒，总装机 815 千瓦/9 台。

1986 年 9 月 25 日，省水利厅、陕桃指和铜川市水利局经现场查勘，针对工程缺陷，确定在二号洞出口引水，分四级连续抽水，分散灌溉。实用装机 690 千瓦/10 台，备用装机 305 千瓦/5 台，总装机 995 千瓦/15

台。总计抽水灌溉面积 9000 亩，总扬程 96.71 米，高程控制范围 742.06～838.77 米，引水流量 0.516 立方米每秒。1987 年 7 月 20 日开工，1988 年 9 月底完成主体工程，10 月中旬试运转，1988 年 11 月竣工，总计投劳力 9.8 万工日，投资 87.06 万元。

第四节　南支与岔口连通工程

高干南支与岔口连通工程位于富平县梅家坪镇，西起桃曲坡水库灌区高干南支渠 7＋556.1 处，东至岔口引水枢纽，全长 3.157 千米。渠道设计流量 4 立方米每秒，加大流量 5 立方米每秒。该工程是连通高、低干渠系的一项输水工程，属桃曲坡水库灌区 2006—2007 年续建配套节水改造项目。

一、立项批复

2006 年 5 月，管理局委托省水工程勘察规划研究院编制了《桃曲坡水库灌区南支与岔口连通工程初步设计》。2007 年 4 月 3 日，省水利厅以陕水规计发〔2007〕85 号文件对《桃曲坡水库灌区南支与岔口连通工程初步设计》进行了批复，核定南支与岔口连通工程概算总投资 1274.88 万元。其中国债资金 900 万元，配套资金 374.88 万元。

二、工程招标

南支与岔口连通工程施工招标采用公开招标方式，监理招标采用邀请招标方式，2007 年 5 月 23 日开标，工程施工标项中标单位为飞龙公司，中标价为 1129.22 万元；监理标项中标单位为郑国监理公司，中标价为 20.96 万元。由省水规院与管理局设计室共同承担设计任务，省质监站对工程质量进行监督。

三、施工过程

工程于 2008 年 4 月 2 日开工建设，2009 年 10 月 26 日完工。工程隧洞段总长 2985 米。其中土质隧洞 2823 米，石方爆破段隧洞 162 米。隧洞最大埋深 33 米，最小埋深 21 米，根据现状地形条件施工时分别在桩号 1+100 米及桩号 2+500 米处布置了两个施工支洞，增加了 4 个工作面，单工作面最大进尺约 700 米。隧洞施工以人工开挖为主，施工中，采取混合通风方案重点解决隧洞开挖过程的通风问题。隧洞通风见图 7-1。

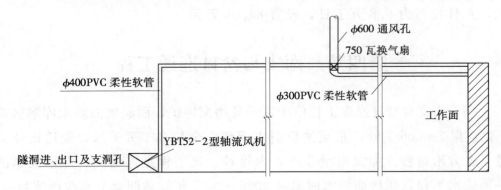

图 7-1 隧洞通风示意图

1. 通气孔（竖井）通风

对隧洞埋深较浅（平均约 27 米），且地面平整、交通条件较好、黄土层结构稳定易于钻孔成型处，沿隧洞轴线方向，每间隔 150 米修建直径 600 毫米的通气孔 1 个。全线共采用螺旋钻机造孔 19 个，造孔总进尺约 514 米。通气孔成型后在孔底部安装 750 瓦换气扇 1 台，通气孔距掌子面之间架设软管连接供气。隧洞横断面布置见图 7-2。

2. 轴流风机通风

竖井加换气扇的通风情况受洞外气温、气压等气候因素变化影响较大，为了更好地解决通风问题，在距通风竖井较远的掌子面上采用了 YBT52-2 型轴流风机辅助供风，风机安装在支洞口外 6.0 米位置，风管采用 φ400PVC 柔性软管，单节长度 15.0 米，工程最大供风距离 360.0 米。

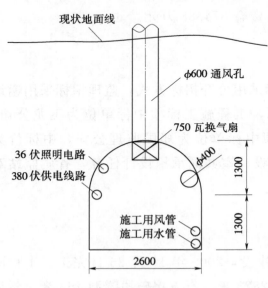

图 7-2 隧洞横断面布置图（单位：mm）

3. 石方爆破段通风

根据实际需要，在隧洞出口位置布置了 2 台 7.0 立方米的柴油动力空压机，用 DN50 钢管送风至施工掌子面带动风钻作业，使用了 1 台 JBT62-2，功率为 11 千瓦的轴流风机解决供风问题，风机最大供风量 225 立方米每秒，最大风压 2400 帕，满足了施工要求。

四、设计变更

（1）伸缩缝作法，由原缝内设 BWⅡ型止水条并填塞沥青刨花板改为缝内设 652 型止水带并填塞泡沫板，用 M10 水泥砂浆封口。

（2）为便于底板止水带设置，在底板伸缩缝位置增设 40 厘米×20 厘米（宽×深）混凝土齿槽。

（3）将进水闸上游进口断面桩号 0-007.75 米向上游延伸 16 米与 210 国道公路桥相接，延伸断面保持桩号 0-007.75 米处断面不变，保证水流平顺，便于施工和管护。

五、工程投资

工程实际完成决算总投资 1237.22 万元，占计划投资的 97%。其中：建筑安装工程投资 1154.44 万元，设备、工具、器具投资 0.63 万元，待摊投资 82.15 万元。

六、质量控制

南支与岔口连通工程划分为 1 个单位工程，7 个分部工程，97 个单元工程。经评定，97 个单元工程质量全部合格，7 个分部工程质量全部合格。抽检原材料 16 组、混凝土试块 62 组，砂浆试块 2 组，检测各项指标全部合格。工程外观质量得分率 86.3%。2009 年 12 月 16 日，由管理局主持，设计、监理、施工、运行管理单位参加，质量监督单位列席，通过单位工程暨合同工程完工验收。南支与岔口连通工程竣工主要技术特性及指标见表 7-5。

表 7-5 南支与岔口连通工程竣工主要技术特性及指标表

序号	细目名称	桩 号	长度（米）	规格、特征	备注
	输水工程	0+000～3+162	3162		$Q_设=$ 4立方米每秒
一	进口渠道段	0+000～0+105	105		
(1)	节制分水闸	0+000～0+007.25	7.25	节制闸为1孔，分水闸为2孔，均安装1.5米×1.5米铸铁闸门，50千牛螺杆式启闭机	闸房面积38.61平方米
(2)	1号跌水	0+007.25～0+028.25	21	直落式跌水，跌差4.186米，消力池长12米，池宽2.8米，池深0.8米，采用M7.5浆砌石外包C20混凝土衬砌	
(3)	盖板明涵	0+028.25～0+105	76.75	矩形断面，底宽2米，深1.8米，比降1/400，采用M7.5浆砌石外包C20混凝土衬砌，C20钢筋混凝土预制盖板，上部覆土	
二	隧洞	0+105～3+090	2985		
(1)	2号陡坡	0+105～0+287	182	陡坡坡比1/10，落差16米，消力池长10米，池深0.8米，采用底宽2.0米城门洞型断面，C20钢筋混凝土衬砌	
(2)	3号陡坡	2+660～3+048.4	388.4	陡坡坡比1/8，落差46米，消力池长10米，池深0.8米，采用底宽2.0米城门洞型断面，C20钢筋混凝土衬砌，消力池段衬砌采用1米长锚筋与围岩锚固	
(3)	平洞	0+287～2+660 3+048.4～3+090	2414.6	比降1/400，2.0米×2.0米城门洞型断面，C20混凝土衬砌	
三	出口涵洞	3+090～3+162	72		
(1)	出口涵洞	3+090～3+121	31	2.0米×2.0米城门洞型断面，C20钢筋混凝土衬砌	3+121～3+128米段为西导流渠
(2)	东西导流渠连接拱涵	3+128～3+162	34	城门洞型M7.5浆砌石拱涵，底板为20厘米C20现浇混凝土	

第八章 田间配套及小型水利工程

1973 年大坝建成后，开始逐年实施老灌区改善和新灌区配套工作，田间配套工程持续 20 余年。2000 年以后，利用关中灌区世行贷款、农业综合开发和续建配套与节水改造项目对灌区进行全面改造，使灌区形成了渠系成网、地平田方的良好耕作和灌溉条件。

第一节 田 间 工 程

一、一期田间配套

1975 年利用基建资金安排石川河老灌区改善工程，1978 年耀县沮水河东、西两塬逐步推进田间工程配套，到 1982 年春季和夏季掀起两次施工高潮，共修建斗渠建筑物 180 多座，挖土 2.9 万立方米，回填土 6000 立方米，砌石 961 立方米，浇筑混凝土 60 立方米，投劳力 4.4 万工日。施工中日平均上劳力 600 人，日最高上劳力 800 人，负责组织施工的有耀桃指副指挥王存生、张官才和任静，技术干部张旭光等。

1983 年 3 月，陕桃指下达 4.8 万亩新增配套面积任务，其中富平 3 万亩，耀县 1.8 万亩，每亩补助 10 元三材费，按工程进度拨款，不足部分由县、社、队筹资投劳力解决，两县分别负责，当年完工验收。

1984 年，省水利厅下达灌区田间配套工程任务，富平老灌区继续完善田间渠系改造，耀县新增配套面积 1.6 万亩，任务落实到楼村乡。楼村乡在施工期成立田间工程配套指挥部，由楼村乡的冯兰、华原、屯里、白草坡、张沟、咀子 6 个村投工上劳力，日平均上劳力 500 人，最高上劳力 1600 人。1984 年 2 月开工，当年 12 月底完成，实施了斗渠 5 条，长 6.2 千米；分渠 21 条，长 12 千米；引渠 91 条，长 100 千米；完成各类建筑物 296 座，建筑物构件均采用轻型混凝土预制安装与现场浇注。累计投资

11.2 万元，其中国家补助 6 万元，村组自筹 5.2 万元。至此，耀县新灌区基本开通了斗分引三级引水土渠，配套了相应的渠系建筑物。富平县石川河灌区在疏通田间引水渠系的基础上，积极投劳力改善原有引水工程，全灌区初步具备自流引水灌溉的条件。

二、农田基建

（一）平整土地

20 世纪 60 年代末—70 年代初，渭南地区各级政府结合抓粮、棉丰产，建设完善灌区渠系与建筑物，在灌区植树造林，平整土地。

1975 年，以改土治水为中心的农田基本建设形成高潮。1976 年 9 月 21—23 日，渭南地区水电局召开了灌区配套汇报会，22 个已成万亩以上灌区的负责人参加了会议。会议确定重点抓好桃曲坡水库等 34 个万亩以上灌区配套工程，万亩以上灌区国家补助每亩 10 元人民币，要求专款专用，只补一次，不许挪用；国家分配有配套水泥、钢材、木材，做到专物专用。

耀县根据第二次全国农业学大寨会议精神，成立耀县规划办公室，按照"以改土治水为中心，实行山、水、田、林、路综合治理"的要求，狠抓平整土地、兴修水利，建设旱涝保收高产稳产农田。平整土地的要求：①先水后旱，先易后难，先近后远，尽量做到集中连片平整；②要用倒桃子办法平地，使水地纵横坡降合乎灌溉要求，旱地变"三跑"田为"三保"田；③进行深翻改土，保证当年增产。

进入 20 世纪 80 年代后，土地包产到户。土地平整多是一家一户进行，速度慢，田块小，块与块掺杂不齐。

1989 年 4 月 8 日，渭南地区农田基本建设指挥部制订了《渭南地区农田水利基本建设劳动积累工制度实施细则（试行）》，明确规定，凡兴建的农田水利工程，受益的农村劳动力，都有投工的义务。每劳力每年负担 25～30 个劳动积累工日，半劳力减半。如不出工，可用资金代劳力。

1989 年 7 月 18 日，陕西省人民政府在澄城县召开了渭北地区农田基本建设现场会，副省长王双锡主持了会议，渭南地区各县、市参加了会议。1989 年 10 月 15 日，国务院发出《关于大力开展农田水利基本建设的决定》。渭南地区继春夏会战之后，冬季农田基本建设再掀高潮。上劳力峰值达 52 万人，占农村总劳力的 25.95%，全年各项指标均超额完成了任务。

（二）方田建设

1976—1978 年，渭桃指首先在富平片灌区实行山、水、田、林、路综合治理，以田间道路为骨架，灌、排渠道为脉络，路、渠、沟旁造林为屏障，建设"一平三端"（即地平、渠端、路端、树端）的方格田块。

1981 年，陕桃指制定了《桃曲坡水库灌区田间工程配套规划原则》，使灌区配套工作进一步规范化，并逐步实施耀县塬区配套建设。1986 年 5 月，规划实施下高埝万亩方田建设，设施面积 1.06 万亩。经过 1986、1987 年两年施工，以衬砌 U 形渠道，形成方田，群众受益。1988 年 3 月由省水利厅、科委、农办等单位的 17 位专家和工程技术人员组成的验收委员会将下高埝万亩方田建设验收评定为全省第一个成功方田，工程质量好，费省效宏，提供了方田建设经验，获陕西省农林科技进步一等奖。之后，灌区在下高埝方田建设成功经验的基础上，制定 U 形渠道标准（见表 8-1），在全灌区推广 U 形渠道，配套建筑物，推广节水灌溉，提出了"斗斗搞衬砌，千亩二十米，年年有进展"的灌区斗渠衬砌计划，并在各管理站配发 U 形模具，提高了工作效率和施工质量。期间由国家补助三材，群众投劳力，U 形渠道衬砌后，流速加大，输水挟沙能力强，淤积量减少，斗渠水利用系数显著提高。

表 8-1　　　　桃曲坡水库灌区斗渠以下各级渠道水力要素表

渠道断面	灌溉面积（万亩）	断面尺寸（米）				水深（米）	比降	流速（米每秒）	流量（立方米每秒）
		底宽	渠深	堤顶宽	边坡				
1	0.3~0.5	0.6	0.85	1.00	1:1	0.6	1/750	0.70	0.50
2	0.1~0.3	0.5	0.75	0.80	1:1	0.5	1/500	0.75	0.30
3	0.05~0.1	0.4	0.60	0.60	1:1	0.4	1/500	0.635	0.20
4	0.03~0.05	0.3	0.45	0.50	1:1	0.4	1/400	0.56	0.10

1990 年和 1991 年，管理局分别实施耀县楼村乡、下高埝乡渔池村 5000 亩方田建设和富平县宫里 5000 亩方田建设。灌区 2000 年 4—11 月

实施世行项目中低产田改造工程，共完成 12 个田块，改造灌溉面积 15.97 万亩，其中改善灌溉面积 10.98 万亩，扩灌面积 4.99 万亩。共衬砌斗渠 118 条，长 147.19 千米，修建建筑物 4115 座，其中斗渠建筑物 1650 座，分渠建筑物 2465 座；平整土地 0.88 万亩。工程投资 2024.08 万元，其中世行支付 923.54 万元，政府配套 282.46 万元，群众自筹 818.09 万元。

1999—2006 年，在灌区更新改造项目实施中，结合中低产田改造，灌区共新增（恢复）灌溉面积 2.0 万亩，改善灌溉面积 17.0 万亩。

三、节水项目

2011 年 8 月 1 日，省发改委、省水利厅联合下发了《关于下达 2011 年第一批大型灌区续建配套和节水改造工程中央预算内投资计划的通知》，其中桃曲坡灌区 2011 年东干十一支渠田间高效节水项目中央预算内投资 240 万元。同年 8 月 12 日，省发改委下发了《关于下达 2011 年大型灌区续建配套和节水改造工程省级配套投资计划的通知》，其中桃曲坡灌区 2011 年东干十一支渠田间高效节水项目省级配套投资 60 万元。2011 年 9 月 29 日，省发改委以陕发改农经〔2011〕1805 号文下发了《关于桃曲坡水库灌区 2011 年东干十一支渠田间高效节水项目实施方案的批复》，同意对东干十一支五斗—十四斗渠之间所有斗渠及农渠进行节水改造，控制灌溉面积 7040 亩。批复工程概算总投资 300 万元。

1. 渠道衬砌改造设计

斗渠改造工程包括东干十一支五斗—十四斗渠，共 10 条斗渠，总长 8.032 千米。斗渠设计流量 0.10～0.25 立方米每秒，比降均为 1/600。衬砌断面除九斗渠采用 D40 U 形断面，衬砌厚度 5 厘米外，其余 9 条斗渠均采用 D60 U 形断面，衬砌厚度 6 厘米。

农渠改造工程共衬砌农渠 37 条，总长 14.44 千米。农渠设计流量 0.1～0.15 立方米每秒，比降为 1/400～1/600，衬砌断面均采用 D40 U 形断面，衬砌厚度 5 厘米。

渠道衬砌混凝土标号为 C15 F50 W4。渠道每 5 米设横向伸缩缝一道，伸缩缝采用人工切割 V 形缝，缝宽 3 厘米，缝内填塞塑胶泥。

2. 建筑物改造

（1）斗、农渠进水闸。斗、农渠进水闸全部采用顶部开启的 PGZ 拱形铸铁闸门。均采用 C20 钢筋混凝土盖板，M7.5 浆砌石盖板涵洞式结构。根据流量及斗、农渠断面尺寸，斗门选用 60 厘米×60 厘米和 40 厘米×40 厘米两种尺寸规格，农门选用 60 厘米×60 厘米和 40 厘米×40 厘米两种尺寸规格。引渠不设闸门，只预留引口。配水时采用活动式闸板，引口设为矩形，其规格按 30 厘米×30 厘米预留。

（2）跌水。斗渠上的跌水统一为 C15 现浇混凝土陡坡式跌水，陡坡坡比 1：2，消力池采用矩形断面消力池。斗渠跌差均在 1～3 米范围内，农渠跌水跌差一般取 1～2 米。

（3）量水堰。在每条斗、农渠上各设一座量水堰，量水堰均设在斗、农门以下 50 米左右的平直段渠道上，形式选用平底抛物线无喉量水堰，采用 C15 现浇混凝土结构。

（4）桥梁。田间生产桥均采用预制板式桥梁，桥宽 4.0 米，核载按汽－10 设计，挂－80 校核；桥墩采用 C15 现浇混凝土结构，桥面板采用 C20 钢筋混凝土预制板。

2011 年 12 月 28 日，管理局在《陕西采购与招标、陕西省招标投标协会网》、《陕西省水利厅门户网站》，12 月 29 日在《三秦都市报》上发布了招标公告，2012 年 2 月 1 日上午 10 时，在桃曲坡水库管理局进行了公开开标，确定施工标项中标单位为飞龙公司，中标价 279.407 万元。选择了工程监理单位为郑国监理公司，合同价为 5.6 万元。

工程合同协议书签订后，管理局及时向省水利厅上报了工程质量监督手续、开工申请报告。

工程于 2012 年 3 月 25 日开工，计划同年 9 月 25 日完工。

第二节 小型水利工程

桃曲坡水库灌区小型水利工程主要是在"大跃进"时期，掀起大搞农田水利建设热潮时建成的，在灌区形成了长藤结瓜、渠库（塘）结合的小型水利工程。其中红星、尚书两座水库原属富平县管理，2000 年 9 月移交管理局管理，其他几座小库塘仍由当地政府或村组管理。

一、红星水库

红星水库位于富平县淡村乡上河村，赵氏河下游。1966 年 12 月开工，1969 年 12 月建成。坝高 21.5 米，坝顶长 150 米；总库容 845 万立方米，有效库容 485 万立方米，2002 年实测库容为 370 万立方米，死库容已淤满；2008 年实施水库除险加固后，测算水库总库容为 799 万立方米。放水涵洞位于土坝右岸，高 1.6 米，宽 1.2 米的半圆形拱涵，最大输水流量 5 立方米每秒；宽浅式正堰溢洪道位于土坝左岸。设施灌溉面积 5 万亩，有效灌溉面积 3.2 万亩，主要灌溉富平县淡村、城关、杜村和东上官 4 个乡（镇）耕地。红星水库近坝区控制流域面积不足 20 平方千米，水库水源由两部分组成：一部分是坝址到弓王水库的区间来水和上游玉皇阁水库、弓王水库弃水；另一部分是漆水河水或桃曲坡水库泄水。

（一）工程概况

红星水库枢纽属Ⅳ等小（1）型水利工程，主要建筑物为 4 级，由拦河坝、放水洞和溢洪道 3 部分组成。拦河坝为均质土坝，坝顶高程511.50 米。大坝迎水坡为干砌石护坡，坡比自上而下依次：1：3、1：3.5；背水坡设立了纵横排水沟，坡比自上而下依次：1：2.75、1：3.0，并在高程 501.50 米处设立宽 2 米戗台一处；坝趾设有堆石排水棱体。放水洞在土坝右岸，为卧管进水，放水闸孔直径 $\phi600$ 毫米，由人工牵引钢丝绳带动拉杆启闭闸门。输水洞为城门洞型浆砌石涵洞，全长 103 米，为无压出流，进口高程 494.85 米，过水断面宽 1.60 米、高 1.60 米，比降1/200，设计流量 3.0 立方米每秒，校核流量 5.0 立方米每秒。溢洪道位于大坝左岸，进口为梯形断面，底板高程 507.50 米，整个工程坐落在土基上，泄槽段为一条底宽 10 米、深 5 米、边坡比为 1：1 的梯形土渠，全长 391 米，其中泄槽段下游宽度仅为 5 米，且未开通，不能运行。

水库原防洪标准采用 50 年一遇洪水标准设计，相应流量 395 立方米每秒；100 年一遇洪水标准校核，相应流量为 559 立方米每秒。

（二）除险加固

2002 年 4 月，省水利厅组织有关专家对红星水库大坝进行安全鉴定，确定工程存在的主要问题：水库防洪标准不满足规范要求；溢洪道为未完全开通的泄水土槽，不具备泄流条件；大坝迎水坡干砌石护坡破坏严重；坝坡坡面不整，局部塌陷；坝后河道堵塞，排水不畅；放水设施老化失修，出口分水闸不完善；无大坝安全监测设施，防汛通信及交通设施不完善；管理设施不健全等问题。鉴定红星水库大坝为三类坝，同年列入国家第二批除险加固工程计划，2004 年 10 月通过了水利部大坝安全管理中心核查。

2002 年 9 月，省水利厅以陕水计发〔2002〕253 号文件对红星水库除险加固工程初步设计进行批复，批复概算总投资为 946.26 万元。2005 年 5 月，黄委会以黄规计函〔2005〕34 号文件下发了《关于陕西省玉皇阁等 11 座水库除险加固工程初步设计报告复核意见的函》（根据国家发展改革委和水利部关于 2003 年 10 月前完成初步设计复核，到 2005 年仍未开工建设的规划内项目须经流域机构重新复核的规定），经省水利厅审查并商省发展改革委员会同意，以陕水规计发〔2005〕99 号文件对该项目进行重新批复，批复概算总投资为 908.69 万元。

1. 工程招标

2006 年 3 月，省水利厅第七次专题会议确定红星水库除险加固工程为陕西省水利工程第一个代建制试点项目。2006 年 4 月 20 日，管理局对代建单位进行了邀请招标，在省水利厅河库处、监察室及建管处等有关处室的全程监督下，经过评标委员会评审，报省水利厅备案，确定红星水库除险加固工程建设管理单位（代建单位）为省水利水电工程咨询中心，中标价为 48.99 万元。代建单位依据工程项目建设管理合同，成立了红星水库工程项目建设管理部。

2006 年 5 月 15 日，代建单位分别在陕西省公众信息网和陕西信息报上发布了主体工程施工招标公告。2006 年 6 月 13 日，经公开招标，确定中标单位为渭河工程局，中标价为 654.65 万元。省质监站履行政府监督职能，省水利监理公司承担监理任务。

2. 项目建设

红星水库除险加固工程防洪标准为 50 年一遇洪水设计，300 年一遇洪水校核，总库容 799 万立方米，滞洪库容 325 万立方米，兴利库容 370

万立方米，死库容 17 万立方米，校核洪水位 510.92 米，设计洪水位 508.95 米，正常蓄水位 507.50 米，死水位 496.87 米。

工程于 2006 年 9 月 5 日开工，2007 年 12 月 20 日完工，同年 12 月 28 日通过初步验收，2008 年 5 月全部完建，2009 年 9 月 30 日通过竣工验收。完成土坝加高 1 米、溢洪道改建 297 米、新建放水塔 1 座、放水洞加固 103 米、新建坝后抽水站 1 座、新建大坝安全监测系统 1 套、管理房改造 264 平方米。完成主要工程量：土方 15.11 万立方米，石方 0.95 万立方米（其中浆砌石 0.62 万立方米），混凝土 0.45 万立方米，钢筋制安 140.42 吨，金属结构安装 72.866 吨，安装闸门及启闭机 5 套。红星水库除险加固工程设计与完成主要工程量、材料量对比见表 8－2，红星水库除险加固后工程特性见表 8－3。

表 8－2　　红星水库除险加固工程主要工程量、材料量对比表

序号	项目名称		工程量					材料量				
			土方（立方米）	混凝土（立方米）	浆砌石（立方米）	钢筋制安（吨）	金属结构（吨）	水泥（吨）	钢筋（吨）	砂子（立方米）	碎石（立方米）	块石（立方米）
一	主体工程	设计	135675.8	4864.1	5893.6	86.9	70.884	2348.6	88.64	4836.7	4220	6954.5
		完成	147682.4	4410.7	6051.47	128.40	72.866	2284.9	130.97	4650.2	3826.1	7140.7
二	附属工程	设计	3444.3	110.44	107.8	12.02		55.64	12.26	114.52	116	127.2
		完成	3444.3	110.44	107.8	12.02		55.64	12.26	114.52	116	127.2
合计		设计	139120.1	4974.54	6001.4	98.92	70.884	2404.24	100.9	4951.22	4336	7081.7
		完成	151126.7	4521.14	6159.27	140.42	72.866	2340.54	143.23	4764.72	3942.1	7267.9

3. 工程投资

红星水库除险加固工程完成投资 904.884 万元，其中：建筑安装工程投资 640.59 万元，设备投资 113.30 万元，待摊投资 150.99 万元。实际到位资金 900 万元，其中中央预算专项资金 600 万元，省级配套 300 万元，资金缺口 4.884 万元。

4. 建设征地

红星水库溢洪道改建征用非基本农田 2.3 亩。

5. 工程质量

红星水库除险加固工程共分为 7 个分部工程、83 个单元工程，经评

表 8－3

红星水库工程特性表

序号	名称		单位	水库除险加固工程 数量及说明	水库除险加固工程 数量及说明	备注
一	流域及水文					
	控制流域面积		平方千米	236.9		
	流域主河床长		千米	58.8		
	平均河床比降		‰	15		
	流域多年平均年降水量		毫米	588.1		
	流域年均年来水量		万立方米	1440		
	多年平均年来沙量		万吨	28		
	设计洪水 ($P=2\%$)	流量	立方米每秒	435	395	
		洪水总量	万立方米	1170	942	
	校核洪水 ($P=0.33\%$)	流量	立方米每秒	783	559	
		洪水总量	万立方米	1960	1962	
二	水库					
1	特征水位					
	正常蓄水位		米	507.50	507.50	原设计 507.50 米
	防洪限制水位		米	507.50	507.50	
	设计洪水位		米	508.95 ($P=2\%$)	510.83 ($P=2\%$)	
	校核洪水位		米	510.92 ($P=0.33\%$)	511.27 ($P=1\%$)	原设计校核洪水 ($P=1\%$)
	坝前淤积高程		米	499.00		

续表

序号	名称	单位	水库除险加固工程 数量及说明	水库除险加固工程 数量及说明	备注
2	（死水位）	米	496.87（放水塔闸底板高程）	495.85（卧管进水口高程）	
	库容		以高程499米为死水位以下全部库容计算		2002年6月实测库容曲线
	总库容	万立方米	799（510.92米水位以下全部库容）	836	
	有效库容	万立方米	695（510.92～499.00米）		
	兴利库容	万立方米	370（507.50～499.00米）	425（原设计为486）	现状库容曲线测算值
	拦洪库容	万立方米	118（508.95～507.50米）		
	调洪库容	万立方米	325（510.92～507.50米）		
	淤积库容	万立方米	104（高程499米以下）	104（高程499米以下）	淤积高程499米
	死库容	万立方米	17	17	
三	主要建筑物及设备				
1	挡水建筑物（大坝）			均质土坝	均质土坝
	坝型		均质土坝		
	坝顶高程	米	512.50	511.50	
	最大坝高	米	22.50	21.50	
	坝顶宽度	米	6.00	10.00	
	坝顶长度	米	155		
2	泄洪建筑物（溢洪道）		有闸控制	无闸控制	溢洪道

续表

序号	名　称	单位	水库除险加固工程 数量及说明	水库除险加固工程 数量及说明	备　注
	堰型		驼峰堰	梯形土渠，底宽 10 米，深 5 米	
	堰顶高程	米	504.00	进口高程 507.50 米	
	溢流段宽度	米	18		
	溢流段孔数	孔	3		
	设计洪水时泄洪流量	立方米每秒	359		
	校核洪水时泄洪流量	立方米每秒	589		
	最大单宽流量	立方米每秒	32.7		
	最大下泄流量	立方米每秒	589		
	工作闸门型式、尺寸、数量	扇	3 扇平板钢闸门 6 米×4 米		
	工作闸门启闭机型式、数量	台	3 台 QP2×250 千牛－9 米		
	消能方式		底流消能		
	溢洪道全长	米	297	391	
	输水建筑物		放水塔	卧管	
	取水形式				
3	工作闸门型式、尺寸、数量	扇	1 扇 1.2 米×1.2 米平板钢闸门	放水闸孔直径 ϕ600 毫米	

续表

序号	名　　称	单位	水库除险加固工程		水库除险加固工程	备　注
			数量及说明		数量及说明	
	工作闸门启闭机型式、数量	台	1 台 QLD200 千牛/50 千牛－3 米螺杆式启闭机		人工牵引钢丝绳带动	
	检修闸门型式、尺寸、数量	扇	1 扇 1.2 米×1.2 米平板钢闸门			
	检修闸门启闭机型式、数量	台	1 台 QLD160 千牛/100 千牛－3 米螺杆式启闭机			
	放水塔闸底高程	米	496.87		495.85（卧管进水口高程）	
	放水洞出口高程	米	493.88		493.88	
	放水洞断面形式	米	1.2 米×1.4 米钢筋混凝土城门洞		原为 1.6 米×1.6 米浆砌石城门洞	
	设计流量	立方米每秒	设计 2.5 立方米每秒，加大 3.0 立方米每秒		设计 3 立方米每秒，加大 6.0 立方米每秒	
四	工程灌溉指标			5		
	灌溉面积	万亩	1549			
	多年平均年可引水量	万立方米	829			通过西干渠引漆水河水量
	多年平均年供水量	万立方米	86			
	灌溉供水保证程度	%	50			
	灌溉保证率	%				

定，单元工程及分部工程质量全部合格。2007 年 11 月 13 日，由省水利工程质量监督中心站主持，业主、代建、设计、监理、施工单位和水利专家组成红星水库除险加固工程外观质量评定组，对工程进行了外观质量评定。评定结果为：水工建筑物应得 117 分，实得 91 分，外观质量得分率为 78.2%；房屋建筑安装工程观感应得 91 分，实得 75.5 分，房屋建筑安装工程观感得分率 82.9%。2008 年 11 月，省质监站对红星水库除险加固工程进行了质量检测，检测结果为：溢洪道改建、放水设施改造、坝坡整治、观测设施改造及管理房房建等分部工程的外观尺寸、混凝土强度及设备安装均符合设计要求，检测质量为合格，工程施工质量符合设计要求。

（三）灌区建设

红星水库灌区建有抽水站 4 座和淡村、金定渠、广惠渠 3 条干渠，总长 24.6 千米，各类建筑物 59 座，灌区自流灌溉须经下游 5.2 千米天然河道输水。为充分利用和节约水资源，2009 年，利用省大型灌区节水改造省级财政专项资金项目对金定渠进行更新改造，工程起点位于红星水库坝后放水洞出口，末端为金定渠首。

2010 年 3 月 11 日，省水利厅下发了《关于桃曲坡灌区红星水库金定渠输水工程实施方案的批复》，批复工程概算总投资 1305.61 万元。2009 年 11 月 30 日、2010 年 12 月 10 日，省财政厅、省水利厅分别下达了桃曲坡灌区 2009 年节水改造省级财政专项资金 1000 万元和桃曲坡灌区 2010 年节水改造省级财政专项资金 150 万元，专项用于红星水库金定渠输水工程。

红星水库金定渠输水工程由管理局设计室设计，施工和建设监理标项分别采用公开招标和邀请招标方式。2010 年 5 月 5 日，进行建设监理及施工标项招标、评标，施工标项中标单位为飞龙公司，中标价 1170.97 万元；建设监理中标单位为郑国监理公司，中标价为 26.75 万元。

工程自 2010 年 6 月 26 日开工，2011 年 5 月底完工，比合同工期提前 14 个月完成工程建设任务，共计完成改造工程 4.73 千米，其中：新建隧洞 3.47 千米，隧洞改造 0.53 千米，明渠改造 0.73 千米。改造建筑物 3 座。完成工程量：砌体拆除 314 立方米，土方开挖 45075 立方米，土方回填 7331 立方米，混凝土 8793 立方米，浆砌石 202 立方米，钢筋制安 58.6 吨。隧洞进出口明渠采用 2.0 米×1.8 米矩形断面，现浇 C20 钢筋混凝土；中间明渠采用梯形断面，边坡采用 C20 预制混凝土板安砌，底板采用 C20 混凝土现浇；新建隧洞采用 2.0 米×2.0 米城门洞型断面，C20 混凝土衬砌。

二、尚书水库

尚书水库位于富平县小惠乡灰刘社尚书沟。土坝高 30 米，坝顶长 950 米，控制流域面积 31.9 平方千米，总库容 262.5 万立方米，有效库容 236.35 万立方米，2002 年实测库容为 182.8 万立方米，死库容已淤满。主要靠东干渠岔口枢纽引漆水河洪水或非灌溉季节弃水蓄库。放水洞位于土坝左岸，采用半圆形拱涵（高 1.5 米，宽 1.2 米）转动式扇形闸门，最大泄流量 2.0 立方米每秒，溢洪道位于土坝右岸。设施灌溉面积 3.168 万亩，有效灌溉面积 2.0 万亩，主要灌溉富平县小惠乡及曹村乡招贤村耕地。

（一）工程概况

尚书水库是一座民办公助的小（2）型水库，1975 年 12 月动工，1979 年 3 月 31 日大坝主体建成，1985 年 8 月完成枢纽工程建设，1996 年 8 月底全面验收。该库为 4 级建筑物，按 20 年一遇洪水设计，峰量为 92 立方米每秒，总量为 101 万立方米；200 年一遇洪水校核，峰量为 160 立方米每秒，总量为 176 万立方米。尚书水库主要依靠东干渠引蓄水源，工程由大坝、溢洪道、涵洞、抽水站、东干渠入库退水五部分组成。

1. 大坝

均质土坝，坝顶高程为 587 米，坝底宽 181 米，坝顶宽 12 米。正常水位高程为 582.5 米，死水位高程为 565 米。迎水坡不设戗台，背水坡在高程 567.5 米和 577.5 米处分别设置宽 1.5 米戗台一道。自土坝迎水面死水位以下 1.0 米起至最大洪水位以上 1.3 米的范围内（即高程 564～586 米）采用片石砌护，砌石厚度 0.3 米，并在块石下铺 0.2 米厚的碎石垫层。坝体排水采用斜卧式倒滤坝，坝高 4.8 米。结合槽设在坝轴线处，设计槽底宽 3.0 米，边坡 1：2，深度为 7 米。大坝在高程 577.5 米、587 米设置土坝沉降观测桩两排共 4 个，上游坝坡设置水位观测尺桩。

坝坡尺寸见表 8 - 4。

表 8 - 4　　　　　　尚书水库坝坡比设计表

迎水坡	高程（米）	556.0~562.5	562.5~572.5	572.5~582.5	582.5~587.0
	坡比	1:3.5	1:3	1:2.5	1:2
背水坡	高程（米）	556.0~567.5	567.5~577.5	577.5~587.0	
	坡比	1:3	1:2.5	1:2	

2. 溢洪道

水库水源主要依靠东干输水蓄库，尚书水库在一般年份多为空库迎汛。溢洪道在右坝肩 30 米处，采用宽 4.0 米×2.0 米钢筋混凝土盖板涵洞进水，涵洞进口高程 583 米，盖板顶高程 535 米，除涵洞进出口衬砌 25 米长外，其余 165 米长溢洪道全系土渠，土渠断面采用宽浅式，即底宽 3 米，深 1.0 米，坡比 1:1，比降 1/30，水深 0.7 米，泄洪流量为 14 立方米每秒。平时在涵洞进口筑一小围堰，围堰顶高程 584 米，当洪水超过正常水位时，小围堰将同时被泄水冲走。

3. 放水涵洞

位于大坝左岸，设计涵洞进口高程为 574 米，采用浆砌石半圆形涵洞，净跨 1.0 米，洞高 1.5 米，比降 1/200，设计流量 1.5 立方米每秒，加大流量 1.8 立方米每秒。放水设备采用转动式钢闸门，高程 576.5 米。

4. 东干渠退水

入库退水工程在原土桥上游西侧，为浆砌石陡坡式三级跌水直泄入库，泄水槽断面宽 1.5 米，高 1.3 米，总跌差 14.8 米，设计流量 5 立方米每秒，槽长 92 米。

5. 抽水泵站

在距坝轴以上左岸 700 米及距坝轴以上右岸 710 米处，各设抽水站工程一处。采用卧管进水，压力管道输水，各安装 JD140×7 深井水泵一台，扬程 26~29 米，出水量 140 立方米每小时。

（二）除险加固

2002 年 4 月，省水利厅组织有关专家对尚书水库大坝进行安全鉴定，确定工程存在的主要问题：水库无泄洪设施，防洪标准不满足规范要求；

放水设施进水形式落后，放水洞底板沉降，洞体出现裂缝，洞身漏水；大坝两坝端未做截渗处理，渗漏严重；坝坡不平整，迎水坡风浪淘刷破坏严重，坝址排水棱体为乱石堆砌，排水效果差；无大坝安全监测设施，防汛通讯及交通设施不完善；水库管理设施陈旧等问题。鉴定尚书水库大坝为三类坝，同年列入国家第二批除险加固工程计划。2004 年 10 月通过水利部大坝安全管理中心核查，以坝函〔2004〕2015 号文件核查认定尚书水库大坝为三类坝。

2002 年 9 月，省水利厅以陕水计发〔2002〕251 号文件对尚书水库除险加固工程初步设计进行批复，批复概算总投资为 811.55 万元。2005 年 5 月，水利部黄河水利委员会以黄规计函〔2005〕34 号文件下发复核意见，经省水利厅审查并商省发展改革委员会同意，以陕水规计发〔2006〕67 号文件对该项目进行重新批复，批复概算总投资为 803.68 万元。

1. 工程招标

尚书水库除险加固工程地质勘察由省水电设计院地勘总队承担，初步设计由省水工规划院完成，招标及施工图设计由省水规院与管理局设计室共同承担。主体工程由陕西文昌水利水电建设工程有限公司中标承建，附属工程分别与飞龙公司、绿荫公司签订施工合同（其中：大坝观测系统、管理房改造及其他附属工程由飞龙公司承建，水保绿化工程由绿荫公司实施）。省水利监理公司承担监理任务，省质监站履行政府监督职能。

2. 项目建设

工程于 2008 年 3 月 28 日开工，2009 年 9 月 25 日底完工，2010 年 10 月 13 日通过竣工技术预验收，同年 10 月 14 日通过竣工验收。

（1）项目建设内容：包括新修溢洪道、放水设施改造、坝坡整治、大坝防渗处理、枢纽观测设施改造、500 平方米管理办公用房等管理设施改造以及对防汛道路拓宽改造。尚书水库除险加固后工程特性见表 8－5。

（2）技术问题处理：一是在溢洪道基础土方开挖过程中，地下水位高出初设勘察的地下水位 2.8 米，导致开挖困难。施工中采取井点降水与阶梯式明槽降水相结合的方案。二是右坝肩溢洪道帷幕灌浆 S1－1－17 孔第一段吃浆量偏大，且发生串浆、裂缝等情况。施工中延长右坝肩帷幕 18 米，增加灌浆孔 12 个。

表 8 - 5

尚书水库工程特性表

序号	名 称		单位	水库除险加固工程完工后的特征值 数量及说明	水库除险加固工程建设前现状特征值 数量及说明	备 注
一	流域及水文					
	控制流域面积		平方千米		37	
	流域主河床长		千米		14.4	
	平均河床比降		‰		31.6	
	流域多年平均年降水量		毫米		588	
	流域多年平均年来水量		万立方米		689	
	多年平均年来沙量		万立方米		1.9	
	设计洪水 ($P=3.33\%$)	流量	立方米每秒	154		
		洪水总量	万立方米	168		
	校核洪水 ($P=0.33\%$)	流量	立方米每秒	291		
		洪水总量	万立方米	328		
二	水库					
1	特征水位					
	正常蓄水位		米	582.50	584.75	
	防洪限制水位		米	582.50	582.50	
	设计洪水位		米	582.95 ($P=3.33\%$)		
	校核洪水位		米	583.74 ($P=0.33\%$)		原校核洪水 ($P=0.5\%$)
	坝前淤积高程		米	570.00		
	(死水位)		米	574(放水塔闸底板高程)	576.50(卧管进水口高程)	
2	库容			以高程 574 米为死水位计算		2001 年 3 月实测库容曲线

续表

序号	名 称	单位	水库除险加固工程完工后的特征值		水库除险加固工程建设前现状特征值		备 注
			数量及说明		数量及说明		
	总库容	万立方米	212.5(水位 582.50 米以下全部库容)		262		
	有效库容	万立方米	180.5(水位 583.74～574.00 米)				
	兴利库容	万立方米	151(水位 582.50～574.00 米)		151		现状库容曲线测算值
	拦洪库容	万立方米	9.9(水位 582.95～582.50 米)				
	调洪库容	万立方米	29.5(水位 583.74～582.50 米)				
	淤积库容	万立方米	42(高程 574 米以下)		42(高程 574 米以下)		
	死库容	万立方米	32		32		
三	主要建筑物及设备						
1	挡水建筑物(大坝)						
	坝型		均质土坝		均质土坝		均质土坝
	坝顶高程	米	586.00		585.10		
	最大坝高	米	30.00		29.10		
	坝顶宽度	米	13.00		13.00		
	坝顶长度	米		950			
2	泄洪建筑物(溢洪道)		有闸控制		无闸控制		溢洪道
	堰型		驼峰堰		钢筋混凝土盖板式矩形涵洞,底宽 4 米,深 2 米,下游未开通,不能运行		

续表

序号	名称	单位	水库除险加固工程完工后的特征值 数量及说明	水库除险加固工程建设前现状特征值 数量及说明	备注
	堰顶高程	米	579.00	进口高程 582.50 米	
	溢流段宽度	米	8		
	溢流段孔数	孔	1		
	设计洪水时泄洪流量	立方米每秒	106	14	
	校核洪水时泄洪流量	立方米每秒	139		
	最大单宽流量	立方米每秒	13.25		
	最大下泄流量	立方米每秒	17.38		
	工作闸门型式、尺寸、数量	扇	1扇弧型钢闸门 8 米×4 米		
	工作闸门启闭机型式、数量	台	1 台 QPQ2×125 千牛－6 米		
	消能方式		底流消能		
3	溢洪道全长	米	254.1		
	输水建筑物		放水塔	卧管	
	取水形式				
	工作闸门型式、尺寸、数量	扇	1扇1.2米×1.4米平板钢闸门	放水闸孔直径 600 毫米	

续表

序号	名 称	单位	水库除险加固工程完工后的特征值 数量及说明	水库除险加固工程建设前现状特征值 数量及说明	备 注
	工作闸门启闭机型式、数量	台	1台 QL-SD-125千牛/80千牛-2.8米螺杆式启闭机	人工牵引钢丝绳带动拉杆启闭闸门	
	检修闸门门型式、尺寸、数量	扇	1扇 1.2米×1.4米平板钢闸门		
	检修闸门启闭机型式、数量	台	1台 QL-SD-160千牛/60千牛-2.8米螺杆式启闭机		
	放水塔闸底板高程	米	574	576.50（卧管进水口高程）	
	放水洞出口高程	米	573.25	573.60	
	放水洞洞断面形式	米	1.2米×1.4米城门洞（连接段）1.5米×1.0米城门洞（放水洞）	原为1.5米×1.0米浆砌石城门洞	
	设计流量	立方米每秒	设计1.5立方米每秒，泄空3.0立方米每秒	设计1.5立方米每秒，加大1.8立方米每秒	
四	工程灌溉指标				
	灌溉面积	万亩		2.3	
	多年平均可引水量	万立方米	689		通过东干渠引漳水河水量
	多年平均供水量	万立方米	374		
	灌溉供水保证程度	%	80		
	灌溉保证率	%	56.3		

（3）设计变更：①放水洞由原来大开挖方案改为与放水塔连接段 2.6 米拆除重建、其余 55 米采用洞壁凿毛、砂浆抹面进行处理；②迎水坡干砌石护坡由设计的一坡改为两坡，下部坡比 1∶2.8，上部坡比 1∶2.5；③原设计中溢洪道交通桥桥面与坝面防汛路的连接不顺畅，施工中将交通桥宽度 12.6 米调整为 10.5 米。

3. 工程投资

尚书水库除险加固工程完成投资 813.53 万元，其中：建安工程投资 647.84 万元，设备投资 6.18 万元，待摊投资 105.51 万元。项目累计到位资金 800 万元，其中中央预算内专项 530 万元，省级配套资金 270 万元。

4. 建设征地

尚书水库溢洪道改建征用非基本农田 4.8 亩。

尚书水库除险加固后，于 2009 年 9 月中旬开始正常蓄水，最高蓄水位 576.88 米，蓄水量 72.5 万立方米，库水位在 575.00～576.00 米范围运行 3 个月；2010 年 7 月再次蓄水至 582.15 米，为历史最高库水位，蓄水量 174.73 万立方米，库水位在高程 579.00 米左右连续运行 60 余天，工程运行正常。

（三）灌区建设

1. 灌区面积与渠道建设

尚书水库灌区有抽水灌区 1670 亩，自流灌区 30000 亩。水库施工时按库容计算保灌面积仅有 8250 亩，灌区规划中考虑东干渠过沟和机井灌溉等，故按 3.167 万亩设计。灌区渠系设计流量及断面尺寸见表 8-6。

表 8-6　　　　　尚书水库灌区渠系设计流量及断面尺寸表

渠别	设施面积（亩）	设计流量（立方米每秒）	水深（米）	备注
干渠	30000	1.5	0.97	
干直引斗	3150	0.2	0.5	内坡为 1∶1
北支	6030	0.3	0.6	干支渠比降为 1/1000
南干	19820	1.0	0.8	斗渠比降为 1/500
中支	9390	0.4	0.7	
南支	3250	0.2	0.5	
南分支	7180	0.3	0.6	

渠系分干、支、斗、引四级固定渠道。干渠等高线西南～东北走向至1.6千米处直折向南2.8千米结束。支渠四条，北支：在干渠1.6千米处沿等高线向东北延伸，长3.5千米，中支、南支、南分支，均由干渠下段引水，走向由西向东，与原有地畛头结合。斗渠由北向南与支渠垂直布置。灌区共完成各类渠道21.4千米，桥涵、跌水、闸斗门等各类建筑物240座，衬砌渠道0.73千米。

2. 渠道更新改造

尚书干渠改造工程被列入2010年省级财政专项资金大型灌区节水改造项目。2011年4月2日，省水利厅下发了《关于桃曲坡水库灌区尚书干渠改造工程实施方案的批复》，批复工程建设内容：衬砌渠道7.2千米，改造建筑物48座，其中进水闸3座，生产桥11座，跌水22座，斗门12座，批复工程概算总投资420.31万元。

尚书干渠改造工程衬砌设计流量为1.8立方米每秒，加大流量为2.0立方米每秒。0+000～1+604段设计比降1/1000，其余段比降为1/600，设计渠道横断面采用"U"形，圆弧半径0.8米，圆心角148°，渠道衬砌采用现浇混凝土板结构，混凝土板标号为C15，防渗标号为W4，抗冻胀标号为F50。衬砌高度1.3米，衬砌厚度8厘米，考虑到过村段的人防安全和渠道管理，设计对3+360.5～3+480、5+882.5～6+060两段共计297米明渠进行加盖处理。

尚书干渠改造工程划分1个施工标项，2011年5月24日，管理局在"陕西招标与采购网"，5月25日在《陕西信息报》上发布了尚书干渠改造工程招标公告，2011年6月28日上午10时，在管理局进行了公开开标，经评标委员会评审，确定施工标项中标单位为飞龙公司，中标价376.7412万元。监理单位为北京奉天长远工程技术发展有限公司，合同价为7.5万元。

工程于2011年7月15日开工，预计2012年9月底完工。

三、宫里沟水库

宫里沟水库位于富平县宫里乡西门外宫里沟，1965年10月建成。有效库容45万立方米。依靠东干渠引余水蓄库。有效灌溉面积1000亩，主要灌溉富平县宫里乡三风村耕地。

四、街子水库

街子水库位于富平县齐村乡街子村温泉河上游，1958 年 4 月始建，1959 年 4 月建成。有效库容 292 万立方米。主要靠民联三、四支渠引石川河洪水蓄库。放水洞最大流量 1.5 立方米每秒，设计灌溉面积 7300 亩。因水库渗漏严重，于 1966 年和 1970 年对库区进行了机械碾压和防渗处理，但收效甚微。

五、桥头水库

桥头水库位于富平县华朱乡顺阳村宫里沟，1975 年 10 月建成。有效库容 43.8 万立方米。靠东干渠引余水蓄库。有效灌溉面积 2100 亩，主要灌溉富平县华朱乡顺阳、义和等村耕地。

六、朱皇水库

朱皇水库位于富平县长春乡，1963 年建成。有效库容 20 万立方米。靠东干渠引余水及沟内源流蓄库。有效灌溉面积 1000 亩，主要灌溉富平县长春乡耕地。灌区小型库（塘）基本情况见表 8-7。

表 8-7　　　　　　　灌区小型库（塘）基本情况表

库名	建成时间（年-月）	库址	主要水源	设计库容（万立方米）	有效库容（万立方米）	有效面积（万亩）	受益乡村社
红星水库	1969-11	富平县淡村乡	西干渠引石川河水	845	370	1.86	
尚书水库	1979-03	富平县小惠乡	东干渠引石川河水	265	182.8	2	小惠乡曹村乡
桥头水库	1975-10	华朱乡顺阳村宫里沟	东干9支渠	65	44	0.21	
宫里沟水库	1965-10	宫里乡西门外宫里沟	东干渠退水	37	45	0.1	宫里乡三风村
朱皇沟水库	1963	长春乡	沟内源流及东干渠	26	20	0.1	长春乡
街子水库	1959-04	富平县齐村乡		300	292	0.73	
合计				1538	953.8	5	

第九章 工 程 管 理

桃曲坡水库工程管理内容包括三库（桃曲坡水库、红星水库、尚书水库）和两枢纽（马栏枢纽、岔口枢纽），以及干支渠系与泵站工程管理、配套工程管理、重点水工建筑物管理、划界范围绿化管护等。

第一节 水 库 管 理

水库管理的基本工作包括：水库调度运用、大坝安全监测、水工建筑物的管护与维修、水环境监测与保护。

一、控制调度

桃曲坡水库控制调度依据工程设计规范进行，年度控制运用由局灌溉管理科负责编制运行计划，统一调度执行。枢纽站负责做好日常机电维修与养护工作，确保工程处于完好状态并正常运行。水库运用调度的原则：

（1）在服从防洪抗旱总体安排和确保水库工程安全运行的前提下，利用漆河、沮河及马栏河水源蓄库，充分发挥 3 座水库的最佳效益。

（2）在保证城市供水所允许最低水位的前提下，最大限度地满足农业灌溉用水。

（3）正常灌溉期间，桃曲坡水库低洞放水一般控制在 8～20 立方米每秒，高洞放水控制在 0.5～5.5 立方米每秒。抗旱期间，为尽量满足农业抗旱抢灌要求，低洞 5 立方米每秒左右、高洞 0.2 立方米每秒也可放水。防汛期间，按照防汛限制水位进行控制调度，当水库来水小于 100 立方米每秒时，前期考虑排淤，采用低洞泄洪，最大流量 97 立方米每秒；当水库来水大于 100 立方米每秒（含 50 年一遇、100 年一遇洪水）时，根据需要采取低洞泄洪和溢洪道同时进行；当水库来水大于溢洪道最大溢流量 2218 万立方米每秒（含 1000 年一遇洪水）后，若出现溃坝流量，按防汛指挥请示汇报程序决定炸溢洪道敞开泄水，确保水库大坝安全运行。

（4）尚书、红星两座小水库控制调度根据设计要求参照桃曲坡水库执行。

二、枢纽运行

1. 大坝运行

1974—1979 年期间由于对水库漏水进行治理，限制了水库蓄水。1980 年以后，水库开始蓄水运行，在高程 770 米水位以上累计运行时间为 193 个月，在高程 780 米以上（较高水位）累计运行时间为 52 个月，先后有 6 个年份水位达到堰顶高程 783.5 米。2000 年以前，最高洪水位为 784.75 米（1988 年 8 月 13 日）；水库水位升降最快的两次分别是 1979年 8 月 3 日 24 小时内水位上升 10.1 米，1976 年 8 月 27 日 12 小时内下降4.1 米，当时低洞以 97 立方米每秒流量下泄洪水。1999—2005 年溢流堰加闸工程、水库除险加固工程实施，2003 年库水位高于 787.0 米运行了96 天，其中在正常挡水位 788.5 米以上运行 64 天，最高蓄水位是 2003年 10 月 27 日蓄至高程 789.07 米。

1980—2011 年，水库来水总量 24.21 亿立方米，其中最大年来水22758 万立方米（1983 年），最小年来水 1373 万立方米（1995 年）。

水库大坝运行 30 年来变形、渗流和结构已经处于稳定状态，能够满足正常的蓄放水要求。但是在 2000 年的大坝安全鉴定中查明，由于坝体不均匀沉降造成坝体与左右坝肩结合处产生裂缝，在高水位运行时将会威胁坝体安全。2002—2003 年通过水库除险加固实施坝体裂缝灌浆工程，裂缝得到有效治理，消除了隐患。

2. 泄水建筑物运用

水库泄水建筑物包括侧槽式溢洪道和放水低洞。自水库正常运行起至2011 年，溢洪道曾于 1981、1983、1984、1988、2003、2007、2010、2011 年 8 次溢流。溢洪道最大泄洪量 200 立方米每秒，发生在 2003 年 8月 30 日，当时最大入库洪峰流量为 330 立方米每秒，起调水位 784.62米，同时低洞以 97 立方米每秒流量配合泄洪。截止 2011 年 12 月，共计泄洪 16 次，历时 211 天，泄洪总量 5.56 亿立方米。放水低洞除正常灌溉放水外，还承担泄洪任务，泄洪最大流量 97 立方米每秒，1981 年以后低洞泄洪运行历时 262 天。

3. 输水建筑物的运行情况

输水建筑物有高放水洞和低放水洞，高放水洞属无压出流，负担农田灌溉和城市供水的输水任务，低放水洞属有压出流，担负泄洪排沙和向原石川河老灌区灌溉输水任务。

运行中低放水洞检修闸门基本启闭灵活，但其他 3 台启闭机超出使用年限，锈蚀严重，机械性能降低，高洞两闸门变形严重。在水库除险加固项目中对闸门进行了改造。

三、工程观测

（一）水库大坝工程观测

水库大坝工程观测由枢纽管理站具体负责实施。大坝安全监测的项目有：大坝沉降量、横向水平位移、浸润线、绕坝渗流等，共布设观测标点 18 个。大坝沉降量及横向水平位移观测使用同一观测标点。观测内容包括现场检查和仪器监测。

1. 现场检查

现场检查采用经常性定时和特殊情况不定时巡视、查勘方法，当建筑物外观显现不正常现象时，采用开挖、钻孔、注水、水下探摸、摄影录像等特殊方法检查建筑物内部或水下的异常现象，从而判断其内部可能发生的问题。现场检查以土坝和溢洪道右岸高边坡为重点，一般 1~2 个月一次，主汛期一般每周一次，汛前和汛后均进行一次全面的年度检查。在非常情况下（如大暴雨、长历时连阴雨、高水位运行）每天检查一次。当发现水工建筑物存在异常情况时，进入专项检查和观测工作。

土坝现场检查包括迎水坡、防浪墙、坝顶、背水坡、坝肩、排水体和观测设施。

溢洪道检查包括溢流堰、导流翼墙、闸墩、闸门和启闭机、闸房建筑、侧槽、泄槽、陡坡、挑流鼻坎、下游河床等。

放水洞检查包括高低两座放水洞的洞体、放水塔、闸门和启闭机。

溢洪道右岸高边坡包括土质边坡、砌护、排水。

　　水库渗漏区检查包括坝前 3 千米范围内的补漏区有无漏水点，滑移裂缝，补漏设施完好程度等；此外还包括枢纽供电电源、电器设备、通讯和安全监测设施。

　　2. 仪器监测

　　（1）大坝变形观测。桃曲坡水库大坝为碾压式均质土坝，属三级建筑物，设立表面变形标点，观测其沉降量和横向位移量。根据观测标点埋设、观测仪器方法和资料情况，土坝变形观测经历了 4 个阶段。

　　第一阶段：由土坝填筑完工初期的 1973 年 4 月观测至 1976 年 1 月，利用施工期埋设的 22 个标点观测沉降量，使用西光 S_3 普通水准仪，采用水准法以四等复合路线观测，基本一月观测一次。

　　第二阶段：1976 年重新埋设了沉降标点 21 个，正式建立了观测网，自 1977 年 5 月观测至 1986 年 5 月，使用西光 S_3 普通水准仪，采用水准法以四等往返闭合路线观测，基本两个月观测一次。

　　第三阶段：为了满足大坝安全监测规范和精度要求，1987 年再次布设观测网点，增加了横向位移观测项目。共布设了 5 排 17 个观测标点，20 个工作基点。沉降量从 1987 年 4 月开始观测，使用威尔特 N_3 精密水准仪和 3 米铟钢尺以闭合往返路线做二等水准测量；横向位移观测从 1988 年 11 月开始，使用 SD65 大坝视准仪配合觇标视准线法。变形观测每季度一次。

　　第四阶段：在水库大坝除险加固后，加强了变形观测，2005 年增设了 26 个变形标点，更换了所有观测桩。使用威尔特 N_3 精密水准仪和 SD65 大坝视准仪观测，用全站仪观测土坝变形，增加土坝纵向位移观测项目。在右坝肩裂缝带埋设 4 支测缝计和 3 个测斜管，监测裂缝变化。

　　观测资料显示：桃曲坡水库大坝最大沉降量为 216 毫米，发生在土坝最大断面桩号 0+170 米处，为坝高的 0.354%，占设计沉降量 500 毫米的 43.2%，沉降量较小，说明土坝填筑质量较好，已经固结稳定。最大横向位移量为 -14.1 毫米，发生在桩号 0+135 米断面位置上。

　　（2）大坝渗流观测。土坝渗流观测项目有坝体渗流压力（浸润线）、坝基渗流压力、绕坝渗流和坝后渗流量观测。

　　浸润线测压管于 1978 年布设，从 1978 年 7 月观测，到 1981 年 8 月

29日，各观测孔均为干孔，1981年8月29日首先发现101、102孔有水，同年10月203孔发现有水，其余各孔在1983年12月以前全为干孔，其中原201、204已人为破坏，1985年实施加固工程时增补了4个孔，共3排10孔，2005年实施水库自动化安全监测系统后，在坝体上增设了23个孔隙水压力计，实现了浸润线人工观测和自动观测并行。浸润线测压管水位采用电测水位计探头配合万用表测电阻法观测。

坝基渗流压力和绕坝渗流采用φ50毫米钢管式测压管，电测水位计配合万用电表测电阻法观测管水位，观测周期与变形观测相同。2003—2005年建立了大坝自动化安全监测系统，在原测压管旁造孔埋设了23个振弦式空隙水压力计，在原绕坝渗流测压管中安置了8个振弦式空隙水压力计，坝基渗流压力和绕坝渗流观测实现了自动化遥测。坝后渗流量无专门观测设施，一般当出现明流时修集水槽，采用三角形量水堰观测流量。

观测资料显示坝体、坝基渗流符合设计要求，处于稳定状态，浸润线为陡降型，坝体前部完成湿陷过程，变形大，坝后部未完成湿陷过程，处于干燥坚硬状态，变形小，大坝左右肩存在薄弱环节。

（3）溢洪道右岸高边坡观测。溢洪道右岸高边坡形成于1973年。1974年5月10日，高洞放水塔附近滑坡致使高洞改建，1979年地质勘察时在边坡中部发现一条裂缝，呈弧形延伸，1986年在边坡中上部发现一条裂缝，长约12～15米，缝宽5～10厘米，呈弧形延伸。1990年10月发现裂缝发展到顶部，基岩护坡出现裂缝并鼓起，1991年和1992年对高边坡上部土体进行了临时抢险削坡处理，并开挖探洞进行观察，埋设简易桩点观测相对沉降和位移。1998—1999年发现顶部裂缝有所发展，岩质边坡的护坡出现多条垂直裂缝及水平裂缝，2000年进行了专项地质勘察和稳定分析研究，认为存在安全隐患，2002年12月—2003年4月进行了削坡减载综合治理。

2005年在高边坡设置了变形标点、测缝计、测斜管，用来观测表面变形、岩基表面裂缝和内部变形，于2006年5月开始监测。

（4）自动化监测。2003—2005年建成了水库大坝自动化安全监测系统和洪水调度预警系统，自动化系统监测中心站设在枢纽管理站，调度管理中心设在管理局。采用先进的遥测技术进行监测，GPRS模式建立数据传输网络，计算机自动化采集和处理分析数据，遥测项目实现了各项指标的全天候实时监测。

3. 观测成果

2000 年 11 月管理局所做的《桃曲坡水库大坝原型观测资料分析》表明，土坝沉降符合一般规律，并趋于稳定状态，横向位移随水位呈波动变化，背水坡向上游位移属正常情况。

但是，也存在一些安全隐患，主要是：①大坝左坝肩分布有 4 条横向裂缝及裂缝密集带，水库正常蓄水位运行时可能导致坝体裂缝上下游贯通，造成大坝集中渗漏甚至溃坝的危险；②溢洪道右岸高边坡稳定性差，影响水库安全泄洪，威胁大坝安全；③高低洞的工作闸门和高洞的检修闸门启闭机启闭力不够，高洞工作闸门门楣严重扭曲变形，闸门无法正常启闭。机电设备老化破损严重，不能正常使用；④库区渗漏严重，随着库水位的升高，渗漏量不断加大，特别是库水位高于高程 777.0 米时，渗漏量直线上升；⑤水库安全监测项目不全，手段落后。

2002—2005 年在除险加固项目中实施了高边坡削坡减载、坝体帷幕灌浆、库区补漏，高、低洞闸门改造和水库自动化安全监测系统工程。主要隐患基本得到解除。

（二）水文、气象观测

水文、气象观测的项目有库水位、降雨量、蒸发量、气温、湿度、风速、风向、气压等。

（1）库水位在非汛期每天 8 时、20 时观测两次，在汛期每天观测 4 次；在雨天来洪水后随时加测。

（2）降雨量的观测设有两套，一套用雨量筒人工观测，一套用翻斗式雨量遥测器自动观测。

（3）蒸发量的观测有两套，一套是大型蒸发皿，一套是小型蒸发皿。小型蒸发皿实施全面观测，大型蒸发皿主要在每年 4—10 月观测。

（4）气温、湿度、风速、风向、气压等统一按国家气象规范固定专人进行定时观测。

（5）进库流量和进库水量以柳林水文站观测资料换算得来。溢洪道泄流量、出库水量主要靠观测库水位计算水头，在泄流曲线上查算。

（三）水库淤积观测

桃曲坡水库于 1984 年建立了淤积观测控制网，布设测淤断面 8 个，并绘制了 1∶10000 比例的观测断面平面图，每 5 年观测一次，采取断面法计算水库淤积量，平时采用测杆或测深锤测量坝前淤积高程。管理局曾 4 次对水库淤积进行了测算：1976 年总淤积量为 670 万立方米，1980 年总淤积量 830 万立方米，1984 年总淤积量为 1070 万立方米，1998 年水库总淤积量为 1410 万立方米，多年平均年淤积量为 58.8 万立方米。

四、水源保护

管理局坚持连年实施库区水土保持综合治理项目，累计营造水保林 1074.02 公顷，库区的水土流失得到明显的控制，入库泥沙逐年减少。在水库枢纽近坝区进行生态环境管理和维护，采取禁止放牧、禁止游泳、清理垃圾、植树造林等措施避免人为污染水源。

2002 年 11 月，铜川市将水库设立为"铜川市一级水源保护区"。2005 年，铜川市进行陈家山段（沮河上游）河道环保治理，严格控制沿途乡镇、工矿企业污水排放，建立陈家山矿区污水拦蓄工程，进行污水自然净化，减少河道水源污染。

第二节　防　汛　抗　洪

桃曲坡水库防洪标准为 100 年一遇洪水设计，1000 年一遇洪水校核。水库下游有耀州城区、梅七铁路线、210 国道以及厂矿企业等，防汛任务艰巨。运行 30 年来，枢纽工程安全度汛，发挥了防洪抗灾功能。

一、防汛组织机构

1974—1980 年，渭桃指成立了防汛组织，水库度汛计划由渭南地区水电局批准；1980 年陕桃指成立后，度汛计划由省防总审批。

根据防汛工作属地管理的原则，原指挥部与现管理局均与耀州区人民政府成立联合防汛指挥部，指挥部办公室设在管理局，由县上行政首长任指挥，管理局局长任副指挥。2006 年按照省防总要求，管理局与铜川市政府、铜川军分区、耀州区政府组建了桃曲坡水库联合防汛指挥部，由主管副市长任指挥长；副指挥长有铜川市人民政府副秘书长、铜川军分区参谋长、铜川市水务局局长、耀州区区长和管理局局长。联合防汛指挥部下设办公室，办公地点在管理局，局长兼任办公室主任。

每年汛前组建三支防汛抢险突击队，一是耀州区组织的抢险队，以武装警察为主，约 400 余人；二是管理局组织机关 45 岁以下青壮年职工 100 名左右组成抢险队；三是枢纽片防汛抢险突击队，以枢纽站职工和附近村民为主，约 200 人左右。每年 5—10 月由防汛办组织定期和不定期防汛演习训练。

二、度汛方案

1. 方案编制

度汛方案由防汛办每年根据中、长期雨情、汛情预测资料，演算编制，主要内容包括水库汛期控制运用计划和安全度汛措施；进行洪水复核，确定当年的汛限水位，确定水库允许最高洪水位；制定不同量级洪水防御方案和淹没范围及撤离方案。

洪水复核：洪水复核是度汛方案的重要内容，目的在于明确水库洪水调度方式原则，确定汛限水位和水库允许最高洪水位。水库设计最高洪水位为 790.5 米，每 5 年复核一次。

不同量级洪水及防御方案：一般洪水（10 年一遇、20 年一遇）的目标是控制下泄流量，以防御为主，保证下游安全，力争多蓄水。当库水位已接近汛限水位，但没有强降水预报，及时关闭马栏引水口闸门，由管理局（含指挥部期间）防汛领导小组组长发布泄洪命令，5 年一遇、10 年一遇洪水最大下泄流量不超过 100 立方米每秒，20 年一遇洪水最大下泄流量不超过 200 立方米每秒，下游各村镇无需撤离，桃曲坡村以下河滩内部分耕地会被淹。

设防标准洪水包括 50 年一遇、100 年一遇和 1000 年一遇洪水，防御目标是以抢险为主，加大下泄流量，直至敞开泄流，保证大坝安全。当流域内发生设防标准的入库洪水时，水库进入防汛警戒状态。铜川军分区和耀州区人武部组织的抢险队伍迅速集结待命，做好防汛抢险和抗洪救灾工作。50 年一遇洪水时水库下泄流量在 200～968 立方米每秒，阿姑社村以上河滩部分人造田、大棚菜和两处石渣厂受到威胁，所有住户必须及早撤离；百年一遇洪水水库下泄流量在 968～1454 立方米每秒，河道沿途六二三所子校和职工医院，苏家店、阴河、杨河及耀州区城关镇 5 条大街会被淹没；1000 年一遇洪水水库下泄流量在 1454～2218 立方米每秒，苏家店、阴河、杨河及耀州城区、米家坡等 12 个村队及秦岭水泥集团公司、十号信箱、六二三所 5 个单位受到威胁。

超标准洪水（包括溃坝洪水）发生时防御目标是以撤离为主，减少人员和财产损失。溃坝洪水到达耀州城区时的洪峰流量为 9490 立方米每秒，淹没高程为 650.90 米，水深为 5.4 米，将会淹没耀州城区、铜川新区和富平县的 3 个乡镇、25 个村庄、170 个工矿企业，2 条公路干线和 2 条铁路支线，人口 8.43 万人，耕地 1.67 万亩。当流域内发生超标准洪水时，水库防汛进入紧急状态，全开溢洪道闸门和低洞闸门，当库水位达到高程 790.5 米，且仍有上涨趋势时，开始抢筑坝顶土袋子埝，培厚加高大坝，防止洪水漫顶，淹没区全部撤离。

2. 防洪调度

（1）防洪调度任务和原则：在确保水库大坝安全的前提下，最大限度地发挥水库的防洪作用，正确处理防洪与兴利的关系，力求多蓄水，通过预报调度重复利用，合理核定参数，尽量提高水库综合效益。

（2）调度权限：2004 年 7 月，按照陕汛旱指〔2004〕53 号省防汛抗旱总指挥部《关于印发陕西省防御灾害性洪水应急预案的通知》精神，对水库防汛调度权作了明确划分：当流域内发生 10 年一遇或 20 年一遇小洪水时，由管理局防汛领导小组组长调度指挥；当流域内发生设防标准洪水时（包括 50 年一遇洪水在内），水库进入警戒状态，由联防指挥部指挥长负责调度指挥；当流域内发生超标准水库洪水时，水库进入紧急状态，由省防总负责调度指挥。

（3）调度方式：调度方式分为 3 个阶段：第一阶段为控制泄流段，即洪水来临，库水位达到汛限水位时，关闭马栏河进水闸，开启低洞或溢洪道闸门，坚持"来多少弃多少，保持库水位不变"的原则；第二阶段为自由泄流段，即闸门部分开启无法维持汛限水位时，敞开溢洪道闸门泄流；

第三阶段为控制泄流阶段，当库水位回落到汛限水位后又用闸门控制泄流，库水位维持在汛限水位。

三、汛情传递

1. 水情雨情预测与预报

沮河流域上游 1952 年 8 月设立了耀县水文站，开始进行水位、流量、泥沙测验，1956 年 1 月迁至苏家店，1960 年又迁往耀县城，1966 年 5 月再次迁往苏家店，1971 年由于修建桃曲坡水库，将水文站迁至柳林镇，流域内还先后设有瑶曲、庙湾、石门关、石柱等雨量站。柳林水文站、瑶曲和庙湾雨量站向管理局报汛。管理局与各站点通讯联络方式主要有程控电话和电台。

柳林水文站汛期按《拍报协议》要求用程控电话向管理局拍报水、雨情，报汛时间每天早晚 8 时，如遇暴雨、洪水，加报标准均按《拍报协议》执行。庙湾、瑶曲雨量站利用电话向管理局拍报日、旬、月雨量。马栏管理站汛期每天早晚八时向管理局汇报引水流量和降水量，桃曲坡水库枢纽管理站早晚八时利用电话和电台分别向管理局通报库水位、降雨量等汛情。如有特殊情况，随时加报，整个汛期各站点防汛电话均需 24 小时值班。

局防汛办 6 月、10 月每天两次与省信息中心联络一次，7—9 月每天定时 3 次与省信息中心联络，报告水库范围降雨量；每 5 天向省防汛办拍报降雨量、水库水位、蓄水量、入库流量及输水设备启闭情况等。

2. 下游预警方案与实施

按照管理范围和各自职责，耀州区汛前编制耀州城区防汛抗洪预案，落实不同量级洪水下的撤离方案、抢险措施，组织抢险队伍，安排防汛车辆，规定报警信号，固定专人负责报警工作，随时做好报警设施的检修和调试。遇到险情，管理局负责向联防指挥部通报下游各断面水情，由联防指挥部责任人指挥决策，由耀州区防汛指挥部发布撤离报警信号，由当地政府负责组织撤离。

四、防汛纪实

在 1974—2011 年，桃曲坡水库遭遇三日总量在 1000 万立方米以上的洪水共 7 次，水库上游发生 10 年一遇（以三日入库总量计）以上洪水 5 次，其中 15 年一遇一次，20 年一遇一次，30 年一遇一次，45 年一遇一次，50 年一遇一次，未发生 100 年一遇洪水，水库均安全度汛。

1976 年 8 月 25 日，入库洪峰流量 260.82 立方米每秒，最大一日洪水总量 1658.16 万立方米，最大三日洪水总量 3521 万立方米，相当于 45 年一遇洪水。

1981 年 9 月 6 日，入库洪峰流量 129.84 立方米每秒，最大一日洪水总量 1123.3 万立方米，最大三日洪水总量 2730 万立方米，相当于 20 年一遇洪水。

1988 年 8 月 13 日，洪峰流量 565.31 立方米每秒，最大一日洪水总量 1149.5 万立方米，最大三日洪水总量 1950 万立方米，相当于 15 年一遇洪水。

2003 年 8 月 28 日 18 时，洪峰流量最大为 330 立方米每秒，最高库水位 785.83 米（超汛限水位 0.83 米），本次降雨过程流域平均降水为 114.5 毫米。此次洪水过程最大下泄流量 200 立方米每秒，最大一日洪水总量为 1485 万立方米，最大三日洪水总量为 2918 万立方米，相当于 30 年一遇洪水。

2010 年 7 月，水库上游连降暴雨，7 月和 8 月两月入库水量 8854 万立方米，相继形成了"7·24""8·13""8·23"三场洪水，其中"7·24"洪水入库峰量 1353 立方米每秒，为桃曲坡建库以来最大洪水，最大一日洪水总量为 1826 立方米每秒（23 日 20 时至 24 日 20 时），最大三日洪水总量为 2665 立方米每秒（22 日 20 时至 25 日 20 时），为 50 年一遇洪水。

第三节 灌 区 工 程

一、干支渠管护

桃曲坡灌区有干渠 77.8 千米，支渠 139.54 千米，采用分片包干和分级管理相结合的管理方式。马栏引水工程由马栏站负责；桃曲坡水库枢纽、库区及防汛路工程由枢纽站负责；岔口引水枢纽工程由灌溉科负责，2009 年 4 月成立岔口站后由其负责；灌区干渠工程划分到各站管理；支渠工程由所属管理站按斗渠分摊管理；斗渠及以下田间工程由受益村、组负责；干、支渠道空流段、重点建筑物、险工险段，按受益面积进行分摊，维修管护。

二、泵站维修管护

在工程建设期间建成的泵站有尤家咀抽水站、杨家庄抽水站和野狐坡抽水站，其中尤家咀抽水站、杨家庄抽水站建成后交由耀州区水利局管理，桃曲坡水库管理局只管理野狐坡抽水站。

三、重点建筑物维修管护

桃曲坡灌区重点水工建筑物有渡槽 10 座，总长 1136.85 米；倒虹 4 座，总长 2094.4 米；隧洞 11 座，总长 5212.11 米；涵洞 3 座，总长 11788.9 米；高填方 13 座，长 5418.4 米。由管理局划分管护范围，所需维修管护资金由管理局负担，各管理站根据管理局划定的区域和核定的费用做好落实；斗以下渠系建筑物由受益村组自行管理，按谁受益、谁负担的原则，合理分摊用工和维修费用。

四、渠道绿化

1988 年管理局在下高埝管理站南支渠开展渠道经济试点，由下高埝乡任家庄村民杨振有三七开成承包南支 1400 米渠堤，栽植杏树 2000 株，花椒 8000 株，1992 年挂果受益，群众称为"杏树渠"。

1993 年，楼村管理站在西支渠 7～10 斗进行渠道承包绿化，与华原村签订管护合同，由村上在渠道保护范围内栽植苹果树和杏树，同时负担渠道清淤维护，果树利润分成，管理站收三成，村上收七成。

到 1993 年冬季，全灌区落实渠树经济承包 21 户，共植经济林果树 2.9 万株，长度 17.21 千米。1999 年管理局投资对东西干渠进行全程绿化。

2003 年后结合灌区更新改造工程，对干支渠保护范围逐步进行绿化。由管理局一次性统一提供苗木，管理站负责栽植和管护。

第四节 管养分离改革

一、改革背景

由于历史原因，水管单位在工程管理方面长期存在体制不顺、机制不活、经费短缺、管理粗放等问题，导致灌区水利工程效益逐年衰减，不仅影响工程安全运行，也给灌区经济增长造成影响，使得大批水利设施难以发挥效益。2007年6月，省机构编制委员会以陕编发〔2007〕12号文件批复组建了管理局下属的水利工程维修养护队伍，自收自支编制，实行企业化管理。

二、改革过程

管理局从2009年4月7日开始实施了灌区工程维修养护改革工作。对灌区管理单元划分了47个标段，具体见表9-1。每个标段划拨的养护费用平均为3万元，共设置各类岗位102个，采取公开招聘择优上岗的方式，按照维修养护人员竞标上岗，技术人员和财务人员竞争上岗的原则，做到每个标段都有专人管理。

表9-1 桃曲坡水库灌区工程维修养护标段划分表（2009年4月）

序号	标段编号	项目名称	起止桩号（米）或项目区域	渠道长度（米）
1	01—01	枢纽区	桃曲坡水库枢纽区及防汛路	
2	01—02	园艺区	苗圃园、植物园及荒坡防护	
3	01—03	高干渠上段	0+000～4+400	4400
4	01—04	高干渠上段	4+400～8+722	4322
		马栏隧洞出口明渠	0+000～0+438	438
5	02—01	红星水库枢纽	红星水库枢纽区及防汛路	
		红星水库干渠	0+000～1+200	1200
		金定渠	0+000～3+508	3508
		红星退水渠	0+000～0+330	330

续表

序号	标段编号	项目名称	起止桩号（米）或项目区域	渠道长度（米）
6	03—01	尚书水库枢纽	尚书水库枢纽区及防汛路	
		尚书干渠	0+000～1+750	1750
7	04—01	东支渠	0+000～7+006	7006
		杨家庄抽水站	杨家庄抽水站所辖区域	
8	05—01	高干渠上段	8+722～12+870	4148
9	05—02	高干渠下段	12+870～16+203	3333
10	05—03	南支渠一段	0+000～4+628	4628
11	05—04	南支渠二段	4+628～9+130	4502
12	05—05	南支渠三段	9+130～13+592	4462
13	05—06	南支渠四段	13+592～17+635	4043
		阿堡寨退水	0+000～0+756	756
14	06—01	高干渠下段	16+203～17+348	1145
		西支渠上段	0+000～6+013	6013
		西支渠下段	6+013～12+081	6068
15	06—02	西支退水渠	12+081～13+161	1080
16	07—01	西干渠上段	0+000～2+130	2130
17	07—02	西干渠上段	2+130～4+395	2265
18	07—03	西干渠上段	4+395～6+760	2365
19	07—04	西干渠上段	6+760～9+160	2400
		西干渠上段	9+160～10+930	1770
20	07—05	五支渠	0+000～0+747	747
		六支渠	0+000～0+850	850
21	07—06	西干渠中段	10+930～14+069	3139
		七支渠	0+000～1+500	1500
22	07—07	西干渠中段	14+069～15+075	1006
		西干渠下段	15+075～17+895	2820
		东干四支渠	0+000～2+316	2316
23	08—01	民联干渠上段	0+000～1+000	1000
			1+550～3+050	1500

续表

序号	标段编号	项目名称	起止桩号（米）或项目区域	渠道长度（米）
24	08—02	民联三支渠	0＋000～4＋892	4892
		民联干渠上段	1＋000～1＋550	550
25	08—03	民联四支渠	0＋000～4＋300	4300
		民联干渠下段	3＋050～3＋900	850
26	08—04	民联五支渠	0＋000～4＋630	4630
		民联干渠下段	3＋900～4＋700	800
27	09—01	东干渠上段	0＋000～2＋190	2190
28	09—02	东干渠上段	2＋190～4＋368	2178
29	09—03	东干渠上段	4＋368～6＋858	2490
30	09—04	东干渠上段	6＋858～8＋456	1598
		东干三支渠	0＋000～2＋313	2313
31	09—05	东干渠上段	8＋456～10＋154	1698
		东干五支渠	0＋000～2＋239	2239
32	09—06	东干渠上段	10＋154～11＋790	1636
		东干六支渠	0＋000～2＋380	2380
33	09—07	东干渠上段	11＋790～13＋569	1779
		东干七支渠	0＋000～1＋987	1987
34	09—08	东干渠上段	13＋569～15＋150	1581
		东干八支渠	0＋000～2＋490	2490
35	10—01	东干渠上段	15＋150～18＋007	2857
		东干渠中段	18＋007～18＋363	356
		东干十一支渠	0＋000～0＋929	929
36	10—02	东干渠中段	18＋363～21＋322	2959
		东干十二支渠	0＋000～1＋300	1300
37	10—03	东干九支渠	0＋000～4＋737	4737
38	10—04	东干十支渠上段	0＋605～1＋660	1055
		东干十支渠下段	1＋660～4＋892	3232
39	10—05	东干十支渠上段	0＋000～0＋605	605
		东干十分支渠	0＋000～4＋500	4500

续表

序号	标段编号	项目名称	起止桩号（米）或项目区域	渠道长度（米）
40	10—06	东干十一支渠	0＋929～6＋750	5821
41	10—07	东干十二支渠	1＋300～7＋770	6470
42	11—01	东干中段	21＋322～22＋549	1227
		东干十三支上段	0＋000～1＋694	1694
		东干十三支下段	1＋694～2＋000	306
43	11—02	东干下段	22＋549～26＋149	3600
44	11—03	东干下段	26＋149～29＋799	3650
45	11—04	东干十三支下段	2＋000～5＋405	3405
		东干十三分支	0＋000～2＋058	2058
46	12—01	岔口水闸工程	岔口站东、西干水闸及站区所辖区域	
47	13—01	马栏水闸工程	马栏水闸枢纽、进口、隧洞及站区	

三、日常养护

管理局相继出台了《维修养护实施管理办法》、《维修养护标准》、《维修养护考核办法》等规定，全面加强维修养护工作管理。2011 年在原有维修养护标准的基础上，逐渠段、逐桩号制定了维修养护标准，进一步细化养护工作，实行严格目标进度管理，制定各标段逐月目标任务。

实行养护承包责任制，责任到人，将养护资金分解到渠段，养护任务包干到个人，结余归己，超支不补，有效地调动了职工的主观能动性。推行诚信体系建设，在各标段养护职工中开展以比管护标准、比岗位奉献、比养护责任落实的"党员先锋岗"活动，年终实行奖优罚劣，以充分发挥党员的先锋模范带头作用，以点带面，全面提高养护标准和日常管理水平。"党员先锋岗"标准：①全年维修养护评比不能出现 1 次 B 档以下；②全年维修养护评比达到 A 档格次连续 3 次以上；③在诚信体系建设中起到模范作用，各项费用支出合理，真实可信；④在管理局绩效考核中达到 2 次 B 档以上格次。达到以上标准可评为党员先锋岗，年终奖励 3000元。对年内连续 3 次达到 A 档的标段，进入诚信档案，实行月度免检，季度抽检，年终给予渠道管护人奖励 2000 元。

四、养护考核

维修养护考核按照《灌区水利工程维修养护标准及定额》、《灌区水利工程维修养护办法》等文件和办法规定，考核内容分为外业和内业两大部分。为了确保维修养护质量达标，对养护项目严格执行分队、大队、管理局三级考核制度，养护分队每月按照标准对所辖各标段开展内部考核，并向大队上报考核结果；大队于每月 25 日前对所有标段全面检查复核；次月初由管理局一名局领导带队，灌溉科、计财科、党群监察办公室参与，按照养护标准和考核办法对全局各维修养护标段进行综合检查。在三级检查考核的基础上，管理局召开考核领导小组会议，确定最终考核结果，严格按考核办法实行奖罚。通过严格的三级检查考核程序，使工程质量得到逐步提高。考核分为 A、B、C、D、E 五个档次，对评为 C 档及以下的标段，扣除 10％～30％工资及养护经费的处罚，每月对考核为 A 档的标段给予工资和管护经费的奖励。

五、养护成效

从 2009 年 5 月—2011 年 5 月按省上要求完成阶段任务，管理局维修养护共投劳力 10 万多个工日，投入机械 2800 多个台班，清除淤积 85500 立方米，砍伐工程保护范围内垦殖的树木 6550 棵，维修养护各类建筑物 1230 座，维修养护渠道 176.65 千米。投入工程管护经费 1505.03 万元。

管理局在 2010 年水利厅、财政厅组织的联合检查评比中被评为工程管护 A 级单位，2011 年灌区维修养护检查评比名列全省 13 个大中型灌区第一。

第五节 配 套 工 程

一、田间工程管护

灌区田间工程是灌区输水的末端水利工程，包括斗、分、引三级渠道及其附属建筑物。田间工程所有权和使用权归受益村社所有，其建设实行民办公助，管理由受益村负责，按照"谁经营、谁管理、谁受益"的原则实施管理。桃曲坡水库灌区共有斗渠 428 条、长 560 千米，衬砌 136 千米；分渠 1244 条、长 696 千米，衬砌 106 千米，引渠以下含顺、腰渠，为灌溉用水临时渠道，群众在灌水前疏通。

二、小型库塘管护

桃曲坡灌区的小库塘主要有红星水库、尚书水库、街子水库、桥头水库、珠皇沟水库和宫里沟水库等。红星水库、尚书水库工程管护纳入灌区工程维修养护 47 个标段。街子水库由富平县石川河管理站管理，桥头水库由所在地桥头村管理，珠皇沟水库、宫里沟水库由当地乡镇管理。

第六节　工程定权划界

1987 年—1990 年 8 月，管理局完成了灌区和库区的确权划界工作，1990 年经富平县政府和耀县政府审批颁发了林权证。桃曲坡水库库区、灌区划界面积共计 874.34 公顷，其中：库区 528.89 公顷，灌区 345.45 公顷。富平灌区 218.6 公顷，渠道行水面积 106.84 公顷；耀县灌区 126.85 公顷，渠道行水面积 24.77 公顷，上坝公路 35.5 公顷。

一、政策依据

1986 年，省人民政府以陕政办发〔1986〕177 号文件转发省水利水土保持厅《关于对已成水利工程划定安全保护范围和经营管理范围做好定权发证工作的通知》，要求依法确认水利工程、护渠地和护堤地用地的所有权、使用权，保障水利工程的正常运行和河道的行洪安全。1990 年 6 月 4 日，省水利水土保持厅以陕水河发〔1990〕08 号文件《关于做好国营水利工程管理单位林木定权发证工作的通知》，要求国家管理的水库周边、渠道两旁要办理林权证书。1992 年 4 月 8 日，省水利水土保持厅以陕水计财发〔1992〕288 号文转发国家土地管理局、水利部文件《关于水利工程用地确权有关问题的通知》。1992 年 7 月 23 日，省水利水土保持厅以陕水河库发〔1992〕14 号文转发水利部《关于进一步做好水利工程土地划界工作的通知》。

二、库区划界

桃曲坡水库水利枢纽于 1990 年经耀县人民政府批准办理了国营山林林权证书。库区划界总面积 528.89 公顷，其中水域面积 221 公顷，工程设施及房屋占地 5.1 公顷，林地 200 公顷，可耕地 1.97 公顷。库区左岸四至范围：东至分两段，一段由楼村水泥厂北边山梁至桐家韦沟口，高程 870 米，二段由桐家韦沟口至库尾回水区，由高程 870 米降至 793 米；西至为正常挡水位水面线高程 784 米；南至水库坝轴线以南 500 米；北至安里桥下，区内面积 212.33 公顷。库区右岸四至范围：东至水面线高程 784 米；西至分两段，一段由溢洪道右侧至桃曲坡铁路隧洞北口，高程 865 米，二段为铁路隧洞北口至库尾回水区，高程由 810 米降至 793 米；南至在溢洪道出口以南 300 米，北至安里桥，区内面积 95.56 公顷。

三、灌区划界

灌区渠道的保护范围是：干支渠挖方渠道自开挖线顶缘向外水平延伸 2～5 米，填方渠道渠堤外坡脚线向外水平延伸 2～4 米，干渠渠堤一般都设有生产道路宽约 5～7 米。灌区内总划界面积为 345.45 公顷（含渠道行水面积）。

1. 东干渠

东干渠位于富平县境内，起始于洪水乡岔口村，止于尚书水库，途经长春乡、庄里乡、齐村乡、宫里乡、雷村乡、曹村乡等，划界面积 76.29 公顷；东干渠支渠共 11 条，划界面积 55.52 公顷。

2. 西干渠

西干渠位于富平县，起于洪水乡的岔口村，沿途经过洪水乡的庙沟村、新安村、五一村、赤兔村、觅子乡的觅子村、铁佛村、东康村，淡村乡的禾原村，止于石川河，划界面积 29.73 公顷。

3. 民联渠

民联干渠位于富平县长春乡、庄里镇、齐村乡，起于长春乡文昌村下尧社，途经长春乡的长春村，庄里镇的元陵村、永安村，齐村乡的和平村、涝池村、义门村，划界面积 19.21 公顷；支渠 3 条，划界面积 22.25 公顷。

4. 高干渠

高干渠位于耀县境内，起于水库高洞出口，沿途有 9.18 千米塬边渠道，经过寺沟西塬、董家坡、白家堡、阿堡寨村，退水至赵氏河。划界面积 37.99 公顷；支渠 5 条长 33911 米，划界面积 69.13 公顷。

四、驻址征地

1. 管理局

管理局在耀州区的办公地址位于塔坡路 106 号，是指挥部 1974 年 5 月购买"9 号信箱"旧址，1993 年 4 月经耀县人民政府补办了土地使用证，征地面积 13578.6 平方米，建筑占地 4906.7 平方米。1993—1995 年，管理局分 3 次在耀州区北新街征地 9580 平方米建设住宅区。管理局在铜川市新区的办公地址位于华原东道北长虹北路西（2006 年 1 月份迁址），铜规土规发〔1998〕28 号文件批准，2000 年 11 月 28 日，铜川市新区土地局核发了建设用地批准书，总面积 19400 平方米，实用地面积 15520 平方米，代征路 3880 平方米。四至：东距长虹路中心线 154 米，南距华原东道中心线 40 米，西距长虹路中心线 254 米，北距华原东道中心线 200 米。

2. 基层单位

下高埝管理站：位于铜川新区，征地面积 4701.0 平方米，建筑占地 1165.0 平方米，1993 年 4 月耀县人民政府批准。高干南支管理段位于耀县下高埝乡郭家村，征地面积 2080.0 平方米，建筑占地 88.55 平方米，耀县人民政府 1993 年 5 月 20 日批准。

楼村管理站位于耀州区坡头镇，征地面积 3610.0 平方米，建筑占地 308.96 平方米，1993 年 4 月耀县人民政府批准。

寺沟管理站（后撤并入下高埝管理站）：位于耀州区寺沟乡，征地面积 6165.0 平方米，建筑占地 480.0 平方米。1993 年 4 月耀县人民政府批准。

觅子管理站：位于富平县觅子街道，征地面积 3185.70 平方米，1999

年 10 月 19 日富平县人民政府批准。

惠家窑管理站：位于富平县庄里乡惠家窑村，征地面积 2988.50 平方米，1999 年 10 月 19 日富平县人民政府批准。

庄里管理站：位于富平县庄里镇人民路，征地面积 3073.75 平方米，1999 年 10 月 19 日富平县人民政府批准。

宫里管理站：位于富平县宫里镇，征地面积 3487.54 平方米，1999 年 10 月 19 日富平县人民政府批准。

曹村管理站：位于富平县曹村镇，征地面积 2605.60 平方米。1999 年 10 月 19 日富平县人民政府批准。

防水材料厂（前身是庄里预制厂）：位于富平县长春乡长春村，征地面积 7590.00 平方米，1999 年 10 月 19 日富平县人民政府批准。2008 年 3 月，防水材料厂所在地及地上附属物转让给中冶陕西轧辊有限公司，随后停产。

马栏管理站：位于旬邑县马栏镇马栏村，征地面积 4553.5 平方米，建筑占地 685.5 平方米。1998 年 4 月 22 日旬邑县人民政府批准。

3. 马栏河引水工程

马栏河引水工程引水枢纽位于旬邑县马栏乡马栏村，1993 年 12 月一期征地 16666.75 平方米，1998 年 12 月二期征地 4333.355 平方米，旬邑县人民政府批准。

出口渠道位于耀州区庙湾镇玉门村，征地 2466.6 平方米，耀县人民政府 1998 年 11 月 5 日批准。

第七节　水　政　执　法

1997 年 12 月，省水利厅批准组建了管理局水政执法监察支队，负责管理局的水政监察工作，依法对水事活动进行监督检查，对破坏、危害水工程违法行为做出行政裁决、行政处罚或依法采取其它强制措施，调处水事纠纷，检查监督指导水政监察大队的执法活动，配合查处管理范围内涉及水工程的治安刑事案件，负责水行政复议、诉讼案件的答辩应诉和其他日常工作。水政监察员人选由管理局选定上报省水利厅，经水利厅审查、培训、考核合格后，发给省政府签印的水政执法人员执法证，正式上岗。2006年10月在原保卫科的基础上成立水政科，负责水政执法和单位内部保卫工作，截至2011年12月全局有水政监察员32人。

2006—2011年，水政执法共下发限期整改通知书118份，强制拆除违章建筑物70余处，处理水事违法案件60余起，调处水事纠纷100余起，处理违章、用水、偷水案件80余起，截至2011年12月共挽回经济损失3000余万元。其中典型案例：

（1）2000年，管理局水政监察人员依法处理向渠道倾倒垃圾行为30余起。

（2）2001年4月，管理局与富平县政府联合下发了通告，禁止在渠道保护范围内违章建筑、倾倒垃圾，利用电视台进行了专题报道，开展了一次专项治理活动，对渠道保护范围内的违章建筑进行了一次彻底的清理。清理东干渠违章建筑26处，西干渠违章建筑14处，其中自行拆除27处，强制拆除13处。

（3）2009年12月，西铜高速第二通道建设单位在未经任何报批程序的情况下，损毁楼村灌区渠道合计13处。事件发生后管理局水政监察支队立即调查取证，经过艰苦工作，建设单位于2010年4月支付了工程改造补赔偿款460万元。

（4）2010年到2012年间，西安—铜川—黄陵高速公路建设需要征占桃曲坡水库果林基地，高速路庄里连接线工程需要跨（穿）越觅子灌区渠道。2011年2月18日，铜川市高速公路建设指挥部办公室副主任张志民主持召开协调会，由西铜高速路改扩建项目管理处支付管理局桃曲坡水库果林基地地面附着物890万元，地面设施240万元，旅游损失300万元，觅子灌区渠道清淤、影响后期改造、影响交通等费用299万元，合计1759万元。

（5）2010年7月初，马栏管理站职工在工程检查中发现，有人在马栏河引水工程枢纽保护范围内开挖施工，立即向管理局汇报，7月9日，管理局水政支队派人查看现场，发现旬邑县水利局组织施工，拟从马栏引水隧洞取水口上游河道引水，经暗管输送至下游河道。施工位置在管理局水工程保护范围之内，对方未经同意擅自施工，属于违法行为。同年7月

10 日，管理局立即启动执法程序，派出水政执法人员前往阻止。同时组织 60 余名职工，在施工现场轮流值班，阻止对方强行施工，现场陷入僵局。

为了能妥善解决这次事件，管理局先后向铜川市人民政府和陕西省水利厅专题汇报，同年 7 月 12 日由厅政法处牵头，厅计划规划处、水资源处、河库处组成协调小组，组织管理局、咸阳市水利局、旬邑县政府、旬邑县水利局在马栏镇马栏村召开协调会议，要求双方现场人员均保持最大克制，坚决防止矛盾激化冲突升级，防止事态扩大。对于管理局和旬邑县的用水提出"统筹兼顾协调安排"的总原则要求，要求旬邑县所有的施工人员和设备撤离现场，由管理局和旬邑县共同做好马栏河上游来水量的监测，在来水量小于 0.5 立方米每秒时，管理局应当暂时关闭引水口，确保上游来水全部下泄。在各方共同努力下，此次事件得以稳妥解决。

第十章　农业灌溉用水

桃曲坡水库水源以水库控制沮河流域径流、马栏河引水为主，并引用漆河洪水蓄库灌溉。桃曲坡水库灌区有 6 座小型水库，为多水源、多渠首、多枢纽，渠库结合、长藤结瓜，引清、引洪灌溉并重，自流、抽灌兼备的大型灌区，设施灌溉面积 40.03 万亩。水源短缺是制约灌区发展的主要因素，加强计划用水管理是缓解灌区供需矛盾，达到科学用水、节约用水，实现农业高产、稳产的主要手段。

灌区计划用水管理大致经过以下 4 个阶段：

第一阶段为 1978—1981 年，自水库建成试用水时起至开灌初期，基本是按需配水。1982 年开始实行计划用水，水费收缴分固定水费加厘定水费。灌溉用水主要依据灌区设计时确定的两县设施面积比例分水，耀县与富平四六分成，先由站、段、斗逐级统计作物面积和用水量，提出申报，指挥部确定适时适量放水。这一阶段完成了各干支渠测流断面的设定、水位流量曲线的测绘以及各干支渠有效利用率的测定，为计划用水的开展打好了基础。

第二阶段为 1987—1995 年，逐步摸索计划用水并不断走向成熟，推广按量收费。管理局编制用水计划并下达各站执行，同时指导管理站编制自己的用水计划，包括引用水量、浇地面积、管理措施等内容，管理单位配水到用水单位。

第三阶段为 1995—2000 年，计划用水更趋科学、合理，全面实行按量收费。随着铜川城市供水项目的实施，供水结构调整，管理局同时兼顾农业灌溉和城市居民生活、企业生产经营用水，在年度计划编制中，综合平衡农业灌溉和城市供水项目的计划用水量。

第四阶段为 2000 年以后，灌区 3 座水库联合调度，逐步实现了区域水资源优化配置，建成高干南支渠与岔口连通工程，实行小流量、长历时分组轮灌，农业供水更加突出节水，工业供水突出统筹利用，注重市场开拓。

至 2011 年底，农业灌溉共计引水 13.67 亿立方米，灌溉面积 1186 万亩次。建库以来农灌引水最大年份为 2012 年度，截至 8 月 26 日 6 时，管理局 2012 年度灌区三库斗口引水 6021.6 万立方米。

第一节 计 划 用 水

一、计划编制

按照计划科学合理地引水、蓄水、配水、灌水，提高水的利用率，保证作物适时适量灌溉，达到农作物高产高效。灌区管理单位根据水源情况、两县配水比例、渠系布置、田间工程状况、渠系水利用系数和渠道输水能力、作物种植面积、灌溉制度及用水单位的申报进行编制。在通过供需平衡计算，编制年度和灌溉季度用水计划的同时，适当加重按配套面积和有效灌溉面积配水的比例。库水、漆河清水、洪水统一纳入用水计划进行分配。

年度计划由管理局统一下达，各灌季计划由管理局批复执行。同时给各用水单位下达了支、斗渠水利用系数，斗口及田间灌水定额等灌溉指标的施测计划。管理局在下达计划中提出具体的灌溉管理、工程管理、配水原则、供水收费方式、行水人员管理等方面的措施和办法，以保证基层执行好用水计划，完成全年灌溉任务。

二、计划执行

1. 落实任务

自 1980—2000 年前均实行领导包片、科室包站的有效措施，把灌溉作为全局的中心工作来抓。各灌溉管理站召开全体职工会议、各级灌委会议、基层行水干部会议，落实引水量、灌溉面积及实施措施等。做到任务到段、斗渠，责任到人，配合乡、村、组动员群众作好灌溉准备。

2000 年后实行目标责任承包管理，由站长牵头、管理站集体承包同管理局签订目标责任合同书，根据水量水费完成情况兑现工资、经费。

2. 整修渠道

灌区管理单位和用水单位在开灌前做好一切用水准备工作。检查工程状况，整修渠道和建筑物，维修田间工程，组织好专业浇地队伍等；对无引水设施，渠道不通畅，工程失修，无浇地组织者，不予供水；对田间工程不配套，土地不平整，无量水设施，浪费水量严重的推迟或停止供水。

3. 灌溉配水

各用水单位实行"送水出境、流量包段、水量包干"制度，不经上级批准同意，任何组织和个人不得随意改变计划。为严格用水制度，做到准确、及时、灵活地配水和调水，在行水期间，配水断面实行三方定时观测、上报，互相签字生效。各管理站观测人员每日早、晚 8 时向管理局配水站按时上报观测水位和当日灌溉情况，各单位电话员 24 小时值班，水量结算执行日清轮结，对口率达标。

灌溉行水期间，管理局、站技术人员分别对渠道利用系数、田间灌水定额、土壤需水情况等指标进行技术施测，做好灌区管理的各项基础性工作，如遇特殊天气情况或事故，管理单位负责及时处理，有计划地减水、退水或停水。

对干预或阻挠、擅自开挖引水口、扩大引水量、破坏用水秩序等违章用水行为，灌区管理单位根据不同情况，除加价收费 2～4 倍外，处以罚款，没收机具直至停止供水；情节严重的，报请水政、公安部门严肃处理；在用水期间故意破坏水利设施，强行引水者依据《中华人民共和国水法》相关条款处理。

4. 水量、水费结算

管理局配水站在各灌次用水结束后，根据配水断面水位、流量记录计算用水量，实行单方结量制度。即断面结算、斗口计量，按规定的对口率结账。用水结束 5 日内各站与管理局配水站结清水量，同时下达水量结算单，各管理站在用水结束 20 日内完成水费上缴任务。基层各用水户在每次用水前按申报水量向管理站预交水费，用水结束后根据斗口水量结算情况多退少补。基层管理站在每次用水结束后，及时把各村、组、农户的实用水量、灌溉面积、应交水费及余额等结算清楚，公布给用水户。在全灌区实行"四到户一公布"制度，即"送水到户、计量到户、收费开票到户、建账到户、张榜公布"。

三、灌溉模式

在长期的灌溉管理实践中，管理局逐步摸索出了"常、大、多、巧"四字用水方针，总结了"清、井、库、洪"4 种水源综合利用的灌溉模式。

"常"就是鼓励"常引清水"。石川河上游的漆河流域小于 1.0 立方米每秒的流量称常流量，年可控制利用 500 万立方米左右。管理局鼓励常年引清水灌溉，引清收费按灌季或轮期优惠，引清顺序为先上游后下游，面对水流方向先左后右。

"大"就是重视"大拦洪水"。凡漆河水量大于 1.0 立方米每秒时均需引灌或蓄库，流量小于 20 立方米每秒时，不许弃水。引洪灌溉水价一般为库水价格的三分之一，同时对管理站实行返还鼓励政策。引用顺序从上游到下游，按流量大小分段配水。

"多"就是动员"多提地下水"。管理局全力动员耀州区及富平县开动机井抢灌，多年夏灌期间耀州的寺沟川道及富平的石川河川道，开动机井 400 余眼，年均抢灌秋田约 6 万亩次以上，冬、春、夏三灌季年均井灌面积 10 万亩次左右。多提地下水，节约了库水，有效地支持了无井灌区，缓解了旱情，保证了均衡受益。

"巧"就是"巧用库水"。桃曲坡水库库容不能实现多年调节，供需矛盾突出，缺水是灌区的基本特点。管理局实行长计划、短安排，把清水、井水、洪水最大限度地统一纳入计划调节。巧用库水，做到了灵活调配、合理使用、互相调剂，按水量对口，弥补余缺，将有限的库水用到最关键的地方。

四、灌溉制度

桃曲坡水库灌溉制度是在灌区工程规划设计时，通过对灌区主要农作物不同生长期降雨资料分析，借鉴外灌区及原石川河老灌区经验，拟定了桃曲坡灌区农作物灌溉制度，作为水库调节计算和制定用水计划的依据。灌区运行 30 多年来，由于灌溉试验站始终未能筹建起来，加之缺水型灌区灌溉保证率低，用水矛盾非常突出，至今依然执行灌区规划设计时的灌溉制度。灌区作物种植比例小麦占70％，玉米占40％（塬区35％），棉花占30％（塬区20％）；复种指数140％（塬区125％）；灌水次数分别为小麦2次，玉米及秋杂3次，棉花3次；灌溉定额分别为小麦90立方米每亩，玉米120立方米每亩，棉花115立方米每亩；设计灌溉保证率为46％。灌溉制度见表10－1。马栏河引水工程建成后，为水库调节提供了补充水源，灌溉保证率提高到73％。

表 10－1 桃曲坡灌区作物设计灌溉制度

作物名称	作物组成（％）	灌水次数	灌水方法	作物发育阶段	灌水定额（立方米每亩）	灌溉定额（立方米每亩）	灌水日期 起	灌水日期 止	灌水天数	灌水率（立方米每秒万亩）
麦子	70	1	畦灌	分蘖期	45	95	25/11	18/12	24	0.152
		2	畦灌	拔节、抽穗	50		26/3	24/4	30	0.135
玉米及秋杂作物	40（35）	0	畦灌	播前	45	45	10/6	21/6	12	0.173（0.152）
		1	沟灌	拔节	40	75	16/7	27/7	12	0.154（0.135）
		2	沟灌	抽穗、开花	35		5/8	16/8	12	0.135（0.118）
棉花	30（20）	0	畦灌	播前	45	45	1/3	10/3	10	0.156（0.104）
		1	沟灌	开花	35	70	8/7	15/7	8	0.152（0.101）
		2	沟灌	开花结铃	35		28/7	4/8	8	0.152（101）
合计	140（125）					149.0（131.5）			116	

注 1. 表中未加括号者为平川灌区数字，加括号者为高塬灌区数字。

2. 渠系利用系数0.55，毛定额平川区270立方米每亩；塬区240立方米每亩。

按照西北农业大学和陕西省水利厅联合试验结果，渭河以北建议采用非充分灌溉模式下的作物需水量和灌水定额。桃曲坡水库管理局在2005年所做的《大型灌区续建配套节水改造"十一五"规划》中拟定的现状年（2005）灌溉制度，尚待试行完善。见表10－2、表10－3。

表 10 - 2 现状年 (2005 年) *P*＝50％ (一般年份) 的灌溉制度

作物分类	作物组成（％）	灌溉定额（立方米每亩）	灌水定额（立方米每亩次）	灌水次数	灌水时间（月-日）	灌水天数（天）	灌水率（立方米每秒万亩）
小麦	70	85	45	2	11 - 20—12 - 20	31	0.126
			40		03 - 05—03 - 31	27	0.1286
玉米	40	85	45	2	07 - 13—07 - 28	16	0.1465
			40		08 - 16—08 - 31	16	0.1302
果林	15	80	40	2	11 - 10—11 - 19	10	0.0306
			40		03 - 01—03 - 10	10	0.0306
其他经济作物	30	40	40	1	06 - 01—06 - 14	14	0.0992
合计	155	121.28				124	

表 10 - 3 现状年 (2005 年) *P*＝75％ (枯水年份) 的灌溉制度

作物分类	作物组成（％）	灌溉定额（立方米每亩）	灌水定额（立方米每亩次）	灌水次数	灌水时间（月-日）	灌水天数（天）	灌水率（立方米每秒万亩）
小麦	70	120	45	3	11 - 20—12 - 20	31	0.126
			40		03 - 05—03 - 31	27	0.1286
			35		05 - 01—05 - 27	27	0.1125
玉米	40	120	45	3	06 - 10—06 - 25	16	0.1465
			40		07 - 13—07 - 28	16	0.1302
			35		08 - 16—08 - 31	16	0.1139
果林	15	115	40	3	11 - 10—11 - 19	10	0.0306
			40		03 - 01—03 - 10	10	0.0306
			35		06 - 28—07 - 07	10	0.0267
其他经济作物	30	75	40	2	06 - 01—06 - 14	14	0.0992
			35		07 - 01—07 - 14	14	0.0868
合计	155	178.09				191	

五、三情测报

"三情测报"指灌区雨情、墒情、苗情测报，是编制用水计划指导灌溉工作的信息数据。桃曲坡灌区"三情测报"工作于 1983 年开始，第一个测报点设在下高埝管理站，之后灌区各站陆续增设了测报点，安装有雨情测报仪器，由管理站确定专人负责测量和上报。

"三情测报"的主要内容：雨情是每次降雨后的实测雨量记录，按月、季、年汇总，与往年平均值比较，分析丰水年、平水年和枯水年降水规律，以供计划用水参考。墒情是分别取土壤 0～10、10～20、20～30、30～40、40～50、50～60、60～80、80～100 厘米深处的土样，测得土壤含水率，计算出平均值，作为土壤墒情数据，墒情施测每月 3 次，时间为每月逢 8（8、18、28 日）及时测报。苗情是分别观察夏、秋作物不同生长发育时期的长势，对其地上、地下部分的外部生长状况和内部生理发育状况进行定性和定量的描述，来判断作物需水程度、灌水时机和放水时间。

第二节 水 量 调 配

一、配水机构及职责

灌区配水机构由管理局、站、段、斗渠组成。即局配水到站、站配水到段、段配水到斗渠，斗渠配水到分、引渠，最后由村组分水到田块。

1980 年以前，水量调配由渭桃指灌溉组负责；1980—1987 年由省桃指灌溉科负责；1987 年 10 月管理局设立了配水站，全面负责灌区测水量水和水量调配工作；1990 年 6 月，撤销了配水站，将其业务合并到灌溉科；2000 年 7 月，再次恢复配水站。

配水站和各配水点的职责是贯彻配水原则与水量调配制度，保证灌区用水计划的落实；负责干支渠各配水断面水量的统一调配，检查各区段实际引用流量状况；保证干支渠正常行水和渠道安全运行，培训各级行水人员；督促各站用水，结算水量、水费；施测渠系水有效利用系数，校核干、支渠水位—流量曲线；及时公布出库水量和各站引水用水进度，计算输水渠道水量对口率及灌水定额和灌溉效率等。

管理站设专人负责本站辖区内各支、斗渠和段际间的水量调配，施测支、斗渠有效利用系数。管理段负责段内各斗渠间的水量调配，监测斗口量水设施，计算斗口灌水定额和斗口灌溉效率，定期结算斗口用水量。

1995年开始对铜川供水，随着产业结构调整，供水逐步向多元化转变，配水站除履行以上职责外，还负责出库水量的平衡计算和城市供水调度，以及各用水单位的供水计量和水费结算。

二、配水原则

水量分配，在不同时期根据不同的情况分别确定。

1978—1987年开灌初期，根据当时的灌区设计原则确定富平县、耀县按设施面积比例分配库水，渭南地区桃曲坡水库工程指挥部"双王会议"明确为耀县富平县四六分成，水源充足时，基本是按需配水。灌区用水次序原则是先下游后上游，特殊情况下，指挥部根据水情和需水缓急灵活调配。

1987—1995年，随着灌区田间工程配套面积的扩大，计划用水工作进一步完善，坚持按设施面积为主，适当参考配套面积、前6年实引水量配水。如1987年按设施面积、配套面积、作物种植比例配水。1992年在两县四六分成的前提下，按配套面积配水。1993年以配套面积占50%、近6年引水量占50%相结合分配任务。

1995年后，供水结构进一步调整，确定了"水往高处流"的指导思想，逐步打破按"两县设施面积四六分成"的单一农业供水模式，贯彻"一城二果三经四粮五蓄塘"的方针。即在水源紧缺时，首先保证城市居民生活用水，其次是农业灌溉，在农业灌溉中依次是果树、经济作物、粮食作物和蓄库塘。城市、工业、企业用水按合同内容执行；农业灌溉按设施面积、有效面积、前3～6年实用水量等因素分别确定比例分配水量。如1997年、1998年按各站引水量中前3年承包水量占30%、前3年实引水量占30%、有效灌溉面积占40%，即3∶3∶4。1999年按有效面积占50%、前5个丰水年平均引库水量占50%下达任务。

2001年以后，配水以灌区有效面积占60%、前5年实际引库水量占40%。一般冬灌高干、低干实行续灌，春灌、夏灌轮续结合。高干渠系灌溉均以续灌方式为主，局部实行轮灌，低干渠系轮续结合。管理站际以内配水按计划编制的轮灌组划分。

2009年10月，南支渠与岔口枢纽连通工程竣工通水，灌溉行水可不经过沮河河道，实现了常年灌溉，改变了以前的续灌方式，随时可以开闸放水，最大限度地满足了农业生产的需要。

三、水量调配制度

1990年4月，省桃曲坡水库灌区灌溉管理委员会召开首次会议，通过了《陕西省桃曲坡水库灌区用水管理制度》，共14条，从8个方面规范了用水调配制度。这一制度由时任灌溉科科长张有林主持制订，历经配水站任彦文、张树明站长修订完善，形成了一个比较全面系统的用水管理制度，一直沿用到2000年。2001年修订出台了《陕西省桃曲坡水库灌溉配水制度》，主要内容如下：

（1）全局水量调配工作由配水站统一管理，各站必须执行配水站的调配水指令。基层管理站设专职配水人员，负责站内渠系及用水单元的流量调配，用水单元送水到户。

（2）水量调配实行"水权集中、统一调配、用水申报、分级管理"的原则。各管理站引用流量实行申报制，未达到计划流量视为放弃水权，申报总量超过引水能力，由配水站统一调配。各管理站坚持按照通知的时间、流量引用水量，不得随意加大或减小流量。

（3）灌区实行轮灌与续灌相结合的配水方式。水量充足时，按需配水；水量不足时，按计划比例配水。各站际间的水量平衡由配水站掌握。

（4）各站实行"流量包段，水量包干，送水出境"的管理办法，按断面计结各站斗口水量。上游各站在渠道流量增减时，应按照指令和流程时间及时调整各斗开启度，以保证水位流量正常，使应增减的流量准时到达；站内段斗用水交接时，要按流程和时间，按时开关闸门。

（5）配水站要加强流量施测和调配，确保水量调配及时准确。

（6）水量调配中高干各站开始引用流量不低于0.5立方米每秒（寺沟站除外），高洞每次流量调整不低于0.5立方米每秒；低洞出库流量6～12立方米每秒，每次流量调整不低于1立方米每秒。

（7）引清引洪按照管理局"用水管理制度"执行，优先灌溉用水。

（8）各调配水单位及配水人员要严格按照配水站通知的时间，准确调整流量，并在调整好水量后及时报告调水情况。

（9）各站必须严格执行配水计划，不得随意超引或弃水，否则按"用水管理制度"处罚。

四、水量测定

水量测定由灌溉科负责，配水站执行，各站际之间设分水断面，指派专人观测记载，定时检查各站用水及水量交接情况。灌区水量对口率由1987年的0.9逐步提高，到1995年后均达到0.98以上。

灌区供水计量形式有闸门量水、断面测流、量水堰等。计量设施根据实际情况和测水、量水规范进行设置。枢纽采用闸孔出流、闸门开启度计量的方法。干渠以断面测流、闸门量水为主，支、斗渠以量水堰计量为主。沿干渠以各灌溉管理站管护段界限，设置了固定测流断面9个，配备了测流设施和测流仪器。随着灌区配套、更新改造、二期续建配套工程的完善，支、斗渠基本配齐了巴歇尔量水堰和无喉道量水堰，并试验了一部分U形渠道量水槽。

经过长期测试，站际间分水断面建立了水位—流量关系曲线，放水期间由上下游站确定专人共同观测。放库水和引清灌溉每两小时观测一次，引洪灌溉每小时观测一次。配水站不定时监测，核实水量对口率。站内支、斗渠量水堰由管理站指定专人定时观测。

第三节 灌 溉 技 术

一、自流灌溉

1. 畦灌

畦灌是小麦等密植作物的灌溉方法。灌区在1980年以前农业生产集体化，以生产队为最小单元集约经营，群众没有打畦子的习惯，只是大水漫灌。农业生产责任制后，灌区耕地承包到家家户户，每个家庭成为最小耕作单元，1980—1987年伴随一期田间工程配套的同时，进行畦灌示范，要求村组组织对麦田统一打畦，推行"三改两全一平"。"三改"即改长畦为短畦、改宽畦为窄畦、改大水漫灌为小畦灌，"两全"即顺腰渠齐全、地头和路边埂齐全，"一平"即平整土地。通过几年宣传示范，群众节水意识提高，播种前打地畦成为农户普遍的自觉行动。尤其是灌区基层服务体系改革后，实行计量收费，部分群众打小畦，还在田内打了横埂。

总结沮河川道和石川河川道蔬菜区较合理的畦子规格，一般畦宽为 2～3 米，畦长视田面自然坡降和土质而异，地面坡降 3‰～5‰；黏性土壤，畦长 50～70 米为宜，最长不超过 100 米；沙质土壤，畦子宜短，抽水或井灌区，畦长亦以 50 米左右为宜。东干、高干渠旱塬灌区，畦长一般在 100～200 米之间为宜。地埂高 0.25～0.30 米，底宽 0.30～0.40 米。地边埂和路边埂高不小于 0.30 米，底宽 0.40～0.50 米。在畦田实行定额灌水，采取合理的单宽流量和改水成数。小畦灌溉，泡地单宽流量 5～7 升每秒；生长期灌水一般为 3～4 升每秒。畦长 50 米左右的采用 9 成改水，畦长 100 米左右的采用 8 成改水，100～200 米之间采用 7 成改水。

2. 沟灌

沟灌是玉米、油菜、辣椒、果树等宽行作物的灌水方法。在水源充足、农田平整度较好的地块适合沟灌。各管理站均在间作套种灌区向群众推广"细流沟灌"方法，这种方法既便利管水，又节省时间，其适宜沟长 50 米，沟宽 0.25 米，沟深 0.20 米，腰渠内一般引入流量为 0.01 立方米每秒。每次引水控制 5 个沟，单宽流量 1～3 升每米·秒。在用水紧张时，采用隔沟灌的方法，既缩短了用水时间，又顾全了大面积农作物适时灌溉，保证农业稳产、高产。

二、节水灌溉

管理局 2000 年编制了《桃曲坡水库灌区节水改造与续建配套规划》，通过世界银行贷款、农业综合开发、国家债券、节水灌溉贴息贷款、自筹等资金渠道，不断加强节水灌溉工作。

节水灌溉分输水渠道节水和灌溉技术节水两个方面：一方面，在输水渠道节水上灌区主要采用了渠道衬砌的方法。经过 1980—1987 年一期田间工程配套，1987—1993 年灌区"万亩方田"建设的试验与推广，2000

年后大型灌区节水改造与续建配套等工程措施。灌区干、支渠基本实现了混凝土衬砌;斗、分、引渠衬砌比例达到40%以上;渠系水利用系数由1987年以前的0.5以下提高到1995年以后的0.7以上。2009年10月建成的南支与岔口连通工程改变了利用15千米沮河河道向低干渠系输水,年均节水600万立方米,节水效果明显。另一方面,为了克服传统灌溉模式等不利因素,在灌溉方式上相继采取了一些节水灌溉技术。1997—2000年管理局结合农业开发和库区水保治理项目进行了果林基地节水灌溉示范,共892亩,其中穴灌772亩,滴灌48.49亩,微喷灌9.11亩,喷灌62.4亩。

2001年10月,管理局上报了灌区节水灌溉增效项目实施方案,水利厅以陕水农发〔2001〕88号文件予以批复。示范点位于富平县刘家坡村,由高干南支渠引水,建设半固定式喷灌2500亩,由省石头河水电工程局施工,2002年11月11日动工,2003年5月25日竣工,工程建成后年节水26.76万立方米,年节省水费4.8万元。

1990年以后,灌区及各县相继争取了一部分专项资金,进行低压管灌、喷灌、微灌、滴灌、渗灌等节水技术示范。耀州区董家河节水喷灌示范区面积规划2.8万亩,富平县车家村节水喷灌示范区面积1000亩。

由于受经济条件等因素的制约,地面自流灌溉仍然是桃曲坡灌区今后相当长时期内的主要灌水方式,节水灌溉工作任重道远。

第十一章　城镇工业供水

桃曲坡水库是铜川地区城市生活及工业供水的主要水源地，从 1995 年起，先后向铜川老城区、铜川铝厂自备电厂、华能（铜川）电厂、铜川新区、耀州区供水和陕焦化公司等区域和企业供水。1995—2011 年城市及工业供水 1.26 亿立方米，水费收入 8357 万元，具体见表 11-1。

表 11-1　　　　　桃曲坡水库向城市及工业供水水量统计表

供　水　对　象	供　水　量 （万立方米）	备　　注
铜川市自来水公司	7107	
铜川铝厂自备电厂	2686	
铜川供水有限公司	1155	
华能（铜川）电厂	891	
耀州区自来水公司	68	
陕焦化公司	518	
万达纸厂	159	万达纸厂供水由尚书水库供水
总计	12584	

第一节　铜川市老城区供水

一、项目实施过程

铜川市是陕西省煤炭、建材工业基地，随着经济社会发展和人民生活水平的不断提高，城乡需水量迅速增加，水资源短缺困扰着城市居民的正常生活，严重制约着区域经济的发展。

1987 年，铜川市委托省水电设计院编制了《桃曲坡水库向铜川市供水规划研究报告》，主要方案是从桃曲坡水库取水，向铜川市老城区年供水 1000 万立方米；之后铜川市又委托能源部、水利部西北勘测设计院编制了《铜川市城市供水水源方案可行性研究报告》，主要方案是在紧靠桃曲坡水库柳林到安里河谷区域内打井，向铜川市老城区年供水 1000 万立方米。

省计委委托陕西省工程咨询公司对两个方案进行评估。1990 年 5 月 7 日，陕西省工程咨询公司向省计委报送了评估报告，建议对铜川市扩建供水规模为 2.5 万立方米每日为宜，水源方案是在耀县县城以北、阿姑社以南的沮河河谷扩建开采地下水 1 万立方米每日，在桃曲坡水库溢洪道加闸后，从水库直接取水 1.5 万立方米每日。在实施步骤上先开采耀县北河谷区地下水，然后从水库取水。

1990 年 3 月 29 日，刘春茂副省长带领省计委、铜川市委、市政府负责人到桃曲坡水库视察，提出了水库向铜川市城市供水问题。1990 年 4 月 16 日，刘春茂副省长在省政府办公楼主持召开铜川供水会议。参加会议的有省计委、省建设厅、农牧厅、水利厅负责人，铜川市政府、渭南行署负责人、富平县政府、耀县政府负责人和桃曲坡水库管理局负责人。会议就铜川市城市缺水情况、桃曲坡水库运行情况及需采取的工程措施进行专题讨论，初步形成从桃曲坡水库向铜川市供水的意见。

1990 年 10 月 4 日，省计委和省水利厅以陕水发〔1990〕53 号文件向省政府报送了《关于解决铜川市缺水问题的意见》的报告，建议实施桃曲坡水库溢洪道加闸和马栏河引水两项工程，向铜川市老城区年供水 1200 万～1500 万立方米，使得铜川市的用水问题基本得到解决。

1990 年 11 月 14 日，徐山林副省长主持召开了省政府第四十六次省长办公会议，研究确定了铜川市城市供水水源方案——扩建桃曲坡水库后向铜川市供水。决定修建马栏河引水工程（设计年可引水 4234 万立方米）和桃曲坡水库加闸工程（增加库容 1000 立方米）。实施两项工程除每年向铜川市供水 1200 万～1500 万立方米，同时可满足农业灌溉扩灌面积 5 万亩，若按 23.5 万亩有效面积计算，灌溉保证率可由 46% 提高到 72%。1992 年 6 月 23 日，省计委以陕计设计〔1992〕356 号文件批复了桃曲坡水库扩建工程马栏河引水工程初步设计，工程于 1992 年 10 月开工建设，1998 年 9 月建成通水，1999 年 12 月 26 日竣工验收，交付使用。

根据《桃曲坡水库加闸工程初步设计报告》(陕计设计〔1998〕1018号文批准),按水库近期多年平均年引水量6367万立方米计算,在维持有效灌溉面积23.5万亩及灌溉保证率46%不变的前提下,农灌年需水3319万立方米,每年可调节供给城市生活及工业用水3084万立方米。水库溢流堰加闸工程于1999年4月开工,2001年10月主体工程完工下闸蓄水,2005年12月通过验收,交付使用。

铜川老城区供水自桃曲坡水库高洞出口取水,经输水隧洞至黄堡净水厂处理后供给市区,取水工程由铜川市自行建设和管理。

二、水库取水

铜川市沮水河取水工程(从桃曲坡水库取水)包括沮水河取水隧洞、黄堡净水厂以及城市管网建设。由铜川市政府成立的沮水河取水办公室实施,1991年4月,省计委以陕计资〔1991〕161号文件批复了铜川市沮水河取水工程设计任务书,同意由桃曲坡水库向铜川市日供水3.1万~4.1万立方米。1991—1995年,铜川市政府投资建设了13.5千米的输水工程,引水至铜川黄堡净水厂,净化处理后供老区使用。1995年5月桃曲坡水库向铜川老城区供水,由铜川市自来水公司经营管理。

三、供水方式

从桃曲坡水库高洞口设分水闸引水,以沮水河引水渡槽进口测水断面开始计量,测绘水位与流量关系曲线定时观测记录,每日按时观测水位作为水量结算的依据,日清月结,以供用水合同约定的方式为准,即管理局与铜川市自来水公司签订供水合同,明确量水观测、水价和用水计划等。管理局根据合同约定和用水计划调配水量,具体由局工灌科下达指令,枢纽站安排专人配水、量水,铜川市自来水公司派人共同观测记录,计量由局工灌科负责,结算由工灌科配合计财科落实。

四、水价测算

水价分临时供水价格和调整供水价格两种,由省物价局核定。1995年5月19日,省物价局以陕价电发〔1995〕119号下发了《关于桃曲坡水库向铜川市供水价格的通知》，明确临时供水价格每立方米 0.2 元；1998 年 3 月 26 日，省物价局以陕价电函发〔1998〕12 号文件下发了《关于调整桃曲坡水库向铜川市供水价格的复函》，将铜川市供水价格由每立方米 0.20 元调整为每立方米 0.25 元，1998 年 4 月 10 日起执行；1998 年 9 月省物价局、省水利厅、管理局及铜川市物价局四方对老城区供水价格进行联合测算，核算成本水价为每立方米 1.303 元。1999 年 6 月，陕西省物价局以陕价电调发〔1999〕42 号文件《关于马栏河向铜川市供水价格的通知》，将水价调整为每立方米 0.65 元。

五、水质监测

自 1998 年 5 月—2011 年 12 月，管理局委托陕西省水环境监测中心对桃曲坡水库水质进行检测，省水环境监测中心每月上旬采取水样，监测结果在水利厅每月水质旬报上公布，化验结果均达到 GB 3838—88《地面水环境质量报告》中的Ⅱ类及以上标准，符合 GB 5749—85《生活饮用水卫生标准》的要求；根据省水利厅 2003 年 6 月实行城市供水水源地水质旬报至 2011 年 12 月，桃曲坡水库水质指数稳定在 17，水源质量为Ⅱ级，水质优良。

第二节　铜 川 新 区 供 水

铜川市新区是铜川市新兴经济技术开发区，已经成为铜川市政治、经济、文化中心。新区城市规划控制范围 200 平方千米，近期人口规划 7.2 万人，远期 25 万人；城市建设规划占地近期 7.4 平方千米，中期 27.08 平方千米，远期 45.5 平方千米；经济发展规模近期工业产值 11 亿元，远期 37 亿元，将成为新技术研发基地和以能源、原材料深加工为主的工业新区。

1997 年，铜川市自来水公司委托中国市政工程西北设计研究院就铜川新区给水工程进行可行性研究设计，1998 年省计委以陕计投资〔1998〕1044 号文《关于铜川市新区给水工程可行性研究报告的批复》批准铜川新区给水工程总投资 2.9 亿元，工程建设规模为 10 万立方米每日，由地表水水源工程（龙潭水库）、输水工程（桃曲坡水库至铜川新区净水厂）、新区净水厂工程和城市配水管网工程4部分组成。桃曲坡水库在龙潭水库建成前为新区主要水源，列入新区规划控制范围。

2001年8月2日，铜川市李晓东市长主持办公会议研究决定，将新区的供水项目推向市场，授权新区管委会与管理局于2001年10月19日在铜川新区金果招商周上签订了合作协议。铜川市政府于2001年11月16日以铜政发〔2001〕50号文件对供水协议予以批复，批准管理局实施铜川新区供水的企业法定代表人权益，拥有现在和将来的经营权以及地下水的开采权，不再批准其他水务企业进入新区，今后不再批准其他单位开采地下水作为自备水源。

2001年11月16日，铜川市政府成立了新区供水建设领导小组，组长由市长李晓东担任，副组长由常务副市长李荣杰及新区管委会常务副主任高中印、管理局局长武忠贤担任。领导小组办公室设在市新区管委会，负责处理日常事务，办公室主任由时任新区管委会常务副主任高中印担任，副主任由何长杰、屈新利、管理局副局长李栋兼任。2001年11月26日，铜川市计划委员会以铜计发〔2001〕273号文件批复管理局成立陕西铜川供水公司。2001年12月15日，经省水利厅正式批复，管理局成立了供水公司，武忠贤任经理，党九社、张扬锁任副经理。2002年11月6日，供水公司正式接管了铜川新区供水业务，接收铜川新区自来水公司职工35名，接收DN100以上城区管网16.791千米。

一、基本情况

新区供水工程系统包括输水管道、净水厂和城市管网建设，其中输水管道是改造工程，净水厂是新建工程，城市管网接收原铜川新区自来水公司使用的城市管网。

输水工程是对水库高干渠进行改造，由桃曲坡水库高洞出口至净水厂，全长9.6千米，设计流量4.4立方米每秒，校核流量5.5立方米每秒，建设内容以渠道断面改型封闭和危病建筑物改造为主，其中改造维修4.75千米，封闭衬砌3.59千米，重建0.51千米。净水厂位于新区长虹北路以东，环城北路以南，毗邻高干渠，是整个新区的制高点，可以实现自压供水。净水厂工程设计规模为地表水 8 万立方米每日，分 4 期建设，每期 2 万立方米。

二、立项设计

1998 年 12 月 9 日，陕计投资〔1998〕1044 号文件批准了《铜川市新区给水工程可行性研究报告》批准建设规模 10 万立方米每日，包括地下水 2 万立方米每日和地表水 8 万立方米每日。

2002 年 3 月，供水公司委托中国华陆工程公司做出了铜川新区净水厂初步设计，与铜川市计划委员会联合上报省水利厅，省水利厅先后于 3 月 31 日、4 月 27 日组织召开了两次专家审查会，2002 年 5 月 13 日，上报铜川新区净水厂初步设计至省计委。2002 年 5 月 29 日，省计委组织省、市有关部门和专家对该工程初步设计进行了审查，2002 年 6 月 21 日，省计委以陕计项目〔2002〕560 号文对铜川新区净水厂工程和桃曲坡水库高干渠改造工程初步设计予以批复同意建设，概算总投资 8471 万元，其中净水厂一期工程概算投资 4378.44 万元，高干渠改造工程概算投资 4092.56 万元。核定总占地面积 15.59 万平方米，一期工程占地面积 2.91 万平方米。

2007 年 1 月 5 日，省水利厅以陕水规计发〔2007〕05 号文对陕西省城镇供水利用日本政府贷款项目铜川新区供水工程初步设计给予批复，将新区净水厂建设列为日元贷款项目，之后取得贷款等价于 4700 万元的工程材料。

三、净水厂建设

2001 年 12 月 14 日，完成了征地手续，签订了国有土地使用权出让合同，征地 14.84 万平方米。根据省水利厅陕水建〔2002〕55 号文《陕西省水利厅关于管理局铜川新区净水厂项目招标实施方案的批复》，按照工程实际及专业技术要求，水厂工程建设项目划分为建设监理标、设备采购标和施工标 3 大类。一期建设内容包括净水厂、一级泵站和进出厂管道 3 部分。净水厂出水水质标准按照中华人民共和国卫生部〔2001〕161 号文件发布的最新《生活饮用水卫生规范》进行设计。

铜川新区一期净水厂主体工程建设共分为 13 个标段，其中监理标为 1 个标项，主体土建工程分为净水工艺地基处理、一级泵站地基处理、净水工艺工程、厂区管道工程、一级泵站及进出厂管道工程、综合办公楼工程 6 个标段，设备采购招标时根据采购设备的专业特点分为水处理设备、加氯加药设备、变配电、水泵、鼓风机、过程仪表等 6 个子标段。以上 13 个标段除工程建设监理标和地基处理的两个标段批准为邀请招标外，其余均为公开招标。监理中标单位是省水利监理公司。主体土建工程的中标单位分别是：净水工艺地基处理由中国有色金属西安岩土工程公司中标，一级泵站地基处理由华源公司中标，净水工艺工程和厂区综合管道工程由陕西省水电工程局中标，一级泵站及进出厂管道工程由中铁二十局集团有限公司中标，综合办公楼工程由陕西省第六建筑工程公司中标，水处理设备由宜兴兴达循环水设备厂中标。

净水厂一期工程于 2002 年 7 月 9 日开工，2003 年 5 月工艺工程建成，2005 年 12 月份开始供水。

2007 年 3 月 14 日，王寿森副省长来铜川市考察，重点考察了桃曲坡水库水资源，解决新区供水工程资金不足问题。同年 5 月 20 日，省财政厅以陕财办预〔2007〕26 号文件《陕西省财政厅关于下达铜川市水利重点工程建设补助资金的通知》给予铜川新区供水工程项目补助资金 1500 万元。

净水厂二期工程建设规模 3 万立方米每日。2011 年 6 月省水利厅以陕水规计发〔2011〕217 号文件对该项目进行了初步设计批复，批复净水厂二期工程概算投资 3955.64 万元，计划工期 1 年。净水厂资金均由管理局自筹解决，管理局委托中国市政华北设计研究总院设计，招标后由郑国监理公司监理，土建施工单位为飞龙公司，设备采购单位为净化控股集团有限公司。项目于 2010 年 11 月动工，2011 年 12 月底土建主体工程完工，2012 年 5 月全面完工，6 月调试运行。

四、运行管理

供水公司属全民所有制企业，县处级建制，具有独立法人资格，实行自收自支，独立核算，自负盈亏。供水公司的主要业务范围是负责铜川新区和周边地区供水项目的建设、管理及经营等业务。供水以水表计量，水价实行政府定价。

第三节　耀　州　区　供　水

耀州城区供水多年来一直通过开采地下水解决，有 3 口自备水源井，日供水能力 7000 立方米，平均日缺水 2000～4000 立方米，依靠租用农用井和铜川自来水公司耀州水厂水源解决，高峰期供水与农灌争水矛盾突出，供不应求情况时常存在，供水能力不足的矛盾日趋突出。

2001 年 7 月 2 日，耀县人民政府和管理局联合向水利厅上报了关于耀县县城供水初步设计审查立项的报告。但是由于资金原因桃曲坡水库向耀县县城供水工程没有建设。在新区净水厂建成后，为了充分发挥工程效益，管理局提出由铜川新区向耀州区供水的方案得到耀州区政府的大力支持。联网供水工程由供水公司负责设计和施工。供水线路以新区正阳路与东环路什字为起点，经锦阳路，到耀州路与西街什字，与耀州城区供水管网连通，管线全长 1.83 千米，概算投资 175 万元，2005 年 9 月 1 日动工，2006 年 3 月建成试通水，平均日供水能力为 8000 立方米，水价为每立方米 0.8 元。新区与耀州区联网供水充分发挥了现有资源优势，改善了两区水源不足的状况，确保了辖区中长期供水安全，同时也为解决耀州城区周边城镇及厂矿供水创造了条件。

由于耀州区供水由耀州区供水有限责任公司经营，直接提取井水成本较低、水源尚能满足供水需求，加之联网供水后耀州区供水有限责任公司屡欠水费，联网供水陆续供水仅 68.3 万立方米，于 2010 年 8 月停供。

第四节　工　业　供　水

一、铜川铝厂自备电厂供水

铜川铝厂自备电厂位于耀州区董家河镇，设计总装机容量 15 万千瓦，一期工程建设 5 万千瓦。经铜川市自来水公司和管理局论证，在铜川老区取水隧洞右侧桩号 8＋500 米断面取水，建设了地下分水闸及提水泵站和管道。管理局于 2002 年 1 月开始向铜川铝厂自备电厂供水，供水水价执行对老城区的供水价格，即每立方米 0.65 元。2010 年 8 月铜川铝厂自备电厂停产，停产后每月仅为电厂生活区供用水，月用水量 5.0 万立方米左右。待电厂设备更新改造后，年用水量可达 250 万～300 万立方米。

二、万达纸厂供水

万达纸厂是富平县一家私营造纸公司，由尚书水库引水。输水工程由管理局和万达纸业共同投资，按照投资额确定产权比例，管理局占 80%，纸业公司占 20%。供水工程于 2002 年 4 月 4 日开标，陕西和平科技实业股份有限公司中标承建，同年 4 月 11 日签订施工合同，4 月 15 日开工，5 月 10 日竣工，8 月 13 日竣工验收。输水管道长 9.6 千米，采用 PVC 管材，设计年供水 200 万立方米。

万达纸厂供水工程建成后，2002 年 7 月开始供水。在输水管道首部安装水表计量，每月 25 日，由管理局配水站牵头，尚书管理站、万达纸厂三方共同抄表，配水站下达用水通知书，万达纸厂在下月的 10 日之前交清水费。供水水价经协商定为每立方米 0.5 元。2004 年 10 月，万达纸厂因排水严重污染下游环境，富平县责令停产，供水停止。

三、华能（铜川）电厂供水

2003 年 4 月，中国华能集团公司与铜川市政府签署了开发铜川电厂项目合作协议书，2007 年在耀州区坡头镇建成总容量为 1200 千瓦的燃煤电厂。

华能（铜川）电厂一期工程设计用水量 700 立方米每小时，合计年用水量 500 万立方米，根据陕水资函〔2003〕21 号文，工程选用桃曲坡水库作为供水水源。

2004 年 6 月，中国华能集团公司与管理局协商，提出供水方案：从水库取水经新区净水厂自流至电厂，年用水量 500 万立方米。2006 年 11 月 7 日，管理局与华能（铜川）电厂签订了《厂外补给水工程建设协议》、《供用水合同》，由水库每年供原水 550 万立方米，华能（铜川）电厂支付工程补助费 1500 万元，供水期限为 30 年，水价为每立方米 0.9 元。2007 年 10 月电厂投入运营，按合同供水。

四、陕西陕焦化工有限公司供水

2009 年 3 月管理局和陕焦化公司签订了供用水合同，为新建 20 万吨甲醇及 95 万吨焦化生产项目供水，计划每年供水 600 万立方米，水价为每立方米 2.6 元，实行两部制水价，基本水价和计量水价各占 50%，供水期限 15 年。供水管线全长 9.6 千米，分为两段建设，其中上段由净水厂出口至富平县青冈岭骨科医院以北 200 米处长 6.8 千米，按照投资五五分担的方式双方共建，主要承担向陕焦化公司供水，并作为铜川新区环线供水管网；下段 2.8 千米由陕焦化公司自行投资建设。工程于 2009 年 5 月开工，2009 年 10 月建成，2010 年 4 月正式通水。

第十二章　综　合　经　营

管理局综合经营工作 30 多年来历经了 3 个阶段，经营项目由无到有，由多到少，企业实体由小变大，由大变强，至 2011 年形成一定经营规模的有 4 个经济实体，从事综合经营工作的人员占全局总人数的三分之一。

第一节　概　　况

一、发展过程

管理局综合经营发展经历了 3 个阶段。

第一阶段 20 世纪 80 年代。按照水利部"两个支柱（水费和多种经营）、一把钥匙（责任制）"的水利经营思路开展多种经营。先后创办的经济实体有：①混凝土构件预制厂。1980 年 1 月，由原石川河庄里管理处在庄里北征地 12 亩筹建而成，后移交省桃指，这即是第一个具有经济实体性质的多种经营项目，1992 年转产焦油塑料胶泥。②车辆修理部。1990 年 7 月，由觅子站兴办，1991 年 8 月由于经营不善关闭。③董村水泥厂。1985 年 3 月，管理局筹集资金 13 万元与富平县宫里乡董村合办，1991 年合同到期后停办。④劳动服务公司。1984 年 10 月，管理局为安置待业青年，开办了小卖部，并经营门面房租赁及建筑工程模具租赁业务等。1995 年 7 月，劳动服务公司仅剩 1 人，其他人员调离或内退，已没有存在必要，就此撤销。⑤黄窑砖厂。1985 年 9 月，管理局筹集资金 3 万元与当地群众合办。1986 年底因砖厂较多、市场疲软、周转资金不到位等原因而停产。⑥冰棍厂。1984 年 5 月，由曹村站兴办，1987 年后由于销路不好停产。⑦水利建筑工程队。1986 年由管理局成立，主要从事水利及建筑工程施工，后转制为飞龙公司。

1987 年以前指挥部设多种经营科，1987 年后管理局设综合经营公司及综合经营办公室。这一阶段从事多种经营管理工作的人员有：何俊成、刘信福、任彦文、苗文强、李少玲、许毅斌、雷孟军、井粉莉、肖亚玲等。何俊成曾任多种经营科副科长；任彦文曾任综合经营公司经理，苗文强任副经理；任彦文曾任综合经营办公室主任职务。

第二阶段 1990—2000 年。管理局提出"城市供水、农业灌溉、综合经营"三大经济支柱的发展思路，并号召全局上下大力兴办经济实体，管理局下达年度综合经营产值、利润及分流人员指令，要求实现"三分天下综合经营有其一"的经济格局。以自办、联办、股份合作制等多种形式相结合的企业、经济实体相继产生。主要有：①1992 年 3 月由工灌科与枢纽站职工集资兴办枢纽石渣厂。②1992 年 5 月经营办兴办服务型冷库及冷饮食品经销部。③1992 年 12 月庄里预制厂转产焦油塑料胶泥防水材料，后更名为陕西防水材料厂。④1993 年 11 月计财科兴办汽车修理部。⑤1994 年 2 月由宫里站兴办工艺石料厂。⑥1994 年 4 月下高埝站与局行政办公室兴办股份合作制企业实体——飞龙纸箱厂。⑦1994 年 4 月工灌科与庄里站兴办股份合作制企业实体——庄里乳胶厂。⑧1995 年 6 月觅子站兴办大众洗浴池。⑨1995 年 10 月宫里站兴办锌基合金厂。⑩1995 年 10 月管理局成立果林管理站，建设与管理库区千亩果林基地。⑪1995 年 10 月政治处兴办水海子石渣厂。⑫1995 年 12 月管理局成立物资站，主要经销建筑工程材料等。这些企业实体到 2000 年前仅存防水材料厂、果林管理站和物资站，其他均因资金周转、市场萎缩、管理不善等原因而停产、关闭。

这一期间管理局设综合经营办公室，先后从事综合经营管理工作的人员有任彦文、李顺山、胡克勤、雷孟军、李全洋、许毅斌、井粉莉、肖亚玲、李少玲、王灵毅、庞亚荣、韩铁峰等。任彦文、李顺山、胡克勤先后任综合经营办公室主任。

第三阶段 2000 年之后。管理局认真总结了前两个阶段的经验教训，认为第一阶段"联合体"经营模式，以联合地方村队兴办的企业实体，多因结构松散、管理不善而造成坏账、烂账，变成村镇企业；第二阶段"普遍开花"模式，难于实现可持续发展目标，绝大部分跨行业兴办、合办的企业实体，大多经受不起市场考验而自行消亡。在总结经验教训的基础上，管理局提出"巩固农业灌溉、开拓城市供水、发展库区旅游、壮大施工队伍"的发展思路。年度不再向科、站下达综合经营指令性计划，原科、站存留下来的部分经济实体作为本单位增收、创收项目，自我完善管理。要求局办综合经营项目将重点放在企业改制上，把涉"水"企业实体做大办好。现存企业实体主要有：①2000年9月管理局水利工程施工队改造为飞龙公司，从事水利建筑工程施工业务。②2001年3月成立的锦阳湖生态园管理处，从事库区生态旅游业务。③2001年11月成立供水公司，从事城市居民生活供水业务。④第二阶段保留下来的物资站从事建筑材料经销业务。这一时期从事综合经营管理工作人员有：党胜利、李建邦、李丛会、肖亚玲、李全洋、成建莉、同永峰、李佐邦等，党胜利、李建邦（副主任主持工作），李丛会先后任综合经营办公室主任。

二、经营规模

截至2011年，全局综合经营项目累计投入资金3533万元，拥有固定资产3274万元，累计向管理局上缴承包管理费780万元。2011年4家企业实现5820.5万元，利税275万元。2011年，全局综合经营产值5820.5万元，其中飞龙公司实现产值4500万元，利税210万元；供水公司实现产值852.5万元，利税55万元；生态园管理处实现产值171万元，利税10万元；物资站销售收入297万元。2011年末在企业实体工作的在编正式职工109人。

第二节　企　业　实　体

企业经济实体成立、发展经历了探索、实践、发展的过程，经过实践检验，最后确立"以水为主，发挥优势"的企业经营思路符合管理局实际，组建的企业实体和经营业务具有相对比较优势，具有持续发展的潜力和前景。现存的企业实体有：供水公司、飞龙公司、锦阳湖生态园管理处、物资站4家企业实体。在这里，主要介绍现存和在企业发展历程上有重要影响的6家企业实体。

一、陕西铜川供水有限责任公司

供水公司成立于 2002 年 9 月，负责铜川新区城市供水的建设和运营管理工作。2002 年 11 月开始经营铜川新区城市供水业务，2011 年末正式职工 63 人。公司下设制水生产部、用户服务中心、技术发展部、经营部、计划财务部、办公室、维修队和安全保卫部八个部门。

铜川新区供水主要供水设施由输水工程、净水厂和城市管网 3 部分组成。输水工程是利用桃曲坡水库高干渠经过封闭改造引水至一级泵站，渠道总长 9.6 千米，设计最大过流能力 5.5 立方米每秒，工程投资 4000 万元。净水厂位于铜川新区北部，设计规模为地表水 8 万吨每日，分三期建设。一期工程已于 2005 年全面完成，建成日处理 2 万立方米净水生产线一条，8 万立方米的调蓄水池、一级提升泵站和进出厂管道，完成工程投资 6500 万元。一期净水工艺采用管道混合器混合、回转隔板反应、斜管沉淀、改性虹吸滤池过滤及二氧化氯消毒。二期工程于 2011 年开始建设，总投资 4500 万元，建设日处理 3 万立方米净水生产线一条，2012 年 6 月全面建成，并开始调试运行。净水处理系统生产工艺采用管道静态混合器＋网格反应池＋斜管沉淀池＋V 形滤池技术。并针对地区水质特征增加了高锰酸钾和活性炭处理工艺，实行自动化管理。城市管网建设按照总体设计，分期实施的原则，紧跟新区城市发展同步建设，截至 2011 年 12 月，已建成 DN100 以上城市供水管网 60 千米，覆盖整个新区启动区，完成工程投资 4000 万元。

一号井、二号配水站为备用供水设施，以地下水为供水水源，设计供水能力为 1200 立方米每日。

截至 2011 年 12 月，公司共有用水户 616 户，新区日均供水量 7000 立方米（不含向陕西陕焦化工有限公司供水），2011 年完成售水量 266 万立方米，供水综合收入 852.5 万元。

供水水价实行 5 类分类水价，其中城市居民生活用水 3.30 元每立方米，工业用水 4.3 元每立方米，行政事业用水 4.8 元每立方米，经营服务用水 5.6 元每立方米，特种行业用水 8.0 元每立方米。

二、陕西飞龙水利水电工程有限责任公司

飞龙公司，其前身是管理局工程队，1986 年成立，起初主要承担溢洪道尾留建设任务，1988 年成立管理局水利建筑工程队，主要承担管理局各项施工任务。工程队期间卢长征任队长，苗文强、张广潮、段明来先后任副队长。

1999 年进行企业改造，取得水利水电工程三级施工企业资质，2000 年将原水利施工队改制成飞龙公司。企业改制为飞龙公司后段明来、郑坤、席刚盈先后任经理。

2009 年 4 月，公司进行了审计和验资，确认 2000 万元的注册资本金，完成了营业执照变更；同年 6 月，公司将资质升级资料报送省建设厅、省水利厅；10 月，建设厅在陕西建设网上公示批准了主项水利水电二级资质申请；12 月，建设厅在陕西建设网上公示批准了市政公用二级、房屋建筑三级资质的申请；12 月底，经公示无异议后，建设厅向公司颁发了水利水电二级、市政公用二级、房屋建筑三级资质证书。

按照公司章程规定，实行董事会领导下的经理负责制，下设经理办公室、财务部、工程技术部、机械设备部、市场营销部等 5 个职能部门，辖有 2 个专业施工队。2011 年末正式职工 35 人。

公司拥有全液压挖掘机、振动压路机、推土机、装载机、自卸工程车等进口和国产的工程机械设备。

自公司成立以来先后承建了关中九大灌区更新改造、铜川新区净水厂、省重点病险水库除险加固、农发项目渠道工程、节水续建改造项目、南支与岔口连通工程等 20 余项省、市级重点工程建设，在拦河闸、泵站、隧洞、渠道、公路、桥梁、堤防、市政管道、房屋建筑等方面积累了丰富施工经验，管理水平逐年提高。公司自成立 11 年来，年平均经营产值 1178 万元，年均上缴税金 46.34 万元。

三、锦阳湖生态园管理处

桃曲坡水库位于沮河锦阳川上，故名"锦阳湖"。水利风景区规划为近坝流域面积 7.35 千平方米。总体发展思路是以生态风景为主，以人文

景观为辅，景区开发的项目主要有：游泳、水利工程暨水文化教育、植物园观光及植物科普、自采自乐等，建有望湖宾馆、锦阳湖餐厅、仿古商铺等，以满足游人"吃、住、行、游、乐、购"六大需求。可供游人观光游乐的景点有：观景广场、挹爽塔、千亩田园风光、植物园、沁芳园、坝肩喷泉、《废都》创作室以及重点水工建筑物。

1999 年完成"锦阳湖生态园风景区总体规划设计"；2000 年省水利厅商省旅游局组织专家论证，正式立项批复，建设省级水利旅游风景区，并命名为"锦阳湖生态园"。2001 年 3 月，成立管理局锦阳湖生态园管理处。2002 年 9 月，被水利部批复为全国第二批（陕西省第一批）国家水利风景区，同年 10 月 1 日，利用开展的锦阳湖生态园首届旅游黄金周活动进行挂牌。2003 年耀州区物价局对景区门票价格、游船等收费价目给予批复，主入口门票 10 元每人次，植物园票价 5 元每人次。

2004 年 12 月，为进一步理顺和加强生态旅游建设工作，生态园管理处和园艺管理站机构进行合并。2007 年 4 月，为加强荒山荒坡治理及苗木管理工作，对生态园管理处和园艺管理站机构又进行了分设，生态园管理处主要负责库区生态旅游管理工作。历届负责人依次为：刘军江副主任（主持）、许毅斌副主任（主持）、张锦龙主任、李建邦副主任（主持）、张波副主任（主持），梁文虎曾任生态园副主任。2007 年 4 月，为加强锦阳湖生态园旅游资源开发，盘活资产，实现互利互赢，将主要经营业务对外承包。2008 年 11 月，因经营不善，终止对外合作经营，恢复以前管理模式。

2001—2011 年，累计接待游客 14.57 万人次，实现旅游综合收入 1719 万元。

四、物资站

1995 年 12 月，管理局成立物资站，起初挂靠于计财科，主要向马栏引水工程保证钢材、水泥的供应。1997 年 3 月后成为局独立核算的企业实体单位，2000 年，为适应市场营销要求，物资站从管理局迁址到耀县南桥头粮油公司大楼处租赁门面房两间，正式对内、外经营建筑物资，并拓宽了经营范围，主要以建筑材料、水泥、钢材、水电物资、普通货运经营为主。何耀文、王勇宏先后任站长；赵惠玲、赵晓明先后任副站长（主持）。有注册资金 20 万元，2000 年以来，累计实现销售收入 843 万元。2005 年后市场竞争激烈，加之资金周转困难，机制不活等一系列原因，导致物资经销举步维艰，经营困难，需要尽快完善企业原始积累，进行机制创新，稳定和扩大经营市场。2007 年春，管理局对物资站负责人在全局范围内进行公开招聘，任荣同志竞聘成物资站负责人，后任站长（副科级），实行站长牵头、集体承包的经营机制。

五、陕西水利防水材料厂

防水材料厂前身为预制厂，厂址位于陕西省富平县庄里镇庄棉路北段，占地面积 12 亩。

1991 年，引进西北水利科学研究所先进科研成果——焦油塑料胶泥，建成防水材料生产线。该产品广泛应用于水利工程、工民建筑、公路、桥梁等工程的混凝土伸缩缝止水及屋面、水池、卫生间、地下建筑物的防水、防潮、防腐施工中。

1992 年 12 月，工厂更名为防水材料厂。建厂初期，由于厂内资金缺乏，采用两口大铁锅熬制胶泥。1993 年，管理局投资建成一期生产线，购建了主要生产设备——反应釜，维修了石棉瓦厂房，企业的生产能力进一步增强。1995 年，管理局投资与企业自筹共 29.1 万元建成了二期生产线，并对厂内基础设施进行了改造。

1996 年，利用现有场房、场地新上木器家具和水泥彩砖两个项目，适时调整产品结构，挖掘企业潜力。两个项目于同年 5 月和 7 月开工投产。1998 年，由于资金紧张、工艺落后，木器家具和水泥彩砖两个项目停办。

1999 年，由陕西省建筑标准设计办公室与防水材料厂共同编制的《焦油塑料胶泥防水构造图集》通过陕西省建设厅的审定，并正式予以颁布，使得企业产品能够在全省建筑行业广泛使用，产品远销甘肃、宁夏、青海、新疆、内蒙古等地。企业管理工作也跃上了一个新的台阶，先后被评为富平县文明单位、产品质量信得过单位和重合同守信用单位。2002年，企业被评为省水利系统文明单位、渭南市文明单位。张绪年、井高社、张水利、张扬锁、刘尚银、王贵林先后任厂长。

2000 年以后，防水材料市场日新月异，各种环保型防水材料的种类繁多，加上焦油类产品限制使用，使产品销售市场萎缩，企业经营困难。2007 年春管理局对材料厂实行厂长承包经营。2009 年 3 月，因中冶陕压重工设备有限公司扩建（建设中冶轧辊有限公司）需征用材料厂场地，为支持国家重点项目建设，将该厂整体搬迁。随之因生产过程污染、产品达不到环保要求、市场急剧萎缩而停产。

六、果林管理站

1995 年 8 月，省水利厅厅长刘枢机带领专家来桃曲坡水库实地考察，并进行现场办公，决定在桃曲坡水库建设千亩果林示范基地，并提出"当工程来建，当企业来办，当大事来干"的建设原则。管理局 1995 年 10 月成立果林站，通过加强组织领导来落实建设任务，努力提高建园标准。1997 年 2 月，彭谦厅长来桃曲坡水库检查工作，充分肯定了果园建设的具体做法和成绩，要求按"一流的标准、一流的管理、一流的技术、一流的效益"加快建设，并从人力、财力等方面给予扶持。到 1997 年底，完成了一期果园建设任务。平整土地 892 亩，建设果园 650 亩，其中苹果 500 亩，杂果 150 亩。在基础设施建设方面，建成二级抽水泵站一座及输水管道 4 千米，建成果林站职工宿办楼，修通果园主干路 3 条，建设看护房 43 座，果园灌溉方面以穴灌为主，同时进行了喷灌、滴灌、小管出流、渗灌等多种节水技术形式的试验。

在承包经营管理阶段，1998 年初出台了《承包经营管理办法》，实行单元承包管理模式，约 10 亩地为一个单元，以职工承包为主，承包户有果林站职工、局内职工、社会人员 3 部分。管理局为果林站职工承包提供贷款，用于生产投入，扶持发展绿色企业。果林站主要负责生产管理、技术推广、果品宣传与销售等工作。

至 2004 年，随着果品市场价格的变化，以及库区旅游业不断发展壮大，管理局调整了果林基地管理思路，由单纯追求以经济效益为主转入以生态效益和社会效益、经济效益并重的经营模式，实行以向社会人员承包为主体，将从事果林生产经营的职工调整到旅游服务和园林管护岗位上。

通过转型，提高了果林基地生产管理水平。2005 年后，果林基地生产处于盛果期，与旅游活动相结合，促进了整个景区旅游事业的发展。冯宝才、李建邦、惠美利、赵军政先后任园艺站副站长（主持工作）。

　　桃曲坡水库千亩果林基地，是水利单位利用自然资源，发挥库区优势、大搞多种经营、发展壮大水利经济的一个示范。对于加强水保治理，延长水库寿命，发展绿色企业，带动职工及周围山区群众致富奔小康起到了积极的促进作用。

第十三章　组　织　管　理

1980 年以前，桃曲坡水库城乡供水工程建设与管理工作，由渭桃指行使管理职能，隶属渭南地区管辖；1980—1987 年，由陕桃指行使职权，隶属省水利厅；1987 年成立管理局。

第一节　灌　溉　管　理　组　织

灌区灌溉管理按照专业管理机构和群众性管理组织相结合的办法管理。在各级成立灌区管理委员会，实行民主管理。管理局、站是灌区灌溉管理的常设专业管理机构，段、斗及村社基层管水组织是群众性管理组织，2000 年后群众性管理组织主要形式为农民用水者协会。群众性管理组织代表本辖区群众负责斗以下工程的日常管理和用水管理，在灌区专业管理机构的指导下开展工作。2000 年前机构设置见图 13-1。

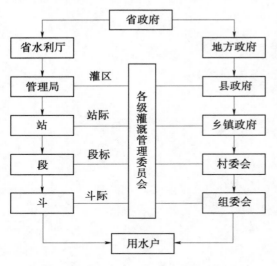

**图 13-1　2000 年改制前灌区
灌溉管理组织示意图**

2000 年，为了减少中间管理环节，降低亩次浇地费用，根据有关政策，管理局会同地方人民政府对灌区斗及以下工程管理进行灌区体制改革，将基层管理原有"局—站—段—斗—村组—农户"的管理模式改为"局—站—经营人—农户"的新机制。2005 年，为进一步加强民主管理，体现灌区农户在用水中的知情权、监督权和决策权，消除经营人承包用水的私自加价现象，管理局按照水利部、国家发改委、民政部《关于加强农民用水户协会建设的意见》（水农〔2005〕502 号）精神，会同当地政府开展基层管理体制改革，组建农民用水户协会。2006 年以后，农民用水户协会成为灌区群管组织的主体。2005 年改制组织机构框图见图 13 - 2，末端用水管理框图见图 13 - 3。

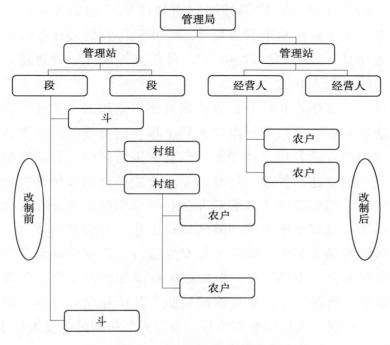

图 13 - 2　2005 年改制组织机构框图

一、专业管理机构

　　1980 年以前，渭桃指的主要任务是完成水库枢纽建设尾留工程任务和水库铺包补漏，代行灌溉管理职能。鉴于耀县在 1980 年划归铜川市管辖，同年 6 月，省水电局根据省农委关于调整桃曲坡水库灌溉工程管理体制

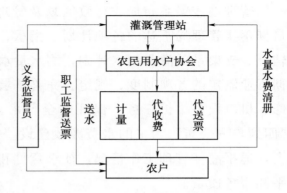

图 13 - 3　末端用水管理框图

的通知精神，成立陕桃指。陕桃指成立后接管了富平县石川河管理处和耀县沮河管理站，在灌区先后设立了 9 个灌溉管理站。1987 年，管理局成

立后在耀县和富平县设立管理站，作为管理局的派出机构履行职权。

1. 管理局

1987 年 10 月，省水利厅以陕水计发〔87〕第 41 号文件通知，撤销陕桃指，成立管理局，为水利厅直属单位，县级事业编制，经费逐步实行自收自支，编制 180 人，管理局履行灌区灌溉管理职能。2007 年 9 月，根据省编办《关于省泾惠渠管理局等三个水利工程管理体制改革试点单位定性定编的批复》（陕编发〔2007〕12 号）文件精神，管理局为准公益性事业单位，编制为 190 人。

管理局的主要职责和任务：宣传贯彻落实党和国家的各项方针政策和法令，依法治水、管水，管好灌区水利工程设施及设备。接受和完成水利厅等有关部门布置的各项工作任务。负责制定灌区中、长期发展规划，制定灌区水利工程改建、扩建、配套、更新改造等计划和日常管理工作，并安排分期实施。编制灌区用水管理办法和规章制度，保证灌区计划用水工作的贯彻落实。做好水事管理和灌区建设工作，开展节约用水。依据水法规制定各项管理规章制度，确保工程安全运行。负责全局经营管理、信息管理及年度财务预、决算工作。做好灌区抗旱和防汛工作。负责灌区水费征收和水费廉政建设工作。负责管理局职工队伍建设，改善生活条件，办好职工福利。根据上级机构改革精神，决定内部机构设置及人员定编方案。

2. 管理站

管理站按渠系布局、行政区划及管理方便的原则设置，主要职责是：贯彻落实管理局下达的各项计划、指示、决定和工作任务。编制和实施所辖干、支渠系的灌季用水计划，测水量水、结算水账，按时收缴水费。贯彻行业制定的各项制度、规定。完善基层用水组织。按期完成渠道清淤整修、机电设备维护任务，保证安全行水。执行批准的水价政策，做好以"四到户一公布"为主的水费廉政建设。定期召开站灌委会和用水户代表会，通报灌区管理工作情况，征求意见和建议，不断提高灌区管理工作水平和服务质量。

二、民主管理组织

灌区民主管理组织是各级灌溉管理委员会，即桃曲坡水库灌区灌溉管理委员会，各站灌溉管理委员会，各段、斗灌溉管理委员会。

1. 灌区灌溉管理委员会

1978 年 5 月，在水库主体工程完工蓄水试灌溉期间，渭南地区水电局以渭地革水发〔1978〕第 89 号文批复成立桃曲坡水库灌区首届灌溉管理委员会。人员组成有主任委员、副主任委员和委员等 7 人，渭桃指指挥任主任委员；富平、耀县主管农业的副县长、渭桃指主管业务的副指挥各 1 名任副主任委员；富平、耀县水电局长、渭桃指主管科室负责人各 1 名任委员。1980 年成立陕桃指后继续沿用首届灌委会行使民主管理职权到 1989 年。

1990 年 4 月，管理局根据灌区发展需要，报经省水利水保厅批准成立了新一届灌区灌溉管理委员会。由 13 人组成：省水利水保厅农水处处长史鉴任主任委员；管理局局长张宗山、铜川市水利局副局长古军荣、渭南地区水利局副局长耿天安、耀县人民政府副县长李永生、富平县人民政府副县长岳万民任灌委会副主任委员；耀县水利局局长赵青山、富平县水利局副局长李传满、管理局灌溉科科长张有林、耀县下高埝乡乡长冯普中、富平县宫里乡乡长惠增文、耀县下高埝鱼池村村长惠三牛、富平县桃曲坡灌区东干渠上段段长张志杰任灌委会委员。

1990 年 4 月 27—28 日在管理局召开了灌委会第一次会议，会议研究讨论了《桃曲坡水库灌区关于水费管理工作廉政建设的通告》，原则同意了管理局提出的《陕西省桃曲坡水库灌区用水管理制度》、《陕西省桃曲坡水库灌区工程管护办法》、《陕西省桃曲坡水库灌区植树绿化管护办法》、《陕西省桃曲坡灌区基层水利干部管理办法》等 4 项制度，同时，讨论决定集资以加强田间工程和工程管护、加强分引渠道建设。会议号召灌区广大干部群众要认真学习水法，爱护水利工程设施，尽快恢复被破坏的水利工程设施。灌委会主要职责：贯彻水利工作方针、政策和法规；听取和审议灌溉管理的工作报告；审议通过灌区主要规章制度；研究解决灌区灌溉管理工作中的重大问题；审定灌区发展规划及工程维修、改造计划。

2. 基层管理站灌溉管理委员会

由受益乡（镇）主管水利的副乡（镇）长、乡水管站站长、灌溉管理站站长和村民代表组成。全灌区 10 个灌溉管理站分别组建灌溉管理委员会。灌溉管理站站长任主任委员，各水利乡长任副主任委员，站辖灌区灌委会成员一般为 7～9 人。主要职责：贯彻执行水利方针、政策和上级有关决议；听取管理单位工作报告，审议灌区管理工作计划；贯彻执行用水计划，维护用水秩序，处理用水纠纷，催缴水费；审议渠道维修、扩建、改建计划和农田基本建设规划，分配劳力，筹措资金材料，督促有关村组按时完成任务。

3. 段灌溉管理委员会

段灌溉管理委员会，由主管乡的水利员、段长、段技术员和部分斗长组成。段长任主任委员，各乡水利员任副主任委员，段辖灌区灌委会成员一般为 5～7 人。主要职责是贯彻执行灌区灌委会和上级制定的政策、决议、规章制度；审查、批准段内执行管理站各项计划的实施办法；审议段内用水计划，制定用水公约，解决用水纠纷；听取审议段内灌溉管理工作制度；监督段内各项工作；审批段内工程筹款、筹工计划、各项管理经费开支情况。

4. 斗灌溉管理委员会

斗灌溉管理委员会由主要受益村的村长、村民小组长和斗渠经营机构负责人组成。斗长任主任委员，在受益村长中产生 1～2 人任副主任委员，斗辖灌区灌委会成员一般 3～5 人。主要职责是审议斗内计划用水执行情况，听取年度和灌季用水总结和工作汇报；审查、批准斗建工程计划，组织劳力，全面完成施工建设任务；协调村组用水关系，解决用水纠纷；审查群管费开支情况；指导斗辖范围内搞好渠道维修和岁修工作；配合有关方面查处群众对供水、收费和管理方面反映的问题，做好水费廉政建设工作。

三、群众性管水组织

1. 基层段、斗

1980 年开始，灌区干、支渠分段、分斗管理，段、斗设置原则上以渠系和灌溉面积为主，同时综合考虑行政区划。管辖面积在 15000 亩以上划为一段，设段长和段技术员各一人，小于 15000 亩的段，设段长一人，或适当裁并。2500 亩以上的斗，设斗长和技术员各一人，不够 2500 亩的斗设斗长一人或合并管理。

段长由管理站考察提名，征求当地乡政府意见后，报管理局批准任用。段技术员由段长提名经管理站考核任用。斗长由段委会与有关行政村协商提名，管理站批准任用，报管理局备案。斗技术员由斗长提名经管理站考察任用。段长、斗长及段、斗技术员属于半脱产人员，按灌溉用水量提取一定的报酬，在群管费中支付。

段、斗干部因工作能力或其他原因不胜任工作者，管理站与所在乡、村、组协商后，提出调整意见。段长报管理局批准；斗长、段、斗技术员经管理站批准，方可免去职务。段、斗长职责：编制并认真执行用水计划，做好灌溉管理各项准备工作；宣传用水制度，查处违章事故，维护用水秩序，保证行水安全；核实地亩、结算水账、公布水费；推广先进管理经验和灌水技术，坚持施测、整理、编报各种水情实验资料；组织维修养护干、支渠和各类工程设施。

2. 用水者协会

1998—2000 年，管理局为了落实国务院和陕西省政府进一步推动水利工程产权制度改革的要求，同时配合落实世界银行贷款项目的有关管理要求，在灌区内进行了管理体制改革试点。2000 年，管理局出台了《桃曲坡水库灌区支斗渠体制改革实施办法》，在灌区全面推行了以承包、股份制、农民用水者协会为主要形式的支斗渠体制改革工作。

2006 年，管理局出台了《关于加快灌区用水户参与灌溉管理工作的实施意见》，明确要求把以前的承包经营方式转变为组建农民用水者协会，到 2011 年 12 月共组建注册农民用水者协会 35 个。协会组建了自己的浇地队伍，实行专业化管理，计量收费，微机开票到户，使送水、计量、结算、开票到农户及张榜公布的"四到户一公布"政策真正落到了实处。

第二节 劳 动 人 事 管 理

一、职工组成

管理局的人员组成主要有 3 部分：一是水库工程建设人员转为管理的

人员；二是按照国家政策安置的人员；三是接收招聘的大、中专学生及特种技术工人。截至 2011 年 12 月，管理局有 415 人，其中在职职工 324 人，离退休 91 人。在职职工中有高级职称 13 人，中级职称 93 人，初级职称 75 人；技师 4 人，高级工 79 人，中级工 51 人，初级工及其他 9 人。

二、技术职务

管理局的技术职务晋升包括技术干部职称晋升和技术工人晋升等级。1987 年 7 月陕桃指成立职改办公室，1988 年 1 月改称管理局职称改革办公室，之后职称评定工作一直由人事部门统一管理。1992 年以前，职称评定在水利厅的安排下不定时进行，1992 年 10 月省水利厅批复同意管理局专业技术职务评聘工作经常化，即每年定期对符合晋升条件的人员开展职称评定工作。

管理局职称主系列为工程技术专业，设高、中、初级技术职称。高级职称由管理局职称评审委员会初评，上报水利厅职称评审委员会评审，报省职称评审委员会批准；中级职务经管理局评审，上报水利厅职称评审委员会批准；初级职称由管理局评审委员会评聘。

其他副系列中会计、经济专业等初级、中级实行以考代评，经管理局批准参加社会统一考试，由管理局根据需要聘任上岗。高级职称实行考评结合，经管理局研究后，上报省水利厅推荐或委托系列主管部门评审。

技术工人晋升等级分为水利行业工种和社会通用工种，水利行业工种由水利厅统一组织技能鉴定，社会通用工种由水利厅委托行业部门组织技能鉴定。

三、人事管理

1969—1980 年，渭桃指指挥部领导班子成员及副科级以上干部由渭南地委任免，施工建设人员由指挥部从富平、耀县根据需要调配；1980—1987 年，人事管理归口到省水利厅，副处级以上干部由省水利厅任免，副科级以上干部报省水利厅批准后由指挥部任用，人员调动由水利厅审批；1987 年管理局成立后，副处级以上干部由省水利厅任免，科级干部由管理局考察任免，职工进出按政策执行。

1. 干部任免

1987 年水利厅明确厅管干部的范围是：局党委书记、副书记、局长、副局长、总工程师、纪检委书记、工会主席。1997 年以前水利厅对管理局实行党委领导下的局长负责制，科级干部由管理局按干部选拔制度考察任免，报水利厅备案。1997 年 11 月以后实行局长负责制，科级干部按组织管理权限自行考察任用。

在干部使用与管理上实行了公开选拔、竞争上岗制度、公示制度、试用期制度、末位淘汰制度、离任审计制度等，基本形成了能者上，平者让，庸者下的干部任用制度。

2. 职工进出

1996 年以前管理局进人向水利厅提出增人计划，执行省水利厅的分配指标。1996 年管理局开始通过人才劳务市场招聘人才。1998 年起执行省水利厅的规定除大中专学生分配、军转干部、退伍军人安置外，其余进人一律通过人才劳务市场，实行双向选择。所有进人通过省水利厅办理增人计划卡。2002 年以后，管理局只招聘大学学历的应届毕业生，每年进人人数控制在职工总数的 3% 以内。2005 年起进人参加省人事厅组织的全省事业单位工作人员招聘。管理局职工根据自愿可以调出。

3. 职工教育

管理局重视职工教育，鼓励职工参加各种形式的在职学习，职工参加脱产、半脱产学习经管理局研究同意后入学，对学有所成的人员予以奖励。1991 年规定对自费学习取得大专毕业证一次性奖励最高不超过 400 元，先大专后本科增加 50 元，取得中专学历最高不超过 200 元。1996 年修改了职工教育条例，提高了奖励补助标准：大专毕业补助 1500 元，本科毕业补助 2000 元，研究生及以上学历毕业补助 3000 元。经管理局批准的在职学习，学习期间按出勤对待。2002 年管理局修订职工教育条例，对经批准的脱产学习，上学期间每月补助 400 元。

4. 劳动保护

工程指挥部时期劳保用品发放由政工科、财供科分别负责。管理局的劳动保护工作归口人事部门负责。

1972 年 7 月 21 日，渭桃指印发了“渭南地区桃曲坡水库工程指挥部职工个人防护用品发放标准及管理暂行办法"。以前两县指挥部制定的办法同时废止。劳保用品由指挥部统一管理、统一采购、统一发放。

1993 年 5 月，管理局对劳保发放进行了改革，将劳保用品经费下放到各承包经营单位（包括机关科室），由各承包单位按职工的岗位结合实际自行采购发放，发放范围是正式职工、城镇集体工、长期临时工、经局批准使用的计划外用工，劳保连同承包经费一起下达，需调整时由政治处商计财科通知下达，管理局只下达经费指标，由各单位统一掌握使用。标准是各基层单位的职工每人每年 100 元，管理局局机关职工每人每年 80元（保卫科着装人员按 40 元），计划外用工每人每年 50 元，新接收的大、中专毕业生、复转军人当年劳保装备费 200 元，从第二年起按所在单位的标准执行，调进调出职工按所在单位标准和时间下拨经费（机关每月 7元，基层每月 8 元）。1997 年开始劳保经费指标机关与基层单位统一为每人每年 100 元。1998 年第十次局长办公会议纪要，马栏管理站劳保按每人每年 200 元发放。

四、工资待遇

1. 基本工资

管理局执行国家的工资正常晋升制度和文件。

（1）正常晋升。1985 年国家进行工资改革，管理局 175 名职工套改了工资。1988 年根据省职称改革工作领导小组、省工资改革领导小组陕职改改字〔1987〕15 号文件通知，管理局为专业技术人员晋升了技术职务工资，其标准分别达到了所聘技术职务档次。1990 年按照《陕西省1989 年国家机关事业单位工作人员普调工资实施办法》，为 185 名职工普调了工资；同时根据省人民政府陕政发〔1990〕108 号文件精神，为 142名职工解决了工资突出问题。1993 年 10 月，国家对机关和事业单位工资制度进行了改革，职工工资由职务（技术等级）工资和津贴两部分构成，各占总工资额的 50％。全局 224 人套改了工资。

1993 年 10 月工资制度改革后，从 1995 年 10 月 1 日开始，实行正常升级，凡年度考核为合格以上等次的职工，每 2 年晋升一个工资档次，并且 1993 年 10 月以前参加工作人员，其 2 年一次的升档在单数年

10月1日进行，1993年以后参加工作人员，单数年参加工作人员在单数年10月1日正常升档，双数年参加工作人员在双数年10月1日正常升档。2年一次正常晋升按照国家政策予以兑现。职称、职务晋升、工人晋升技术等级增加工资在取得职务、职称和技术等级的下月起予以兑现。

截至2011年年底，管理局所经历的工资制度改革及调整工资标准包括：1985年工资制度改革，人均年工资1297元；1987年成立管理局后人均年工资2084元；1993年10月工资制度改革，当年人均年工资4884元；1997年7月调标，人均年工资5688元；1999年7月调标，人均年工资7968元；2001年1月调标，人均年工资10336元；2001年10月调标，人均年工资11542元；2003年7月调标后，人均年工资12181元。2003年10月、2004年10月普调后，人均年工资12840元。2005年10月普调、2006年7月工资改革、2007年1月正常晋级后人均年工资16478元。2008年1月、2009年1月正常晋级、2009年1月执行绩效工资政策后职工人均年工资为25070元。2010年1月正常晋级后职工人均年工资为26856元。2011年正常晋级和绩效工资全额兑现后职工人均年工资为35040元。

（2）浮动工资。根据省委、省政府陕发〔1984〕28号、省政府陕政发〔1984〕59号文件规定，管理局从1984年起，对具有技术职称的职工实行浮动一档工资，其中具有大学本科学历或高级以上职称人员向上浮动两档，浮动8年后转为固定工资，并继续享受上浮。对上浮两档工资的，转为固定时只保留一档。

（3）奖励工资。1999年，根据省人事厅陕人发〔1998〕84号文件规定，对1993年工资制度改革以来，连续3年在年度考核中被评为优秀等次的人员奖励一级工资，截至2002年底，全局先后有22人获此奖励。2003年，管理局取消了这一政策，开始实行定额奖励。

2. 内部工资制度

从1997年开始，管理局对局属企业经济实体分配制度实行改革，参照局档案工资标准，由各企业实体根据各自实际，完善内部分配制度，逐步实行日工资、岗位技能工资等工效挂钩的工资制度。

五、养老保险

根据 1986 年 10 月国务院颁布的《关于改革劳动制度四个规定》，管理局从 1986 年 10 月开始对合同制工人实行养老保险制度，缴纳养老保险金，其基本养老保险金由个人和单位共同负担。

从 1995 年 10 月 1 日起，按照省政府陕政发〔1995〕72 号文件精神，全局职工均参加了养老保险，缴费工资基数参照差额补贴单位工资标准。1995 年 10 月 1 日—1996 年 6 月底，单位按本单位工作人员工资总额的 25%、个人按本人月工资总额的 5% 缴纳，个人账户记入额为个人缴纳的 5% 和单位缴纳的 11% 两项合计 16%。1996 年 7 月 1 日—2000 年 12 月底，单位按本单位工作人员工资总额的 22%、个人按本人月工资总额的 8% 缴纳，个人账户记入额为个人缴纳的 8% 和单位缴纳的 8% 两项合计 16%。

六、医疗保障

1991 年 6 月 2 日，管理局下发了《关于提高医疗费包干标准的通知》，职工医疗费包干按照工龄不同划分为不同的档次，同时对职工住院报销作了规定，职工因病住院只能报销住院费。

2000 年 6 月，《陕西省桃曲坡水库管理局职工、离退休人员医疗费包干和住院费报销暂行办法》（管理局发〔2000〕95 号）对医疗管理作了新规定，提高了医疗费包干标准，同时对住院医疗费的报销作了专门规定。

2004 年 1 月 1 日起，管理局参加了铜川市医疗保险中心的医疗保险，除对离休人员的医药费实行实报实销外，退休和在职人员按照医保中心的医疗管理报销制度执行。参加市医保中心医疗保险时间为 1 年。2005 年 4 月 30 日，管理局出台了《陕西省桃曲坡水库管理局医疗管理暂行办法》（管理局发〔2005〕33 号），该办法依据国家医疗保险的有关政策，重点在职工门诊医疗费、住院报销方面作了适当调整，医疗门诊费及住院报销均高于规定比例，住院费报销由局医疗报销审核小组审核。

2006 年 5 月，按照《陕西省省直机关和原享受公费医疗事业单位离休人员医疗保障实施细则的通知》（陕财办社〔2004〕8 号）文件精神，管理局以陕桃政便字〔2006〕58 号《关于转发离休干部医疗保障实施细则的通知》，对离休人员的医药费报销做了新的规定，具体见表 13 - 1。

表 13 - 1　　　　　　　管理局医疗保险起付标准和自付比例

医院级别 \ 项目	起付标准（职工个人上年档案工资的%）		自付比例（%）（超起付标准以上至 2.5 万元以下）		
	45 岁以下	46 岁以上	45 岁以下	46 岁以上	退休人员
县级医院	9	8	11	9	7
市级以上医院	10	9	13	11	9

七、离退休管理

（1）离退休。离休干部按照国家政策规定，工资及各项补贴全发。管理局执行国务院办公厅〔1987〕104 号文件规定的职工离退休政策，根据国家有关政策，管理局在普调在职职工工资的同时，均相应增加离退休人员离退休费。

（2）内退。职工内退始于 1995 年 3 月，《陕西省桃曲坡水库管理局职工内部退休的暂行规定》（管理局发〔1995〕20 号）文件规定：干部男满 55 周岁、女满 50 周岁，工人男满 52 周岁、女满 48 周岁内退，2000 年 3 月规定提前了内退时间，即干部男满 52 周岁、女满 50 周岁，工人男满 50 周岁、女满 46 周岁可办理提前内退。2003 年 11 月，管理局对内退政策作了重新修订，规定干部男满 53 周岁、女满 48 周岁，工人男满 50 周岁、女满 45 周岁内退。

（3）病休。根据国家有关规定，管理局职工在病休期间，按本人职务（技术等级）工资与津贴之和的 75% 发给生活费，停发浮动工资。工龄连续计算，按在职职工管理，参加正常调升工资，到达法定退休年龄办理手续后，享受退休人员待遇。

第三节　管　理　制　度

一、机关规章

1987 年管理局成立以来，管理局先后制订了多项行之有效的规章制度，在生产经营活动中发挥着重要作用。在 1991 年申报部一级大中型水库工程管理单位时汇总归纳了 32 项制度。经过 10 多年的修改、完善、补充，近年来主要在执行的规章制度有 34 项，目录见表 13 - 2。

表 13 - 2　　　2006—2011 年管理局各项制度、办法、规定汇总

序号	规 章 制 度 名 称	发文日期 （年-月-日）
1	管理局水政监察支队、水政监察大队、水政监察员职责，局水政执法办案责任制度，水政监察执法人员管理办法，水政执法错案责任追究制度等 10 项制度	2006 - 11 - 22
2	管理局职工教育条例	2007 - 06 - 04
3	管理局机关计算机使用管理制度	2007 - 06 - 06
4	管理局卫生管理规定	2007 - 12 - 11
5	管理局工作纪律检查办法	2008 - 04 - 08
6	管理局绩效考评实施细则（试行）	2008 - 04 - 08
7	管理局绩效考评实施细则附则	2008 - 06 - 11
8	管理局医疗管理办法通知	2008 - 07 - 07
9	管理局处置突发群体性事件预案	2008 - 07 - 23
10	管理局节能工作实施办法	2008 - 09 - 23
11	管理局差旅费管理办法	2009 - 02 - 18
12	管理局绩效考评实施办法	2009 - 03 - 06
13	管理局水利工程维修养护管理实施办法（试行）	2009 - 03 - 20
14	管理局水利工程维修养护考评办法（试行）	2009 - 05 - 04
15	管理局水利工程维修养护评分标准（试行）	2009 - 05 - 04
16	管理局水利工程维修养护定额	2009 - 05 - 04
17	管理局住房补贴办法	2009 - 07 - 10
18	管理局防汛值班规定	2009 - 08 - 17
19	来客接待管理办法	2010 - 02 - 05
20	灌区农业用水基层管理费、群管费开支使用管理实施细则	2010 - 03 - 17
21	管理局局务会议及局长办公会议制度	2010 - 04 - 15
22	管理局固定资产管理办法（暂行）	2010 - 06 - 08
23	桃曲坡水库枢纽区、高干渠首至新区水厂节制闸段运行管理实施细则	2010 - 09 - 27

续表

序号	规 章 制 度 名 称	发文日期 （年-月-日）
24	管理局节能降耗八项规定	2010 – 05 – 12
25	机关车辆管理办法	2010 – 12 – 22
26	管理局职工请休假规定	2011 – 01 – 18
27	管理局医疗管理办法	2011 – 03 – 01
28	管理局工程维修管理办法	2011 – 04 – 07
29	工程质量管理办法	2011 – 04 – 22
30	宣传工作管理办法（试行）	2011 – 05 – 26
31	管理局保密工作制度	2011 – 06 – 13
32	绩效考评实施办法附则	2011 – 09 – 05
33	管理局食堂管理办法	2011 – 10 – 09
34	球馆管理办法	2011 – 12 – 01

二、基层规约

　　各管理站和局属企业实体根据实际情况制定了一些制度与规范。管理站有用水管理制度、学习制度、工作制度、工程管护制度，以及管护细则和考核办法、财务制度、终端水价改革实施意见等，在规范管理、保证正常工作方面发挥了重要作用。局属经济实体和企业也建立了相关的财务、考勤、学习、工作等一系列制度。物资站有《物资站财务管理办法》和《运输车辆管理办法》，以及会计、出纳、保管岗位职责。生态园管理处2005年制定了《锦阳湖生态园经营管理办法》、《水面安全生产管理制度》、《锦阳湖生态园优质服务细则》、《锦阳湖生态园财务控制办法》、《锦阳湖生态园材料采购管理办法》等相关制度。飞龙公司制定的与生产直接有关的制度有《工程技术管理制度》、《工程发包制度》、《工程施工管理制度》、《合同管理制度》、《安全管理制度》。供水公司印制有《供水公司管理制度汇编》，包括《安全管理制度》、《水处理工程操作规范》、《水厂运行制度》、《安全生产应急预案》、《管道抢修应急预案》、《供水管网管理办法》、《备用水源管理办法》、《供水计量收费》、《工程施工质量管理制度》、

《工程技术档案管理制度》、《安全管理制度》等共 28 项制度，2012 年管理局三届二次职代会暨 2012 年工作会上通过了《供水公司 2012 年改革管理方案》（讨论稿），之后，供水公司进一步制订了岗位职责、生产经营类、工程建设类、综合管理类、操作规程五类 40 项制度，并编印成册。

第十四章　经　营　管　理

　　桃曲坡水库自 1978 年开灌后，先后由工程指挥部和管理局负责经营管理，设置两级管理机构，一是管理局机关；二是基层单位，包括灌溉管理站和企业实体，1995 年以前只负责灌区农业灌溉用水，1995 年后开始向城市供水，产业结构逐步调整，供水范围扩大。2007 年，全局供水收入首次突破千万元大关，其中农灌收入 524 万元，城市供水收入 488 万元，自 2008 年起，城市工业供水收入反超农业供水收入。2011 年，全局经济总收入 8144 万元，其中：农灌斗口引水量 4295 万立方米，水费收入558 万元；城市及工业供水售水 1420 万立方米、水费收入 1783 万元；综合经营完成产值 5803 万元。

第一节　管　理　办　法

　　管理局经营管理经历了 3 个阶段。

　　第一阶段：1969—1986 年为主要工程建设时期，在总结摸索农业灌溉经验的同时，渭桃指、陕桃指基本实行计划管理。

　　第二阶段：1987—1994 年，管理局贯彻"两个支柱一把钥匙"的发展思路，把农灌供水收费和发展综合经营结合起来，积极兴办各类经济实体，推行承包经营责任制。

　　第三阶段：1995—2000 年管理局提出"城市供水、农业灌溉、综合经营"三大经济支柱的发展思路；2000 年后又进一步提出"拓宽城市供水，巩固农业灌溉，发展库区旅游，壮大施工队伍"的发展思路，在不断摸索和总结完善的基础上形成了一套比较成熟的经营管理办法。2000 年以后的经营管理可划分为两个阶段，即 2008 年以前的分类经营管理阶段和 2008 年目标管理—绩效考评阶段。

一、分类经营管理

2008 年之前每年完善和修订《经营管理办法》，年初提交管理局"职代会暨工作会议"审议通过，下发执行。管理局推行灌溉管理站承包管理、企业分类经营、机关目标考核。

1. 灌溉管理站承包管理

管理站是灌区经营管理的主体，实行站长负责、集体承包的管理方式。基层站全年职工工资、福利、办公经费，由人事部门、财务部门核定，根据各站水量指标，在单方水价中计提。各站将提取的所有费用（含基层管理费）按照管理局财务管理办法，由计财科统管，各站报账使用。工资发放标准根据灌季水量任务完成情况确定，报管理局人事部门备案。按照超水量实行累进计提的办法奖励管理站，各年度根据水源情况、用水计划和工资水平，奖励幅度有所不同。其中 2002 年度宫里、惠家窑、庄里、觅子 4 个管理站超额本站年度计划任务的 40％以上，宫里管理站实现水费收入超 100 万元，其余 3 站分别实现水费收入超 50 万元，奖励宫里管理站价值 6 万元、庄里、觅子管理站价值 3 万元小汽车 1 辆，奖励惠家窑管理站 3 万元（前一年度已奖励小汽车 1 辆）。

2. 企业分类经营

局属企业实行"独立核算、自负盈亏、领导牵头、集体承包"的经营方式。按企业发展潜力、生产规模、市场运作状况、自我维持和滚动发展能力实行分类经营。2008 年前企业实体奖金依据盈利情况上不封顶、下不保底，2008 年后企业实体实际奖金发放情况基本与管理局人均奖金一致。

3. 科室目标考核

机关科室实行"综合考评与创佳评差活动挂钩，奖罚与全局水量水费任务完成挂钩"的目标考核方式。机关科室年终奖金分配取基层管理站年终奖的平均值，扣罚根据基层站扣罚平均值计算，但最多不超过人均 1 个月工资。

二、绩效管理

2008 年以来，管理局实施以目标管理为核心的绩效考评，制订并逐年修订《管理局绩效考评实施办法》，将管理局年度目标分解到各单位（部门）、细分到个人，实行个人工作周评议、月考评，单位工作季考核，考核结果与绩效工资、年终奖金挂钩，并逐年修订完善。

（1）考评机构：全局考核分为3个片区，成立机关、各管理站和管理局属企业3个考评小组，分别由办公室、灌溉科、经营科负责人任组长，相关业务部门及人教、财务部门为成员，由2名局领导带队。

（2）考评指标体系：管理局年度召开职代会确定全局年度目标任务，并与各单位签订年度《目标责任书》，《目标责任书》是单位绩效考评的主要依据，职工个人根据单位目标责任分解到个人。考核指标分为业绩指标、职责指标、成长指标和控制指标。

（3）考评周期：单位的考评周期为季度和年度，中层干部考评周期同单位，职工考评周期为月度和年度。

（4）考评结果运用：单位、中层干部、职工考评均分为A、B、C、D、E 5个等级，考评等级设置对应的绩效工资系数，单位、职工考评等级与职工的考评工资和单位年终奖挂钩。

（5）考评结束后，由考核带队领导与各单位领导进行绩效面谈，促进工作改进。

2012年成立了绩效考核办公室，设在人事教育科，张锦龙担任主任，刘青担任副主任并负责考核办日常事务，工作人员为姬耀斌，同时在经营科、灌溉科、办公室、计财科、工程科和维修养护大队分别确定一名兼职工作人员，根据工作需要参加考核办日常检查，加强绩效过程管理。

第二节 计 财 管 理

一、计划编制

1969—1986年为水库及灌区全面建设时期，工程投资计划纳入国家基本建设计划，实行预决算制，由国家按工程进度拨付工程款，按基建预算程序管理，工程建设和管理费以及民工工资列入基建预算。1969年设后勤组，负责财务管理，1975 年 1 月设财供科。

1987 年成立管理局后，管理局由工程建设单位转为差额补贴事业单位，1989 年变为自收自支事业单位。1990 年撤销财供科成立计财科，负责全局的计划管理和财务管理工作。管理局实行自收自支，独立核算，财务计划管理实行年初编制计划、包干指标控制、年终决算核报、超支不补、节余滚动使用的管理办法。基层管理单位财务实行"一级核算（局），二级报账（站）"。局属经济实体内部独立核算，实行"领导牵头、集体承包、自主经营、自担风险、自负盈亏"的目标管理办法。基建、工程费用按建设项目程序管理，实行专款专用。

为了确保计划的执行，管理局每年编制供用水计划、水费收入计划、工程维修计划、承包指标计划、经费包干计划以及财务预算计划，年终对全年各项计划的执行情况进行检查，分析计划执行中的有利及不利因素，作为下一年制定计划的重要依据。2000 年后管理局在每年职代会上审议上年财务决算和当年财务预算报告，审议通过后执行。

2005 年管理局为了加强对基层管理站的财务监管、提高会计核算质量，加强会计监管，在各管理站试行财务人员委派。委派人员在持会计从业资格证的人员中选拔，采取理论考试与工作业绩考核相结合的方式，由局政治处、计财科、监察室组织考试考核，初步拟订名单，提交局务会议研究确定，并公布上岗人员名单，对委派结果进行公示。委派实行分片设岗、择优上岗、集中管理。共委派会计 5 名，出纳 5 名，计财科增设稽核会计，取消报账会计。委派人员的人事工资关系在局计财科。对财务人员实行动态管理，两年进行一次轮岗，连续两年考核不合格的退出财会岗位。

二、物资管理

管理局的物资管理主要体现在项目建设中，严格按照《物资采购招投标办法》实施，管理局成立联合采购小组，进行市场考察、价格谈判、签订合同，并注重加强物资采购、使用的过程管理。严格办理出入库使用手续，不断完善和加强财务核算，工程项目结束竣工决算时一次性摊销或核销，残值或余留回收入库。

管理局固定资产变动情况表

表 14－1　　　　　　　　　　　　　　　　　　　　　　　　　　单位：元

年份	原值 期初	原值 期末	变动 增加	变动 减少	本年折旧	累计折旧	净值
1987	327967.64	357457.13	29489.49				357457.13
1988	357457.13	396412.05	38954.92				396412.05
1989	396412.05	36421066.63	36024654.58				36421066.63
1990	36421066.63	36454252.84	33186.21				36454252.84
1991	36454252.84	36527559.54	73306.70				36527559.54
1992	36527559.54	36478389.94	95305.30	144474.90			36478389.94
1993	36478389.94	35728903.28	96308.06	845794.72			35728903.28
1994	35728903.28	36033501.57	304598.29				36033501.57
1995	36033501.57	36155498.57	190890.00	68893.00	1016535.69	1016535.69	35138962.88
1996	36155498.57	38340590.80	2356411.91	171319.68	1075803.23	2092338.92	36248251.88
1997	38340590.80	38234995.68	9200.00	114795.12	1062268.79	3154607.71	35080387.97
1998	38234995.68	41951056.66	3817260.44	101199.46	1188016.24	4342623.95	37608432.71
1999	41951056.66	46436897.33	4499000.67	13160.00	1198872.00	5541495.95	40895401.38
2000	46436897.33	46423506.80	1421065.00	1434455.53	1366543.28	6908039.23	39515467.57
2001	46423506.80	37078027.44	647464.60	9992943.96	-237341.49	6670697.74	30407329.70
2002	37078027.44	37365532.44	296205.00	8700.00	902896.12	7573593.86	29791938.58
2003	37365532.44	265015129.03	229221809.59	1572213.00	2403522.31	9977116.17	255038012.86
2004	265015129.03	266482766.03	1608324.70	140687.70	7121537.17	17098653.34	249384112.69
2005	266482766.03	266357466.03	6880.00	132180.00	7131983.72	24230637.06	242126828.97
2006	266357466.03	266729296.03	371830.00		7122092.32	31352729.38	235376566.65
2007	266729296.03	268913523.03	2184227.00		7232240.38	38584969.76	230328553.27
2008	268913523.03	269340239.66	426716.63		7286613.91	45871583.67	223468655.99
2009	269340239.66	269770909.66	430670.00		7313964.31	53185547.98	216585361.68
2010	269770909.66	270060404.66	289495.00		7353464.10	60539012.08	209521392.58
2011	270060404.66	271142028.66	1361624.00		7368906.75	67907918.83	203514109.83

表 14 - 2　　　　1987—2011 年管理局资产、负债、权益变动情况统计表

单位：元

年度	资产总额	固定资产总计	流动资产	长期投资	其他资产	负债总额	流动负债	长期负债	所有者权益总额
1987	36492348.88	36280892.25	211456.63			481124.58	481124.58		36011224.30
1988	37417726.68	36228496.90	1189229.78			909147.63	659147.63	250000.00	36508579.05
1989	38991205.56	36421066.63	2570138.93			1119378.97	869378.97	250000.00	37871826.59
1990	39024311.70	36454252.84	2570058.86			1354702.40	1354702.40		37669609.30
1991	39486361.05	36527559.54	2958801.51			1640865.72	1314815.72	326050.00	37845495.33
1992	40448544.65	36478389.94	3970154.71			2799500.03	2053450.03	746050.00	37649044.62
1993	43525357.25	35728903.28	7783853.97	12600.00		6448161.56	3514471.96	2933689.60	37077195.69
1994	41726616.50	36033501.57	5675514.93	17600.00		4628591.98	2152866.01	2475725.97	37098024.52
1995	45255316.02	36935811.48	8286904.54	32600.00		9389383.20	2645318.32	6744064.88	35865932.82
1996	49020948.44	36806498.04	12164450.40	50000.00		12476105.75	3156494.61	9319611.14	36544842.69
1997	49997971.62	36358027.03	13594944.59	45000.00		12002166.28	1115776.69	10886389.59	37995805.34
1998	44035737.03	39498801.96	4536935.07			6747569.26	2198444.44	4549124.82	37288167.77
1999	54793131.00	42842524.34	11950606.66			13249165.19	9087825.95	4161339.24	41543965.81
2000	188617916.73	163414200.72	20703716.01	4500000.00		51286378.61	14274441.26	37011937.35	13731538.12
2001	208839613.61	154550373.88	26469976.70	27813009.03	6254.00	65910727.37	21745405.40	44165321.97	142928886.24
2002	213095233.73	154733771.53	30543160.37	27813009.03	5292.80	69272382.75	33741865.61	35530517.14	143882850.98
2003	308695246.61	255440661.93	23490562.85	29678009.03	86012.80	36479004.70	30744495.58	5734509.12	272216241.91
2004	299527835.20	251709639.82	18136126.35	29678009.03	4060.00	36919534.21	30030025.09	6889509.12	262608300.99
2005	293191993.77	248965523.35	14544401.39	29678009.03	4060.00	38589557.45	35005048.33	3584509.12	254602436.32
2006	302857206.89	246306848.77	26868289.09	29678009.03	4060.00	55016544.50	44782035.38	10234509.12	247840662.39
2007	295920411.98	245418828.34	20819514.61	29678009.03	4060.00	53291752.17	31104915.05	22186837.12	242628659.81
2008	294838095.43	238928931.06	26227095.34	29678009.03	4060.00	53198337.94	27781700.82	25416637.12	241639757.49
2009	303496834.30	232761591.75	39853173.52	30878009.03	4060.00	66163267.69	25529437.57	40864830.12	237333566.61
2010	303909603.51	226328182.65	46699351.83	30878009.03	4060.00	73112239.26	25498057.14	47614182.12	230797364.25
2011	308147713.37	221279098.90	55986545.44	30878009.03	4060.00	78990240.96	25133306.97	53856933.99	229157472.41

三、固定资产管理

2010 年 3 月，管理局印发了《桃曲坡水库管理局固定资产管理办法》，办法对固定资产的范围和分类、管理职责划分、购置、计价、折旧、使用和管理、出租或外借、报废、调拨和清理进行了明晰，确定价值为 500 元以上的设备作为固定资产，由计财科负责对全局固定资产的账务管理，办公室负责全局固定资产的实物管理，各单位负责所使用固定资产的日常管理。管理局每年对全局固定资产盘查一次，以保证固定资产的完整性。管理局固定资产变动情况见表 14-1，管理局资产、权益、负债变动情况见表 14-2。

第三节　水　费　征　收

一、水费标准

1. 农灌水价

灌区水费标准由陕西省物价局与省水利厅核定。

工程建设期间灌区执行固定水费加计量水费制度，即固定水费 0.40 元每亩年；计量水费：库水自流灌 0.01 元每立方米，抽水 0.008 元每立方米，引洪 0.008 元每立方米。1987 年成立管理局后逐步实施按量计费，灌区水价经过多次调整。

1990 年 4 月确定的综合平均水价为 0.027 元每立方米。

1991 年 12 月综合平均水价调整为 0.054 元每立方米，其中国营水费 0.044 元每立方米，基层管理费 0.01 元每立方米。

1994 年 12 月综合平均水价调整为 0.087 元每立方米，其中国营水费 0.075 元每立方米，基层管理费 0.012 元每立方米。1994 年 12 月 20 日公布的分类水费标准见表 14-3。1997 年 5 月 23 日批复的分类水价标准见表 14-4。2003 年灌区体制改革后，改制渠道批复执行的水价标准见表 14-5，未改制渠道批复执行的水价标准见表 14-6。

表 14-3　　　　　　　　**1994 年分类水费标准**

水源类别＼水费价格	国营水费（元每立方米）	基层管理费（元每立方米）	合计（元每立方米）
库水	0.085	0.012	0.097
引清	0.04	0.012	0.052
引洪	0.03	0.012	0.042
蓄塘	0.02	0.002	0.022

表 14-4　　　　　　　　**1997 年分类水费标准**

类别	项目	国营水价（元每立方米）	基层管理费（元每立方米）	合计（元每立方米）
粮棉油作物	综合	0.115	0.02	0.135
	库水	0.13	0.02	0.15
	清水	0.06	0.02	0.08
	洪水	0.04	0.02	0.06
	蓄塘	0.03	0.02	0.05
经济作物	第一类	0.138	0.02	0.158
	第二类	0.288	0.02	0.308

表 14-5　　　　　　　　**改制渠道水价执行标准**

项目＼类别	粮棉油（元每立方米）			经济作物（元每立方米）		蓄塘（元每立方米）
	库水	清水	洪水	一类	二类	
国营水费	0.13	0.13	0.04	0.138	0.288	0.03
基层管理费	0.03	0.03	0.03	0.03	0.03	0.02
群管费（最高限价）	0.04	0.04	0.04	0.04	0.04	0.03
合计	0.20	0.20	0.11	0.208	0.358	0.08

表 14-6　　　　　　　　**未改制渠道水价执行标准**

项目＼类别	粮棉油（元每立方米）			经济作物（元每立方米）		蓄塘（元每立方米）
	库水	清水	洪水	一类	二类	
国营水费	0.13	0.13	0.04	0.138	0.288	0.03
基层管理费	0.03	0.03	0.03	0.03	0.03	0.02
群管费（最高限价）	0.03	0.03	0.03	0.03	0.03	
合计	0.19	0.19	0.10	0.198	0.348	0.05

2. 城市供水水价

城市供水水价由省物价局核定，1995 年 5 月确定的铜川城市供水水价为 0.2 元每立方米，1998 年 3 月调到 0.25 元每立方米，1999 年 6 月调到 0.65 元每立方米。2006 年 11 月与华能电厂签订供水合同，水价为 0.9 元每立方米（含一级抽水泵站电费及人工费、管理费），2009 年 3 月与陕西陕焦化工有限公司签订供水合同，水价（为净化水）为 2.6 元每立方米。2009 年 12 月 8 日省物价局核定铜川铝业公司自备电厂、华能（铜川）电厂工业用水价格核定为 0.70 元每立方米。

二、成本核算

管理局核算供水成本项目主要划分为运行管理费、大修及折旧费 3 项。1988 年成本测算以 1982—1987 年实际成本为基础，测算综合渠首成本为 0.036 元每立方米，综合斗口成本为 0.076 元每立方米；1998 年成本测算以 1993—1997 年实际成本为基础，测算斗口供水成本为 0.404 元每立方米。

依据国务院〔1985〕94 号文及国家有关政策规定：城市供水水价由供水成本和投资盈余（含所得税）两部分组成。1998 年管理局测算的铜川市老城区供水价格为 1.303 元每立方米，实际执行省物价局批复水价 0.65 元每立方米。

2006 年 7 月省物价局测算桃曲坡灌区农业供水成本为 0.473 元每立方米，城市工业供水成本为 1.369 元每立方米。

三、征收办法

农业灌溉水费的收取标准在不同时期采取不同的收费标准，1987 年前按固定水费加厘定水费征收，1987 年后采取按量计费收取办法。水费由用水管理人员或承包经营人员收取，上缴用水管理站，再由用水管理站上缴管理局。

城市供水水费收缴实行日清月结，由灌溉科提供水量结算数据，计财科收取。

四、管理使用

农业灌溉水费使用依据构成不同，其使用范围和对象不同。国营水费

表 14 - 7　　　　　　　　　　　　　　　　　　　　　　1987—2011 年管理

| 年度 | 收入 | | 城镇供水 | | | 工业供水 | | | | 营业外收入 | 其他收入 |
	小计	农业灌溉	铜川自来水厂	铜川供水有限公司	耀州区自来水公司	铜川鑫光铝业电厂	渭南万达纸厂等	华能(铜川)电厂	陕焦化工有限公司		
1987	245346	244846									500
1988	262762	219062									43700
1989	515823	452617									63206
1990	581467	550329									31137
1991	1130330	1088763									41567
1992	981141	981141									
1993	1705190	1595147									110044
1994	1865498	1699964									165534
1995	1882018	1035277	780980								65761
1996	2779344	1612569	1109700								57075
1997	4290411	2717887	1495786							5000	71738
1998	3016920	756620	1911235							200566	148499
1999	7659947	4363227	2792560								504160
2000	6352762	1794380	4432220							39744	86418
2001	6224972	3788104	2334410							16245	86213
2002	9586167	5920060	2173275			941345	328387			7280	215820
2003	8457489	3356876	2501265			2126640	393150				79558
2004	8816683	5557908	754650			2275260	95000				133865
2005	7401035	4130802	1207820			2054442				2700	5271
2006	8749258	4590963	1459055	379100		2271490					48650
2007	10312445	5213460	1079520	1013805		2290210		712800		2650	
2008	15168088	5910251	1661320	989028	290040	2198664		2547275		120500	22210
2009	12522206	1131184	3286998	1392615	416280	1597401	110001	1843848		238000	40000
2010	16427913	3438110	2956824	1695400	113400	1230696		1551402	2962281	229000	64500
2011	28809634	5584800	2971800	2179380		573174		1590220	10501260	3122000	6100
总计	165744848	67734346	34909418	7649328	819720	17559322	926537	8245545	13463541	3983684	2091526

局财务收支一览表　　　　　　　　　　　　　　　　　　　单位：元

财政补贴	成本费用									盈亏
	小计	在职人员经费	离退休人员经费	运行费	折旧费	利息	维修费用	营业外支出	其他支出	
	654033	324297	42920	280816			6000			−408687
	753183	367118	54766	246868			60104		24327	−490422
	700991	343963	54467	235391			67170			−185168
	789687	383013	70125	267753			1336		67460	−208220
	997641	407458	79011	350244			108712		52217	132689
	1172991	507210	77705	436896			76088	52346	22746	−191850
	1407229	583082	142581	549420			80839	9191	42114	297962
	1841877	860485	171951	497312			82390	38017	191723	23621
	3125477	1037160	223778	708783	1016536		49787	62091	27342	−1243459
	3813558	1076083	414326	1191676	1086596	−45214	38680	51411		−1034214
	4902263	1506662	528580	1524259	1068134	−52743	73465	253907		−611851
	4816883	1774087	403044	1427090	1190236	−135936	64422	93941		−1799964
	5623183	1823435	519206	2372561	800000	−104985	119969	55948	37050	2036763
	7537401	2042135	671861	3215360	1266194	83007	79962	170531	8352	−1184639
	9757683	2266763	786189	4785539	1448866	165954	142811	109186	52375	−3532712
	8692202	3422214	952681	3277257	631922	105669	127560	81913	92985	893965
	11388586	3111058	961413	3622539	2604142	171894	295465	525372	96702	−2931097
	18423397	4163876	927656	4537257	7121537	270303	747053	63030	592685	−9606714
	15406900	3621816	1547891	2549657	7150489	330558	96107	110381		−8005865
	15511032	3383205	996499	3440299	7122092	199781	186993	148600	33563	−6761774
	15524448	3125790	1035988	2849134	7232240	920107	353188	8000		−5212003
1428800	16156990	4398913	697880	2658611	7286614	688734	403670	22568		−988902
2465879	16828397	2759532	2276360	4014679	7313964	72861	346159	44842		−4306191
2186300	22964115	6039631	2644776	5509708	7353464	1056265	279384	80887		−6536202
2280900	30449525	8680603	3654950	7351947	7368907	−22350	238367	3177101		−1639891
8361879	219239673	58009587	19936606	57901056	69061934	3703904	4125681	5159264	1341642	−53494826

主要用于管理局的运行支出；基层管理费主要用于支付灌区渠道铲草清淤费用，管理站聘用的管理人员组织协调供水中的管理费用，以及支渠抢险费用、斗分渠维修基金；群管费主要用于补偿改制渠道经营管理机构向水利工程所投入资金的本息及供水生产管理费用。1987—2011 年管理局财务收支一览见表 14 - 7。

五、水费廉政建设

灌区自开灌以来严格执行省物价局和省水利厅确定的水费价格标准。严格执行水费"三四一"制度，即"三公开"指公开水量、水价、水费；"四不准"：不准乱摊派，不准乱搭车，不准实行综合水价，不准以水谋私；"一禁止"指禁止浇人情水。"四到户一公布"指送水到户、计量核算到户、收费开票到户、建账到户，以村为单位张榜公布水价、水量、水费，接受群众监督。每个灌季由局纪委监察室（后为党群办）牵头，由灌溉科、计财科参加组成水费廉政稽查小组，在灌区跟踪检查水费水价政策的执行情况，受理群众投诉。每个管理站在大门前制作农灌水价公示牌，向群众公示水价政策以及灌溉中水量水费账目，发放用水明白卡。

第四节　投　资　效　益

一、建设投资

桃曲坡水库自 1969 年开工建设至 2011 年 12 月，国家、省级及群众投劳折资总计为 53605 万元。其中，大型基建项目投资合计 48635.9 万元，主要有：水库基建投资 3733 万元，马栏引水工程投资 11920 万元，关中灌区改造工程世行项目投资 13433 万元，桃曲坡水库除险加固项目 2521.5 万元，库区水保项目 2200 万元，灌区续建配套节水改造项目 9120.7 万元，红星水库除险加固项目 904.9 万元，尚书水库除险加固项目 826.8 万元，工程维修养护 2230.5 万元，红星水库金定渠输水工程 1247.8 万元，尚书干渠改造工程 297.7 万元，重点城市供水水源监测监控系统项目 200 万元，见表 14 - 8；1987—2011 年管理局专项拨款 4969.1 万元，见表 14 - 9。

表14-8 ⋯⋯管理局大型基建项目历年投资情况表

单位：元

序号	项目	建设内容	投资期间	投资额	备注
1	水库基建	枢纽工程、渠道工程、支渠利和抽水站工程等主体	1969—1979	23607310.54	投资额含小型水利事业费 55966.64 元；基建投资借款 1020813.6 元。
			1980—1983	6820813.60	
			1984—1986	6900000.00	
		小计		37328124.14	
2	马栏工程	枢纽、隧洞、渠道等工程	1993—1998	119200000.00	拨改贷 700 万元；建行贷款 2700 万元；省非经营性基金 1950 万元，以工代赈 370 万元；省财政专项 1200 万元，小水资金 1300 万元；防保基金 700 万元；水利债券 3000 万元
3	水保工程	库区水保林等项目的建设	1999—2005	22000000.00	
4	桃曲坡灌区续建配套节水改造项目	灌区田间工程配套工程改造	2003—2011	91207315.32	含桃曲坡东干渠改造（省级配套）150 万元
5	关中灌区世行贷款项目工程	水源工程、干支斗渠工程、运行管理设施以及管理支出	1999—2006	134331071.39	
6	桃曲坡水库除险加固工程	溢洪道改造、高边坡治理、背迎水坡浆砌加固、防汛道路建设	2003—2006	25215530.03	
7	红星水库除险加固工程	溢洪道改造、背迎水坡浆砌加固及管理设施的改善、放水洞加固	2006—2009	9048840.00	
8	尚书水库除险加固	土坝加固、溢洪道改造、放水洞加固，上坝道路改造	2007—2008	8268426.60	
9	工程维修养护项目	堤防工程、控导工程、水库工程、抗旱工程、水闸工程、泵站工程等	2009—2010	8544700.00	
			2010—2011	6500000.00	
			2012	7260000.00	
		小计		22304700.00	
10	红星水库输水渠工程	金定渠输水工程改造全长 4.96 千米，其中改造浓村干渠 1.5 千米，新建输水采水渠全长 3.46 千米	2009—2011	12478160.28	
11	重点城市供水水源监测监控系统项目	新建监控站房及配套设施，配水及辅助单元、控制单元，采水单元、通讯系统分析	2012	2000000.00	含群众投劳折资
12	尚书干渠改造工程	完成渠道砌 3.3 千米，改造建筑物 45 座	2011—2012	2976980.30	
	合计			486359148.06	

1987—2011 年管理局专项拨款统计表

表 14－9　　　　　　　　　　　　　　　　　　　　　　　　　　　　单位：万元

序号	项目	1987	1988	1989	1990	1991	1992	1993	1994	1995	1996	1997	1998	1999	2000	2001	2002	2003	2004	2005	2006	2007	2008	2009	2010	2011	合计
1	小水费																										1
2	水利事业费			36																							36
3	滑坡工程						30																				30
4	水库观测费						5																				5
5	防汛费				4			10					15			30		90			20	80	80				329
6	抗旱费			9	3.5	7	42	10	15	60	15	45	10	10	20	35	60	42	20		125	70	120	110			828.5
7	溢洪道边坡抢险	2				30																					32
8	高坡治理							9	9																		18
9	寺沟倒虹整修					11																					11
10	西支退水工程费	20																									20
11	渠道衬砌					5	8																				13
12	通信网建设							12																			12
13	小型农田补助费	17																									17
14	胶泥村砌					5																					5
15	库区补漏			5	10				15	10																	40
16	水管单位一次性补助		25	25	25	5																					80
17	灌区配套	10	10		10																						30

续表

序号	项目	1987	1988	1989	1990	1991	1992	1993	1994	1995	1996	1997	1998	1999	2000	2001	2002	2003	2004	2005	2006	2007	2008	2009	2010	2011	合计
18	库区绿化		2			1.5																					3.5
19	低压管道灌溉		4			5																					9
20	方田建设		3			7.5																					10.5
21	高干渠前期设计费		0.5		7.5																						8
22	暗管输水				5																						5
23	防渗处理、闸门修复、输电线路							200	100																		300
24	胶泥试验									3																	3
25	防汛路改造										30	20	20														70
26	尚书水库灌溉工程															20											20
27	节水灌溉										23	30			30		190										273
28	库区除险										8																8
29	民联渠填方加固										8																8
30	水库安全监测										5																5
31	甘露工程											35		40	8	5											88
32	新区供水前期费																20										20

续表

序号	项目	1987	1988	1989	1990	1991	1992	1993	1994	1995	1996	1997	1998	1999	2000	2001	2002	2003	2004	2005	2006	2007	2008	2009	2010	2011	合计
33	岔口改造											50															50
34	库区抽水站											28															28
35	大坝安全监测											10															10
36	库区治理											4															4
37	樱桃基地专款																2										2
38	人饮工程（董家河、野孤坡）																12										12
39	干渠修复补助													10	30	155											195
40	前期费																	20	20								40
41	节水改造																	100	75								175
42	防汛物资																	8									8
43	库尾淹没补偿费																			20							20
44	灾后重建东干渠改造工程款																			90							90
45	赵氏河、沮河耀州区段应急整治工程																				50						50

续表

序号	项目	1987	1988	1989	1990	1991	1992	1993	1994	1995	1996	1997	1998	1999	2000	2001	2002	2003	2004	2005	2006	2007	2008	2009	2010	2011	合计
46	红星水库改造工程款																				70						70
47	沙糠项目																12	7	2								21
48	南支渠除险加固															187											187
49	高干渠修复															60											60
50	节水示范项目															60											60
51	灾后重建																		55								55
52	沮河堤防加固工程																		100								100
53	桃曲坡东干渠改造																					130					130
54	沮河玉门段堤坊加固工程																						60				60
55	昌渠河小流域治理工程																							104			104
56	东支渠应急改造工程																							80			80

续表

序号	项目	1987	1988	1989	1990	1991	1992	1993	1994	1995	1996	1997	1998	1999	2000	2001	2002	2003	2004	2005	2006	2007	2008	2009	2010	2011	合计
57	大型灌区续建配套与节水项目地方债券省级配套																							50			50
58	2009年第一批特大抗旱补助费																							60			60
59	2009年省级抗旱补助																							50			50
60	2010年省级特大抗旱补助																								60		60
61	2010年度汛应急补助																								100		100
62	防汛工情视频建设省级专项补助																								4.6		4.6
63	2010年防汛救灾省级建设水利建设基金																								50		50

续表

序号	项目	1987	1988	1989	1990	1991	1992	1993	1994	1995	1996	1997	1998	1999	2000	2001	2002	2003	2004	2005	2006	2007	2008	2009	2010	2011	合计
64	2010年省级煤炭石油天然气资源开采水土流失补偿费																								300		300
65	2009年渔业资源养护财政专项资金																								5		5
66	2011年第一批省级煤炭石油天然气资源开采水土流失补偿费																									220	220
67	2011年应急度汛项目补助费																									70	70
68	2011年特大抗旱补助费																									50	50
	合计	49	44.5	75	65	72	85	242	144	73	89	222	45.1	60	88	552	296	267	272	110	265.1	280	260	454	519.6	340	4969.1

二、经济效益

1. 效益计算

桃曲坡水库工程效益以灌区灌溉粮食等农作物增产效益及水库防洪效益为主,同时有城市及工业供水效益、林业效益、养殖效益、旅游效益。根据 SD 139—85《水利经济计算规范》,未来预计收入不予考虑,农业供水效益、工业供水效益计算截至 2011 年 12 月底,基准年确定在 2012 年初,社会折现率取 12%。

(1)农业供水效益。水库自开灌至 2011 年底,斗口水量 136658 万立方米,灌溉面积 1186 万亩次。增产小麦 147393 万公斤,增产值 185403 万元;增产玉米 149240 万公斤,增产值 133973 万元;经济作物增产值 131872 万元,净增社会经济效益 45.12 亿元,计算见表 14 - 10。粮食价格参考耀州区粮贸公司统计资料表 14 - 11,产生社会效益现值为 304.26 亿元,计算见表 14 - 12,水利效益分摊系数取 0.5,水利效益现值为 152.13 亿元。

(2)工业供水效益。桃曲坡水库 1995 年 5 月—2012 年 7 月城市及工业供水累计 1.26 立方米,收取水费 8357 万元,单方水工业产值 80 元(铜川市自来水公司统计分析),水利分摊系数为 8%,多年供水产生工业效益现值为 22.8 亿元,效益计算见表 14 - 13。

表 14 - 10 桃曲坡水库灌区灌溉效益计算表

年度	小 麦				玉 米				经济作物	
	灌溉面积(万亩)	亩增产(千克)	增产量(万千克)	增产值(万元)	灌溉面积(万亩)	亩增产(千克)	增产量(万千克)	增产值(万元)	种植面积(万亩)	增产值(万元)
1978	5.2	253	1315.6	544.66	4.76	280	1334.12	384.23	0.78	234
1979	10.14	248	2514.01	1040.8	11.31	275	3109.86	895.64	0.82	246
1980	6.8	227	1543.6	639.05	7.45	288	2146.18	618.1	0.87	261
1981	19.6	252	4939.2	2044.83	8.21	292	2396.74	690.26	0.7	210
1982	19.34	254	4911.34	2033.3	17.19	274	4709.4	1356.31	0.84	252
1983	14.86	261	3877.42	1605.25	7.99	281	2246.43	646.97	0.8	240
1984	24.15	245	5917.24	4562.19	17.23	298	5135.14	2595.81	0.82	246

续表

年度	小　麦				玉　米				经济作物	
	灌溉面积（万亩）	亩增产（千克）	增产量（万千克）	增产值（万元）	灌溉面积（万亩）	亩增产（千克）	增产量（万千克）	增产值（万元）	种植面积（万亩）	增产值（万元）
1985	22.03	258	5684.26	4220.56	30.36	291	8834.76	5186.89	0.94	282
1986	29.36	256	7516.16	6313.57	21.24	287	6095.88	3054.04	0.97	291
1987	17.32	228	3948.96	2843.25	19.56	283	5535.48	1909.74	1.04	312
1988	13.5	232	3131.07	3287.63	19.18	296	5676.45	4768.22	1.25	375
1989	11.75	260	3055.52	4399.95	28.63	301	8618.23	6722.22	1.38	414
1990	9.96	232	2310.72	3396.76	24.32	277	6737.75	6165.04	2.54	2032
1991	24.62	261	6426.86	7519.43	27	286	7722	6718.14	2.78	2224
1992	24.95	255	6362.15	8207.17	25.36	294	7455.37	4696.88	2.89	2312
1993	28.02	246	6891.94	8477.08	19.09	291	5555.77	4000.16	3.51	2808
1994	27.62	251	6933.62	12480.52	20.54	297	6101.57	6406.65	3.94	3152
1995	13.38	207	2768.83	4983.9	6.24	256	1597.44	2252.39	4.57	3656
1996	6.68	221	1476.28	2852.17	10.02	245	2454.9	3726.54	4.92	3936
1997	12.22	238	2909.31	5219.31	14.22	288	4095.36	4238.7	5.57	4456
1998	8.4	231	1940.4	3257.93	9.74	262	2551.88	2641.2	6.25	5000
1999	17.18	252	4328.35	6172.23	15.48	284	4396.32	4449.08	6.84	5472
2000	11.41	246	2806.37	3098.23	7.5	291	2182.5	2148.45	7.8	7722
2001	14.78	253	3738.33	3344.68	12.42	283	3514.86	3460.03	7.86	7781.4
2002	22.17	248	5498.88	7841.41	16.1	297	4782.44	5279.81	7.91	7830.9
2003	12.53	240	3006.43	4771.21	8.5	285	2422.5	3120.18	8.24	8157.6
2004	28.58	245	7002.42	10923.77	21.2	287	6085.64	7667.91	8.87	8781.3
2005	20.72	248	5138.12	7296.13	16.41	269	4414.29	5208.86	9.23	9137.7
2006	19.47	258	5022.3	7433.01	18.71	278	5201.38	5929.57	9.6	9504
2007	17.2	234	4024.8	5715.22	11.47	260	2982.2	4175.08	8.52	10224
2008	25.24	212	5350.88	9524.57	16.83	224	3769.92	5881.08	9.55	11460
2009	3.98	267	1062.66	2040.31	2.66	305	811.3	1087.14	4.42	5967
2010	25.93	268	6949.24	13203.56	16.41	260	4266.6	7722.55	2.7	3645
2011	26.26	270	7090.2	14109.50	16.41	262	4299.42	8168.90	2.4	3250
合计	595.35	8357	147393.47	185403.13	529.74	9527	149240.08	133972.76	142.12	131871.9

表 14 - 11　　　　　　　　　　灌区粮食价格调查表

年度	收购价格（元每 500 克）		销售价格（元每 500 克）		国家补差	理论价格（元每千克）	
	小麦	玉米	小麦	玉米		小麦	玉米
1978	0.166	0.115	0.138	0.096	50%	0.414	0.288
1979	0.166	0.115	0.138	0.096		0.414	0.288
1980	0.166	0.115	0.138	0.096		0.414	0.288
1981	0.166	0.115	0.138	0.096		0.414	0.288
1982	0.166	0.115	0.138	0.096		0.414	0.288
1983	0.166	0.115	0.138	0.096		0.414	0.288
1984	0.22	0.16	0.257	0.1685		0.771	0.506
1985	0.2193	0.1376	0.2475	0.1957		0.743	0.587
1986	0.245	0.15	0.28	0.167		0.840	0.501
1987	0.216	0.19	0.24	0.115		0.720	0.345
1988	0.32	0.186	0.35	0.28		1.050	0.840
1989	0.46	0.19	0.48	0.26		1.440	0.780
1990	0.48	0.3	0.49	0.305		1.470	0.915
1991	0.36	0.312	0.39	0.29		1.170	0.870
1992	0.335	0.206	0.43	0.21		1.290	0.630
1993	0.3798	0.225	0.41	0.24		1.230	0.720
1994	0.65	0.325	0.6	0.35		1.800	1.050
1995	0.54	0.3977	0.6	0.47	15%	1.800	1.410
1996	0.83	0.58	0.84	0.66		1.932	1.518
1997	0.73	0.44	0.78	0.45		1.794	1.035
1998	0.76	0.44	0.73	0.45		1.679	1.035
1999	0.69	0.43	0.62	0.44		1.426	1.012
2000	0.465	0.415	0.48	0.428		1.104	0.984
2001	0.423	0.44	0.389	0.428		0.895	0.984
2002	0.49	0.44	0.62	0.48		1.426	1.104
2003	0.66	0.53	0.69	0.56		1.587	1.288
2004	0.76	0.61	0.78	0.63	0	1.560	1.260
2005	0.67	0.56	0.71	0.59		1.420	1.180
2006	0.7	0.53	0.74	0.57		1.480	1.140
2007	0.7	0.69	0.71	0.7		1.420	1.400
2008	0.86	0.82	0.88	0.83		1.72	1.64
2009	0.92	0.88	0.94	0.92		1.81	1.72
2010	0.99	0.92	1.02	0.95		1.90	1.81
2011	1.01	1.1	1.02	1.11		1.99	1.90

注　2007 年 4 月调查耀州区粮贸公司购销价格，2007 年之后用陕西价格网价格监测数据。

表 14 - 12　　　　　　　　　灌溉效益现值计算表　　　　　　单位：万元

年份	增 产 效 益				n	i	p
	小麦	玉米	经济作物	小计			
1978	544.66	384.23	234	1162.88	34	12	54821.09
1979	1040.8	895.64	246	2182.44	33	12	91862.25
1980	639.05	618.1	261	1518.15	32	12	57054.70
1981	2044.83	690.26	210	2945.09	31	12	98822.83
1982	2033.3	1356.31	252	3641.6	30	12	109102.05
1983	1605.25	646.97	240	2492.22	29	12	66666.71
1984	4562.19	2595.81	246	7404	28	12	176836.15
1985	4220.56	5186.89	282	9689.45	27	12	206626.37
1986	6313.57	3054.04	291	9658.61	26	12	183900.63
1987	2843.25	1909.74	312	5064.99	25	12	86105.16
1988	3287.63	4768.22	375	8430.84	24	12	127968.59
1989	4399.95	6722.22	414	11536.17	23	12	156342.18
1990	3396.76	6165.04	2032	11593.8	22	12	140288.57
1991	7519.43	6718.14	2224	16461.57	21	12	177848.30
1992	8207.17	4696.88	2312	15216.05	20	12	146778.48
1993	8477.08	4000.16	2808	15285.24	19	12	131648.13
1994	12480.52	6406.65	3152	22039.17	18	12	169480.46
1995	4983.9	2252.39	3656	10892.29	17	12	74786.91
1996	2852.17	3726.54	3936	10514.71	16	12	64459.31
1997	5219.31	4238.7	4456	13914	15	12	76159.19
1998	3257.93	2641.2	5000	10899.13	14	12	53265.27
1999	6172.23	4449.08	5472	16093.31	13	12	70223.05
2000	3098.23	2148.45	7722	12968.68	12	12	50525.67
2001	3344.68	3460.03	7781.4	14586.11	11	12	50738.51
2002	7841.41	5279.81	7830.9	20952.12	10	12	65074.10
2003	4771.21	3120.18	8157.6	16048.99	9	12	44505.11
2004	10923.77	7667.91	8781.3	27372.98	8	12	67774.49
2005	7296.13	5208.86	9137.7	21642.69	7	12	47845.09
2006	7433.01	5929.57	9504	22866.58	6	12	45134.57
2007	5715.22	4175.08	10224	20114.3	5	12	35448.27
2008	9524.57	5881.08	11460	26865.65	4	12	42273.62
2009	2040.31	1087.14	5967	9094.45	3	12	12777.05
2010	13203.56	7722.55	3645	24571.11	2	12	30822.00
2011	14109.5	8168.9	3250	25528.4	1	12	28591.81
合计	185403.14	133972.77	131871.9	451247.77			3042556.67

注　计算公式：终值 p＝增产效益（小计栏）$\times(1+i)^n$。

表 14－13 　　　　　　　　工 业 供 水 效 益 计 算 　　　　　　单位：万立方米

年度＼供水对象	铜川自来水厂	铜川鑫光铝业电厂	渭南万达纸厂	铜川供水有限公司	华能（铜川）电厂	耀县自来水公司	陕焦化工有限公司	供水量合计	工业效益（万元）	n	现值（万元）
1995	406							406	2595	17	17820
1996	540							540	3455	16	21180
1997	748							748	4787	15	26202
1998	817							817	5228	14	25551
1999	636							636	4070	13	17761
2000	682							682	4364	12	17002
2001	359							359	2298	11	7995
2002	334	142	66					542	3470	10	10777
2003	273	331	74					678	4336	9	12025
2004	84	350	19					453	2898	8	7176
2005	164	316						480	3074	7	6796
2006	224	349		99				673	4304	6	8496
2007	166	352		151	78			748	4787	5	8436
2008	256	338		152	271	24		1041	6664	4	10486
2009	506	246		199	205	35		1190	7619	3	10704
2010	455	180		242	167	9	114	1167	7471	2	9371
2011	457	82		311	169		404	1423	9110	1	10204
合计	7107	2686	159	1155	891	68	518	12583	80532		227981

注 计算公式：现值＝工业供水量×80 元×8％×$(1+12\%)^n$。

2. 财务效益分析

静态财务效益分析：桃曲坡水库自建设投资以来，国家投资连同单位经营资金积累，总计形成资产总额 30815 万元，其中固定资产 22128 万元，流动资产 5599 万元，形成所有者权益 22916 万元。

动态财务效益分析：灌区开灌以来，管理局实现收入 16574 万元，其中农灌收入 6773 万元，城市及工业供水收入 8357 万元，其他收入 1444 万元。累计成本费用 21924 万元，经营亏损 5350 万元。

现收入 16574 万元折现到 1987 年为 5606 万元，相当于成立管理局时国家投资 3601 万元的 1.6 倍。农灌收入从 1987 年 25 万元达到近年最高的 2008 年 591 万元，收入增长 23.64 倍；城市及工业供水从 1995 年的 78 万元提高到 2011 年的 1782 万元，收入增长 22.8 倍。

三、社会效益

自桃曲坡水库建成以来，灌溉管理水平不断提高，为推进灌区农业生产结构调整和城乡经济快速发展奠定了基础，社会效益十分显著。2000 年 9 月接收富平县红星、尚书两座小型水库后，灌区设施灌溉面积从 31.83 万亩扩大到 40.03 万亩，有效灌溉面积从 23.5 万亩扩大到 29.36 万亩。扩灌后，农作物种植面积增加，复种指数提高。1978 年灌区复种指数为 125％，有效灌溉面积 8.2 万亩，粮食播种面积 10.25 万亩；1987 年灌区有效灌溉面积 23.5 万亩，粮食播种面积 38.07 万亩，复种指数为 162％；2006 年灌区有效灌溉面积 29.36 万亩，粮食播种面积 52.26 万亩，复种指数为 178％，较 1978 年提高了 53％。富平县老灌区粮食亩产由开灌初期的 160 千克提高到 1998 年的 461 千克，亩产增加 2.9 倍，统计调查石川河灌区占富平县耕地面积 17.39％，粮食总产占全县 30.2％；耀县新灌区粮食亩产由开灌前的 101.4 千克，提高到 1998 年的 457 千克，亩产翻了两番，新灌区占耀县耕地面积 19％，总产占全县 35％，尤其是大旱之年，效果更为明显。1990 年以来，灌区作物种植结构发生了明显变化，经济作物种植面积有了大幅度增加，2006 年已扩大到 9.6 万亩，其中果树 5.05 万亩，蔬菜 2.75 万亩，其他 1.8 万亩。粮食大幅增产，不但为社会提供了必需的生活资料，而且为工业、家庭副业及多种经营提供了原材料。

桃曲坡水库建成后发挥了防洪减灾功能，保障了下游人民生命财产安全，使耀州城区和富平县的 3 个乡镇、25 个村庄、170 个工矿企业、2 条公路干线和 2 条铁路支线、10 万人口以及 1.67 万亩耕地免于水患灾害。自 1995 年 5 月起水库开始向城市供水，解决了铜川市老城区和新区居民和工矿企业用水，供水范围不断向周边辐射，促进了地方经济的繁荣与发展。

利用开发库区水土资源开发生态旅游，促进了交通运输和服务行业的发展，水利资源也为当地渔业发展提供了一定的条件。水利事业的发展使灌区人民生活条件得到改善，健康水平和文明程度不断提高。这不但使农作物得到及时灌溉，同时又补充了地下水量，促进了渠道植树绿化，调节了灌区小气候，改善了生态环境。引用漆水河洪水灌溉改良了灌区土壤、促进了灌区各行业的协调发展。

第十五章　水　利　科　技

从建设到供水生产，桃曲坡水库工程指挥部和管理局先后研究应用了多项先进技术，有黄土区铺包补漏、万亩方田建设、灰土暗管渠、长距离引水隧洞施工、模袋混凝土以及薄壁混凝土施工等，建设了水库自动化观测系统和洪水调度系统，积累了一定的经验。

第一节　水　工　技　术

一、库区补漏技术

库区铺包补漏工程是防止库区石灰岩裂隙溶洞漏水，保证水库长期安全运行的一项重要工程，也是石灰岩地区水库防渗的一条成功经验。其基本的处理措施是对集中漏水通道进行"封堵"，对大面积的渗漏进行"铺盖"。

1. 洞隙封堵技术

第一次铺包时，对 13 处溶洞及左一支沟口的废煤井，均开挖到基岩，清除洞内淤积，并用水洗净后，再用混凝土充填，其填塞厚度不小于洞径的 1.5 倍。对放水洞进口的石灰岩露头均用混凝土护面防渗。

第二次漏水时，对 A_3 煤窑清淤后，煤窑采空区底部为石灰岩，并与溶洞相连，溶洞下部呈大裂隙，裂隙宽度为 0.5～1.5 米，在深度为 29 米的下部仍有砂卵石及顽石充填。处理办法是对洞口用混凝土封堵，煤窑采空区用混凝土填塞，见图 15-1。

2. 塌坑封堵技术

A_{12} 为大型塌坑，直径为 17 米，深 8 米，地面高程为 751 米。处理方法是下部浇筑直径 9 米，厚 1 米的混凝土板，混凝土板上铺砂砾石厚 3 米，上面又设混合砂反滤后再夯填土到地面，见图 15-2。

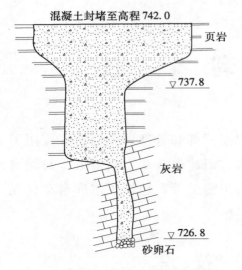

图 15 - 1 A₃煤窑——溶洞封堵断面图 (单位：米)

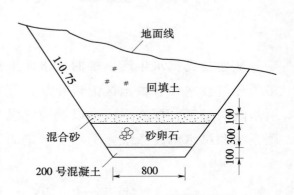

图 15 - 2 A₁₂塌坑处理断面图 (单位：厘米)

当开挖到岩石破碎、人身安全难以保证的漏水点时，开挖到一定高度后，下部用 1 米见方的混凝土块，上面作 1～2 米厚的干砌石，再铺砂卵石后设 0.5～1 米的混合后滤砂，然后回填 6～10 米的厚土，见图 15 - 3。

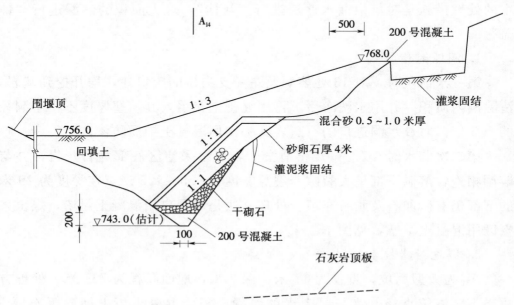

图 15 - 3 A₁₄、A₁₅煤窑处理断面图 (单位：高程为米，尺寸为厘米)

3. 水平铺盖技术

坝前区石灰岩及原河床砂卵石覆盖部分，普遍存在渗漏问题，用黄黏土进行表面铺盖，防止垂直漏水。且从坡岸处进行黏土贴坡封闭，在铺盖末端设截水槽。考虑到淤积和黄土天然覆盖的防渗作用，厚度按 1/10 水头计算（正常挡水位为 784.0 米），厚度要求为 5～1.5 米，干容重为 1.6 吨每立方米。

4. 黏土铺包技术

第四次铺包是对左岸由左一支沟口到 A_5 煤窑长度 1100 米进行了全面的铺包。根据漏水点地层出露高度及土层覆盖情况，铺包上部高程为 765.0～784.0 米，铺包边坡分为三级：即高程为 784.0～780.0 米，边坡为 1：2；高程为 780.0～770.0 米，边坡为 1：2.5；高程为 770.0～756.0 米，边坡为 1：3。在高程 770.0 米和 780.0 米处设 1 米宽戗台。为满足机压要求，断面最小宽度为 3 米。高程 756.0 米以下采用水中倒土填筑，高程 756.0 米以上分层碾压，干容重达到 1.6 吨每立方米，铺包范围内的基岩边坡削为 1：0.75，砂卵石及土坡削成 1：1，见图 15－4。

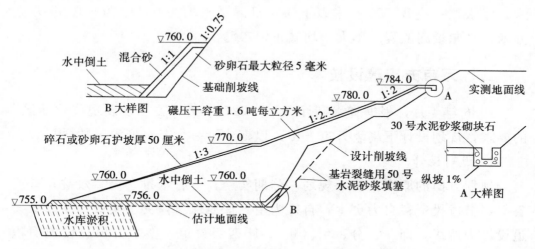

图 15－4 左岸铺包断面（单位：高程为米，尺寸为厘米）

5. 抛土覆盖技术

对泉沟以北的断层及漏水点，漏水原因不明，采取抛土覆盖措施。对于岸坡砂岩裸露，断层地带地形陡峭、施工不便的，亦采用抛土覆盖方法，利用库水位的升高沉积来达到铺盖目的，抛土干容重达到 1.42 吨每立方米以上。

（1）对表层土料耙松、人工夯压和机压后才能上土，土块最大粒径不大于 5 厘米，铺土要匀，人工夯实铺土厚度不超过 15 厘米，机压厚度不得超过 25 厘米。

（2）机压漏压区、黏土铺盖与库岸接缝必须处理，铺盖与岸边结合应削成不小于 1∶1 的边坡，分块施工高差超过 1 米者，必须留 1∶3 的边坡。

（3）铺盖的压实干容重要求达到 1.6 吨每立方米，土料分层碾压后，每层均须取样试验，机压 1000 平方米需取样一组 3 个，人夯 40 平方米取样一组 3 个，合格率不得低于 95％，容重最低值不小于 1.55 吨每立方米。

经过 5 次大的集中补漏和连年的治理，桃曲坡水库没有出现过大的漏水点，在高水位下，特别是 1988 年水库在正常蓄水位下运行 120 天，处理过的溶洞、裂隙、煤窑均没有被击穿而形成大的渗漏，1988—1989 年库水位在高程 770.0 米以下时，日漏量平均为 0.294 万～0.552 万立方米，库水位在高程 780.0 米以下时，日漏量平均为 0.473 万～0.65 万立方米，日漏量离散程度不大，均属正常渗漏。

二、万亩方田建设技术

1986 年 4 月，根据省水利厅〔86〕027 号文"关于建设现代化灌区"的要求，规划设计下高埝万亩方田，以期建设一个节水型灌区的样板。

1. 规划设计

规划方田的原则：统一规划，分期实施；节省水量，提高效益；省工省料，节省投资；自力更生，自筹为主；保质保量，突出实效。斗以下渠道设计为四级，即斗、分、引（顺）、腰四级渠道。整个方田总设施面积 10591 亩，方田南北长 3.53 千米，东西宽 2.01 千米，方田内各级渠道设计标准为：斗渠设计流量 0.6 立方米每秒；分渠设计流量 0.2 立方米每秒；引渠设计流量 0.1 立方米每秒；腰渠设计流量 0.03 立方米每秒。整个方田由分渠分割为 21 个中方，分渠间距 300～500 米，控制面积 450 亩左右；引渠间距 100 米，控制面积 100～140 亩，以引渠为单元，将方田分割为 72 个小方。小方实行小畦灌，畦宽 2.2 米，畦长 150 米以下。

规划方田斗分引三级渠道共 160 条，总长 59935 米，田间道路 157 条，长 5500 米；各类建筑物 1784 座，方内平整土地 7000 亩，总预算投资 49.3 万元，由于受益群众自筹和国家补助解决。

2. 建设情况

自 1986 年 5 月开始方田建设，至 1987 年底，本着先雏形，后成龙，边建设，边受益的方针，先以斗渠、道路、渠树为骨架形成方田雏形，然后逐步发展到分引渠和腰渠，形成中、小方，成龙配套，修一条，成一条，管一条，用好一条，尽快发挥效益。据 1987 年底统计，方内已开挖斗、分、引各级渠道 160 条，总长度达 59.7 千米；完成田间道路 35 条，长 25.3 千米，渠路植树 32000 株；平整土地 3000 亩，修建各类建筑物 449 座。其中斗渠 U 形衬砌 4 条，长 5446 米；分渠衬砌 23 条，长 12281 米；引渠衬砌 14 条，长 3488 米；腰渠半 U 形衬砌 7 条，长 1040 米；共计 U 形衬砌渠道 48 条，总衬砌长度 22.255 千米，总投资 37.38 万元，其中国家补助 19.86 万元，群众自筹 14.52 万元，地方投资 3.0 万元。1989 年 4 月由省水利厅、省科委、省农办等单位 17 位专家和工程技术人员组成验收委员会，对方田建设进行验收，评定为：该方田为全省第一个节水样板工程，建设速度快、工程质量好，达到了费省效宏的目的，为陕西省提供了方田建设经验。1990 年万亩方田示范推广项目参加了西北五省（自治区）水资源研讨会，在西北地区广泛推广应用。

3. 经济效益

（1）提高了水的有效利用率。由于方田渠道 U 形化，断面最优，加之现浇施工，进行抹面，糙率大大减小，U 形混凝土渠道糙率值达到 0.012，1/500 比降的斗渠平均流速 1.34 米每秒，最大 1.488 米每秒，1/150 的分渠平均流速度高达 1.94 米每秒，最高达 2.04 米每秒，因此流程时间缩短了 3/4。由于渠道糙率小，流程时间短，流速大，渠道损失也大幅度降低，据实测资料计算，U 形衬砌的斗渠每千米损失仅为 0.008 立方米每秒；而土渠每千米损失高达 0.04～0.05 立方米每秒；U 形斗渠有效利用系数实测达到 0.945，比土渠时的 0.71 提高了 24.9%。分、引渠输水损失很小，几乎测不出来，有效利用系数达到 0.98 以上，万亩方田一次用水可节省水量 17 万立方米。

（2）提高了灌溉效率。由于渠道利用率提高和土地平整，灌溉效率相应提高，实测斗渠灌溉效率昼夜为 1590 亩每秒立方米，分渠灌溉效率昼夜为 1670 亩每秒立方米。

（3）降低了灌水定额。经实测，畦长 300 米的田间灌水定额高达 74 立方米每亩，而畦长 150 米以下的田间灌水定额平均 47 立方米每亩，降低幅度为 36.5%。万亩方田一次灌溉可节省水量 27 万立方米。

（4）节省土地。经实测，渠道采用 U 形断面衬砌后，比原梯形渠每千米节约土地 1.07 亩，方田内已衬砌渠道共可腾出土地 22.5 亩。

（5）提高了经济效益。据 1987 年统计，方田内平均亩产 380 多千克，最高亩产达 675 千克，比一般大田平均增产 43%。并且单料单一的粮食作物发展成多种经济作物，方田内 1987 年种植秦椒 1000 多亩，玉米良种 2000 多亩，而且局部小方田已开始种植蔬菜和其他经济作物。据下高埝乡政府统计，1987 年粮食增产产值 53.4 万元，经济作物产值 60 多万元，方田内人均收入净增 110 多元。

三、灰土暗管渠道施工技术

桃曲坡水库灌区高干四斗渠灌溉面积 4014 亩，斗渠全长 1850 米，渠道首尾落差达 27.624 米，原挖方复式梯形土渠断面被冲成深槽，渠堤多处坍塌，引水困难，水量损失大。1987 年将高干四斗渠上游 1164 米试验改建成灰土暗渠（下游 686 米改为 U 形渠道）。

1. 暗渠设计

暗渠全长 1164 米，首尾落差 22.199 米，有足够的水头；设计按压力流计算水头损失，按等断面压力管道淹没出流校核断面尺寸。暗渠设计流量为 0.4 立方米每秒，校核流量 0.5 立方

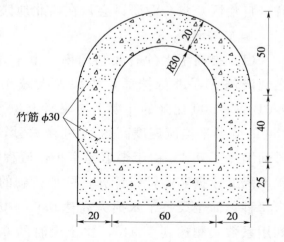

图 15-5 灰土暗渠横断面图（单位：厘米）

每秒，设计流速为 1.05 米每秒，比降为 1/300，采用城门洞形断面，见图 15-5。

2. 灰土暗管渠施工方法

（1）土方开挖。在测定的渠线上按横断面尺寸放开口线，开口线以下边坡为 1：0.25，先取土至起拱线处，然后用经纬仪每 10 米定中心桩一个，测高程，进行二次放线，根据设计比降，再取断面下部土方。由专人进行断面修整，做到断面标准、底平、墙直。

（2）灰土配料。选色白质纯的生石灰，用 5 毫米×5 毫米铁筛过筛；土料选用当地开挖的干净壤土，用 10 毫米×10 毫米铁筛过筛，除去杂质。配料时，灰与土体积比为直墙与拱顶部分用 1：3，底部用 1：2。

（3）灰土拌和。灰土的含水率应为 20% 左右。用"手捏成团，抛地即散，杵打不粘"为适宜。要求拌匀，白灰加土加水后，掺拌 3 次，每拌一次堆放一天左右，以便使混合料中的白灰充分消化。使用时再拌一次，检查办法是搓成土条，折断观察断面，要求呈均匀白色。灰土拌和后继续堆沤 3～7 天，能使石灰充分消化，避免填筑后，"龟裂"和"鼓泡展炸"。

（4）立模铺筑。土槽断面验收后，先用灰土铺筑渠底，25 厘米厚度分 3 次回填夯实，然后立侧墙模板，铺筑灰土厚度每层不超过 10 厘米，逐层杵打密实。最后立拱模，每层铺筑厚度限制在 10 厘米内，杵夯密实。灰土干容重应严格控制在 1.55 吨每立方米以上。为避免环形裂缝，施工每 30 厘米周长处加纵向竹筋一条。

为增强灰土层防水和防冻能力，当灰土脱模后，用酒瓶在内周表面拍打 2～3 遍，直至表层出浆、光滑为止。

（5）回填土。脱模前在灰土暗管上用素土夯填 30 厘米，干容重在 1.6 吨每立方米左右，能起到双层拱的作用，提高承压能力。

（6）分水井施工。分水井采用对开分门（40 厘米×50 厘米）、跌井、节制闸门（60 厘米×60 厘米斗门）联合组建。建筑物与暗渠施工同时进行。在混凝土与灰土接茬处，底墙用里硬外软的插入式连接；拱部采用里软外硬包围式处理。

3. 经济效果

（1）防渗节水，提高渠道水有效利用系数。据测试 1.2 千米暗渠流速加快，由原来 0.71 米每秒提高为 1.16 米每秒。渗漏损失减少，渠道水利用系数达到 0.981，比原土渠 0.73 提高 34.4％。灌溉定额由原来 73 立方米每亩降至 54.6 立方米每亩，一次用水可节省水量 7.4 万立方米。

（2）工程造价低，测算灰土暗管渠造价为混凝土衬砌渠道的 85％。

（3）节省土地，1.2 千米暗管斗渠占地 0.036 亩，比 U 形渠道节省土地 5.3 亩，比梯形衬砌石或土渠节省土地 7.2 亩。

4. 运行效果

高干四斗暗渠运行 20 年后，管内无冲刷或淤积，内壁光滑，糙率小，过水条件好，调压井与渠道灰土接茬处无渗漏现象。灰土强度随时间推移增强，1988 年用回弹仪测得强度为 1.51 兆帕，1991 年 9 月强度为 2.63 兆帕，提高了 42.6％，并且在 −15℃ 气温下，暗管无任何冻害。

灰土暗渠具有流速快，防渗性能好，占地少，造价低，便于管理和机耕等优点，技术较简单，易于掌握，适于在地面落差大的灌区推广。

四、马栏河引水工程隧洞施工技术

1. 工程概况

引水隧洞施工是马栏河引水工程的主体。隧洞工程全长 11.491 千米，断面尺寸为 2.0 米×2.1 米，为无压城门洞型，设计流量 3 立方米每秒，校核流量 4.0 立方米每秒。埋深 65～397 米，地质构造复杂，断层密集，劈理发育，涌水量大。岩质为泥质砂岩、强度低、遇水软化，俗称软岩。隧洞的施工由于受地形所限，仅布设了 2 个斜井，4 个工作区，6 个工作面。1 号斜井区位于洞轴桩号 K3＋789 米处，垂直深度 150 米，斜长 500 米；2 号斜井位于洞轴桩号 K9＋226 米处，垂直深度 90 米，斜长 300 米。单面施工最长距离达 3207 米。

2. 隧洞工程施工特点和难点

深埋、软岩、小断面、超长是马栏隧洞施工的主要特点。而深埋软岩与超长小断面这两大主体矛盾所产生的系列问题构成隧洞施工的难点。一是深埋软岩易造成大面积隧洞坍塌，造成支护困难，施工安全性差；二是超长小断面造成辅助系统（风、水、电、运）多环节超极限运行，严重影响工程进度，施工效率低。

3. 施工技术

（1）坍塌与支护。隧洞工程位于鄂尔多斯台地南缘，岩质以砂岩为主（部分地段夹有砾岩透镜体），抗压强度低（仅为1.6～2.1兆帕），岩质较破碎且多呈散状，渗透性大，渗水多呈脉状或线状向外流出，岩质松软。隧洞埋深小于250米的洞线长8100余米，大于250米埋深的洞线长3300余米。软岩及深埋是引起坍塌的主要原因，加之层理及地下水渗透力、围岩暴露时间、爆破强度等加大了坍塌量的形成。

1）坍塌处理。工程坍塌分为两大类，断层塌方（构造塌方）及非构造塌方（应力塌方），而应力塌方是埋深软岩所特有的，具有长期性，因而更具有严重性。

断层塌方经采用"短掘、弱爆、强支、快衬"的方法，处理了71条断层，其中包括4个断层系及坍塌高度约14米的T$_4$最大断层。

应力塌方按塌方的规模分为3个阶段：以拱部坍塌为主的第一阶段（所谓以前常说的三角冒落），多发生于埋深小于250米。通常24小时内坍塌量0.2～0.5立方米每秒，绝大部分小于0.5立方米每秒，一般在无支护的情况下（或简易支护下，开挖岩石面风化剥落除外），保持稳定达3～5年。第二阶段是以劈理发育为主要特征的过程塌落。发生于埋深250米以上，属于中高埋深段。表现为次生卸荷劈理密集，墙拱交替剥落坍塌，规模成倍扩大。经实测桩号K8＋030米断面，24小时坍塌量2.0立方米，72小时坍塌量6.5立方米，是设计开挖量5.78立方米的一倍多。第三阶段塌方是埋深进入300米以上的高埋深段，塌方已由劈理发育为主要特征的过程塌落，发展到受剪切面控制的大块体塌方，据实测，有一块塌落实体长、宽、厚为5米×3米×1米。此类塌方因受剪切面的作用而塌落，因此塌落时间难以掌握，或开挖后随即塌落，或几次开挖后整体塌落。

为了尽可能的抑制塌方，对开挖出的工作面先后在爆破形式、炸药类型、雷管级别、引爆方式等方面作了多次反复工作，采用弱爆破手法，将循环进尺控制在最低0.5～0.8米，将装药量降在底限7～10千克。

2）支护技术。坍塌规模在发展，支护形式也由木支护（轻钢支护）到钢支撑以及曾设想和试验过的预制混凝土支护、锚杆支护，发展到最后的钢木混合全封闭钢支护，超前管棚封闭支护。

木支护使用在坍塌的每一阶段，多次循环型，主要是安全防护，对抑制坍塌无效果。

进入坍塌第二阶段后，木支护因连接性、整体性、安全性不足，设计出一种永久性、整体性好、安全性高的支护—钢支撑，方案为：I$_{14}$工字钢组合为城门洞型骨架，榀距1.0米，两榀之间有6根ϕ12圆钢连接。但此方案因坍塌造成的出渣、回填工程量大进而影响工程进度。

全封闭钢支撑是在钢支撑基础通过扩大成型尺寸、木板现场封闭、背部岩渣回填产生的。在木板封闭还是混凝土预制板封闭上，选择增加了混凝土现浇厚度、木板现场封闭的快速施工方案，钢支撑紧跟掌子面间距小于1.0米快撑快封闭。

对于第二阶段的塌方，在当时短掘进、弱爆破、强支撑、全封闭、衬砌适时的指导思想下，全封闭支护不仅抑制了塌方，而且加快了进度。

对于第三阶段的塌方，实施全封闭支护，以预防墙部坍塌造成的拱部坍塌。而对于大剪切面的塌落，则采用连续或间隔附加超前管棚的全封闭支护方式，有效地控制了坍塌。

（2）风、水、电、运输四大辅助系统改造。

1）排水系统。进口及1号斜井工区排水系统是关键，曾有水淹掌子面停工1个月的惨重教训。根据供电、工程进度，采用多级接力抽排、逐级减荷（荷载），各级分段拦水的抽排水方式。接力排水采用双设备、单管道布置设施。

2）运输系统。2号斜井工区单面施工洞线长，运输任务艰巨，采取大、小两方案配合，缩短了循环时间，减少了动力机车消耗。大方案为："大动力拖车一次远程运输"，具体为：8吨电瓶车拖拉1立方米渣车10～12辆，一循环作业中一次性一趟运渣，长距离最远达6000米，运至出口弃渣场。小方案为：隧洞掘进中，每40～50米开挖一处避车场，解决避车问题。

1号斜井的运输受逆坡及上游段工程量较大、斜井升降功率有限等因素影响，在下游运用2台2.5吨电瓶车接力运输，在洞线桩号K5＋000米处设置40～50米双轨互连接式停车场，进行车辆调度，2台机车分段运输，运距分别最大为 1000～1200 米，较好地解决了此工区的运输问题。

3）供电系统。洞内供电半径极限（即电压降至设备运行最低电压）约在 1000～1500 米，而实际情况是：1 号斜井下游，供电距离达 2800 米，负载 100 千瓦；2 号斜井上游供电距离 3700 米，负载 50 千瓦。现场施工中，两种情况的供电半径都未达到设备正常运转电压的需求。针对第一种情况采用 16 平方毫米电铠装电缆 10 千伏高压进洞，在桩号 K4＋500 米安置 100 千伏安防爆变压器，输入 75 平方毫米电缆供送，并经桩号 K5＋500 米处 100 千伏安升压器升压供至各级用电设备。对第二种情况是提高洞口专用变压器输出端电压，大截面（195 平方毫米）电缆供电至桩号 K8＋000 米处，经 100 千伏安升压设备后，再经过桩号 K7＋050 米处升压设备后供至用电设备。

4）通风系统。在开工初期，采用 1 台 GBT－62 型轴流风机，ϕ400 米，长 10 米柔性风筒组成通风系统，实施压入式通风，风筒以插接式连接，风筒挂设在隧洞左侧拱脚处。经常发生风筒挂破、撕裂，加之接头多，风阻大，漏风严重，当隧洞掘进至 350 米时，每循环的通风排烟时间长达 150 分钟，严重影响着施工进度。

a. 改进措施。将 1 号、2 号风机更换为 1 台 YBT－62 型轴流风机；更换风筒，购进拉链式 PVC 柔性风筒，在串联风机前安设一段 3 米的刚性风筒，以降低风筒阻力和漏风，解决风筒缩径问题；将 3 号风机向工作面方向前移 600 米，合理利用每台风机的风压；加快工作面排烟速度，在距离工作面 500 米处风管上并联 1 台 11 千瓦风机，放炮后依次开启各风机，尽快排出工作面的炮烟。

b. 通风效果检测评价。据测试，2 号斜井贯通后采用的通风方案管道系统的百米漏风率最低为 4.89％，百米静态损失为 116.99 帕，最长通风距离为 3207 米，放炮后 10 分钟工作面的一氧化碳浓度为 23.75 毫克每立方米，30 分钟后其浓度维持在 5.5 毫克每立方米，达到国家的允许浓度。

长距离通风的关键环节是串联增压、维护减漏，这一成果被秦岭隧洞应用。

五、净水厂薄壳混凝土施工技术

1. 净水工艺施工的技术特点

（1）净水工艺水处理构筑物多为水池类薄壁钢筋混凝土结构，对抗渗及抗裂要求较高。净水工艺工程钢筋混凝土池竖壁最厚处为 350 毫米，最薄处仅为 60 毫米，主体工程结构尺寸较大，像沉淀池池长 34.51 米，池宽 22.65 米，池高为 5.5 米，中间并未设有预留的沉降缝及伸缩缝。

（2）构筑物预埋件数量大，对结构几何尺寸精度要求高。反应池、沉淀池、滤池及清水池大小套管、预留洞及预埋铁件 360 多个，其安装精度一般要求在 ±2.0 毫米的误差范围内。滤池滤板安装平整度正负误差要求不超过 ±1 毫米，以保证反冲洗时布气的均匀性，保证滤池的冲洗效果和避免滤料因布气不平衡而产生流失。

（3）工程历经当地冬季历史最低气温，施工难度较大。净水厂主体工程 3 大池主体混凝土均经历了冬季混凝土施工阶段，在施工期间遭遇了极端最低气温 −17℃，给混凝土浇筑及养护工作带来很大的困难。

（4）构筑物混凝土一次连续浇筑量大。如滤池底板混凝土，浇筑时间为 2002 年 12 月 27 日 11：00—28 日 15：30，历时 29.5 小时，浇筑混凝土 140 立方米，浇筑强度仅为 4.7 立方米每小时。

2. 混凝土施工技术

（1）严格混凝土配合比设计，提高混凝土的密实性。混凝土的抗渗主要取决于混凝土的密实性，对于密实性较差的混凝土，外界有害物质极易以水为媒介渗透进混凝土的内部，锈蚀钢筋或在低温下产生冻胀。混凝土在硬化过程中会产生一系列收缩（干燥、炭化等），有时会导致混凝土产生裂缝从而形成渗水通道。另外，某些化学反应，尤其是碱—骨料反应会造成混凝土内部局部开裂或剥落。因此，抗渗混凝土必须围绕提高混凝土的密实性、抗裂性和抑制或避免混凝土碱—骨料反应这 3 方面进行。

1）拌和材料的选用。选用低碱水泥、渗透性较低的骨料，掺加优质粉煤灰，降低混凝土的水化热，提高混凝土的密实性和抗渗性；在混凝土中添加外加剂，如膨胀剂等，但不得含有氯盐。

（2）配合比设计。选用较小的水灰比，一般在 0.55 以下，清水池池壁混凝土为 0.41；选择较小的砂率，中砂；选择合适的水泥用量，一般每立方米混凝土的水泥用量不超过 350 千克；掺入 8％～10％AEA 混凝土膨胀剂，提高混凝土的密实性，并使混凝土的收缩值及收缩力得到补偿或部分补偿，提高混凝土的抗渗性和抗裂性。另外，考虑到冬季混凝土的施工，混凝土在拌制过程中加入 4％的 FD 高效防冻剂。

（2）模板工艺技术。为保证主体混凝土的结构尺寸及表面的平整度，净水工艺工程主要采用组合式钢模板。对于较大面积部位采用大型钢模板，尺寸为 1.2 米×1.5 米，钢材采用 Q235，$f=201$ 牛每平方毫米；对于高度或长度不足部分采用小型钢模板或采用竹胶合板进行拼接。

底板浇筑的底模采用组合式钢模板，支撑方法采用木或钢管三角排架。底部施工缝宜留在底板上面不小于 20 厘米处，考虑池壁和后续墙体的支撑位置，在底板上面不小于 30 厘米处的墙体设一道施工缝，模板支立采用吊模加固形式，见图 15-6。

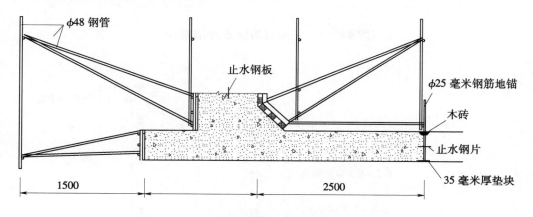

图 15-6　池底板吊模图（单位：厘米）

水池竖壁的模板视墙体高度，采用大型钢模板，尺寸为 1.2 米×1.5 米，高度或长度不足部分按结构剩余部分尺寸加以拼接。模板支撑采用 $\phi48×3.5$ 钢管纵横围图，纵横围图间距为 50 厘米，内外模之间用 $\phi12$ 螺栓对拉，并在螺杆上设内撑钢筋，以保证池壁厚度，用风缆内外对拉采用法兰螺丝调节，$\phi48\times3.5$ 钢管对撑，相互连接，形成整体，以保证模板的强度、刚度及整体性。在模板接缝处加填 5 毫米厚的海绵条，以保证接缝处混凝土表面光滑、不露浆，池子阴阳角采用标准阴阳角钢模板，以保证结构尺寸。池壁为薄壁混凝土结构，在对拉螺栓处往往易发生渗漏水情况，故在施工中在对拉螺栓的中部增设一道止水环，见图 15-7。在浇筑过程中安排技术人员每 4 小时检查一次，确保在混凝土浇筑过程中模板不发生位移，见图 15-8。池顶模板的支立采用工具式支架系统。支架立柱下端螺栓支座可调整高程，支架采用可调拆柱头系统。柱头摆放行架或方木，顶部铺放钢模板，柱头及边角部分铺放木模，以补齐全顶板。

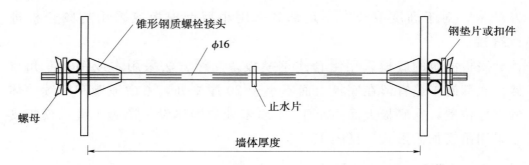

图 15-7 三节可拆防水穿墙螺栓

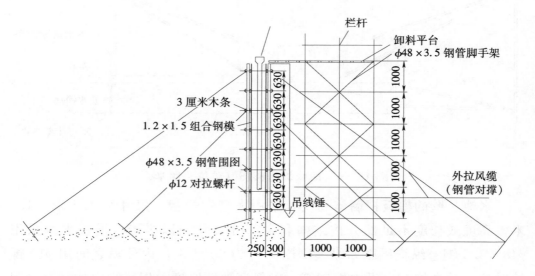

图 15-8 水池竖壁模板加固及卸料平台布置图（单位：米）

支撑杆纵横间距为 1.5 米，梅花形布置，支撑高度为根据顶板的设计高度确定，支撑横向采用 $\phi48\times3.5$ 钢管拉接，以保证稳定性，见图 15-9。

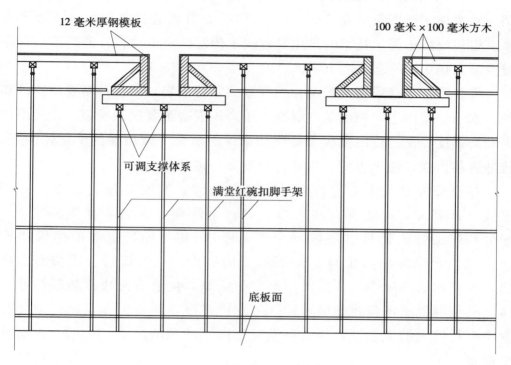

图 15-9　顶板模板及梁体模板支设图

（3）冬季保温措施。对每个构筑物的施工采用综合蓄热法。一是对各个构筑物混凝土浇筑仓面搭设暖棚，内生火炉，暖棚内的温度保持在 5℃以上，暖棚保持至模板拆除；二是在混凝土拌和时采用热水，为控制混凝土搅拌机出机口温度不低于 10℃，在混凝土拌和站旁装有 1.5 吨热水锅炉和一个蓄热水箱，并控制水温不超过 80℃，以防水泥假凝，同时在混凝土中掺加复合防冻剂，提高混凝土的早期抗冻性能。混凝土每盘拌制时间为 3 分钟，并适当延长混凝土的拌和时间（一般延长 20%～25%）。混凝土在运输过程中采用塔吊料斗。

六、模袋混凝土施工技术

2003 年 4 月，管理局派出考察小组赶赴江苏无锡对模袋混凝土的施工技术进行了考察。认为模袋混凝土技术能够解决水下施工问题、解决风浪淘刷和击穿问题，而且施工速度快（单位工作面日进度 700～1000 平方米），在汛前能够完成低水位区施工任务。在初步实验后推荐施工企业运用。主要施工范围集中在高程 767～773 米，共治理渗漏面积 3.8 万平方米。模袋混凝土施工技术的运用，改变了传统的黄土覆盖补漏措施，每年减少渗漏损失 500 多万立方米。

模袋混凝土是采用高强度合成纤维编制的模袋，铺设在需要防护的陆地、水下、坡面上，把流动性混凝土用高压混凝土泵压入模袋，在短期内得到高强度、高密度的混凝土硬化体来保护坡面。模袋混凝土整体性好，抗冲刷能力强，施工方便，机械化程度高，进度快。

在模袋混凝土施工前首先进行基础处理，其次是模袋铺设，先将模袋全部展开，并将所有注入口扎紧；上端穿入钢管，在离顶线 1.5 米处均匀的打入钢桩（每幅不少于 3 根），并与模袋上端的钢管相连接；模袋定位准确后按自上而下的方向铺设；在铺设后一模袋时需将前块模袋的滤布展平，并依次用尼龙带接好，使前后两块模袋联结成一体。模袋混凝土不但要能满足设计要求的强度，还必须在运输、灌注过程中有足够大的流动性，使它在模袋里能够顺利的流淌、扩散，充满整个模袋。

模袋充灌的基本工序：接通混凝土管，管子铺设要顺直，弯曲处半径不小于 1 米；管道长度不宜大于 300 米；把喷出管插入模袋并扎紧注入口；开动搅拌机和混凝土泵，使其正常运转，注灌开始要用较低转速，待顺畅后调整到较高转速；对搅拌机、混凝土泵和输水管道过水一遍，观察是否正常运行，发现故障立即排除；过水后再压水泥砂浆一遍，以润滑管道，砂浆配制比例为水泥∶砂子∶水＝1∶2∶0.7；将合格的混凝土送入混凝土泵，即可对模袋进行灌注。灌注速度控制在 8～12 立方米每小时，出口压力以 0.2～0.3 兆帕为宜；灌注口应注一个打开一个，注完立即扎紧，封口用结扎法或回塞法。混凝土喷射灌插入灌口深度不少于 30 厘米，并用绳带扎紧；混凝土充灌时顺着混凝土流动的通道踩踏，"引导"其在模袋内扩展并且能够顺畅流动，使得混凝土能够充满模袋空间，同时要注意适时调节倒链，保证模袋松紧适度，受力均匀，充灌厚度一致达到设计要求；在模袋端头挖沟深埋，并用砌石压顶；在混凝土初凝后，每隔 2 米打入一根直径 16 毫米、长 100 厘米的钢筋，梅花形布置；初凝后适时养护。

第二节　自动化观测技术

一、大坝安全监测

管理局于 2004 年 12 月—2005 年 12 月建设了大坝安全监测系统和洪水调度系统。采用现代水情测报技术、现代通信技术、现代计算机网络技术组建新型雨、水情测报遥测网、洪水预报系统，实现科学、准确、及时的雨情水情信息采集、洪水预报及洪水调度自动化。

1. 变形监测

红外线电子全站仪及附属设施 1 套，坝体裂缝监测埋入式测缝计 4 只，高边坡裂缝监测埋入式测缝计 4 只。

2. 渗流监测

主坝绕坝渗流监测：8 只孔隙水压力计，主坝坝基及坝体渗流压力监测：22 只孔隙水压力计；灰岩地下水位监测：孔隙水压力计 1 只；底板扬压力监测：测压管 2 根（人工）。

3. 环境量监测

上游水位监测由水情测报系统引入；下游水位由水位计监测；坝址降雨量监测由水情测报系统引入；温度由气温计监测；气压计 1 只监测气压。

4. 数据采集及自动化系统

大坝监测专用数据采集系统：测控单元 2 台；计算机及辅助设备 1 套；数据采集软件 2 套（变形监测及渗流监测）；资料整编软件 1 套；资料分析、评价软件 1 套；信息发布软件 1 套。大坝安全监测系统建设一览表见表 15-1，信息化网络系统拓扑结构图，见图 15-10。

表 15 - 1　　　　　大坝安全监测系统建设工程量一览表

项目名称		工程名称	完成工程量	备注
大坝安全监测	大坝安全监测系统	坝体、高边坡裂缝监测	8 个测缝计	
		坝体、高边坡表面变形监测	46 个表面变形标点	
		高边坡深层位移监测	3 个测斜仪	
		坝体浸润线监测	23 个渗压计	
		绕坝渗漏监测	8 个渗压	
		上、下游库水位监测	1 个浮子水位计 1 个渗压计	
		气温、气压监测	1 个气温计 1 个气压计	
		Mcu 测控单元	2 台	
		采集、整编、分析软件	各 1 套	
	闸门监控	闸位计	2 台	
		现地监控单元	2 台	
		监控主机	1 台	
	图像监视	摄像机	6 个	增加 2 台
		电视机	6 台	增加 2 台
		监视主机	1 台	

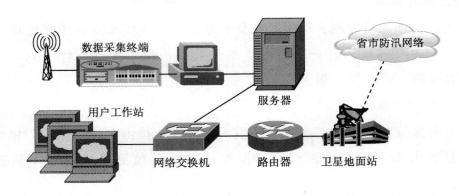

图 15 - 10　桃曲坡水库信息化网络系统拓扑结构

二、洪水调度系统

1. 洪水调度系统结构、特点及功能

水库洪水调度自动化系统是一种先进的水文气象参数实时采集和传

输、处理系统。它应用通信、遥测和计算机等技术手段来完成雨量、水位、流量等各种参数的实时处理。桃曲坡水库洪水调度系统，包括水库上游雨情信息采集和洪水预报。主要建设了遥测中心站 1 处、分中心站 1 处、水位、雨量、闸位遥测站 3 处、雨量站 7 处，分散遥测站与中心站、控制中心分站之间通信方式采用 GSM 技术。洪水预报调度软件包括基础信息查询、实时水情查询、洪水预报、水库调度和数据库管理五大模块。系统具有人机交互功能，可以通过表格输入和图形修正的功能实现对预报结果的修正和实时校正，使预报结果更为准确和可靠。

（1）洪水调度系统结构。水情自动测报系统结构见图 15-11，洪水调度系统通信结构图见图 15-12。

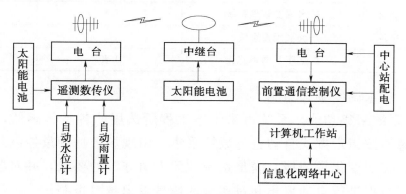

图 15-11 水情自动测报系统结构

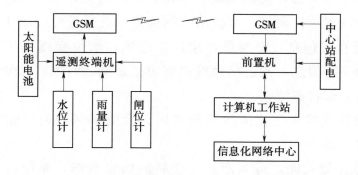

图 15-12 洪水调度系统通信结构图

水库水情自动测报系统是一种先进的水文气象参数实时采集、传输系统和数据处理系统，主要由自动雨量计、自动水位计、自动闸位计、遥测终端机、计算机工作站等组成。本系统工作体制为自报式，遥测站与中心站之间采用 GSM 方式通信，中心站与分中心站之间采用光纤连接。

表 15 - 2 桃曲坡水库洪水调度系建设一览表

项目名称		工 程 名 称	实际完成工程量	备 注
洪水调度系统	土建及安装部分	雨量站	5 座	
		水位、雨量站	2 座	
		水位、雨量、闸位站	2 座	
		闸位站	1 座	
		分中心站	1 座	
		中心站	1 座	
	软件部分	遥测子系统	1 套	
		洪水调度管理系统	1 套	
		洪水预报系统	1 套	
		数据库及网络建设	1 套	

（2）洪水调度系统功能。

1）系统采集功能。系统可采集本工程所选用的各类传感器，实现对各类传感器按指定方式自动进行数据采集，由现场数据测量控制装置能自动定时、按照变化量测报，满足系统"无人值守"的要求，并对各类传感器的实测数据进行自动采集和对实测的信号发出越限报警。

a. 定时发送信息，防汛雨量、水位、闸位监测站每日 8：00 及20：00 定时向中心站发送日雨量、水位值、闸位值，并报送监测站工作状态。

b. 定量自报信息，降雨量每增加 1 毫米，水位变幅 1 厘米时自动向中心站发送一次信息，发送信息的内容包括日期、时间、站号、雨量累积值，监测站工作状态等。

c. 闸位计在发生变化或执行调度时，及时将闸门开度信息发送到分中心站及中心站。

d. 信息存储功能，每当产生一个新的信息数据，系统将所采集数据向中心站发送的同时自动存入遥测终端机的固态存储器，存储数据的格式同发送信息的格式一致。

2）系统查询功能。

a. 水情数据查询功能。①原始数据查询，即对存入各测站的原始数据进行查询，以掌握各遥测站的实时水雨情数据资料，并可与中心站收到的数据对照，用以检查信息发送及丢失情况；②水位—库容关系、水位—流量关系查询，即可利用水位—库容关系、水位—流量关系的公式，计算水位变化与水库水量的变化，给管理部门提供水库洪水调度依据；③日、月降雨量查询，即以日月为基本查询时间单位，通过选择不同的时间和测站，查询某日或某月的雨量实测数据值。

b. 系统维护功能程序具有雨水情数据添加和修改两部分功能。①雨量、水情数据输入，即通过选择雨量、水位数据输入功能，可向系统数据库中添加漏掉的水情数据；②水雨情数据修改，即通过选择雨量、水情数据修改功能，可更改系统数据库中接收的错误水雨情数据，保证水雨情数据的准确性。

c. 水情雨情数据报表功能，可根据需要分别选择各单站水雨情，逐段水雨情，各单站逐日、月、年平均降雨量及流域各站的时段最大降雨量、日最大降雨量、逐年逐月累计降雨量等水雨情数据，以及时段水位报表、日水位报表、月逐日水位报表、年逐日水位报表等多项功能。

d. 水情数据图形显示功能可用图形方式显示系统内所有测站的水雨情状况，包括降雨量直方图、日水位过程线图、月水位过程线图、年水位过程线图等内容，根据需要输入相应的查询条件和选择需要查询的站点，即可显示和打印出成果。

e. 自动监测全流域所有测站的信息变化。

f. 办公文档处理功能。

3）实时洪水预报和调度。根据接收到的雨量数据，采用半分布模型、降雨径流模型两种方式进行洪水预报。系统可按 3 种方式生成调度方案：①根据实时水情、雨情及工况由人机交互生成方案；②按提前设定的调度规则自动生成方案；③在实时入库流量、库水位和出库水量多条件约束下生成调度方案，并提供方案优选功能，供管理者防洪调度决策。

4）数据处理及数据库管理功能。系统数据库采用 MS-SQLServer2003 网络数据库，具有在上下级系统间双向传输的功能。其中又划分为实时汛情库、历史水雨情库、工情库和图片库 4 个子库。每个子库都有数据库管理、修改编辑、信息查询与提取等功能。洪水调度系统在试运行过程中，遥测数据采集、发送、接收及时准确，能实时反映流域内水雨情的变化，自动测量数据与对应时间的人工实测数据规律一致，精度满足规范要求。

第三节 科 技 成 果

从工程建设开始到 2009 年，管理局（指挥部）一直重视新技术的研究和应用，取得了多项技术成果。

一、获奖项目

1982 年管理局引进了西北水利科学院的研究成果：焦油塑料胶泥，1993 年由陕西防水材料厂定点生产，获得省科学技术委员会的"陕西省新产品奖"和第一届（1994 年 10 月）及第六届（1999 年 11 月）"中国杨凌农博会新产品后稷金像奖"等荣誉称号。

1988 年 1 月，下高埝万亩方田建设项目获陕西省农村科技进步一等奖，获奖成员有王德成、张有林、孟德祥、李顺山、李佐帮和张树明。

二、科技论文存目

职工科技论文存目，见表 15-3。

表 15-3 职 工 科 技 论 文 存 目

序号	论 文 名 称	作 者	发表刊物及时间
1	论必须坚持大搞农田基本建设		咸阳市农建学术会议交流 1982 年 7 月
2	旬邑县水利工程设施经济效益调查分析	徐素毅	登载于耀县水利区划文件中 1984 年 6 月
3	加强水利工程管理巩固和发挥现有工程效益		咸阳市水管工作会议交流 1987 年 12 月
4	混凝土衬砌渠道伸缩缝止水材料——焦油塑料胶泥的使用效果	吴宗信 武斌生	《水利水电技术》1990 年第 7 期
5	桃曲坡水库灰岩库区的漏水情况及治理措施	吴宗信 梁纪信 王德成	《水利水电技术》1990 年第 12 期

续表

序号	论 文 名 称	作 者	发表刊物及时间
6	科学用水挖潜力，适时灌溉增效益	李顺山 韩永昌	《陕西科技报》1991 年 10 月
7	走科技兴水之路，建设节水型灌区	李顺山 韩永昌	《陕西科技报》1991 年
8	依靠科技进步，提高灌溉效益	韩永昌 李顺山	《陕西水利》1991 年第 4 期
9	油毡水泥土在水库防漏中的应用	吴宗信	《陕西水利》1992 年第 1 期
10	U 形混凝土渠道的糙率	吴宗信 苗文强 张树明	《陕西水利》1993 年第 6 期
11	开发渠道经济大有可为	吴宗信 张树明 李顺山	《陕西水利》1994 年第 1 期
12	简单易行的淤积渠道测水量水方法	吴宗信 张树明 王山河	《灌区建设与管理》1994 年第 3 期
13	桃曲坡水库灌溉工程效益评估	张树明 吴宗信	《灌区建设与管理》1994 年第 2 期
14	桃曲坡水库灌区改革用水管理制度及其效果	吴宗信 张树明 李顺山	《陕西水利》1995 年科技专号
15	灰土暗管渠施工技术及运行效果	李顺山 李佐帮 吴宗信	《陕西水利》1995 年科技专号
16	兴办股份制企业，壮大灌区经济	李顺山 张锦龙	《陕西水利》1996 年第 1 期
17	桃曲坡水库建设千亩果园工程	张锦龙 李顺山	《陕西水利》1996 年第 3 期，获灌区征文二等奖
18	渭北第一湖——桃曲坡水库	李顺山	《中国水利报》1998 年 10 月 27 日
19	三十年业绩铸辉煌——喜看今日桃曲坡	李顺山 付民盈 李军龙	《灌区建设与管理》1999 年
20	陕西省水利水电工程概预算定额：砂石备料章节	刘文杰	《陕西省水利水电工程概预算定额》1999 年
21	深埋软岩小断面超长隧洞施工技术	秦鹏	申报陕西省科技进步奖（2000 年 7 月）
22	桃曲坡水库灌区更新改造工程渠道设计有关问题的探讨	王勇宏	《陕西水利》2001 年 7 月科技专号
23	施工合同管理中的索赔		《陕西水利》2001 年 7 月科技专号
24	水权的分散和集中	武锋军	《陕西水利》2001 年
25	小议灌区体改中存在的几个问题		获 2002 年陕西水利优秀科技论文三等奖

续表

序号	论　文　名　称	作　者	发表刊物及时间
26	合同管理中的变更与处理	任晓东	《陕西水利》2001年科技专刊
27	桃曲坡水库节水灌溉措施探讨	康卫军	《陕西水利》2002年科技专刊
28	锦阳湖生态园建设刍议	李顺山　庞亚荣	获2002年陕西水利优秀科技论文一等奖（2002年1月）
29	马栏河引水隧洞A标不良地质段的施工处理	冯宏革	《陕西水利》2002年科技专刊
30	桃曲坡水库灌区水资源开发现状及解决途径	刘军江	《地下水》2003年第2期
31	灌区几种主要量水设施应用问题及其改进意见	李军龙	《陕西水利》2003年科技专刊
32	职工承包支斗渠在灌区的实践	秦鹏	《陕西水利》2003年科技专刊
33	铜川新区净水厂工程微膨胀混凝土应用施工技术	李江丽	《陕西水利》2003年科技专刊
34	净水厂薄壁混凝土施工技术	席刚盈	《陕西水利》2003年
35	桃曲坡水库水土保持综合治理方略谈	韩铁锋	《陕西水利》2004年科技专刊
36	桃曲坡水库坝体裂缝灌浆技术小结	胡小丽	《陕西水利》2004年科技专刊
37	模袋混凝土施工技术	李建设	《陕西水利》2004年
38	"承包＋协会"改制模式在桃曲坡水库灌区的实践	尹琳娜	《陕西水利》2004年第4期
39	桃曲坡水库灌区水资源的有效利用及优化配置措施	李军龙	《灌区建设与管理》2004年第1期
40	试论知识经济与人力资源管理		《地下水》2004年第4期
41	开发利用水资源实现铜川经济可持续发展	林剑平	《地下水》2004年6月增刊
42	人力资源开发中的职业生涯管理		《陕西水利》2005年5月科技专刊
43	变频恒压供水在铜川新区净水厂中的应用	唐清勇	《陕西水利》2005年5月科技专刊

续表

序号	论 文 名 称	作 者	发表刊物及时间
44	桃曲坡水库灌区农业灌溉现状调查	雷积强	《地下水》2005 年
45	现浇混凝土渠道在灌区改造过程中的应用	赵艳芳	《陕西水利》2005 年
46	低价中标法在世行贷款项目中的应用	罗萍	《陕西水利》2005 年科技增刊
47	灌区更新改造工程项目建设管理工作初探	李七顺	《西北水力发电》2005 年增刊 10 月版
48	排水管道工程常见质量问题及其防治措施	李文杰	《陕西水利》2005 年科技专刊
49	简谈桃曲坡水库近坝区水保综合治理项目管理	庞亚荣	《地下水》2005 年
50	PE 管道在城乡供水管网中的应用实践	屈军宏	《陕西水利》2005 年
51	浮箱式移动泵站的应用实践	姬耀斌	《陕西水利》2005 年科技增刊
52	喷射合成纤维混凝土在修复加固工程中的应用	刘玲玲	《陕西水利》2005 年科技增刊
53	锦阳湖生态园开发思路与前景	李建邦	《陕西水利》2005 年
54	浅谈事业单位绩效管理中存在的问题及解决办法		《陕西水利》2007 年
55	浅谈桃曲坡灌区工程管理	陈建波	《陕西水利》2006 年科技增刊第 106 号
56	水保治理措施对库区环境的作用及影响	赵军政	《陕西水利》2006 年科技专刊
57	土工膜在桃曲坡水库防渗结构中的应用	任晓鹏	《地下水》2006 年科技增刊
58	水工建筑物基础处理技术	杨菁	《陕西水利》2006 年科技专刊
59	应用全站仪进行三角高程测量的新方法	任春妮	《陕西水利》2006 年科技专刊
60	工程代建制建设项目发展趋势	赵媛莉	《陕西水利》2006 年科技专刊
61	桃曲坡灌区工程项目建设管理	杨一波	《陕西水利》2007 年科技专刊

序号	论 文 名 称	作 者	发表刊物及时间
62	浅论水利工程中的全过程监理	胡冰	《地下水》2007年科技增刊第29卷
63	浅谈施工项目质量控制	王佩侠	《地下水》2007年科技增刊第29卷，获第四届陕西水利科技优秀论文三等奖
64	实现灌区"一价到户"的探讨	文晓英	《陕西水利》2007年科技增刊第99号
65	推行参与式管理 积极组建农民用水者协会	刘小凤	《地下水》2007年科技增刊第125号
66	浅谈桃曲坡灌区体改工作	任晓静	《陕西水利》2007年科技增刊第135号
67	锦阳湖生态旅游发展的现状与前景	张晓锋	《陕西水利》2007年科技增刊第99号
68	农民用水者协会在桃曲坡灌区的运行效果分析	刘彦妮	《陕西水利》2007年第6期
69	水工隧洞设计中应注意的问题	韩兴善	《陕西水利》2007年科技专刊
70	渠道工程施工的质量控制	杨新强	《陕西水利》2007年科技专刊
71	浅谈桃曲坡水库灌区渠道工程防渗技术措施	宋敏	《陕西水利》2008年科技专刊
72	大坝渗流监测在桃曲坡水库的应用	庞晓莹	《陕西水利》2008年科技专刊
73	灌区推行农民用水户协会后的思考	薛辉	《陕西水利》2008年科技专刊
74	灌区基层管理工作浅析	李剑奇	《陕西水利》2008年科技专刊
75	光纤传感器在桃曲坡水库土坝渗流自动监测中的应用	李莉	《地下水》2008年第4期
76	尚书水库存在的问题与对策	张晓锁	《中国信息技术教育》2008年第8期
77	论监理对工程造价的有效控制	李增辉	《地下水》2008年科技增刊
78	浅谈钻孔灌注桩施工和质量管理	李军学	《地下水》2008年科技增刊
79	尚书水库溢洪道弧形闸门施工		《地下水》2009年第4期
80	桃曲坡水库大坝安全监测系统运行分析	王鹏	《地下水》2009年第4期

第十六章 机 构 沿 革

桃曲坡水库城乡供水工程建设与管理历经 40 余年，1969—1980 年主体工程建设时期由渭南地区成立渭桃指，隶属渭南地区管辖，下设富桃指和耀渠指；1980 年耀县划归铜川市管辖后成立陕桃指，隶属省水利厅管理；1987 年管理局成立，1997 年机构改革后，管理局机关设置 8 个相对固定的科室，1 个临时机构；基层相继设置有 10 个管理站、维修养护大队和 4 个企业实体。党群组织按各阶段需要设置党的核心小组和党委，下设纪律监察委员会、共青团、工会、妇联、学会等团体。

第一节 工 程 指 挥 部

1969 年 12 月成立渭桃指，下设富桃指和耀渠指；1970 年 10 月渭南地区撤销"渭桃指"，两县指挥部直接受渭南地区行署领导；1971 年 9 月又复设渭桃指；1980 年 1 月耀县由渭南地区划归铜川市管辖，工程跨两地市，桃曲坡水库工程收归省水利厅直接管理，原渭桃指更名为陕桃指，详见图 16-1。

一、1969—1980 年渭桃指

由于桃曲坡水库工程建设属边勘测、边设计、边施工的"三边工程"，加之修建桃曲坡水库工程是耀县和富平县人民长期以来的迫切希望。因此，工程指挥部机构由下而上逐步建立健全。

1969 年 6 月 19 日，耀县革命委员会成立了耀渠指承担高干渠系工程建设任务，下设工程组、综合组等部门，第一任指挥孙建明。同年 9 月，富平县革命委员会成立了富桃指，承担水库工程建设任务，下设政工组、技术组等部门，第一任指挥冯忠礼。1969 年 12 月，渭桃指成立后直接领导和指挥两县指挥部工作，下设办公室、政工组、工程组、办事组，第一任指

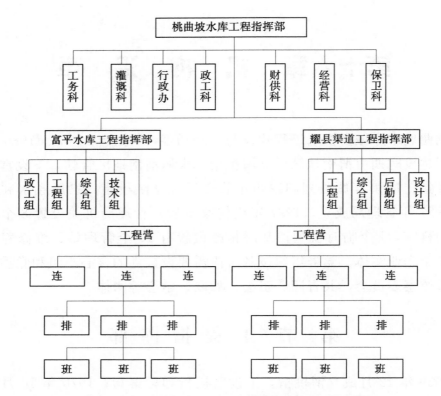

图 16 – 1　桃曲坡水库工程指挥部机构设置框图

挥崔加善。指挥部设在水库工地,和富桃指一起指挥工程建设。1970 年 10
月,渭南地区革命委员会撤销渭桃指,富平、耀县两县工程指挥部直接受
渭南地区行署领导,曾一度出现衔接性、协调性和领导指挥脱节现象。
1971 年 9 月,渭南地区革命委员会决定复设渭桃指,杜鲁公任指挥,陈世
让任副指挥。下设办公室、政工组、工程组、办事组。指挥部仍设在水库
工地,和富桃指一起加强工地管理。1972 年 8 月,总部由水库大坝迁至耀
县苏家店办公;1974 年 5 月,总部又迁至耀县塔坡路 106 号。1975 年 1 月,
指挥部内设政工科、办公室、灌溉科、工务科、财供科。同年 10 月,成立
下属单位大坝管理站、灌溉试验站、护渠队、寺沟管理站、下高埝管理站、
楼村管理站。1978 年 3 月,水库补漏初见成效开始蓄水时,成立桃曲坡水
库灌区临时灌溉管理委员会,期间耀县设沮河管理站和漆河管理站,富平
县设庄里管理处,下辖东干渠管理站、西干渠管理站、民联渠管理站和南
社管理站。渭桃指指挥见表 16 – 1,副指挥见表 16 – 2。

表 16 - 1 渭桃指指挥简表

指挥	任职时间（年-月）	备 注
崔加善	1969 - 12—1970 - 10	1. 耀县渠道指挥部指挥孙建明，副指挥郭进功、李竹茂、何云鸿； 2. 富平水库指挥部指挥冯忠礼，副指挥赵世英
杜鲁公	1971 - 09—1972 - 03	1. 耀县渠道指挥部指挥孙建明，副指挥郭进功、李竹茂、何云鸿； 2. 富平水库指挥部指挥冯忠礼，副指挥赵世英
张济伦	1972 - 03—1980 - 01	1. 耀县渠道指挥部指挥王自修； 2. 富平县指挥部指挥段维智、韩仕伟； 3. 1975 年 6 月—1980 年 1 月张济伦抽调抽黄工程，朱宗芳主持工作

表 16 - 2 渭桃指副指挥简表

副指挥	任职时间（年-月）	副指挥	任职时间（年-月）
孙建明	1969 - 12—1970 - 10	寇振全	1974 - 07—?
冯忠礼	1969 - 12—1970 - 10	常生春	1974 - 01—1976 - 10
陈世让	1972 - 03—1972 - 11	何云鸿	1974 - 01—1979 - 06
李竹茂	1972 - 03—1974 - 07	安新	1976 - 10—1979 - 12
孙万章	1972 - 03—1974 - 07	金凤歧	1975 - 04—1976 - 09
朱宗芳	1972 - 11—1979 - 02	陈瑞生	1976 - 08—1980 - 01
乔思诚	1974 - 07—?	荆克斌	1979 - 02—1980 - 01
任今厚	1974 - 01—1980 - 01	李云亭	1978 - 12—1980 - 01

二、1980—1987 年陕桃指

1980 年 1 月，耀县划归铜川市管辖后，桃曲坡水库灌溉工程成为跨地区的水利工程项目，省水电局接管了渭南地区指挥部的工作后，成立了陕桃指，负责尾留工程建设和竣工验收工作，同时开展前期灌溉管理工作，第一任指挥荆克斌。同年 4 月，接管了富平县石川河管理处。12 月，接管了耀县沮河管理站、漆河管理站。1981 年 6 月，陕桃指新建东干渠庄里管理站、宫里管理站、曹村管理站。1983年7月成立西干觅子管理站。

　　1983年6月，成立配水组。1984年水库建设通过竣工验收，8月成立劳动服务公司。1985年2月陕桃指机关设置，除原办公室、政工科、工务科、灌溉科、工会、纪检委机构不变外，撤销财供科，成立计财科，增设科技科及多种经营办公室。1987年2月成立增产节约、增收节支领导小组；4月成立职称改革工作领导小组和工程技术职务评审委员会；10月撤销陕桃指，成立管理局。陕桃指指挥详见表16-3，陕桃指副指挥详见表16-4。

表 16-3　　　　　　　　　　陕桃指指挥简表

指挥	任职时间（年-月）	备注
荆克斌	1980-01—1985-11	
王德成	1985-11—1987-10	

表 16-4　　　　　　　　　　陕桃指副指挥简表

副指挥	任职时间（年-月）	副指挥	任职时间（年-月）
任今厚	1980-01—1981-12	瞿瑞祥	1981-07—1984-06
陈瑞生	1980-01—1986-03	王德成	1981-10—1985-11
李云亭	1980-01—1985-11	郑根运	1983-06—1985-11
王东才	1980-03—1984-06		

第二节　管　理　局

　　1987年10月23日，省水利厅以陕水计发〔87〕第41号文件批复，同意撤销陕桃指，成立管理局，为县级事业单位，编制180人。

一、机关设置

　　1987年管理局成立后，继续延用工程指挥部时设立的政工科、办公室、工务科、计财科、科技科、多种经营科、灌溉科、监察室、劳动服务公司、职改办公室等10个科室，同时设有职称改革工作领导小组、工程技术职务评审委员会及配水站等3个机构。

（1）1988—1992年5年间成立、合并及撤销的机构有：1988年4月，成立设计室和防汛领导小组及防汛办公室；同年7月，成立局体改领导小组和局务委员会；11月，成立局治理整顿领导小组。1989年3月，成立综合经营公司，撤销多种经营科和劳动服务公司；撤销政工科，其干部管理、人事劳资、安全保卫、计划生育等项工作与科技科合并为人事科技科；成立党委办公室，原政工科所属的党的组织、宣传、共青团工作及办公室所属的党委收发工作、党委会组织、记录工作划归党委办公室；同年10月，成立劳动服务公司，成立工程建筑设计室和编志办公室。1990年2月，撤销综合经营公司，成立经营管理科；同年6月，撤销配水站，现有人员和业务并入灌溉科；8月，成立保密委员会和安全生产委员会；9月，成立保卫科、政治处；11月，工务科、灌溉科合并，组成工程灌溉科（简称工灌科）；12月，成立陕西省铜川供水水源工程领导小组及指挥部。1992年11月，成立枢纽站旅游服务部和陕西省铜川供水水源工程项目监督站。

（2）1993—1997年5年间成立、合并及撤销的机构有：1993年5月，成立马栏河引水工程指挥部，下设办公室、工程科、质量监督站、马栏指挥所、庙湾指挥所。1995年10月，成立房建办。1997年12月，经省水利厅批复，成立水政监察支队，下设办公室及3个水政监察大队。

（3）1998—2003年5年间成立、合并及撤销的机构有：1998年1月，成立管理局项目办公室；同年6月，省水利厅批准更名组建了管理局水政执法监察支队。1999年1月，项目办撤销，成立陕西省关中灌区改造工程世行贷款项目桃曲坡执行办公室，下设财务科、工程科、综合科；同年9月，成立关中灌区改造工程世行贷款桃曲坡项目办质量监督站，业务归项目办管理。2000年1月，设计室从原挂靠工灌科分离出来，单独设立；同年2月，撤销马栏工程指挥部及办公室、工程科、质量监督站、马栏指挥所、庙湾指挥所；7月，成立机关后勤服务中心和配水站，组建水保项目办公室。2002年3月，成立房改工作领导小组；同年10月，成立除险加固工程项目办公室。2003年3月，成立房建工程检查工作小组；原世行项目办质量监督站更名为管理局质量管理站。

（4）2004—2008年5年间成立、合并及撤销的机构有：2004年7月，成立防汛技术组；同年12月，撤销水保项目办公室，成立水库志编纂工作领导小组及编志办公室（简称编志办），同行政办公室合署办公，同时，成立工程项目意外费用审核领导小组及办公室。2005年3月，成立桃曲坡水库金属结构改造工程现场甲方代表组和桃曲坡水库灌区抗旱减灾专家组（临时机构）；同年4月成立水利工程管理体制改革领导小组及办公室；6月成立医疗审查小组；8月成立物业管理委员会；10月成立节水改造与续建配套办公室，同世行项目执行办公室合署办公。2006年11月，成立铜川新区供水日元贷款项目办公室及领导小组（简称日贷办），同年12月，成立水政科。2007年3月，成立尚书水库除险加固工程项目办公室，节水续建配套项目办公室和世行项目办公室合署办公，房建办与物业办合署办公，撤销局质量管理站，原质量管理站业务划归为世行项目办负责；同年6月，管理局为推动人事管理和收入分配制度改革顺利进行，成立岗位设置实施工作领导小组；8月，按照陕编发〔2007〕12号《关于省泾惠渠管理局等三个水利工程管理体制改革试点单位定岗定编的批复》，组建陕西省桃曲坡水库灌溉管理局，编制为43人，为财政全额拨款的事业单位，机关设置8个职能部门，同时设立桃曲坡水库管理站、红星水库管理站、尚书水库管理站3个公益性单位；组建管理局下属的农业灌溉管理总站，编制为165人，实行自收自支，企业化管理。灌溉管理总站内设灌溉管理组、综合组、财务组、服务中心4个部门，同时设立13个灌溉管理站，共17个单位和部门；人员编制165人，按自收自支管理；组建管理局下属的维修养护大队，人员编制102人，实行自收自支，企业化管理；内设综合组、技术组、工程组、财务组。2008年7月，成立管理局陕焦化公司供水项目领导小组，领导小组办公室设在日贷办；同年10月，成立局深入学习科学发展观活动领导小组。

（5）2009—2011年底成立、合并及撤销的机构有：2009年3月，成立管理局低干输水项目前期办公室和日元贷款项目铜川新区东环线管网工程有关机构；同年12月，成立管理局水利工程建设领域突出问题专项治理工作领导小组及办公室。2011年6月，成立职工食堂管理委员会；同月，成立节约型机关建设领导小组；同年10月，将楼村管理站分为楼村管理站和下高埝管理站，其中楼村管理站为2009年机构改革前的楼村管理站，下高埝管理站为改革前的寺沟、下高埝管理站合并。

　　截至 2011 年底，管理局机关有固定科室 8 个，即行政办公室、党群监察办公室、人事教育科、计划财务科、灌溉管理科、工程管理科、水政执法科、经营管理科；临时科室 2 个，后勤服务中心、项目前期办公室。2012 年 5 月管理局成立项目前期办公室。2012 年 9 月管理局机构见图 16-2。管理局历任局领导见表 16-5。

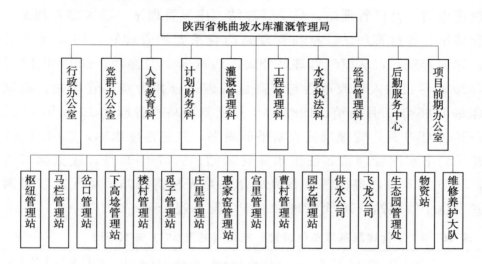

图 16-2　桃曲坡水库灌溉管理局机构设置框图（2012 年 9 月）

表 16-5　　　　　　　　　管理局历任局领导简表

局长	任职时间（年-月）	副局长	备 注
王德成	1987-12—1989-12	李云亭	
张宗山	1989-12—1995-04	李云亭　吴宗信 武忠贤　张秦岭 孙学文	期间梁纪信任总工程师
张秦岭	1995-04—1996-06	孙学文　田德顺 武忠贤	
田德顺	1997-11—2000-01	武忠贤　张树明	1997 年 11 月武忠贤任常务副局长
武忠贤	2000-01—	张树明　李　栋 安银卯　郑　坤 党九社　康卫军 樊　涛　席刚盈	2002 年 4 月张树明任常务副局长；1997 年 11 月李栋任总工程师，2002 年 4 月李栋兼任副局长；2004 年 5 月安银卯任局长助理，2005 年 11 月任副局长；2002 年 1 月武忠贤兼任供水公司经理，党九社、张扬锁担任副经理；2012 年 6 月樊涛任副局长；2012 年 9 月席刚盈任副局长，杨联宏任总会计师

二、供水生产单位

1. 灌区灌溉管理单位

1987 年管理局成立后，基层供水生产单位在沿用指挥部原有机构的基础上根据需要有所调整：即枢纽管理站、楼村管理站、下高埝管理站、马栏管理站、岔口管理站、觅子管理站、庄里管理站、惠家窑管理站、宫里管理站、曹村管理站。枢纽管理站前身系大坝管理站，1987 年 3 月更名；寺沟管理站，从枢纽管理站分离，1994 年 2 月撤销，2003 年 12 月恢复，2009 年机构人事改革后与下高埝管理站合并为楼村管理站；惠家窑管理站 1985 年 1 月撤销，1987 年 1 月恢复；马栏管理站 1998 年 11 月成立；2000 年 9 月，管理局接收富平的尚书、红星两座水库，2001 年 10 月组建了尚书水库管理站和红星水库管理站；2007 年 9 月，成立岔口管理站；2009 年 8 月，曹村、尚书两站合并为曹村管理站，觅子、红星两站合并为觅子管理站。10 个管理站基本情况见表 16 - 6。

表 16 - 6　　管理局基层单位设置一览表（截至 2011 年 12 月）

管理站名称	驻　　地	成立时间（年-月）	成立时的人员构成	2011 年底人员构成	
				干部	工人
马栏管理站	马栏乡马栏村	1998 - 11	4	2	1
枢纽管理站	桃曲坡村北	1975 - 10	20	8	5
楼村管理站	坡头镇	1975 - 10	5	2	2
下高埝管理站	铜川新区景丰路	1975 - 10	14	5	3
庄里管理站	庄里镇	1981 - 06	9	5	3
觅子管理站	觅子乡	1981 - 11	6	4	8
宫里管理站	宫里镇	1981 - 06	8	7	4
惠家窑管理站	庄里镇黄窑村	1981 - 11	7	5	5
曹村管理站	曹村镇	1981 - 06	7	6	3
岔口管理站	梅家坪镇岔口村	2007 - 09	5	3	3

2. 工程维修养护单位

（1）维修养护大队。2007 年 6 月 21 日，陕西省机构编制委员会批复组建管理局下属的农业灌溉和维修养护队伍，自收自支编制 147 名，实行企业化管理。2009 年 4 月，管理局下发文件，组建了维修养护大队，主要负责灌区国有水利工程的日常维修养护工作。维修养护大队下设 10 个养护分队，各分队设在管理站。其职责主要是宣传、贯彻水利行业的各项法规、政策；编制灌区工程规划、设计和维修养护计划。维修养护大队建队时设负责人 1 名、职工 4 名，其基本情况见表 16-7。

表 16-7　　　　　　　　维修养护大队基本情况表

单位名称	驻　地	成立时间（年-月）	成立时的人员构成	2011 年底人员构成	
				干部	工人
维修养护大队	铜川新区景丰路	2009-04	6	4	2

（2）园艺管理站。2002 年 4 月，为精简机构，加强统一管理，撤销果林管理站和苗圃园管理站，成立园艺管理站。2004 年 12 月，为进一步理顺和加强生态旅游建设工作，生态园管理处和园艺管理站机构进行了合并，但继续保留园艺站机构牌子。2007 年 4 月，为加强荒山荒坡治理及苗木管理工作，对生态园管理处和园艺管理站机构又进行了分离。园艺管理站主要负责库区绿化、荒山荒坡治理、植物园、苗圃园及千亩果园的日常管理工作。其基本情况见表 16-8。

表 16-8　　　　　　　　园艺管理站基本情况表

单位名称	驻　地	成立时间（年-月）	成立时的人员构成	2011 年底人员构成	
				干部	工人
园艺管理站	石柱乡马咀村	2002-04	19	5	14

3. 企业经济实体

桃曲坡水库预制厂 1981 年成立，1991 年更名为陕西水利防水材料厂，2009 年 3 月后因产品不符合国家环保要求，市场急剧萎缩，加之中治陕压重工设备有限公司扩建征用厂区土地，随即停产。工程队 1986 年成立，2000 年 9 月改制为飞龙公司。物资站 1995 年 12 月成立。锦阳湖生态园管理处 2001 年 3 月成立。博文办公自动化服务中心 2000 年 3 月成立，后因机关迁往新区办公，撤销机构，人员分流。供水公司 2001 年 12 月成立。

多年来，管理局及局属各单位在两个文明建设过程中成绩显著，先后获得了各级政府、部门和团体的表彰奖励。管理局荣誉录见表 16-9。局属单位荣誉录见表 16-10。

表 16-9　　　　管理局获奖情况一览表（截至 2011 年 12 月）

序号	荣 誉 称 号	授奖单位	年 度
1	陕西省水利工程划界发证工作先进单位	省水利厅	1988
2	全国水利管理先进单位	水利部	1991、1997、2003
3	全国造林绿化先进单位	省人民政府	1992
4	全国造林绿化三百佳先进单位	全国绿化委员会	1993
5	省水利系统先进单位	省水利厅	1990、1994、1995、1996
6	市级文明单位	铜川市委、市人民政府	1997
7	安全先进单位	省水利厅	1997、1998
8	厅级文明单位	省水利厅	1998
9	市级文明单位标兵	铜川市委、市人民政府	1999
10	关中灌区"三修两清一绿化"工作先进单位	省水利厅	2001、2002、2009
11	质量管理先进单位	省关中灌区改造工程世行项目领导小组	2001
12	招投标管理先进单位	省关中灌区改造工程世行项目领导小组	2001
13	庆"七一"演唱比赛第二名	省水利厅工委	2001
14	庆"七一"演唱比赛组织奖	省水利厅工委	2001
15	经营承包考核先进单位	省水利厅	2001、2003
16	关中灌区绿化先进单位	省水利厅	2002
17	省级文明单位	省委、省人民政府	2002
18	工会先进单位	省水利厅工委	2001、2002
19	目标责任制考评先进单位	省水利厅	2002
20	全国水利工程管理先进单位	水利部	2003
21	陕西省绿化模范单位	省绿化委员会	2003
22	支援渭河下游排洪除涝先进单位	省水利厅	2003
23	厅直系统抗洪抢险先进单位	省水利厅	2003

序号	荣 誉 称 号	授奖单位	年 度
24	情系灾区、支援排洪	渭南市二华夹槽排洪指挥部	2003
25	水库管理先进单位	省水利厅	2004
26	省水利系统文明工地	省水利厅	2004
27	厅直系统先进单位	省水利厅工委	2003—2004
28	安全生产工作先进单位	省水利厅工委、厅安委会	2005
29	厅直系统象棋比赛第五名	省水利厅工委	2005
30	全国绿化模范单位	全国绿化委员会	2006
31	省水利系统"创佳评差"竞赛活动最佳单位	省水利厅	2006
32	省水利财务审计工作先进集体	省水利厅	2006
33	省水利系统构建和谐机关、和谐单位理论研讨征文组织奖	省水利厅	2006
34	省水利系统构建和谐机关、和谐单位理论研讨征文活动组织奖	省水利系统职工思想政治工作研究会	2006
35	省水利系统"创佳评差"竞赛活动最佳单位	省委、省人民政府	2007
36	厅直系统目标责任考核先进单位	省水利厅	2007
37	陕西省"秦龙杯"夏灌劳动竞赛优胜单位	省水利厅	2008
38	省水利经济工作先进集体	省水利厅	2008
39	省河道水库管理先进单位	省水利厅	2008
40	大型灌区"三修两清一绿化"工作先进单位	省水利厅	2008
41	厅直系统目标责任考核先进单位	省水利厅	2008
42	省第四季度新增水利投资项目建设先进单位	省水利厅	2008
43	厅直系统工会工作先进单位	省水利厅工委	2008
44	厅直系统目标考核先进单位	省水利厅	2009
45	2008年第四季度新增水利投资项目建设先进单位	省水利厅	2009

序号	荣　誉　称　号	授奖单位	年　度
46	厅直系统"江河杯"羽毛球、"交口抽渭杯"乒乓球比赛体育优秀组织奖，"江河杯"羽毛球比赛混合团体第二名，"交口抽渭杯"乒乓球比赛混合团体第五名	省水利厅工委	2009
47	防洪调度先进单位	省防汛抗旱总指挥部	2010
48	省水利工程管理体制改革工作先进集体	省水利厅	2010
49	2009 年度省级水利工程维修养护 A 级单位	省水利厅、财政厅	2010
50	铜川市创建省级卫生城市先进集体贡献奖	铜川市委、市人民政府	2010
51	厅直系统"桃曲坡杯"游泳比赛团体第四名	省水利厅工委	2010
52	厅直系统"引汉济渭杯"羽毛球、乒乓球比赛团体总分第二名	省水利厅工委	2010
53	省水利系统"五五"普法先进集体	省水利厅	2010
54	陕西省绿化先进集体	省人力资源和社会保障厅	2010
55	省水利厅直系统工会先进单位	省水利厅工委	2011
56	全国水利系统和谐企事业单位	中国农林水利、工会委员会	2011
57	省防汛抗旱先进单位	省防汛抗旱指挥部	2011
58	园林式单位	铜川市人民政府	2011
59	庆祝建党 90 周年"三秦水利系水情"文艺汇演二等奖	省水利厅	2011
60	厅直系统"党建知识竞赛"优秀组织奖	省水利厅	2011
61	厅直系统模范职工小家	省水利厅工委	2011
62	厅直系统工会先进单位	省水利厅工委	2011
63	"石头河杯"游泳比赛团体第六名	省水利厅工委	2011
64	"桃曲坡杯"羽毛球乒乓球比赛优秀组织奖，"桃曲坡杯"羽毛球乒乓球比赛团体总分第二名，"桃曲坡杯"羽毛球乒乓球比赛羽毛球混合团体第二名，"桃曲坡杯"羽毛球乒乓球比赛乒乓球混合团体第三名	省水利厅工委	2011

序号	荣 誉 称 号	授奖单位	年 度
65	省水利风景区建设与管理先进单位	省水利厅	2012
66	陕西省先进集体	省委、省人民政府	2012
67	工会工作先进集体	省水利厅工委	2012
68	厅直系统目标责任考核先进集体	省水利厅	2012

表 16-10　局属单位获奖情况一览表（截至 2011 年 12 月）

序号	单位	荣 誉 称 号	授奖单位	年度
1	局团委	水利厅直系统先进团委	省水利厅团委	1992
		"五四红旗团组织"		2010
2	枢纽团支部	省水利系统"五四红旗团支部"	省水利厅团委	2004
3	局工会	工会工作先进单位	省水利厅工委	2009
		工会财务竞赛二等奖		2009
		工会财务工作先进集体		2012
4	人事教育科	厅直系统组织人事工作先进集体	省水利厅	2008
5	水政科	创建"平安单位"活动先进集体	市公安局新区分局	2008
		优秀保卫组织奖		2009
6	宫里管理站	陕西省水利行业精神文明建设示范点	省水利厅	1997
		厅级文明单位		2004
		省水利系统"创佳评差"竞赛活动最佳单位		2006
		陕西省"秦龙杯"夏灌劳动竞赛先进集体		2008
		省水利系统"创佳评差"竞赛活动最佳单位		2008
		"创佳评差"竞赛活动最佳单位		2009
7	果林管理站	青年文明号	共青团陕西省委	1999
8	枢纽管理站	厅级文明单位	省水利厅	2000
		创新示范岗	省水利厅工委	2002
		厅直系统文明单位	省水利厅文明委	2006
		厅直系统工会工作先进集体	省水利厅工委	2006
		厅直系统"模范职工小家"		2006
		厅级文明单位标兵	省水利厅文明委	2011

序号	单位	荣誉称号	授奖单位	年度
9	楼村管理站	厅级文明单位	省水利厅	2000
		厅直系统文明单位标兵	省水利厅文明委	2006
10	设计室	青年文明号	共青团陕西省委	2001
11	惠家窑管理站	水利系统先进集体	省水利厅、人事厅	2002
		厅级文明单位	省水利厅	2004
		省水利系统"创佳评差"竞赛活动最佳单位		2008
		"创佳评差"竞赛活动最佳单位		2009
		省水利厅直单位模范职工小家	省水利厅工委	2011
12	庄里管理站	厅级文明单位	省水利厅	2002
		省水利系统"创佳评差"最佳单位		2005
		厅直系统"先进职工小家"	省水利厅工委	2006
		陕西省"秦龙杯"夏灌劳动竞赛先进集体	省水利厅	2008
13	觅子管理站	厅级文明单位	省水利厅	2004
14	下高埝站	厅级文明单位	省水利厅	2004
		"秦龙杯"夏灌劳动竞赛先进单位	省劳动竞赛委员会	2006
15	防水材料厂	市级文明单位	渭南市委、市人民政府	2001
		厅级文明单位	省水利厅	2002
16	锦阳湖生态园管理处	省级水利风景区	省水利厅	2001
		国家水利风景区	水利部	2002
		水利系统先进单位	省水利厅	2003
		全国水利风景区建设与管理先进集体	水利部	2006
17	供水公司	铜川市重大项目建设先进单位	铜川市人民政府	2003
		全省水利工程建设文明工地	省水利厅	2003
		厅直系统工会工作先进单位	省水利厅工委	2008
		厅直系统文明单位	省水利厅	2008
		工会工作先进集体	省水利厅工委	2009
		文明单位	铜川市委、市人民政府	2010

续表

序号	单位	荣　誉　称　号	授奖单位	年度
17	供水公司	铜川市建设系统"创佳评差"最佳单位	铜川市城乡建设管理局	2010
		支持新区开发建设先进单位	铜川市新区工委、铜川市新区管委会	2010
		先进基层党组织	省水利厅党组	2011
		厅直文明单位标兵	省水利厅	2011
		庭院绿化先进单位	铜川市人民政府	2011
		支持新区开发建设先进单位	铜川市新区管委会	2011
		全省"十一五"水利建设管理工作先进集体	省水利厅	2011
18	飞龙公司	厅级文明单位	省水利厅	2004
		厅直系统文明单位标兵	省水利厅文明委	2006
		厅直系统"职工满意食堂"	省水利厅工委	2006
		省水利系统"创佳评差"竞赛活动最佳单位	省水利厅	2007
		厅直系统工会工作先进集体	省水利厅工委	2011
		工人先锋号	省劳动竞赛委员会	2012
19	供水公司技术发展部	巾帼标兵岗	省水利厅工委	2012

第三节　党　群　组　织

一、党团组织

1. 党委（总支、支部）

水库工程建设初期，渭桃指党建工作，由渭南地委批准设置的工地党务核心组负责，组长一般由时任指挥兼任。1980 年后由省水电局党组商渭南地委批复成立指挥部党委，1987 年后由省水利厅党组批复成立管理局党委。

（1）中国共产党渭南地区委员会桃曲坡水库工程指挥部核心领导小组（简称中共渭桃指核心领导小组）。

中共渭桃指核心领导小组 1972 年 10 月 18 日成立，由张济伦、陈世让、李竹茂、孙万章、韩耀辉等 5 人组成，张济伦任组长，陈世让任副组长。1974 年 7 月核心领导小组由朱宗芳、常生春、何云鸿、任今厚、乔思诚、寇振全、韩耀辉等组成，朱宗芳任组长，常生春任副组长。1975 年 4 月，增补金凤歧为核心领导小组成员。1976 年 8 月陈瑞生任核心领导小组副组长，增补安新、梁纪信为核心小组成员。1978 年 12 月李云亭任核心领导小组成员。1980 年 3 月王东才任核心领导小组成员。

1972—1981 年由核心领导小组行使党的组织领导工作，期间机关、基层根据实际设党总支或党支部。

机关党支部：1972 年 10 月成立，陈念文任机关党支部副书记。1975 年 12 月韩耀辉任机关党支部书记，李文辉任副书记。1977 年 11 月，韩耀辉任支部书记，孙龙江任副书记。1979 年 1 月机关党支部改选，韩耀辉任书记，李云亭任副书记。1980 年 2 月李云亭任机关党支部书记，陈庚生、刘光琰任副书记。1981 年 3 月王现州任支部副书记。

补漏工程专业队党总支：1976 年 12 月成立，由陈瑞生、梁纪信、李文辉、郑根运、景玉成、刘纪全组成，陈瑞生任书记，梁纪信、李文辉任副书记。

大坝站党支部：1977 年 10 月成立，李祚虔任书记。

下高埝党支部：1978 年 10 月成立，李祚虔任书记。

石川河管理处党支部：1980 年 4 月成立，路增枝任书记。

渭桃指核心领导小组组长详见表 16 - 11，渭桃指核心领导小组副组长详见表 16 - 12。

表 16 - 11 渭桃指核心领导小组组长简表

组　长	任　职　时　间	备　注
张济伦	1972 - 10—1977 - 03	
朱宗芳	1974 - 07—1979 - 03	

（2）中共陕西省桃曲坡水库工程指挥部委员会。首届党委，经 1981 年 12 月 29 日全体党员大会选举，报省水电局党组和渭南地委 1982 年 2 月 6 日批准，由荆克斌、瞿瑞祥、陈瑞生、王东才、李云亭、田仲民、

表 16 - 12 　　　　　　　渭桃指核心领导小组副组长简表

副组长	任职时间（年-月）	副组长	任职时间（年-月）
陈世让	1972 - 09—1972 - 11	陈瑞生	1976 - 08—1982 - 02
朱宗芳	1972 - 11—1979 - 02	荆克斌	1979 - 02—1982 - 02
常生春	1974 - 02—1976 - 10	瞿瑞祥	1981 - 07—1982 - 02

王现州 7 人组成，荆克斌任书记，瞿瑞祥、陈瑞生任副书记。1984 年 6 月田思聪主持党委工作。第二届党委 1986 年 3 月经选举产生，党委委员由王德成、李云亭、孟德祥、寇德贤、张金宏 5 人组成，王德成任书记，李云亭任副书记，下辖 5 个党支部。1987 年 7 月，韩永昌任党委书记。陕桃指党委书记简表见表 16 - 13，陕桃指党委副书记简表见表 16 - 14。

表 16 - 13 　　　　　　　　陕桃指党委书记简表

书　记	任职时间（年-月）	备　　注
荆克斌	1982 - 02—1984 - 06	
	1984 - 06—1986 - 02	田思聪主持党委工作
王德成	1986 - 03—1987 - 07	
韩永昌	1987 - 07—1993 - 03	

表 16 - 14 　　　　　　　　陕桃指党委副书记简表

副书记	任职时间（年-月）	副书记	任职时间（年-月）
瞿瑞祥	1982 - 02—1984 - 06	李云亭	1985 - 11—1987 - 12
陈瑞生	1982 - 02—1990 - 09	王德成	1985 - 11—1986 - 03

（3）中共陕西省桃曲坡水库灌溉管理局委员会。1987 年 10 月成立，韩永昌任党委书记。1990 年 9 月 11 日陕西省委组织部发文，管理局党组织关系由渭南地委转至省水利厅党组领导。1990 年 10 月，管理局第一届党员代表大会召开，选举韩永昌、张宗山、武忠贤、任传德为新一届党委委员，新一届党委召开第一次委员会议选举韩永昌任书记，张宗山兼任副书记。1993 年 3 月，韩永昌调离，刘恒福任党委书记；1995 年 4 月刘恒福调离，张秦岭任党委书记；1996 年 6 月张秦岭调离，党委副书记孙学文主持党委

工作。1998 年 6 月召开第三次党代会选举产生第三届党委委员，新一届党委委员召开第一次会议，由孙学文、田德顺、武忠贤、张树明、李栋组成，孙学文任书记，田德顺任副书记。2001 年 11 月，林兴潮任局党委副书记，党委委员。2002 年 12 月第四届局党委换届，由孙学文、武忠贤、林兴潮、张树明、李栋、武斌生、党九社组成，孙学文任书记，武忠贤、林兴潮、张树明任副书记。2006 年 7 月孙学文调离，李泽洲任书记，2009 年 12 月，李泽洲调离。2010 年 1—12 月，党委书记一职空缺。2011 年 1 月，郑坤任书记，2011 年 10 月，郑坤调离，2012 年 3 月王洁任书记。管理局历届党委书记简表见表 16 - 15，管理局历届党委副书记简表见表 16 - 16。

表 16 - 15　　　　　　　　管理局历届党委书记简表

书记	任职时间（年-月）	备　注
韩永昌	1987 - 07—1993 - 03	
刘恒福	1993 - 03—1995 - 04	
张秦岭	1995 - 04—1996 - 06	
	1996 - 06—1997 - 11	孙学文副书记主持工作
孙学文	1997 - 11—2006 - 09	
李泽洲	2006 - 09—2009 - 12	
郑坤	2011 - 01—2011 - 10	
王洁	2012 - 03—	

表 16 - 16　　　　　　　　管理局历届党委副书记简表

副书记	任职时间（年-月）	副书记	任职时间（年-月）
张宗山	1990 - 10—1995 - 04（兼）	林兴潮	2001 - 11—2002 - 12
孙学文	1995 - 04—1997 - 11	张树明	2003 - 01—2006 - 09
田德顺	1998 - 06—2000 - 01	问国政	2009 - 09—2011 - 08
武忠贤	2000 - 01—2012 - 08		

（4）各党支部设置。2008 年 3 月管理局党委会议研究决定，任命党九社同志兼任枢纽党支部书记，张启华同志任副书记；杨健同志任供水公司党支部书记；樊军纪同志任飞龙公司党支部书记；王京潮同志任下高埝党支部副书记；雷耀林同志任庄里党支部书记；付民盈同志任宫里党支部书记；冯宝才同志任机关一支部书记；康卫军同志任机关二支部书记；原

支部书记、副书记职务一并免去。2009 年 12 月经党委会议研究，对各支部重新进行了划分和调整，并对个别支部书记进行了重新任命，李七顺任机关一支部书记，李建邦任机关二支部书记，刘军江任觅子党支部副书记，主持支部工作，2012 年 2 月，因人员变动，再次对个别支部书记进行调整。

　　2012 年 2 月各支部设置一览表见表 16 - 17，机关各党支部设置见表 16 - 18，基层支部设置见表 16 - 19，1995—2011 年先进党支部见表 16 - 20。

表 16 - 17　　　　　　　　　　2012 年 2 月各支部设置一览表

支部名称	支部书记	任职时间（年-月）	副书记	备　　注
机关一支部	杨联宏	2012 - 02		
机关二支部	李建邦	2009 - 12		
觅子党支部	—	2009 - 12	何文强	副书记主持支部工作
枢纽党支部	党九社	2009 - 12	惠美利	
		2011 - 10	王京潮	
东干党支部	李小兵	2009 - 12		
楼村党支部	林剑平	2009 - 12		
飞龙党支部	樊军纪	2009 - 12		
供水党支部	冯宝才	2009 - 12		

表 16 - 18　　　　　　　　　　机关各党支部设置一览表

支部名称	成立时间	支部书记	副书记	备　　注
机关党支部	1982 - 04	李云亭	田仲民	
	1983 - 08	田仲民	田德顺	
	1985 - 11	景兴福	朱俊鹏	
机关一支部	1985 - 12	景兴福		含政工科、经营办劳司、工会
	1986 - 06	任传德		
	2008 - 03	冯宝才		
机关二支部	1985 - 12	邱孝贤		含工务科、灌溉科、科技科、计财科
	1986 - 06	林兴潮		
	2008 - 03	康卫军		
寺沟支部	1985 - 12	李昌钊		机关三支部
机关党总支	1995 - 05	张秦岭	王东才	王东才任专职副书记

续表

支部名称	成立时间	支部书记	副书记	备 注
政治处党支部	1990 - 09	任传德		1999 年 4 月撤销经营办、保卫科党支部，保卫科党支部党员组织关系转入政治处党支部
	1999 - 04	林剑平		
	2000 - 07	周玲		
	2004 - 05	樊军纪		
	2005 - 12	林剑平		
办公室党支部	1995 - 05	林兴潮		1999 年 4 月撤销经营办、保卫科党支部，经营办党支部党员组织关系转入办公室党支部
	1999 - 04	周玲		
计财科党支部	1995 - 05	何耀文		
工灌科党支部	1995 - 05	张树明		
工灌计财党支部	1997 - 06	张树明		1997 年 6 月工灌科党支部和计财科党支部合并为工灌计财党支部
	1999 - 04	付民盈		
	2000 - 07	张扬锁		
	2002 - 10	王勇宏		
	2005 - 12	康卫军		
经营办党支部	1995 - 05	李顺山		1997 年 4 月经营办党支部和保卫科党支部合并为经营办党支部
	1997 - 04	李顺山		
保卫科党支部	1995 - 05	朱俊鹏		
老干部党支部	1995 - 06	李祚虔	樊军纪	
	2005 - 04	任彦文		

表 16 - 19　　　　　基层支部设置一览表

支 部 名 称	成立时间	支部书记	副书记	备 注
东干渠工程临时党支部	1982 - 05	王德成	王恩来	
供水指挥部党支部	1994 - 10	常俊武	林兴潮	
	1995 - 05	胡克勤	党九社	
	1996 - 10	党九社		
	1997 - 11	李栋		

支 部 名 称	成立时间	支部书记	副书记	备　　注
大坝站党支部 （枢纽党支部）	1983 - 09	任传德		1987 年 3 月大坝站更名为枢纽管理站，所在支部调整为枢纽支部；寺沟支部并入枢纽支部
	1985 - 11		杨官保	
	1987 - 03		胡克勤	
	1989 - 06	问国正		
	2008 - 03	党九社	张启华	
工程队党支部	1987 - 03		卢长征	
溢洪道党支部	1985 - 11	任传德		
下高埝管理站党支部	1978 - 10	李祚虔		
	1984 - 05	孟德祥		
	1985 - 11	王现州		
	1987 - 03	孟德祥		
	1989 - 06	朱俊鹏		
	1994 - 10		刘长新	
	1996 - 10	武斌生		
	2008 - 03		王京潮	
楼村管理站党支部	1995 - 05	杨官保		1998 年 8 月下高埝管理站党支部并入楼村管理站党支部
	1998 - 04		杨 健	
	1998 - 11	杨 健		
	2004 - 05		田全武	
	2005 - 12	张锦龙		
觅子管理站党支部	1987 - 03		王润年	
预制厂党支部	1987 - 03	张绪年		
庄里管理站党支部	1980 - 04	路增枝	党承孝	1989 年 5 月，觅子党支部、庄里党支部、预制厂党支部合并为庄里党支部
	1983 - 01	张绪年		
	1989 - 05	秦如法		
	1994 - 10	任凤才		
	1995 - 05	苗文强		
	2000 - 07	任双乐		
	2001 - 12	雷耀林		
	2004 - 05		王京潮	
	2008 - 03	雷耀林		

续表

支 部 名 称	成立时间	支部书记	副书记	备　　注
宫里管理站党支部	1994 - 10	武斌生		1999 年 4 月，曹村管理站党支部与宫里管理站党支部合并为宫里管理站党支部
	1996 - 10	林剑平		
	1999 - 04		尹军锋	
	2000 - 07	付民盈		
	2008 - 03	付民盈		
曹村管理站党支部	1985 - 11	秦如法		
	1987 - 03	任凤才		
	1995 - 05	任双乐		
离退休人员党支部	1995 - 08	李祚虔	樊军纪	
	2005 - 03	任彦文		
	2008 - 06	任彦文		
项目办党支部	1999 - 04	武斌生		
	2000 - 07	党九社		
	2002 - 10		李七顺	
供水公司党支部	2002 - 10	党九社		
	2005 - 12	杨健		
	2008 - 03	杨健		
飞龙公司党支部	2005 - 12	樊军纪		设计室、物资站、防水材料厂、供水公司安装队组织关系隶属飞龙公司党支部
	2008 - 03	樊军纪		

表 16 - 20　　　　　**1995—2011 年先进党支部简表**

年　度	单　　　　位
1995	枢纽党支部、政治处党支部
1996	枢纽党支部、宫里党支部、政治处党支部
1997	宫里党支部、供水指挥部党支部
1998	工灌、计财党支部、宫里党支部、工程科党支部
1999	政治处党支部、楼村党支部
2000	政治处党支部、枢纽党支部

年　度	单　　位
2001	枢纽党支部、工灌计财党支部
2002	枢纽党支部、工灌计财党支部
2003	枢纽党支部、庄里党支部
2004	庄里党支部、工灌计财党支部
2005	庄里党支部、政治处党支部、供水公司党支部
2006	政治处党支部、飞龙公司党支部、供水公司党支部
2007	庄里党支部、宫里党支部
2008	飞龙公司党支部、枢纽党支部、庄里党支部
2009	供水公司党支部、机关一支部、下高埝党支部
2010	供水公司党支部、东干党支部
2011	飞龙公司党支部、东干党支部、机关一支部

2. 纪律检查委员会

1978 年中共渭南地区委员会桃曲坡水库工程指挥部核心组任命陈瑞生负责纪检工作。1982 年 2 月 6 日成立中共陕西省桃曲坡水库工程指挥部纪律检查委员会，由陈瑞生、刘光炎、陈庚生、李云亭、邱孝贤 5 人组成，陈瑞生任书记，刘光琰任专职副书记。1983 年 8 月，邱孝贤任纪检委专职副书记。1986 年 3 月，纪委换届，第二届纪检委委员由陈瑞生、邱孝贤、陈庚生、李昌钊 4 人组成，陈瑞生任纪检委书记，邱孝贤任副书记。1990 年 9 月纪检委换届，成立中共陕西省桃曲坡水库灌溉管理局新一届纪律检查委员会，由秦如法、吴宗信、林兴潮、张金宏、田德顺组成，秦如法任副书记。1991 年 1 月监察室成立，与纪检委合署办公，胡克勤任行政监察室主任。1997 年 4 月，免去秦如法管理局纪委副书记职务，由王东才负责局纪委、监察室工作。1998 年 5 月换届，管理局第三届纪委第一次会议召开，选举林兴潮、王东才、林剑平、武斌生、杨官保为纪律检查委员会委员，林兴潮任书记。2002 年 12 月，管理局纪委换届，新一届纪委由林兴潮、问国政、周玲、杨官保、付民盈组成，林兴潮任书记。2002 年 12 月林兴潮调离。2007 年 6 月问国政任管理局纪委书记。2003 年 1 月—2007 年 5 月管理局纪委书记一职空缺。

管理局历届纪律检查委员会书记详见表 16 - 21，管理局历届纪律检查委员会副书记详见表 16 - 22。

表 16 - 21　　　　　管理局历届纪律检查委员会书记简表

书　记	任职时间（年-月）	备　注
陈瑞生	1982 - 02—1990 - 09	
王东才	1997 - 04—1998 - 05	负责工作
林兴潮	1998 - 05—2002 - 12	
问国政	2007 - 06—2011 - 12	

表 16 - 22　　　　　管理局历届纪律检查委员会副书记简表

副书记	任职时间（年-月）	副书记	任职时间（年-月）
刘光炎	1982 - 02—1983 - 08	秦如法	1990 - 09—1997 - 04
邱孝贤	1983 - 08—1990 - 09		

3. 共青团

（1）组织机构。1979 年 4 月成立中国共产主义青年团桃曲坡水库工程指挥部总支部，由王现州、周宝玲、刘王记、何永军、王彦芳 5 人组成，王现州任书记，周宝玲任副书记。1981 年 3 月，团总支由田德顺任书记，陈树田任副书记，下设 4 个团支部。1986 年 3 月，换届后团总支委员由林剑平、尹军锋、林兴潮、杨爱明、付民盈 5 人组成，林剑平任团总支书记，尹军锋任副书记。1992 年 1 月管理局第一届团委成立，委员有林剑平、张锦龙、张养社、梁文虎、蔡晓芬 5 人，林剑平任书记，张锦龙任副书记。1994 年 1 月张锦龙负责团委工作，任管理局团委副书记。1996 年 8 月增补赵艳芳为局团委委员，1997 年 1 月，任命赵艳芳为管理局团委副书记。2005 年 1 月增补张小锋、陈保健为团委委员。2009 年 10 月，任命赵媛莉为管理局团委副书记，负责团委工作。

（2）基层团支部 1974 年组建第一个支部，有团员青年 9 人。1979 年组建 2 个，有团员 27 人。1987 年组建 4 个，有团员 42 人。1990 年组建 5 个，有团员 48 人。1998 年组建 8 个，有团员 116 人。2002 年组建 7 个，有 114 人。2005 年组建 5 个，有 98 人。2008 年组建 7 个，有团员 120 人。2009 年组建 7 个，有团员 129 人。2010 年、2011 年组建 7 个，团员人数分别为 108 人和 102 人。

　　2010 年 9 月，为进一步加强管理局团员青年队伍建设，规范对团员青年的教育和管理，充分发挥团组织的作用，团委下发文件调整了各团支部委员。基层团支部书记见表 16 - 23，基层团支部设置见表 16 - 24。

表 16 - 23　　　　　　　　基层团支部书记一览表

支部名称	支部书记	支部名称	支部书记
机关团支部	文晓英	枢纽团支部	宋敏
楼村团支部	刘春平	东干团支部	张晓锋
觅子团支部	杨小艳	飞龙团支部	张胜利
供水公司团支部	赵惠利		

表 16 - 24　　　　　　　　基层团支部设置一览表

年度	支部个数	团员人数	年度	支部个数	团员人数
1974	1 个	9 人	2005	5 个	98 人
1979	2 个	27 人	2008	7 个	120 人
1987	4 个	42 人	2009	7 个	129 人
1990	5 个	48 人	2010	7 个	108 人
1998	8 个	116 人	2011	7 个	102 人
2002	7 个	114 人			

二、群众团体

1. 工会

　　1982 年 12 月陕桃指工会委员会成立，有会员 169 人，占总职工人数的 99%。陈庚生、白冬莲、梁纪信、任传德、秦如法、谢彩玲、宋存正 7 人组成工会委员会，陈庚生任专职工会副主席。1987 年 3 月，王恩来为工会负责人。1989 年 12 月，李云亭兼任局工会主席。1991 年 9 月，常俊伍任工会副主席。

　　1994 年召开第一届一次工会会员代表大会。2000 年 8 月，召开一届四次工会会员代表大会，选举产生二届会员代表，选举产生了工会第二届委员会，委员由武斌生、林剑平、苗文强、赵晓明、段明来、张希鹏、赵艳芳等组成，武斌生当选为管理局工会主席，设置工会小组 23 个。2002
年 12 月，供水公司工会小组成立。2006 年 3 月，为充分发挥工会在管理
中的民主参与、民主监督作用，维护广大职工切身利益，管理局以单位为
单元将工会下设 7 个分会，即有机关分会、枢纽分会、下高埝分会、庄里
分会、宫里分会、飞龙公司分会、供水公司分会。负责参与调解和裁决与
职工切身利益有关的争议问题。2010 年 1 月经局党委会议研究决定，将
各工会分会重新调整设置为 7 个分会。2011 年 11 月朱艳丽任工会副主
席。2010 年工会分会小组见表 16 - 25。

表 16 - 25　　　　　　　2010 年工会分会小组设置一览表

分会名称	分会主席	分会名称	分会主席
机关分会	赵艳芳	枢纽	王京潮
东干分会	李小兵	飞龙	樊军纪
庄里分会	何文强	供水	冯宝才
楼村分会	林剑平		

　　管理局职工代表大会制度始建于 2001 年，截至 2011 年 12 月共换届 2
次，召开了 13 次代表大会，其主要职责是：听取并审议管理局行政、工会
工作报告；听取并审议管理局财务收支情况和工会经费审查情况的报告；
审议并通过管理局中长期发展规划、改革方案、年度经营管理办法、重要
规章制度等重大决策；听取并审议职工代表提案办理结果的报告及其它提
交职工代表大会讨论的事项。局工会是管理局职工代表大会的工作机构，
具体负责职工代表大会的日常工作。历届职工代表大会简况见表 16 - 26。

表 16 - 26　　　　　　　管理局历届职工代表大会简况表

届　次	时间（年-月）	地　点	代　表　人　数		
			正式	列席	特邀
首届一次	2001 - 07	机关	60	20	
首届二次	2002 - 02	机关	60	24	
首届三次	2003 - 02	机关	65	32	
首届四次	2004 - 02	机关	73	32	4

续表

届　　次	时间 （年-月）	地　点	代　表　人　数		
			正式	列席	特邀
首届五次	2005 - 02	机关	60	39	
首届六次	2005 - 06	机关	60	30	
二届一次	2006 - 02	交通大厦	54	32	
二届二次	2007 - 03	交通大厦	53	39	4
二届三次	2007 - 09	机关	44		
二届四次	2008 - 02	机关	51	43	8
二届五次	2009 - 04	机关	48	42	8
二届六次	2009 - 07	机关	49	24	4
二届七次	2009 - 10	机关	48	24	
二届八次	2010 - 02	机关	46	44	3
三届一次	2011 - 02	机关	53	42	3

2. 女工委员会

为更好的维护女职工的合法权益，引导女职工努力学习党的方针政策，增强自尊、自信、自立、自强精神，积极参加企业民主管理和各项劳动竞赛，管理局成立女工委员会。2000 年 8 月，一届四次工会会员代表大会与女工委员会同时召开，选举产生了第二届女工委员会委员，成员由周玲、雷万林、任荣组成。委员会曾开展过一系列活动：实施女职工素质提升工程，组织文化娱乐活动，代表女职工提交合理化建议，慰问、帮扶困难职工等，但随着时间的推移，人员的变动，女工委员会最终名存实亡。

3. 水利学会桃曲坡分会

2003 年 10 月，成立陕西省水利学会桃曲坡水库灌溉管理局分会，党委书记孙学文任理事长，副局长李栋任副理事长兼任秘书长，理事由问国政、樊军纪、李七顺、郑坤、王勇宏、康卫军组成。其职责主要是组织对外技术交流、合作以及全局技术交流、总结工作；负责新技术、新工艺在全局的推广与应用；组织技术干部业务学习，推进技术理论与业务实践相结合。成立时有正式会员 49 名。

第十七章 人　物

　　桃曲坡水库建设与管理 40 年来，治水名人和先进工作者不断涌现，许多曾受到国家、省、地（市）级表彰奖励。按受到省部级以上科技奖和做出较大贡献的先进工作者及在平凡工作岗位有特殊贡献的能工巧匠，根据出生年月顺序，记述治水先进人物事迹。获得地、市级以上表彰奖励的先进单位和先进工作者，以列表的形式收入荣誉录。

第一节　事　录

　　张有林　男，1932 年 3 月出生，陕西省泾阳县人，中共党员，高级工程师。1953 年 7 月毕业于仪祉学校，同年分配到省洛惠渠管理局工作，1958—1960 年在西安交通大学进修，后回原单位工作。1975 年 8 月调省桃指工作，1977 年任渭桃指灌溉科科长，1990 年任管理局副总工程师，1994 年退休。

　　刚到桃曲坡工作，就遇到高干渠试水，九号沟填方决口、冲淹二号信箱国防油库的事故，他及时奔赴现场，查看事故原因，确定抢修方案，组织民工，分班作业，日夜奋战，进行事故抢修，严把工程质量关，按期完成了修复任务，及时恢复灌溉试水，受到指挥部表彰。

　　在任灌溉科科长期间，曾经利用两个月时间骑自行车深入富平、耀县两县灌区，全面勘察渠系工程建设情况，组织编写了《陕西省桃曲坡水库灌区局、站、段、斗组织管理意见》调查报告，付诸实施后效果显著。负责筹备、组建指挥部首届和管理局第一届灌溉管理委员会，开启了灌区民主管理工作。在长期的灌溉管理工作中逐步摸索和总结出常引清水、大拦洪水、多蓄塘水、巧用库水的用水管理经验，制定和完善了符合桃曲坡灌区实际的用水管理制度。组织编写了富平、耀县两县四片六点田间工程规划。1980—1981年两年时间完成了桃曲坡灌区田间配套工程规划及分年实施计划；1982—1983年组织完成了灌区斗以下田间工程各类建筑物定型设计图，提出新老灌区并重，适当集中连片，以方田建设、U形渠道衬砌为重点，配套、平地同步行，采取国家拿一点、地方投一点、群众筹一点的"三个一点"措施，争取当年配套当年受益的实施方案。在建立节水型灌区中，提出各站按30米每千亩，衬砌一条U形渠道的任务，为节约水量，扩大灌溉面积创造了条件。1986—1987年负责下高埝万亩方田建设试点工程，本着"先雏形，后成龙，边建设，边受益"的原则，在规划、设计和实施过程中，坚持精品工程和创新理念，建成了一项"费省效宏"的田间工程，在全省进行推广，1988年3月获得陕西省农村科技进步一等奖。

张有林从事水利工作40年，曾多次被评为省、地先进工作者。1994年退休后，支持管理局积极开拓新区供水市场，不辞劳苦，应邀参加了新区建设规划，在协调外围关系中做了大量工作。

刘铭新 男，1933年5月出生，陕西省富平县人，1958年毕业于西安交通大学水利系。先后在省水电设计院、宝鸡峡抽渭管理局、富平县水电局工作。1971年7月由富平县水电局调渭桃指工作，工程师职称。1994年退休。

在桃曲坡水库工作期间主要负责水库枢纽施工技术工作，先后主持低放水洞开挖过程的方位和高程测量控制、低放水洞和高放水洞的钢筋混凝土衬砌工程、溢洪道开挖和溢流堰钢筋混凝土施工、溢洪道双曲拱桥、吊装和校正高、低洞检修闸门及工作闸门等项工程建设，负责完成枢纽工程竣工决算工作。

在施工中，采取了一系列技术补救措施，弥补了桃曲坡水库工程边勘测、边设计、边施工技术上的不足。在低洞水塔施工中采用走廊式塔架技术，在高洞水塔施工时采用塑料塔架技术，不仅节约了材料，还缩短了工期。他经常与驻工地设计代表共同磋商，对设计图纸每个细小环节都仔细研究，编制经济合理的施工方案；亲手绘制施工草图、木模图、标明详细尺寸，做出具体安装、拆卸、保养说明等；耐心细致地对施工人员反复解说每个施工技术的关键环节，严细工程质量标准，严格现场跟班作业，不合格立即返工。在水库建设工地 10 余年，多次受到地、县表彰奖励。

王德成 男，1936 年 5 月出生，陕西省三原县人，中共党员，正高职高级工程师。1954 年 6 月毕业于陕西省工业技术学校（后改为三原水利学校）水利科，同年 7 月参加工作。先后在宝鸡市水利工作队、凤翔县水利局、冯家山水库管理局、泾惠渠管理局工作。1981 年 11 月调陕桃指工作，先后任指挥部副指挥、指挥职务，1987 年 10 月，成立管理局任第一任局长。1989 年调泾惠渠管理局，1996 年底退休。2011 年 4 月去世。

1985 年前，在任陕桃指副指挥期间，完成了尾留基建工程任务，先后完成水库溢洪道尾留工程和补漏工程、灌区干支渠系和田间灌溉渠系配套工程建设。

1985 年 11 月，任陕桃指指挥，重视新技术、新产品、新工艺应用研究，开展了卓有成效的工作。在负责东干渠衬砌工程时，大胆推行承包责任制，节约投资 4.98 万元，占总投资 20％。在溢洪道尾留工程开挖过程中，分层炸石取土，保护了周围设施安全。主持了下高墕万亩方田建设试点，获得"陕西省农村科技进步一等奖"。在西支渠推行 U 形渠道衬砌，减少输水损失。研究试建暗管渠道输水工程，达到节水、节地、节约投资的效果。

在任管理局局长期间，重视前期项目研究，主持了桃曲坡水库的远景规划工作，进行了建设节水型灌区、加坝、加闸解决水源不足问题、扩大高干渠输水能力减少低干渠输水损失、增加水源跨流域引水（即马栏河引水）以及尽量减少水库渗漏等项战略性研究（2000 年后这些项目基本付诸实施）。

1989 年春季，召开有地方政府参加的保护水库安全运行会议，明确作出决定：水库大坝等工程周围不能开山炸石。1989 年 11 月参加铜川市城市供水工程项目评估工作会，提出"坚决杜绝在库区、在坝后打井等影响水库的安全运行的行为"这一观点，会议还提出由桃曲坡水库向铜川供水的可行性，为后来争取铜川地区城市及工业供水建设项目的顺利实施奠定了坚实基础。

刘福善 男，1940 年 4 月出生，河南南阳人，1963 年 3 月参加工作，耀渠指高级技工，1999 年 12 月退休。凭着过硬的钢筋工、架子工和砌工技术，认真负责，吃苦耐劳，苦干巧干，无私奉献，成为高干塬边渠道施工的能工巧匠。

在高干渠道工程大型渡槽、倒虹施工中负责关键部位的砌石、混凝土、钢筋、模板制作等，严格设计、施工操作规范，他多次进行技术革新，节约材料、资金与劳力，并在工地上培养了一大批农民技术工人，对高干渠系较大型建筑物工程施工质量控制起到了重要作用，加快了施工进度。他经常吃住在工地，受到广大干部群众的翘手赞誉，多次被评为地、县先进工作者，1984 年被陕西省科学技术委员会、省水利厅等六单位联评为省级先进工作者。

白明珠 男，1943 年 2 月出生，陕西省富平县人，初中文化程度。1960—1964 年先后在陕西省压延设备厂从事变电站建设和梅七线电力设备及线路安装工程，1964 年 3 月在富平县电力局工作。1969 年 11 月借调到富桃指工作，期间一直从事机电设备安装和大型机械维修工作。1975 年调入渭桃指工作。2002 年 2 月退休后返聘到 2008 年 6 月，继续从事水库枢纽机电工作。

1969 年初来到水库，工地无供电系统，组织带领一班人对库区供电线路进行踏勘选线。从原材料购买到施工过程全程跟踪，一丝不苟，严把质量关，成功地从韩古庄村引来电力线路，建成水库电网，为水库建设及周边群众带来方便。水库建设期间，为节约资金，主动采取收旧利废措施，将两台报废的发电机组经过拆装，合并成一台能够正常运转的机组，解决工地急需。精心调试、检修和保养机电设备，为防汛安全和正常供电作出了较大贡献，仅此一项为管理局节约资金近 10 万元。在水库高干渠 5 号渡槽施工吊装过程中，在当时无吊装机械的情况下，他开动脑筋，因地制宜，大胆革新创造，在工地现场制作出实用的人工悬臂吊，节省了人力，大大提高了工作效率；其后利用这一技术，在溢洪道工作桥和高低洞放水塔工作桥的吊装中，采用了不同的方法改进成索道滑轮吊装；同时为石堡川水库放水洞工作桥的吊装施工提供了技术参考和经验，多次受到工地指挥部的表彰奖励。

1993 年马栏隧洞开工时，他参与 4 千米新建输电线路的施工，面对地形险峻的老爷岭，对大跨度、长距离、高难度复杂地形进行综合分析，进行多种方案优选，成功地完成了线路架设施工任务。1995 年以后，先后参加了库区千亩果林基地抽水泵站建设、枢纽管理站生活饮用水的净化设备安装及苗圃园、植物园实施的节水灌溉工程，对二级泵站、管道、水力机械及电气设备进行了设计安装。特别是 2004 年秋，在桃曲坡水库除险加固工程高低洞闸门改造施工中，他将个人安危置之度外，历时半个月，腰系安全带，在深 33 米的放水洞中对闸门支撑梁进行焊接和维修，按期完成了任务。

白明珠在桃曲坡水库默默工作了 38 个春秋，曾多次被渭桃指和管理局评为先进个人和技术能手。

武忠贤 男，1957 年 6 月出生，陕西省蒲城县人，中共党员，正高职高级工程师，1982 年 1 月毕业于陕西机械学院农水专业，2003 年 10 月进修毕业于陕西工商管理学院工业管理专业，在职研究生学历。1982 年 1 月参加工作，先后任管理局楼村站站长、工务科科长、供水办主任，1992 年 8 月任管理局副局长，1994 年 7 月—1997 年 10 月兼任总工，1997 年 11 月任常务副局长、党委副书记；2000 年 1 月任管理局局长、党委副书记，2002 年 4 月兼任供水公司经理。2006 年任陕西岩石力学与工程学会副理事长，2008 年任陕西省水利学会常务理事。

　　1990 年前，在楼村管理站从事灌溉管理工作，在抓灌区配套建设、方田建设方面成效显著，在灌溉管理中推行"送水到田间、开票到农户"的管理模式，在全省得到推广。

　　1991—1999 年，在任管理局副局长、总工程师期间，完成马栏河引水工程前期勘测、设计和地质踏勘工作，马栏河引水工程为"八五"期间 20 项兴陕工程之一，为实现工程顺利完工，时任省长程安东要求 1997 年底马栏河引水隧洞全线贯通。他调任铜川供水水源工程指挥部任常务副指挥，负责马栏工程建设的技术和日常管理工作。他将指挥部迁至工程一线，主持攻克了工程施工中通风、排水、供电、运输、支护、爆破等六大技术难关，采取有效措施，全面加强工程管理，马栏河引水隧洞于 1997 年 12 月 23 日提前实现贯通，受到省政府通令嘉奖。

　　2000 年任局长以来，提出"稳定农业灌溉、开拓城市供水、发展生态旅游、壮大施工队伍"的发展思路，不断完善内部机制，试行灌溉管理站承包管理、企业实体分类经营、机关科室目标考核、基建项目合同管理。经多方协调接收富平县红星和尚书两座小型水库，实现了区域水资源统一调度使用。不断调整产业结构，延伸产业链，2001 年接管铜川新区城市供水业务，开创了陕西省水管单位经营地级市自来水业务的先河，组建供水公司，实施铜川新、老城区、耀州区联网供水，为单位协调持续发展奠定坚实的基础。加强水源保护，实施水生态修复和库区、灌区水保综合治理工作，建设人水和谐灌区，依托桃曲坡水库开发生态旅游，建设国家水利风景区——锦阳湖生态园。实施项目带动战略，全力做好桃曲坡灌区续建配套节水改造项目，建设高效节水灌区。同时对基层管理站住宅和办公楼进行全面改造，融资新建 4、5、6 号住宅楼和铜川新区办公大楼，2006 年管理局机关搬入铜川新区办公，全局住宅和办公条件得到全面改善。

　　武忠贤重视技术研究和应用，先后撰写多篇论文或专著，有《致富之路将从脚下延伸——桃曲坡水库管理局综合经营发展思路与设想》、《马栏河引水隧洞年底贯通存在问题及对策》、《深埋软岩小断面超长隧洞施工技术》、《马栏引水隧洞围岩机理分析及塌方预防措施研究》、《桃曲坡水库生态旅游营销策略研究》、《规范建设程序，建造精品工程》、《桃曲坡水库人力资源状况分析与对策》、《桃曲坡灌区水价制定方法与水价管理》等。多次受到上级表彰奖励，1998 年被水利部安全生产领导小组评为全国水利系统安全生产先进工作者，2003 年被水利部命名为全国大中型灌区精神文明建设先进个人，2004 年获得全国绿化奖章和陕西省绿化奖章，2005 年荣获陕西省绿化先进个人，2007 年评为世行项目建设与管理先进个人，2009 年被水利部评为"全国水利系统劳动模范"，多次被省水利厅评为先进工作者。

问国政 男，1957 年 8 月出生，陕西省白水县人，中共党员，大学学历，高级工程师。1974 年 8 月参加工作，1981 年 1 月毕业于陕西省水利学校机电专业，同年分配到管理局枢纽站工作。1986 年任枢纽管理站副站长，1989 年 10 月任枢纽管理站站长，2000 年 6 月任管理局助理调研员。2007 年 6 月任管理局纪委书记。2009 年 9 月任管理局党委副书记、纪委书记。

在任枢纽站站长期间，建章立制，加强管理，成效显著。完善和制订了工程观测、气象观测、机电操作、水情拍报等一系列规章制度，初步形成了配套的管理制度。成立了工程气象观测、机电设备管理、后勤服务和多种经营 4 个小组，合理分工，明确职责，建立了激励与约束相结合的内部管理机制。多方筹措资金，改变站容站貌，植树造林，美化环境。在栽植库区水保林的过程中，自带工具、干粮，每天早出晚归，坚持 5 年不间断，同职工一道绿化荒山 3200 亩。

他精通机电专业，重视应用研究，就地取材，试制加工多项小型设备、配件，确保了水库枢纽机电设备正常运行调度。他一心扑在工作上，无暇顾及家人。1990 年 3 月，妻子发电报催促他为儿子治疗眼病，几月之后，他才有空赶回家中，却看见年仅 4 岁的儿子因错过了最佳治疗期戴上了一副近视眼镜。1992 年冬季，水库水面大面积结冰，威胁到放水塔安全，问国政用一条长长的绳索系在身上从 20 米的放水塔凌空吊下，砸开冰面，保证了放水洞的安全。1994 年 7 月 26 日傍晚，突降暴雨，正在耀县城开会的问国政立即驱车回站，行至狐子沟时，公路右侧的泥石流直涌而下，他艰难步行 6 千米山路回到枢纽管理站，立即展开防汛抢险工作。

1990—1993 年期间，枢纽管理站在他的带领下建成 220 亩果园，1995 年秋省水利厅刘枢机厅长来水库检查时，给予充分肯定，并号召在全省推广，同时提出"兴办绿色企业，建设千亩果林基地"的思路。1995—1998 年，问国政主持完成库区千亩果林基地的规划，并带领职工完成建设任务。在大规模推山造田中，坚持带班，在机械出现故障时，和司机一道冒着−20℃的严寒连夜抢修，没有耽搁工期。在千亩果园供水系统建设中，带领职工加工施工辅助部件，节约资金 3 万余元。

2006 年，分管供水公司工作，在净水厂建设、管线建设、供水市场开发和供水安全管理等方面取得了突出成绩，供水公司售水量以每年 20％的速度递增，2009 年被铜川市文明委评为文明单位，被铜川新区管理委员会评为支持新区建设先进单位，2010 年被省水利厅评为文明单位标兵。

问国政 1996 年 7 月被陕西省委命名为优秀共产党员，1997 年获得全国绿化委员会颁发的全国绿化奖章、先后 6 次受到省水利厅的表彰奖励。

李栋 男，1965 年 12 月出生，陕西省富平县人，中共党员，1985 年 7 月毕业于陕西省水利学校，同年分配到管理局参加工作，2001 年 7 月进修毕业于西安理工大学工商管理专业，硕士研究生。1993 年 4 月提前一年半破格晋升工程师，2002 年 12 月被评为高级工程师。先后在管理局工程队、设计室、工程科、供水办工作；1995 年 5 月任工程科科长，1997 年 1 月任管理局总工程师，2002 年 1 月任管理局副局长兼总工程师。先后分管重点工程建设、水库防汛、农业灌溉和局属企业。2007 年 9 月调任陕西省水土保持局任副总工程师。

马栏河引水工程建设中，他参与了勘测、设计、施工全过程，参与策划和组织实施了支护、通风、排水、供电及运输等技术攻关，处理塌方时站在最前面，排除水下险情时带头跳入刺骨的冰水中，是"马栏精神"的杰出代表。

在桃曲坡灌区世行改造项目中分管设计和枢纽工程建设管理，亲自确定关键工程的设计方案；在分管溢洪道加闸和岔口枢纽施工期间，果断决策，优化方案，节省了工程投资，加快了工程进度；在桃曲坡水库除险加固项目的立项过程中，重视技术论证，顺利完成了省、部两级对大坝进行的安全鉴定工作；在模袋混凝土试验阶段，正值非典病毒肆虐，曾多次带领飞龙公司领导外出调研与采购。重视开拓城市自来水供水市场，组织对铜川新区供水项目的可行性论证，负责供水权和资产的移交谈判，研究决策新区水厂的设计和施工方案，顺利完成了前期工程建设任务。主持完成了飞龙公司机构重组和内部改革，使飞龙公司成为管理局的四大支柱产业之一。2003 年在渭河流域抗洪中，包干负责桃曲坡水库的安全度汛，面临建库以来最大洪水威胁，统一指挥，科学调度，使"8·29"洪水顺利下泄，水库安全度汛。随后，在支援华阴、华县灾后重建工作中带队驻扎现场，进行抽排水设备技术改造，提高效率。他在这次救灾中负伤，但仍坚持带病工作，出色完成了赴渭排涝抢险任务，受到省水利厅的表彰奖励。

2006 年被水利部评为全国水利建设与管理先进个人，曾先后 8 次受到省水利厅表彰。

任渭鹏 男，1966 年 10 月出生，陕西省耀州区人，中共党员，高中文化程度。在部队服兵役期间被 36131 部队授予"干一行爱一行的学雷锋标兵"，荣立个人三等功一次。1990 年从部队复员后分配到管理局工作。先后参与楼村灌区"万亩方田"工程建设、桃曲坡灌区世行改造项目的工程建设，负责局属企业纸箱厂工作。他干一行爱一行，在自学和努力钻研的基础上，摄影艺术水平迅速提高，被誉为自学成才的"蓝领摄影师"。

1999 年管理局世行贷款改造工程启动，他担负了摄影宣传工作任务，始终以谦虚谨慎的态度在工作中学习，在学习中不断提升专业技艺，熟练掌握了摄影摄像、图片处理操作系统、多媒体制作系统和视频编辑与文字处理等先进的技术。其图片作品在《陕西日报》《中国水利》《陕西水利》《铜川日报》《今日陕西》等重要媒体累计发表200余幅，制作展牌及橱窗300多件，形象生动地宣传了管理局的经济建设与发展。多次完成了世行官员和省部级以上领导视察的摄影任务。2006年被陕西省世界银行贷款项目办公室抽调，完成了全省世行贷款改造工程的艺术拍摄任务，为全省水利建设与发展积累了宝贵的图片资料，受到上级领导的一致好评。先后9次被评为管理局优秀职工和优秀共产党员。

李卫兵 男，1970年2月出生，陕西省富平县人，中共党员，高中文化程度。1994年从部队复员后分配到铜川市自来水公司工作，主要负责机电设备维修及泵站运行管理，2002年管理局接管铜川新区供水业务后，成为供水公司职工。

李卫兵自参加工作起就立志成为干一行、爱一行、精一行的技术工人。当初开始接触维修工作时，由于没有系统地学习过理论知识，他重温已经搁置10多年的物理课本和有关专业书籍，利用废弃的电机和水泵，一一解剖，对照图纸仔细琢磨，反复拆装。加压站的变频配电柜技术含量高，节能效果好，为了摸清设备性能，他对照说明书和图纸逐个熟悉零部件工作原理。通过几年的刻苦努力，熟练掌握了机电设备安装和维修技术技巧，工作中得心应手；在机电管理和维护上，确保了安全正常运转，多年一直保持机电完好率99%以上，受到单位领导和同志们的一致好评。

2004年7月加氯设备发生故障，加氯间弥漫着刺鼻的异味，他把防毒面具让给助手，拿起湿毛巾把鼻子一捂，快速完成了加氯设备的抢修任务，扼制了一起恶性事故的发生。2004年8月，在母亲患癌症住院期间，坚持白天上班，晚上陪护病人。他经常加班加点工作，2003年和2004年两年他实际工作相当于28个月。

1995—2006年他连续被评为铜川自来水公司及管理局先进工作者和优秀共产党员。

　　郑坤　男，陕西省富平县人，1971年10月出生，中共党员，大学学历，工程师。1992年7月毕业于陕西省水利学校，同年参加工作。2000年6月进修毕业于西安理工大学水利水电施工专业。2007年1月进修毕业于西北农林科技大学农业水利工程专业。先后在管理局楼村站、防水材料厂、工灌科、项目办、设计室工作。

1998年1月起先后任管理局项目办副主任、设计室副主任、主任，除险加固项目执行办公室主任等职务。2004年2月任管理局副总工程师兼飞龙公司经理。2007年6月任管理局副局长，2011年1月，任管理局党委书记，2011年11月调任宝鸡峡管理局党委书记。

　　在项目办负责前期工作期间，主持编写了《桃曲坡水库溢洪道加闸方案研究报告》，顺利通过省水利厅及省计委的审查。在桃曲坡水库大坝安全鉴定工作中，编写完成《现场安全检查报告》，参与《运行管理报告》《安全论证总报告》编写，顺利通过省、部级安全鉴定。

　　在任设计室主任期间，主持完成了灌区干、支渠更新改造，杨家庄及野狐坡抽水站等13项工程设计。在资金困难的情况下，想方设法为设计室添置绘图仪、工程复印机等先进设备。2000年6月，在全省设计行业微机应用检查中顺利通过达标验收。2001年设计室被团省委、省水利厅团委联合命名为"青年文明号"。

　　2002年10月担任除险加固项目执行办公室主任，在桃曲坡水库补漏工程施工中，通过论证分析，综合对比，引进模袋混凝土施工技术，加快了施工进度。2004年3月任飞龙公司经理，注重施工工艺改进和技术创新，组织技术人员将传统的翻模跳仓浇筑支渠施工工艺改进成为U形整体钢模连续浇筑，既降低了工程成本，又提高了工程质量。

　　郑坤同志2002年被省人事厅、水利厅授予"全省水利系统先进工作者"，2004年被省水利厅评为省水利系统"廉勤兼优"领导干部，2005年被省水利厅评为厅直系统群体活动先进个人，2009年被省水利厅评为"2008年第四季度新增水利投资项目建设先进个人"，连续多年被管理局评为先进个人。

第二节 人 物 表

一、管理局高级以上专业技术干部简表

2012 年 8 月管理局在册的高级以上职称专业技术干部共有 19 名，见表 17－1。

表 17－1　　　　　管理局高级以上专业技术干部简表

序号	姓名	性别	出生年月（年-月）	籍贯	技术职务任职资格	批准时间（年-月）
1	武忠贤	男	1957－06	陕西蒲城	正高职高级工程师	2003－03
2	胡克勤	男	1948－06	陕西富平	高级工程师	1998－11
3	徐素毅	男	1948－07	陕西高陵	高级工程师	1998－11
4	杨关保	男	1957－11	陕西耀县	高级工程师	1998－11
5	武斌生	男	1956－05	陕西武功	高级工程师	1999－09
6	张扬锁	男	1959－02	陕西洛川	高级工程师	1999－09
7	张满囤	男	1948－03	陕西富平	高级工程师	1999－09
8	韩万新	男	1951－11	陕西临潼	高级工程师	1999－09
9	李顺山	男	1956－09	陕西安康	高级工程师	2001－11
10	王勇宏	男	1963－02	陕西咸阳	高级工程师	2001－11
11	问国正	男	1957－08	陕西白水	高级工程师	2002－12
12	张锦龙	男	1965－07	陕西周至	高级政工师	1999－12
13	樊军纪	男	1968－08	陕西富平	高级政工师	2005－12
14	杨爱明	女	1961－11	陕西泾阳	高级会计师	2005－12
15	郭月巧	女	1968－04	陕西富平	高级会计师	2005－12
16	李建邦	男	1974－03	陕西安康	高级经济师	2006－12
17	刘军江	男	1973－11	陕西杨凌	高级工程师	2010－12
18	秦鹏	男	1972－11	陕西富平	高级工程师	2011－12
19	罗萍	女	1972－08	陕西宝鸡	高级工程师	2011－12

二、管理局副科级以上领导干部简表

2012 年 8 月管理局副科级以上领导干部简表，见表 17－2。

表 17 - 2　　　管理局副科级以上领导干部简表（2012 年 8 月）

序号	姓名	性别	出生年月	参加工作时间（年-月）	文化程度	所属单位	职务	级别	任职时间（年-月）	籍贯
1	武忠贤	男	1957 - 06	1982 - 01	大学	局领导	局长、党委副书记	正处	2000 - 01	陕西蒲城
2	王洁	男	1974 - 10	1995 - 07	大学		党委书记	正处	2012 - 02	陕西安康
3	问国政	男	1957 - 07	1981 - 01	大学		党委副书记 纪委书记	副处	2000 - 06	陕西白水
4	武斌生	男	1956 - 05	1981 - 01	大专		工会主席	副处	2001 - 03	陕西武功
5	党九社	男	1963 - 08	1984 - 07	大专		副局长	副处	2002 - 01	陕西富平
6	康卫军	男	1973 - 08	1993 - 08	大学		副局长	副处	2009 - 09	陕西兴平
7	樊涛	男	1962 - 06	1981 - 01	大学		副局长	副处	2012 - 06	陕西富平
8	席刚盈	男	1974 - 08	1995 - 07	大学		副局长 飞龙公司经理	副处	2012 - 09	陕西耀县
9	杨联宏	男	1973 - 12	1999 - 11	大学		总会计师 计财科科长	副处	2012 - 09	陕西蒲城
10	张扬锁	男	1959 - 02	1981 - 07	硕士	供水公司	副经理	副处	2002 - 01	陕西洛川
11	王勇宏	男	1963 - 02	1982 - 07	大专		副总工程师	正科	1992 - 10	陕西咸阳
12	郭月巧	女	1968 - 04	1990 - 07	大学		副总经济师	正科	2004 - 02	陕西富平
13	李建邦	男	1974 - 03	1993 - 08	大学	办公室	主任	正科	2009 - 11	陕西安康
14	孙国勇	男	1970 - 03	1985 - 07	初中		副主任	副科	2005 - 08	陕西渭南
15	张锦龙（兼）	男	1965 - 07	1988 - 07	大学	党群办	主任	正科	2001 - 05	陕西周至
						人教科	负责人			
16	朱艳莉	女	1974 - 08	1994 - 04	大专	党群办	工会副主席	副科	2011 - 11	河南中牟
17	赵媛莉	女	1978 - 04	1999 - 09	大专		团委副书记	副科	2008 - 04	陕西富平
18	雷耀林	男	1962 - 08	1981 - 07	大学	灌溉科	科长	正科	1997 - 01	陕西耀县
19	刘根战	男	1970 - 03	1991 - 07	中专		防汛办副主任	副科	2003 - 02	陕西咸阳
20	段明来	男	1961 - 11	1982 - 07	中专	工程科	科长	正科	2000 - 07	陕西户县
21	冯宏革	男	1973 - 04	1995 - 07	大学		副科长 前期办副主任	副科	2005 - 08	陕西兴平
22	刘艳艳	女	1973 - 10	1993 - 09	大学	计财科	副科长	副科	2009 - 03	陕西富平
23	李丛会	男	1963 - 02	1981 - 07	中专	经营科	科长	正科	2007 - 03	陕西旬邑

续表

序号	姓名	性别	出生年月	参加工作时间（年-月）	文化程度	所属单位	职务	级别	任职时间（年-月）	籍贯
24	赵艳芳（兼）	女	1972-06	1993-08	大学	水政科	科长	正科	2009-11	陕西黄陵
						后勤中心	负责人			
25	王雪莉	女	1971-05	1988-11	大专	后勤中心	副主任	副科	2011-11	陕西志丹
26	付民盈	男	1964-07	1984-07	大学	维修养护大队	队长	正科	1994-07	陕西蒲城
27	同永锋	男	1981-04	2003-03	大专		副队长	副科	2012-01	陕西三原
28	李文杰	男	1979-06	1998-08	大学	岔口站	副站长	副科	2009-11	陕西太白
29	杨新强	男	1978-08	1999-09	大学	枢纽站	副站长	副科	2007-10	陕西大荔
30	尹军锋	男	1963-02	1982-07	大学		副站长	副科	1995-10	陕西咸阳
31	王京潮	男	1963-02	1984-07	中专		支部副书记	副科	2004-06	陕西周至
32	李全洋	男	1963-10	1982-07	中专	马栏站	站长	正科	2009-11	陕西富平
33	刘春平	男	1979-01	2003-01	大学	下高堎站	副站长	副科	2011-01	陕西临渭
34	刘军江	男	1972-11	1991-11	大学	楼村站	副站长	副科	2001-03	陕西杨凌
35	李增辉	男	1977-07	1999-09	大学		副站长	副科	2012-01	陕西富平
36	林剑平	男	1962-01	1982-07	大学		支部书记	正科	1992-01	陕西咸阳
37	王贵林	男	1968-04	1991-09	大专	觅子站	站长	正科	2009-11	陕西泾阳
38	王鹏	男	1979-08	2000-10	大专		副站长	副科	2011-11	陕西大荔
39	何文强	男	1972-08	1996-08	大学	庄里站	副站长	副科	2007-09	陕西兴平
40	李剑奇	男	1978-05	1999-09	大专		副站长	副科	2009-11	陕西蒲城
41	李晓兵	男	1968-03	1987-10	大学	惠家窑站	站长	正科	2004-02	陕西耀县
42	任晓瑞	男	1974-04	1993-09	大专	宫里站	站长	正科	2004-02	陕西富平
43	曹宗强	男	1975-08	1998-08	大学		副站长	副科	2008-01	陕西凤翔
44	秦鹏	男	1972-11	1993-08	大学	曹村站	站长	正科	2009-11	陕西富平
45	姚立武	男	1978-04	1998-08	中专		副站长	副科	2011-11	陕西富平
46	赵军政	男	1972-09	1992-07	大专	园艺站	副站长	副科	2009-11	陕西耀县
47	樊军纪	男	1968-08	1986-07	大学	飞龙公司	副经理、支部书记	正科	2001-05	陕西富平
48	田荣	男	1976-08	1996-07	大学		副经理	副科	2006-12	陕西耀县
49	叶绥鹏	男	1974-09	1997-07	中专		工程部部长	副科	2007-09	陕西绥德

续表

序号	姓名	性别	出生年月	参加工作时间（年-月）	文化程度	所属单位	职务	级别	任职时间（年-月）	籍贯
50	冯增印	男	1970 - 02	1990 - 07	中专	飞龙公司	副总工程师 质安部部长	副科	2009 - 11	陕西富平
51	路晓东	男	1963 - 05	1982 - 12	大专		财务部部长	副科	2007 - 09	陕西富平
52	张胜利	男	1978 - 11	2000 - 10	大专		综合部部长	副科	2012 - 01	陕西耀县
53	梁文虎	男	1968 - 12	1988 - 12	技校		综合部副部长	副科	2005 - 08	陕西铜川
54	任荣	女	1971 - 02	1988 - 12	大学	物资站	站长	副科	2009 - 03	陕西耀县
55	张波	男	1971 - 04	1992 - 07	大专	生态园	主任	副科	2008 - 01	陕西泾阳
56	李七顺	男	1971 - 02	1991 - 07	大专	供水公司	副经理	正科	2004 - 02	陕西富平
57	冯宝才	男	1964 - 02	1987 - 07	大专		支部书记	正科	2004 - 02	陕西泾阳
58	刘尚银	男	1969 - 12	1990 - 07	大专		办公室主任	副科	2009 - 11	陕西佳县
59	张晓峰	男	1979 - 05	2002 - 07	大学		办公室副主任	副科	2009 - 11	陕西扶风
60	李卫兵	男	1970 - 07	1990 - 03	高中		制水部经理	副科	2007 - 02	陕西富平
61	刘玉良	男	1970 - 01	1989 - 03	大学		用户中心经理	副科	2003 - 05	陕西富平
62	赵小纬	男	1974 - 04	1994 - 06	大专		用户中心副经理	副科	2009 - 11	陕西铜川
63	雷定国	男	1965 - 05	1985 - 07	大专		经营管理部经理	副科	2003 - 05	陕西耀县
64	梁文峰	男	1972 - 03	1992 - 09	大学		经营管理部 副经理	副科	2005 - 05	陕西铜川
65	李江丽	女	1974 - 01	1996 - 08	大学		技术发展部经理	副科	2005 - 08	陕西富平
66	王军政	男	1970 - 07	1994 - 07	大学		计划财务部经理	副科	2008 - 01	陕西富平
67	卢宏社	男	1972 - 04	1994 - 08	大专		维修队经理	副科	2007 - 02	陕西岐山
68	秦川杰	男	1974 - 09	1997 - 07	大学		安全保卫部经理	副科	2003 - 05	陕西蒲城

注 任职时间以现任最高职务的任职时间为准。

三、管理局个人荣誉录

在长期的治水活动中涌现出一批先进人物，受到上级单位的表彰奖励，收录名单见表 17 - 3。

表 17-3　　　　　　　管理局个人荣誉录

序号	姓名	荣 誉 称 号	授奖单位	年度
1	刘福善	陕西省先进工作者	省科委、省水利厅	1984
2	武忠贤	优秀共产党员	省水利厅党组	1986
		先进工作者	省水利厅	1997
		安全生产先进工作者		1997
		全国水利系统安全生产先进工作者	水利部安全生产领导小组	1999
		厅直系统 2001—2002 年度职工之友	省水利厅工委	2003
		全国绿化奖章	全国绿化委员会	2004
		陕西省绿化奖章	省绿化委员会	2004
		厅直单位先进工作者	省水利厅	2005
		厅直系统 2005—2006 年度"职工之友"	省水利厅工委	2007
		全国水利系统劳动模范	人社部、水利部	2010
		全国水利工程管理体制改革工作先进个人	水利部	2010
		陕西省绿化先进工作者	省绿化委、人社厅	2010
		厅直系统 2010 年"引汉济渭杯"羽毛球比赛	省水利厅工委	2010
		陕西省水利厅直系统 2010 年度"职工之友"		2011
		优秀共产党员	省水利厅党组	2011
		职工之友	省水利厅工委	2012
3	党九社	优秀团干部	省水利厅团委	1987
		党风建设先进个人	省水利厅党组、纪检组	1988—1990
		水利系统先进个人	省水利厅	1989
		水利厅先进工作者		1997
		全省重点工程建设劳动竞赛先进个人	省劳动竞赛委员会	1998
		优秀党务工作者	省水利厅党组	2003
		省水利系统构建和谐机关、和谐单位理论研讨征文优秀奖	陕西水利政研会	2007
		厅直系统 2010 年"引汉济渭杯"羽毛球比赛	省水利厅工委	2010

续表

序号	姓名	荣 誉 称 号	授奖单位	年度
4	王德成 张有林 孟德祥 李顺山 李佐邦 张树明	"耀县下高堎方田建设项目"获陕西省农村科技进步一等奖	陕西省农村科学技术进步大会	1988
5	问国政	陕西省水库管理先进工作者	省水利厅	1992
		质量效益品种年活动先进个人		1992
		陕西水利青年十杰	省水利厅党组	1993
		优秀共产党员	省委	1996
		陕西省水利管理先进工作者	省水利厅	1997
		全国绿化奖章	全国绿化委员会	1997
		全省水库管理先进工作者	省水利厅	2004
		厅直系统"桃曲坡杯"乒乓球比赛领导干部组第三名	省水利厅工委	2008
		省水利厅直系统 2009 年"交口抽渭杯"乒乓球比赛领导干部甲组单打第二名		2009
		厅直系统 2010 年"引汉济渭杯"乒乓球比赛领导干部甲组单打第三名		2010
		"桃曲坡杯"乒乓球领导干部甲组单打第二名		2011
6	张锦龙	优秀团干部	省水利厅团委	1996
		陕西省"秦龙杯"夏灌劳动竞赛先进个人	省劳动竞赛委员会	2006
		省水利系统构建和谐机关、和谐单位理论研讨征文二等奖	陕西水利政研会	2007
7	李柏胜	先进工作者	省水利厅	1996
8	党胜利	厅财会先进工作者	省水利厅	1996
9	李栋	厅重点工程竞赛先进工作者	省水利厅	1997
		陕西水利青年科技标兵		1998
		水利系统新长征突击手		1999

续表

序号	姓名	荣誉称号	授奖单位	年度
9	李栋	廉勤兼优领导干部	省水利厅	2003
		防洪排涝先进个人		2003
		全省水利工程建设管理先进个人		2004
		厅直系统先进工作者		2006
		全国水利建设与管理先进工作者	水利部	2006
		厅直系统"爱水杯"先进工作者	省水利厅	2007
10	周玲	水利系统十佳职工	省水利厅	1997
11	赵艳芳	文明市民标兵	铜川市委	1997
		工会工作积极分子	省水利厅工委	1997
		优秀团干部	省水利厅团委	2001
		全省水政执法工作先进个人	省水利厅	2008
		全省水利系统"五五"普法先进个人		2010
12	惠美利	先进工作者	省水利厅	1997
13	刘玉良	保卫先进工作者	省水利厅	1997
		省水利厅直系统 2009 年"江河杯"羽毛球比赛男子组单打第六名	省水利厅工委	2009
14	田德顺	全省水利经济工作先进个人	省水利厅	1999
15	刘根战	陕西水利十佳科技青年	省水利厅	1999
		2007 年度厅直系统先进工作者		2008
16	郑坤	关中灌区改造工程项目青年岗位标兵	省水利厅	2001
		全省水利系统先进个人	省水利厅、人事厅	2001
		防洪排涝先进个人	省水利厅	2003
		全省水利工程建设管理先进个人		2003
		廉勤兼优领导干部		2004
		全省水利经济工作先进个人		2005
		全省水利经济工作先进个人		2008
		2008 年第四季度新增水利投资项目建设先进个人		2009
		全省"十一五"水利规划计划工作先进个人		2011

续表

序号	姓名	荣 誉 称 号	授奖单位	年度
17	林剑平	优秀团干部	省水利厅团委	1991
		优秀共产党员	省水利厅党组	2001
		优秀纪检干部		2005
		优秀党务工作者		2007
		省水利系统构建和谐机关、和谐单位理论研讨征文三等奖	陕西水利政研会	2007
18	陈保健	省水利系统政务系统信息优秀信息员	省水利厅	2001
		省水利系统信息工作先进个人		2006
		省水利系统政务信息工作先进个人	省水利厅办公室	2010
19	王勇宏	德能双优职工	省水利厅工委	2002
		全省农村饮水安全工程中期评估工作先进个人	省水利厅	2008
20	张世琪	全省水政工作先进个人	省水利厅	2003
21	杨菁	陕西省水利前期工作先进个人	省水利厅	2004
22	张军	省水利厅系统优秀共青团干部	省水利厅团委	2004
23	杜锋	省水利厅系统青年突击手	省水利厅团委	2004
24	田荣	全省水利工程建设管理先进个人	省水利厅	2005
		全省水库管理先进工作者		2008
		2010年度陕西省水利厅直系统优秀工会积极分子	省水利厅工委	2011
25	王贵林	全省水利经济工作先进个人	省水利厅	2005
26	杨联宏	省水利财务审计工作先进个人	省水利厅	2005
		省水利财务审计工作先进个人		2011
27	刘艳	省水利财务审计工作先进个人	省水利厅	2005
28	康卫军	陕西省"秦龙杯"夏灌劳动竞赛先进个人	省劳动竞赛委员会	2006
		陕西省"秦龙杯"夏灌劳动竞赛先进个人	省劳动竞赛委员会	2008
		2007年度厅直系统先进工作者	省水利厅	2008
		2007—2008年度工会积极分子	省水利厅工委	2009
29	王军政	全省水利统计工作先进个人	省水利厅	2006
30	梁文锋	陕西省取用水管理先进个人	省水利厅	2006

序号	姓名	荣 誉 称 号	授奖单位	年度
31	李莉	铜川市水务行业树立社会主义荣辱观演讲比赛一等奖	铜川市水务局	2006
32	武斌生	"引汉济渭和定边扬黄工程杯"乒乓球赛领导组二等奖	省水利厅	2007
		2008年度优秀调研成果一等奖	省水利厅工委	2009
		厅直系统2010年"引汉济渭杯"乒乓球比赛领导干部甲组单打第四名		2010
33	陈强	"引汉济渭和定边扬黄工程杯"男子乒乓球单打一等奖	省水利厅	2007
34	张锦龙 吕贵宝	"引汉济渭和定边扬黄工程杯"男子乒乓球双打二等奖	省水利厅工委	2007
		省水利厅直系统2009年"交口抽渭杯"乒乓球比赛男子双打第二名		2009
		厅直系统2010年"引汉济渭杯"乒乓球比赛男子双打第二名		2010
		厅直系统2011年"桃曲坡杯"乒乓球职工男子甲组双打第一名		2011
35	刘玉良 刘军江	"引汉济渭和定边扬黄工程杯"男子羽毛球双打二等奖	省水利厅工委	2007
36	付民盈	优秀党务工作者	省水利厅党组	2007
		省水利系统构建和谐机关、和谐单位理论研讨征文优秀奖	陕西水利政研会	2007
37	雷耀林	厅直系统2005—2006年度工会积极分子	省水利厅工委	2007
		厅直系统2007—2008年度工会积极分子	省水利厅工委	2009
38	刘军江	厅直系统2005—2006年度工会积极分子	省水利厅工委	2007
39	王涛	厅直系统巾帼标兵	省水利厅工委	2007
40	罗萍	厅直系统好媳妇	省水利厅工委	2007
41	文晓英	厅直系统和谐家庭	省水利厅工委	2007
42	武斌生 赵嫒莉 李建邦	2007年度优秀论文调研成果一等奖	省水利厅工委	2007

续表

序号	姓名	荣　誉　称　号	授奖单位	年度
43	樊军纪 赵媛莉	2007 年度优秀论文调研成果优秀奖	省水利厅工委	2007
44	武斌生 党九社	2007 年度优秀论文调研成果优秀奖	省水利厅工委	2007
45	李建邦	省水利系统构建和谐机关、和谐单位理论研讨征文一等奖	陕西水利政研会	2007
		陕西水利改革开放 30 年回顾与思考征文活动优秀论文二等奖	省水利厅	2009
46	樊军纪	省水利系统构建和谐机关、和谐单位理论研讨征文优秀奖	陕西水利政研会	2007
47	刘继贤	厅直系统庆祝建党 86 周年文艺汇演三等奖	省水利厅	2007
48	曹宗强	厅直系统组织人事工作先进个人	省水利厅	2008
		省水利厅直系统 2009 年"交口抽渭杯"乒乓球比赛男子单打第四名	省水利厅工委	2009
		省水利工程管理体制改革工作先进个人	省水利厅	2010
49	冯宝才	2007 年度全省水利系统政务信息工作先进个人	省水利厅	2008
50	李晓兵	陕西省"秦龙杯"夏灌劳动竞赛先进个人	省劳动竞赛委员会	2008
		工会积极分子	省水利厅工委	2012
51	惠美利	陕西省绿化工作先进个人	省绿化委	2008
52	陈建波 任晓东 张和平 薛辉	全省农村饮水安全工程中期评估工作先进个人	省水利厅	2008
53	樊小蕾	厅直系统"水文杯"羽毛球比赛女子单打职工组第一名	省水利厅工委	2008
		省水利厅直系统 2009 年"江河杯"羽毛球比赛女子组单打第一名	省水利厅工委	2009
		厅直系统 2010 年"引汉济渭杯"羽毛球比赛女子组单打第二名	省水利厅工委	2010

序号	姓名	荣 誉 称 号	授奖单位	年度
54	席刚盈	全省水利建设管理先进个人	省水利厅	2009
		全国水利系统知识型职工先进个人称号	中国农林水利工会全国委员会	2009
		"十佳水利青年"	省水利厅团委	2010
		全省"十一五"水利建设管理工作先进个人	省水利厅工委	2011
55	赵媛莉	2007—2008年度优秀工会干部	省水利厅工委	2009
		2010年度陕西省水利厅直系统优秀工会干部	省水利厅工委	2011
		2011年度优秀工会干部	省水利厅工委	2012
56	李泽洲	厅直系统2007—2008年度"职工之友"	省水利厅工委	2009
59	武斌生 杨健 刘尚银	省水利工委2008年度优秀调研成果一等奖	省水利厅工委	2009
60	王军政 陈强	省水利厅直系统2009年"交口抽渭杯"乒乓球比赛男子双打第五名	省水利厅工委	2009
61	张扬锁	厅直系统2010年"引汉济渭杯"乒乓球比赛领导干部甲组单打第六名	省水利厅工委	2010
62	刘玉良 谢达志	厅直系统2010年"引汉济渭杯"羽毛球比赛男子组双打第二名	省水利厅工委	2010
63	王军政 陈强	厅直系统2010年"引汉济渭杯"乒乓球比赛男子双打第一名	省水利厅工委	2010
		厅直系统2011年"桃曲坡杯"乒乓球职工男子甲组双打第二名		2011
64	宋敏	2010年度陕西省水利厅直系统优秀工会积极分子	省水利厅工委	2011
65	段明来	全省"十一五"水利建设管理工作先进个人	省水利厅	2011
66	任渭鹏	省首届职工科技活动摄影大赛优秀作品奖	省总工会	2011
67	朱艳丽	工会积极分子	省水利厅工委	2012
		巾帼标兵		

注 获奖人员顺序以第一次获奖时间排序。

第十八章 水 利 艺 文

桃曲坡水库从建设到管理期间，广大水利干部职工创作了多种多样的文学艺术作品，灌区内有许多与"水"息息相关的水利文化和人文景观，在此收录部分。

第一节 碑 文 石 刻 选 粹

一、碑文

1. 摩崖"禹碑"

"黑水西河惟雍州，弱水既西，泾属渭。漆、沮既从处，沣水所同。荆、岐已旅，终南、敦物至于鸟鼠。原隰底绩，至于都野。三危既度，三苗大序。其土黄壤。田上上，赋中下。贡璆、琳、琅玕。浮于积石，至于龙门西河，会于渭汭。织皮昆仑、析支、渠搜，西戎即序。"

耀州摩崖"禹碑"位于耀州区城南，漆、沮二河交汇处岔口之东侧。据《续耀州志·艺文志·石刻》载："岣嵝禹文[①]，左重耀[②]摹勒上石于漆、沮既从处。"据民国 23 年（1934 年）《续修陕西省通志稿》卷一百三十五《金石卷》载："按陕西禹迹有三，一在西安碑林、系康熙中毛会建以岣嵝碑摹勒者；一为耀州摩崖，高广各五尺，字经五寸，磨勒及半，仅余四十字，以岣嵝相较，大异而小同，闻系明人某摹写岣嵝而镌于崖者；至嶓家禹迹[③]，在山腰深洞中，……瞪目不识一字，而矢矫奇伟状若云中之龙，绝非后人所能伪作。……"

目前摩崖字迹无法找见，因 1958 年富平县在岔口修筑滚水坝一座。建筑规模较大，炸石取石可能毁坏，或将字迹埋于地下，故禹迹现在是否存在，难下结论。据陕西省水文总站编志办公室 1987 年调查，岣嵝文刻字已被 1958 年修筑之滚水坝所埋没，按 100 方格字数计算，至多刻有 90 余字，经研究，很可能是用岣嵝文字镌刻《禹贡》上的一段文字，共 92 字。

注：

①"岣嵝"，山名，衡山七十二峰之一，在湖南衡山县西。古来称为衡山的主峰，故衡山又名岣嵝山，山上有碑，字形怪异难辩，后人附会为禹治水时所刻。所谓"岣嵝碑"、"禹碑"、"禹文"、"禹迹"指的都是这块碑石。

②左重耀，耀县人，明万历御史、山东按察使左佩玹的次子，以监考授经历（掌出纳文书之职），勤奋好学，工于书法，左重耀摹写的禹文，镌刻在县城南岔口东乳山石崖上，即"漆、沮既从处"。

③嶓冢禹迹在陕南。

2. 桃曲坡水库碑文

陕西省桃曲坡水库地处耀县马嘴山峡谷，控制流域面积 830 平方公里。1969 年兴建，1984 年竣工验收受益，水库工程分枢纽、渠道两大部分。枢纽工程由土坝高洞、低洞、溢洪洞组成。渠道工程主要有干渠 4 条，支渠 18 条，全长 222 公里。各类建筑物达 250 多座，库容 5700 万立方米，坝高 61 米，顶长 294 米，高放水洞长 377 米，塔高 22 米，低放水洞长 335 米，塔高 20 米，最大泄流量 100 立方米每秒，溢洪道长 104 米，泄流 2660 立方米每秒。库区地质构造复杂，溶洞裂隙发育，1975 年试蓄水时，旬日间 3000 万立方米水泄漏尽净，成为全国水库渗漏的典型。后经治理，渗漏控制，防渗蓄水效果显著。现共灌溉富平、耀县 17 个乡镇的 30 万亩土地。

水库立碑时间为 1987 年 12 月 28 日，碑文撰写者陈引之，书法作者韩永昌，石刻工艺为富平县宫里石刻厂。

二、石刻

1. 锦阳湖生态园入口及观景台踏步栏板石刻选粹（2001 年秋，书法：华原居士，石刻工艺：宫里石刻厂）

（1）华原居士诗作二首：

（一）

重山萦绕泾沮水，暂聚耀州下秦川；

桃曲坡前彩虹起，渭水原上丰收年；

万顷苗逢及时雨，千家耕地甘露田；

造福人民利后世，泽被三秦尽欢颜。

（二）

虹桥铜渭架，彩虹万道霞；

昊天凝元气，大地务桑麻。

山川秀美处，果树烂漫花；

桃库长流水，博得世人夸。

（2）张养社诗作一首：

观鱼梦蝶如庄叟，寻鹤放鸥类陆翁。

湖边草间长馀绿，花径风和摇残红。

2. 锦阳湖生态园沁芳园踏步栏板石刻选粹（2002年秋，石刻工艺：宫里石刻厂）

（1）韩永昌诗作、书法四首：

（一）

好山好水皆图画，宜驻宜行尽风光。

最是令人心醉处，遍地花果浴夕阳。

（二）

林荫湖畔楼如船，一带低墙槐花繁。

幽静不知弦管乐，满窗山水任君玩。

（三）

马嘴山头千层波，万株果树竟窈窕。

忽听鸣号辕门外，商客纷纭车马还。

（四）

千顷槐花十里香，满湖波淼一壶浆。

酒到酣时无醉意，把来笔墨写风光。

（2）雨山诗作、书法二首：

（一）

花红千树雄鸡啼，柳绿平湖白鹭飞。

游客船头忙摄影，日夕方携笑声归。

（二）

十里平湖映翠山，柳荫深处系鱼船；

　　　　钓翁日暮无归意，山花醉人不忍还。

（3）德君诗作、书法二首：

（一）

　　　　曲径蜿蜒过重山，碧波一片在眼前；
　　　　香风熏得游人醉，梦魂疑入桃花源。

（二）

　　　　千年沮水换容颜，处处欢歌锦阳川；
　　　　轻舟凭栏两岸碧，遍地花果香满山。

3. 锦阳湖生态园喷泉石桥栏板石刻选粹（2003 年夏，石刻工艺：宫里石刻厂）

（1）子页题联

　　　　积天地精粹灵秀，昌神禹宏图盛业

（2）诗作二首：

（一）

　　　　沁芳园内倚石栏，桃花染水透紫姻；
　　　　老叟不忍垂杆钓，文客弃笔无诗篇。

（二）

　　　　枕岸如看上下弦，影波原见一轮圆；
　　　　是为规月是真月，照仰三千与大千。

第二节　楹　联　诗　歌

一、楹联

　　　　马咀山，英雄会师，打坝拦洪，誓叫高峡出平湖
　　　　沮河畔，战天斗地，增产粮棉，备战备荒为人民
（工程建设时期富平工区指挥部誓师大会会场对联）

　　　　小住桃曲坡，大观锦阳湖
（2002 年 10 月，贾平凹先生出席国家水利风景区——锦阳湖生态园揭牌仪式题）

兴陕惠铜苦战五载万米隧洞大贯通

强化产业汇集四水千古绝唱颂水经

（张锦龙、李顺山、王勇宏，1997年12月30日马栏河引水隧洞贯通典礼会场主对联）

苍山挽日月 常思英雄战马栏

绿水唱春秋 再看秦风啸潼关

（冯宝才，1997年12月30日马栏河引水隧洞贯通典礼会场副联，2001年秋石刻于锦阳湖观景台踏步栏板）

昊天凝元气，龙穿泾沮关风雨；

大地牟洪坤，虹架铜渭泽秦川。

（李顺山，1998年9月28日马栏河引水工程通水典礼主会场对联，2001年秋石刻于锦阳湖观景台踏步栏板）

改革抒新意 谟画铜川大手笔

发展蕴生机 基奠水利新天地

（冯宝才，2001年铜川新区供水工程奠基仪式题联）

四面苍山关风雨，一湖碧水揽日月

（冯宝才，2002年10月1日锦阳湖首届黄金周开幕式会场题联）

天堂水降尧田仰运虎跃龙腾民身健

地库泉涌禹径躬行风舞雷鞭群体康

（寇东亮，2011年10月管理局羽毛球馆落成题联）

二、诗歌

1. 管理局有关老领导和耀州区文化界人士诗作十一篇

赞桃曲坡水库

碧玉清润锦阳湖，桃红柳绿映耀州。

天湖不知何所造，富耀农民歌幸福。

——王德成

故地重游

碧波如画雨初晴，隔岸黄鹂叶后鸣。
日暮花红风欲静，槐林忽闹炊鱼声。

——韩永昌

桃曲坡题记

犹记当年桃曲坡，
万民临阵放豪歌。
筑成明镜三千顷，
带给人间幸福多。

——王志伟

桃源平湖

桃源高坝锁蛟龙，幽谷平湖景不同。
孤舟远荡前湾去，两岸侧影更清明。

——贾文野

锦阳风光

绿染千畴春如画，红缀两岸秋似霞。
自古锦阳堪叠翠，几经描绘几重华。

——贾文野

沮水丹霞

廿里绿堤锦阳春，风动芦苇柳摇金。
桥渡凌空河水浅，丹霞银光气象新。

——张忠文

陶湖碧波

岚谷幽幽娇白杨，两岸山花放清香。
陶湖碧波美似画，风光旖旎令狐庄。

——张忠文

东西倒虹

隔岸相望水上原，东西倒虹现奇观。

千年万载贫瘠处，幸福生活代代传。

——魏学森

桃湖秋月

波光潋滟水连天，令狐山居换新颜。

最宜秋夜泛渔棹，湖心静看白玉盘。

——刘文韬

锦阳晨曦

两岸芳草一川绿，锦阳十里瓜果香。

更有丹霞无限好，片片金光闪银光。

——刘文韬

锦阳夕照

碧毯如织绿千畴，林梢一抹映红楼。

喜看日斜满川水，锦阳美景不胜收。

——郭建民

2. 李顺山诗词三首

清平乐
兴办绿色企业

（1996 年 5 月）

银锄挥舞，

前进擂战鼓；

入海蛟龙山下虎，

大军开向何处？

红旗染满山岗，

机车声振四方；

梯田层层叠叠，

千亩果林飘香。

七 律
引水工程礼赞
(1997 年 10 月)

兴陕大计临宝地，
富国强秦战马栏。
浴血六载万米洞，
汇集二水千古源。
昊天元气凝环宇，
大地洪坤一脉牵。
龙穿泾沮关风雨，
虹架铜渭泽秦川。

五 律
引水工程通水礼赞
(1998 年 9 月)

苍莽老爷岭，悠幽马栏河。
吞吐天汉液，饮马桃曲坡。
泾沮出林海，煤都经济活。
治秦先治水，兴业即兴国。

3. 赵艳芳散文诗一首

向极限挑战的人
(1997 年 8 月)

夏日的一场大雨
驱散了心头的烦躁
窗前的一抹深绿
将我的思绪拉得很远很远——
在几百公里以外的地方
有一支钢铁般的队伍
在向生命的极限挑战

那个地方

林茂山丰，天高云淡

亘古耸立的老爷岭

昂起高傲的头颅

神秘　威严

直到有一天

一群意气风发的建设者

打破了这里

千百年的沉寂

历史选择了这一刻

马栏河引水工程动工了

于是

我们与老爷岭相伴五载——

这支队伍平均年龄不过 30 岁

他们中有年过半百的长者

有涉世未深的青年

他们是用实践书写人生的

热血男儿

我的语言

显得苍白　显得空洞

可是　我想说

在你们的身后

有无数双眼睛在关注着你们

象关心自己的健康一样

在这里　成长起一支能打硬仗的队伍

在这里　矗立起一座历史的丰碑

饭在锅里热着呢

我屋里有开水

一个关切的眼神

一句短暂的问候
道尽了彼此滚烫的关爱
——炽热 直白
我们为这样一支团结友爱的队伍
而自豪

塌方肆虐 你们出现在掌子面
虽然那时很危险
进展困难时 你们出现在掌子面
虽然眼中布满血丝
看到施工现场的照片时 一位朋友说
这照片布置得真不错
我无言以对
我只能轻轻地说
你不了解 你没有去过地下400米深处
你没有那种恐惧的感觉
我们为这样一支真正勇敢的队伍
而自豪

回到家里
母亲说 儿啊 你咋那么狠心呢
面对苍苍白发 你哽咽难言
妻子说 我嫁的是你
可你娶的是马栏工程
面对那伤怨的眼神 你无所适从
儿子说 爸爸
别人都说我是捡来的孩子
可你依然走了
一路艰辛 一路风尘
我们为这样一支无私的队伍
而自豪

我曾经见过一位工人
他在一次塌方中被埋在土里
事后问及他的感受
他说
我只想着自己一定要出去
——质朴的语言　真实的心态
唯其质朴　唯其真实
才道尽了对生命的挚爱
我们被这样一支热爱生活
善待生命的队伍
感动
在物欲横流的今天
这支队伍
保持了最本质的纯洁
如诗　如梦
在与老爷岭多回合较量中
这支队伍那种高洁的气质
凛然不可侵犯

有些时候
我们容易伤心颓废
那是因为忧伤淡化希望
我们的双眸满含企盼
那时，我们无法战胜的
是萦绕心头的孤独

大雪封山　四周一边寂然
日子如同炼狱
这支队伍就是这样

蓄势待发

以泰山压顶之势

投入了对老爷岭的决战

当我们为一次次施工纪录的诞生

而振奋时

我们知道这一切的背后

是汗水　　是泪水

是孤独　　是艰辛

是所有灵魂不平凡的拼搏

是打动人心的非凡力量

世无艰难　　何来英雄

有志者事竟成　　破釜沉舟

百二秦关终属楚

苦心人天不负　　卧薪尝胆

三千越甲可吞吴

三、散文

什 么 也 不 说 ……

（席刚盈　1997 年）

　　终于毕业了，终于参加工作了，心中有着说不出的激动和兴奋。想象着宽敞明亮的办公室，想象着现代化的办公设备，还有出色的工作成绩，兴冲冲地来到省桃曲坡水库管理局报到。

　　我被告知分配去马栏引水工程马栏指挥所工作。听说那儿是绵绵大山，心里先是犯了一份踌躇。乘车一路颠簸，车外，连绵的山岭披着褐色的外衣，路上残留的积雪时断时续，车子晃晃摇摇，直把我的好心情摇成粉末。到了马栏所，再背着行李走九华里山路去 1 号斜井工地，开始了我的工地生活。

　　安排住宿了，没想到的是我们会四人共同"凝聚"在一间临时工棚之中。这是真正的"多功能厅"，兼办公室、实验室、宿舍、灶房、餐厅于一体，尽管只有二十五平方米。四张床及两张办公桌占去了这个小家三分之二的珍贵空间，而屋子正中雄踞的做饭和取暖用的两个大铁炉，更是需绕其而行的庞物。大的贮水桶、小的菜油桶、酱醋桶鳞次栉比，林林总总……

虽然一切都不在想象之中，但紧张的井下工作却不容你多思量。很快日复一日地开始了。凭借刚参加工作的热情和动力，在井下一干就是十几个小时。披着星光进洞，迎着朝阳出来，仿佛黑白颠倒了。刚把疲惫的身体平放在床上，眼皮就似两块沉重的闸板很快合拢了，方才感觉到自己是最幸福的人。可还没"幸福"过来呢，做饭的油烟会毫不留情地把你从梦中呛醒，隔壁炊事员熟练而有力的刀法更似晴天霹雳。而平日很必要的学习却又只能放在饭后的个把小时了。

青年人在一起总是很热闹，笑声常是在碰撞之中产生。这种气氛同屋内的温暖颇为融洽。日子于紧张之中透着快乐。为了不误上晚班的时间，我们特意买了一盒扑克，权且又玩又当"闹钟"。可谁知打扑克时心里老搁着上晚班的时间，"闹钟"的作用倒是发挥得蛮好，从没有人误了下井，可"玩"的感觉却很难找到了。尽管四人同居一室，由于要轮着下井，很多的欢聚只能是在饭桌上。常见的情形，倒是一人独自面对一座寂寞的大山，看行云流水，听鸟唱蝉鸣。

在斜井工地最怕大雨大雪，仅有的一条山路会被切断，切断的还有我们同外界的一切联络，包括生活用水和粮食蔬菜。一遇风雪，十几天不见一棵青菜可是平常事了。没有菜吃的时侯，便会想些如此生活着，工作着的"意义"什么的。

老张，马栏所所长，一位年近退休的黑瘦老头，竟与我们一样在漫长的斜井爬上爬下，坚持了一天，一月，一年……。然而从他的口中，我们从未听过一声抱怨，就像他十几天不见青菜也能十分香甜地嚼馒头一样。有时我们心疼老张，劝他少下几次井，老张什么都不说，看着门前马栏河清洌洌的流水，浅浅地笑着……

哦，清清的马栏水——我似乎明白了马栏工程的"希望"所在，耳边又响起领导的嘱托："马栏工程建成后能解决铜川的城市供水，也是我们管理局经济腾飞的希望工程啊！"

由于地质和其他一些复杂因素，马栏所面对的工程难度很大，进程表延伸得十分艰难，所里的同志们心中都憋着一股劲，恨不得一夜之间凿通隧洞，让马栏河水流到铜川。

一曲《什么也不说，祖国知道我》感动了的不仅仅是军人，还有千千万万投身于社会各行各业的在平凡岗位上默默奉献的普通人。像老张，像马栏所里的年轻人，像所有为这工程而努力的人们……

醉梦桃曲坡

(李顺山 1998年7月)

盛暑热奈何，寻凉桃曲坡。夏七月的一个礼拜天，乘兴陪远道朋友重游桃曲坡水库。同行几人从耀县城出发，小轿车沿沮河曲径北行十余公里，蜿蜒盘山首先到达水库枢纽的旷观亭。由此向湖光深处瞻瞩，眼前库水碧波粼粼，一览无余。两山交错一条沮水，马咀山下一片墨绿，道旁杨柳一线萦绕，夹岸丘林一阵果香。远望峰峦叠翠，烟波浩渺，近观琼林瑶池，池亭宇相间。如此山水，同此心脉，依稀透出醉人的诱惑。

其后，我们进入库区，随同众游客一道乘船、游景。泛舟妙趣难寻的湖光山色，漫步色彩缤纷的林荫深处，兴叹规模宏大的"千亩果园"，进出匠心独运的天然石灰岩溶洞，参观临产阵痛的《废都》创作室。其山水亭林，形神特异；步步深入，步步入迷，步步熏染天地灵气。

当我们在这留恋难舍的情形中，最后来到怡心亭小憩时，一阵微风轻拂，顿觉身心轻松、凉爽和快慰，一丝疲倦荡然隐退。这时，天公送美，一幕奇妙难觅的梦境演化成真。清明如洗的天空，稍远处有几片游云迷雾在碧光浅山密集。须臾，疾风、惊雷、闪电合璧；顷刻，湖面上天降阵雨；然少许，雨过天晴，风消云散；一道彩虹飞架东西，五光十色浓缩眼底。览物观光库区六合，水面游船如织，快艇穿梭；左岸渔翁仍安然垂钓，滩涂牧羊嬉戏跳跃；雄鹰在高空飞旋，火车沿右岸鸣驰，蛟龙向渠首吐乳，花蝶对游人致礼。真正是红日出林海，金光追蝉声，云雾升三界，晴明万象新。好一幅天然图案，令人心仪忘神，形消忘存，仿佛与万物浑然合群。这分明是画上几道素描，相映浓淡涂抹，观赏者似乎看见了更加深邃的什么……？

此刻，游人全然如痴如醉，大家都在瞬间寂静中神思。突然，友人惊叹："好美啊！真可谓穷极秦地奇观美景，我辈不虚此行……。"这赏叹声，言犹未尽，另一同伴急道："啊！这简直是天缘机合，唯独渭北岂能深藏这般仙境？果然是醉梦桃曲坡……！"

以后，我常做美梦，一个蓝色而奇幻的梦，反复重现。许多遐想，如心神疾箭，似猛浪冲栏。唯此重游桃曲坡，较前迥然不同，几经醉梦难眠。每每回味，出情入理，不能自已，因故命笔，留作记忆。祈望再来者，当明此心期。

四、通讯报道

（1）《啊！老爷岭——谨献给国庆 49 周年暨铜川供水工程建设者》，1998 年 9 月 11 日《陕西农民报　秦风周末》第四版

作者：张锦龙　林兴潮　石流

（2）《英雄战马栏　奇迹贯长虹——马栏引水工程建设纪实》，1999 年 9 月出版《铜川——辉煌五十年》（1949—1999）上

作者：张锦龙

（3）《浓墨重彩写春秋——陕西省桃曲坡水库管理局发展水利经济纪实》，1999 年 12 月 24 日《陕西日报》第三版

作者：姚俊骊　林剑平　赵艳芳　焦永兴

（4）《四面苍山关风雨　一湖碧水揽日月——陕西省桃曲坡水库管理局发展水利经济纪实》，2003 年 12 月 9 日《陕西日报》第三版　综合新闻

作者：武斌生　冯宝才　赵艳芳

（5）《桃曲坡灌区：一曲清水济民生》，2012 年 4 月 6 日《陕西日报》第 19 版　企业周刊

作者：张锦龙　刘青　任渭鹏

（6）《把"头疼"渠段变成顺心渠道——记桃曲坡水库管理局 11 - 02 标段管理员朱向阳》，2012 年 7 月 13 日《中国水利报》第 7 版　运行管理

作者：夏雨（秦延安）　刘青

第三节　企　业　文　化

一、桃曲坡精神："团结一心，爱局如己，负重奋进，争创一流"

1995 年，供水结构发生了变化，桃曲坡精神是在总结灌溉工程建设

与管理经验基础上，提出的一种团结奋进精神，它与水利部"献身、负责、求实"的水利行业精神一脉相承。

1996年11月，管理局组织"爱我桃库、兴我桃局"演讲会，从不同的层次和深度诠释了桃曲坡精神的真谛和深刻内涵。收入演讲稿存目八篇：

第一篇：《弘扬企业精神，再造"九五辉煌"》，作者：张锦龙；演讲：刘玉良。

第二篇：《在桃曲坡，有这样一种精神》，作者：张养社。

第三篇：《"挖掘"希望，奉献青春》，作者、演讲：秦鹏。

第四篇：《弘扬桃曲坡精神，做新一代桃曲坡人》，作者、演讲：赵艳芳。

第五篇：《桃曲坡——我不再失意的称号》，作者、演讲：郑坤。

第六篇：《为了更美好的明天》，作者、演讲：席刚盈。

第七篇：《什么也不说》，作者：席刚盈。

第八篇：《爱岗敬业自奋起，兴我桃局竞风流》，作者、演讲：陈保健。

二、马栏精神："无私奉献，顽强拼搏，团结互助，敢为人先"

马栏精神是马栏河引水工程凝结出的一种敢于向极限挑战精神，同桃曲坡精神相辅相成。1998年9月水利厅要求在全省水利系统弘扬马栏精神，管理局组织了马栏精神演讲团，张锦龙、冯保才、赵艳芳、刘玉良、秦鹏、武峰军组稿，陕西省水利厅余东勤、张养社审稿，林兴潮、张锦龙带队赴水利系统各有关单位巡回演讲，收到良好效果。

收入演讲稿存目四篇：

第一篇：《奉献是一首人生壮歌》——马栏精神之一：无私奉献的敬业精神。初稿、演讲：赵艳芳。

第二篇：《敢于和大山拼搏的人们》——马栏精神之二：不畏艰险的拼搏精神。初稿：秦鹏；演讲：任敏。

第三篇：《团结就是力量》——马栏精神之三：团结互助的友爱精神。初稿：刘玉良；演讲：王东胜。

第四篇：《奇迹是怎样创造的》——马栏精神之四：敢为人先的进取精神。初稿：武峰军；演讲：崔华英。

三、桃曲坡文化

2009年8月，管理局编辑刊印了《构建文明、富裕、和谐的桃曲坡——桃曲坡文化》的宣传手册，系统总结和归纳了桃曲坡发展30年来在经营管理中凝聚的群众智慧，分为企业目标、企业精神、企业经营理念、企业核心价值观、企业形象以及员工行为规范等篇章，主要内容有：

企业目标：构建文明、富裕、和谐的桃曲坡。

企业精神：团结协作，顽强拼搏，求真务实，开拓创新。

企业经营理念：以水为主，发挥优势，突出发展，注重效益。

企业核心价值观：以人为本，服务社会。

企业形象：团结勤政、锐意进取的领导班子，作风顽强、技术精湛的员工队伍，善于经营、廉洁高效的企业管理，信誉第一、客户至上的优质服务，质量过硬、安全优质的供水水质，清新幽雅、优美整洁的生态环境。

第四节　逸　文　趣　事

一、桃曲坡考（2000年　李顺山）

桃曲坡水库建于沮河下游马咀山下峡谷中，属古耀州，桃曲坡村北而故名。关于桃曲坡村名来历的考证，相传唐初十八学士之一，著名历史学家令狐德芬的故乡，令狐德芬七世孙令狐陶，唐玄宗时期宰相，择此风水宝地，修身养性；此处位于沮水狐子沟上缘，东临石柱，西挽稠桑，北靠安里，南俯锦阳川道，实乃一片绝世清静的洞天福地；传说令狐陶曾凿石渠引沮水溉锦阳川地，后世号称为陶渠坡村。另传，子页庚辰秋考，村中长老口碑美谈，此地属石柱、寺沟、稠桑、安里四乡公界处，长此古往，辖治不明，每逢战乱或天灾人祸，多有远行者来此净土避难；传说继有三省十八县避难过客曾安身移徙，人们过着刀耕火种的田园生活，安然和睦；加之如此洞天福地，每逢早春，漫山遍野的山桃花绽放，万绿丛中点点火红，确有世外桃源之慨，人们便将陶渠坡村美誉为桃渠坡村。再传，后来耀州有贤者根据上述传说，尊令狐陶为文曲星下凡，并隐喻《桃花源记》之胜境，随定名为桃曲坡村。这即是子页考信桃曲坡的来历。

二、石川河的传说（赵晓明　2006 年秋）

在富平县境内有一条最长的河叫石川河。石川河从富平县西北与耀县相邻的岔口入境，曲曲折折流向东南，汇入渭河。

传说在很早以前，石川河一带草木茂盛，果稻飘香，美丽富饶。后来不知为什么，这一带突然闹起了旱灾，连续多年没有降雨，大片的庄稼被旱死，大地被烈日晒成一片焦土。忍饥挨饿的老百姓，顶着烈日，天天求雨。可是盼了一天又一天，头顶上仍然是烈日高悬。

原来天上司雨的龙君，是个只知道吃喝游荡，从不关心百姓疾苦的坏家伙。他手下有两条龙，一条青龙，一条白龙，青、白两龙倒是善良，只是都被那龙君派到南方降雨去了。当时正当南方梅雨季节，阴雨连绵，江河横溢，老百姓的房屋全被洪水冲走了，稻田成了一片汪洋，老百姓没办法，只好拖儿带女，流落他乡。看到百姓啼饥号寒，流离失所，青龙实在不忍心，就向龙君建议调整旱涝，拯救百姓。这龙君生性简单粗暴，不但不听，反而说青龙越职管事，抗旨不遵，并向玉帝打小报告，说青龙"狂妄自大，目无尊长，以下犯上"。玉帝闻言大怒，立刻降旨，将青龙囚入冷宫反省。

青龙虽遭诬陷，但他仍然挂念着处在水深火热之中的百姓。白龙降雨归来，听说青龙被囚在冷宫，就偷偷地来看他。见到白龙，青龙十分高兴，让白龙帮助自己为石川河两岸的百姓降雨。如果玉帝降罪，自己一人承担。青龙义举深深地感动了白龙，白龙立即答应帮助他。玉帝生日那天，白龙趁天宫众神忙着赴宴，偷偷打开冷宫大门，放了青龙。

青龙和白龙一起腾入天空，白龙刮一阵风，青龙降一阵雨。青龙降一阵雨，白龙刮一阵风。雨乘风势，风助雨威，狂风骤雨，电闪雷鸣，直到龟裂的土地喝足了甘露，恢复了生机，大地水汪汪一片碧绿，他们才歇息。百姓们欣喜若狂，在雨中载歌载舞，长跪叩拜，感谢上苍。

　　俗话说没有不透风的墙，青白两龙偷偷降雨的事，很快就被玉帝知道了。"简直反了！"玉帝龙颜大怒，立即命天兵天将捉拿两龙治罪，数万天兵天将将他们团团围住。经过一番厮杀，终因寡不敌众，白龙被擒，青龙在刀光剑影的追杀中仓皇逃走，带着血迹斑斑的伤口潜入耀州湖中。

　　待天兵天将撤退后，青龙想重新腾上天空，终因精疲力尽，伤势太重，挣扎了好几次都没有成功，只好忍痛在湖中休养。晴日的耀州湖，碧波荡漾，鱼虾成群，阳光下跳金跃银，如练如鉴，美丽无比。青龙想，耀州湖水这么多，而山崖南边那么旱，如果能打开南边的山崖，放水灌溉，百姓不就再也不愁天旱了吗？青龙正在湖中盘算，但玉帝并没有放过他。忽听得惊天动地的一声呐喊："青龙，你逃不了啦，赶快出来领罪吧"。天兵天将密密麻麻，叠叠层层，从四面八方围了上来。青龙伤口未愈，精力不支，看来再也逃不脱了。青龙想：不成功便成仁，让天兵天将抓回去也是死，不如救人救到底。青龙鼓足了全身的力气，向南岸的山崖撞去，只见火光冲天，一阵"隆隆"巨响之后，天崩地裂，烟雾弥漫，山崖裂开了一个大口子，湖水以排山倒海之势，涌出开裂的山口，形成一条奔腾的河流。这石崖裂开的地方就是今天耀县和富平县的交界处岔口。这条大河就是今天的石川河。青龙的鲜血喷溅到山崖上，染红了山崖，从此人们改叫这儿的村子为红崖村。看着殷红的血水滚滚而下，人们又称这下游村镇为"红水头"。

　　周围数十里的百姓，听说青龙为百姓开水，撞崖身亡，十分悲痛。人们纷纷从很远的地方赶来吊唁，石川河两岸挤满了黑压压的人群。为了表达对青龙的哀思，感谢青白两龙的恩德，人们在青龙撞死的地方，塑造了两匹翘首北望、引颈长啸的骏马，一匹枣红，一匹雪白，红马在石川河东岸，就是今天的红马村；白马在石川河的西岸，就是今天的白马村。

　　由于赶来祭奠的群众太多，祭品供应不上，当时又增设了十八个作坊（十八坊，在今梅家坪镇赤兔村）日夜赶制祭品。追悼活动进行了七天七夜，香烟飘升到南天门，玉帝和龙君看到这动人的情景，内心十分惭愧，也禁不住掉下泪来。玉帝降旨立即放了白龙，并让白龙掌管了石川河一带降雨之事，白龙忠于职守，每年按时施云布雨，普降甘露。从此以后，石川河两岸风调雨顺，五谷丰登，百姓安居乐业，一派太平盛世。

第五节　文　艺　作　品

从水库建设时期到管理局成立后，奋战在水利战线的职工创作了一大批文艺作品，抒发了水利人热爱生活、奋发有为的精神状态，先后有多部戏曲、小品、歌谣及快板等，仅此收录其中一部分有特色的作品。

一、小品

1.《情系马栏》

1997年5月为了参加省第二届水利艺术节，管理局组织自编自演的小品"情系马栏"。剧本反映了大年三十马栏河引水工程工地上过年的场景，工程建设者为了完成省政府要求的年底必须全线贯通的指令，舍小家顾大家，放弃与亲人的新年团聚，全力以赴赶工期，"为工程情洒工地，逢佳节倍加思亲"，工地上的团聚短暂而幸福，尤为珍贵。通过马栏所所长马刚和妻子爱兰、女儿水英、技术员小刘的表演，全面诠释了"无私奉献，顽强拼搏，团结互助，敢为人先"的马栏精神。由孙学文、田德顺、武忠贤、任传德等共同策划，王灵毅导演，赵艳芳组织联络，聘请耀县秦腔剧团惠玉成编剧和艺术指导，王灵毅、赵艳芳、李建邦、田真（管理局职工田雄之女）共同表演。剧本略。

2.《车春宝生病》

1999年管理局国庆文艺晚会上，宫里管理站根据行水干部车春宝的事迹，自编自演了小品《车春宝生病》，反映了灌区行水干部无暇顾及自己身体健康，带病坚持工作，患高血压住院后仍然关心灌溉工作，一心一意为群众服务的感人事迹。由张会艳、薛辉、冯乃萍、何小年等共同编演。剧本略。

二、音乐舞蹈情景剧

2009年8月，由管理局组织策划，聘请陕西曲艺家协会副主席、西安说唱艺术团艺术总监、国家一级演员白海臣创作剧本《使命》，在省水利厅举行国庆 60 周年大型文艺汇演中获得一等奖。

三、三句半

创造辉煌在明天

（2001 年 7 月 1 日文艺汇演，王灵毅、张波、韩铁锋、曹宗强等编演）

庆祝建党八十年，福满人间举国欢，
山欢水笑人欢畅，喜开颜！
党的政策就是好，桃曲坡变化真不小，
今日我们聊一聊，甭见笑。
上下同欲齐心干，三百职工抱成团，
同心同德谋发展，向前！
万米隧洞贯长虹，浴血六载建奇功，
引来碧水润煤城，丰盈！
水利企业显成效，三分天下正走俏，
南征北战创市场，步步高！
西部开发浪淘天，灌区改造换新颜，
问渠哪得清如许，有活水源！
水保治理结硕果，绿荫片片树相间，
情侣双方树下坐，真葳！
十里平湖映翠山，四方游客不忍还，
摩托艇上精神爽，稀罕！
经济效益连翻番，年轻小伙喜开颜，
都市姑娘频招手，靓扮！
精神振奋天地新，改革发展事事鲜，
团结奋进齐心干，创造辉煌在明天，
在明天！

四、快板

库不完成渠不通，我们坚决不收兵

（20世纪70年代渠、库建设期间曾多次在工地现场演出的"快板"）

作者　王焕文

恨天无把地无环，土坚石硬有何难？

双手掇起地球转，铁肩能移王屋山。

若问决心从何来，全凭干劲冲破天。

十分把握百分胆，敢保引水上高塬。

不怕地冻和天寒，决心大战龙头关。

每日挖深一米五，坝底堵水浇龙头。

不怕土硬与石坚，我们把它当灰翻。

铁臂挥动土石飞，山神龙王把头低。

手指冻烂不知累，决与自然斗到底。

夺红旗寸土不让，抢时间分秒必争。

党发号召天地动，我们带头打冲锋。

千难万苦何必论，水利工地立奇功。

苦干巧干寒冬天，定给亲人把礼献。

刺骨北风它虽寒，我们意志比钢坚。

人如猛虎车似箭，定额任务加翻番。

跃进战鼓如声雷，英雄全力把山征。

工具如雷响，工地似战场！

铁锹如电闪，劈山把沟填！

洋镐响叮当，震破磐石岗！

苦战加巧干，引水上高塬！

猎猎红旗迎风飘，你追我赶掀高潮。

气壮山河声如雷，英雄人物数今朝。

足踩大地手顶天，铁拳能移万座山。

只要水利化实现，哪怕汗水飘起船。

锣鼓咚咚震云霄，干劲要比月光高。

快马加鞭大跃进，技术革新似浪潮。

联评交流经验多，工程配套如星河。

金光闪闪互争先，群众智慧胜诸葛。

英雄比武显身手，先进经验传四方。

演艺波涛浪推浪，汹涌澎湃歌飞扬。

技术配套实在好，集中起来是个宝。

人人学习来推广，生产技术双提高。

大河小河流清水，青山葱岭顶蓝天。

千里黄沙一片绿，万古旱地变水田。

水库建成葡萄串，队队修起水电站。

机器马达隆隆转，人人想进科学院。

牛羊成群猪满圈，村前村后花果园。

沟壑山川鱼米香，五谷丰登庆丰年。

磐山渠如银丝网，塘内鱼儿闹嚷嚷。

遍地沟壑都是田，层层梯田推上山。

青山绿水逗人爱，稻穗果润光闪闪。

渭北高塬变绿洲，金麦银棉波浪番。

库湖池塘养鱼莲，河堤渠岸柳成缘。

农村城市电气化，万紫千红赛江南。

交通畅通国富强，富饶美丽好风光。

大雪大雨你再下，我们志气比你大。

冻土石山你再硬，我们也要和你碰。

库不完成渠不通，我们坚决不收兵。

五、桃曲坡之歌

1=F

词：张锦龙　王勇宏　冯宝才
曲：张文忠（陕西省歌舞剧团曲作家）

锦阳湖畔，四季飘香，开放的鲜花
心中梦想，今日起航，改革的旗帜

美丽芬芳　我们是光荣的桃曲坡人，创造
高高飘扬　我们是奋进中的桃曲坡人，肩负着

奇迹走向辉煌。
未来的希望。

男
女

铁肩筑起
水利春天

七彩的长虹，绿水浇铸煤城的希望
热血在激荡，同心建设山川披新装，

春风沐浴碧绿的原野，汗水挥洒
蓝图凝聚着强大的力量，理想化作

壮美的诗行。我们在拼搏我们在图
腾飞的翅膀。

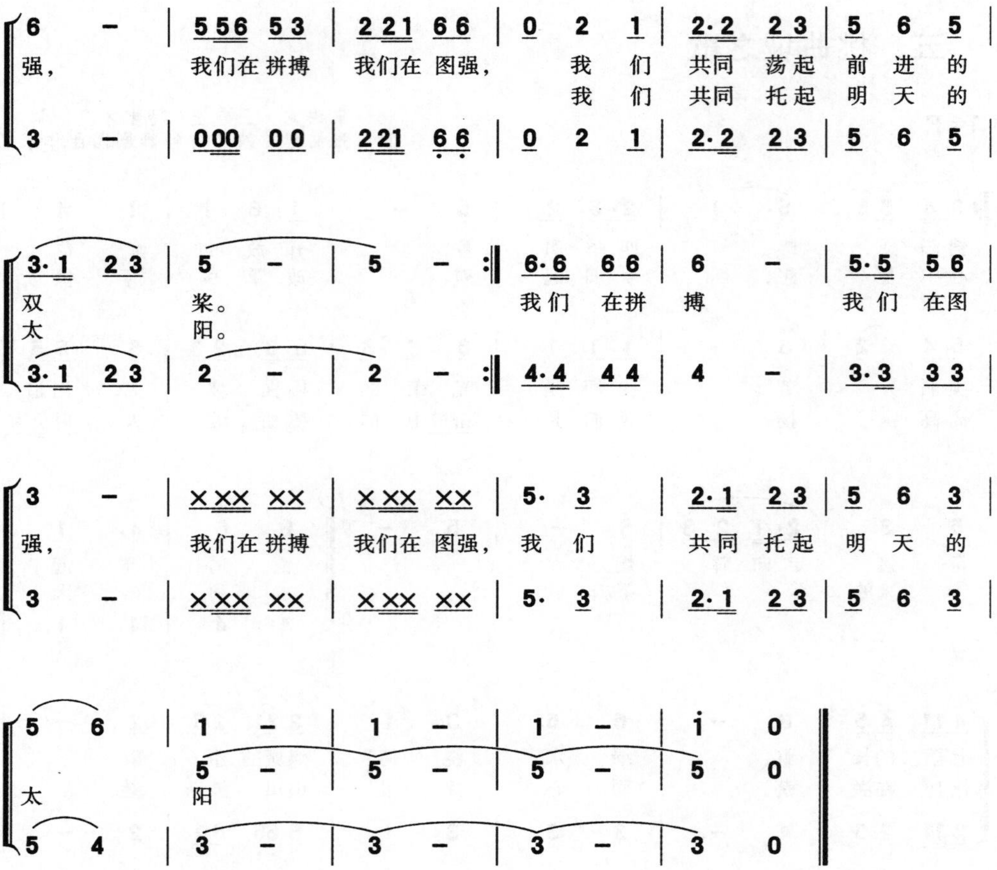
强， 我们在拼搏 我们在图强， 我 们 共同 荡起 前 进 的
我 们 共同 托起 明 天 的
双 桨。 我们 在拼 搏 我们 在图
太 阳。
强， 我们在拼搏 我们在图强， 我 们 共同 托起 明 天 的
太 阳

附　录

陕西省革命委员会基本建设委员会
关于桃曲坡水库灌溉工程扩大初步设计的批复
（1974 年 11 月 12 日）

渭南地区计委、基建局、水电局：

（略）

由于水库坝址地质较复杂，溶洞及厚层砂卵石成为坝基和坝肩绕渗的主要通道，所以坝基做帷幕灌浆处理是需要的。因库区渗漏较严重（估计水位高程 751 米左右，日渗漏约 5 万立方米），故除积极抓紧准备基础帷幕灌浆的工作外，应对库区防渗的铺包、封堵提出方案，使水库早日蓄水收益。工程初步审查核定投资为 2071 万元。

陕西省农业委员会
关于调整桃曲坡水库灌溉工程管理体制的通知
（1980 年 5 月 3 日）

渭南地区行政公署，铜川市革命委员会，省水电局：

耀县划归铜川市管辖后，桃曲坡水库灌溉工程跨越渭南、铜川两地市。为了便于搞好工程建设和灌溉管理，有利于发挥灌溉设施效益，经省人民政府批准，将桃曲坡水库灌溉工程收归省水电局管理。现在的工程机构定名为"陕西省桃曲坡水库工程指挥部"，负责工程建设，并管好灌溉工作。工程完工后，全部工作移交给"陕西省桃曲坡水库灌溉管理局"。

（略）

陕西省水电局
关于桃曲坡水库一九八二年库区补漏工程方案
及预算报告的批复

（1982 年 8 月 27 日）

省桃曲坡水库工程指挥部：

你部陕桃指发〔1982〕第 050 号关于一九八二年库区补漏工程方案及预算的报告收悉。经研究批复如下：

1. 同意对今年库区新发现的 24 处漏水点与跌穴的处理原则与具体处理方案，望搞好施工质量。

2. 关于库区补漏工程预算问题。原预算中民工使用社会工资应予核减，考虑到补漏工程是临时抢险性的突击任务，可按非收益区民工补助标准每工日八角计算，核减 20660 元；由于混凝土和砌石材料用量偏高和砌石单价计算错误，核减 1150 元；增加民工副食补贴按每工日 7 分计，共增加 1920 元，依上述核减、增补后，相应核减不可预见费 570 元，共核减 20460 元。据此，原预算总投资 76560 元，实际核定为 56100 元。望按照核定的总投资控制使用。

陕西省水利水土保持厅
关于桃曲坡水库工程一九八四年基建计划的批复

（1984 年 2 月 21 日）

省桃曲坡水库工程指挥部：

你部陕桃指发〔1984〕005 号《关于桃曲坡水库工程一九八四年基建计划的报告》已收悉。经研究批复如下：

（一）一九八四年安排桃曲坡水库工程基建投资一百五十万元。主要用于枢纽溢洪道尾留工程、高干西支渠工程以及水毁工程修复等，以充分发挥工程设施效益。建设项目的内容与要求，详见附表（略）。

（二）计划下达后，要抓紧春季施工的大好时机，早安排，早落实，早动工，争取夏收前完成全年任务百分之六十以上。同时要迅速落实灌区配套任务，保证今年内新增有效灌溉面积三万亩。

（三）、（四）（略）。

陕西省水利水土保持厅
批转《桃曲坡水库灌溉工程竣工验收报告书》的通知
（1985 年 1 月 5 日）

省桃曲坡水库工程指挥部、省水电勘测设计院：

一九八四年十二月二十五日至二十九日，我厅受省计委委托在桃曲坡水库工程指挥部主持召开了桃曲坡水库灌溉工程竣工验收会议。我厅同意验收委员会通过的《桃曲坡水库灌溉工程竣工验收报告书》，现转发你们。请按照《报告书》中的要求，认真研究，落实措施，抓紧工作，以确保工程运行安全，充分发挥工程效益。

附件：一、枢纽组对枢纽工程的鉴定意见

二、灌区组对灌区工程的鉴定意见

三、财务决算组对工程竣工决算的审查意见

桃曲坡水库灌溉工程竣工验收报告书

一、工程说明（略）

二、工程建设过程（略）

三、完成投资与主要工程量（略）

四、民工伤亡抚恤与迁安工作（略）

五、工程运用效益（略）

六、工程质量鉴定（略）

七、对尾留工程项目的意见（略）

八、对主要存在问题的意见（略）

九、对工程管理运用的意见（略）

十、结论（全文）

1. 根据国家关于基本建设竣工验收的有关规定，经对工程的全面检查与鉴定，本工程经过十余年的建设，基本完成了扩大初步设计和技术补课工程设计主要工程项目的建设任务，并已形成一定的生产能力，初步发挥了灌溉效益，移民、征地和工伤人员的安置与处理均较为彻底。因此，验收委员会认为，本工程已具备投产条件，可以办理移交手续，并决定于一九八四年十二月三十日由施工单位正式移交管理单位使用。

2. 考虑到本工程的尾留工程项目较多，今后两年的施工任务还相当艰巨。工程正式移交管理运用后，作为主要承担施工任务的工程指挥部机构，可以继续再保留两年，与管理机构合署办公，一套人马，两个牌子，并务必于一九八六年底完成全部尾留工程的施工任务，撤销其工程指挥部机构。

陕西省水利厅文件
关于成立陕西省桃曲坡水库灌溉管理局的通知
（1987 年 10 月 23 日）

省桃曲坡水库工程指挥部：

根据陕编发〔87〕第 107 号文批复，同意撤销桃曲坡水库工程指挥部，成立陕西省桃曲坡水库灌溉管理局，为县级事业单位，编制 180 名，经费逐步实行自收自支。

特此通知。

陕西省物价局、陕西省水利厅
关于安排省管桃曲坡水库灌区农业水费标准的通知
（1990 年 4 月 4 日）

铜川市、渭南地区水利局、物价局、桃曲坡水库灌溉管理局：

桃曲坡水库灌区已于一九八八年底建成投入运行，灌区现有灌溉面积28.9 万亩。桃曲坡水库灌区的建成，对发展我省粮食生产将起到重要作用，为了增强农业生产后劲，发挥水利工程的社会效益，促进工程管理单位走"以水养水"自我维持和自我发展的道路。桃曲坡水库灌区农业水费实行斗口计量，按量计费，综合平均水费每立方米 2.7 分。

陕西省人民政府省长办公会议纪要
（1990 年 11 月 23 日）

十一月十四日，徐山林副省长主持召开办公会议，研究铜川市供水工程建设问题。纪要如下：

一、铜川市水源奇缺，亟须建设供水工程，缓解铜川市用水矛盾。会议对省计委、水利厅提出的桃曲坡水库溢洪道加闸增加库容一千万立方米和从马栏河向桃曲坡水库引水（每年一千二百万立方米至一千五百万立方米）的工程方案进行了审议。认为：建设两项工程，每年向铜川市供水一千二百万吨至一千五百万吨，可以缓解铜川市的用水问题，桃曲坡水库灌区的灌溉保证率也将有所提高。技术上是可行的。决定批准这个工程方案。

二、实施这个工程方案采取桃曲坡水库溢洪道加闸和马栏河引水两项工程同时并举的方针。水库水量增加后，就要及时向铜川供水。在马栏河引水工程竣工前，如遇特别严重干旱的年份，要本着城乡兼顾的原则，优先对农业灌溉用水给予必要的保证。

三、工程投资按下述原则分担：（1）桃曲坡水库溢洪道加闸工程（包括铺包防渗和铁路基础防护）和向市区供水工程（包括取水设施和输水管路）的建设资金由铜川市政府负责筹集。（2）马栏河引水工程由省上负责安排。具体负担办法是：省计委从省自筹基建投资中安排10％；省计委用以工代赈资金安排10％；省水利厅用水利资金安排20％。

四、工程设计工作由省水利厅负责，在1991年春节前拿出初步设计报告，工程设计费由铜川市政府拿出五十万元拨付水利厅使用，将来的施工单位，采用招标办法择优确定。工程建成后，由省桃曲坡水库管理局统一管理。

五、水价问题，由省水利厅与铜川市政府协商确定，如意见不一致，由省物价局裁定。

陕西省物价局、陕西省水利厅
关于调整桃曲坡水库灌区水利工程水费计收标准的通知
（1991年12月19日）

桃曲坡水库灌溉管理局：

为了合理利用水资源，促进科学用水和计划用水，保证水利工程正常运转，根据省政府陕政发〔1991〕44号文《关于发布〈陕西省水利工程水费计收管理办法〉的通知》精神，结合灌区实际情况，决定对桃曲坡水库灌区水费标准做适当调整，调整以后，全灌区综合平均水费每立方米 5.4 分，其中国营水费每立方米 4.4 分，基层管理费每立方米 1.0 分。

陕西省计划委员会
关于桃曲坡水库扩建工程马栏河引水工程初步设计的批复
（1992 年 6 月 23 日）

省水利水保厅：

你厅陕水计财〔92〕第 063 号文收悉。为了贯彻落实省政府一九九〇年第 46 次办公会议的有关精神和王双锡副省长一九九一年六月十九日在旬邑县现场办公所确定的几点意见，我委组织省、市、县有关部门和专家于一九九二年五月二十一日至二十二日对桃曲坡水库扩建工程马栏河引水工程初步设计进行了审查。核定工程总投资为 3159 万元。

陕西省物价局、陕西省水利厅
关于调整桃曲坡水库灌区水利工程水费标准的通知
（1994 年 12 月 5 日）

桃曲坡水库灌溉管理局：

为了合理利用水资源，促进水利事业的良性循环，保证水利工程的正常运行，根据省政府《关于发布〈陕西省水利工程水费管理办法〉的通知》（陕政发〔1991〕44 号文）精神，结合水利工程已被推向市场和灌区的实际情况，决定对桃曲坡水库灌区水费标准作适当调整。调整以后，综合平均水费每立方米 8.7 分，其中国营水费每立方米 7.5 分，基层管理费每立方米 1.2 分。

陕西省计划委员会
关于马栏河引水工程调整概算的批复
（1995 年 4 月 26 日）

省水利厅：

你厅陕水计〔1994〕167 号、陕水计发〔1995〕18 号、陕水计便字

〔95〕17 号文收悉，一九九二年，我委以陕计设〔1992〕356 号文批准了马栏河引水工程初步设计，建设规模为年引水量 1200 万～1500 万立方米，概算总投资为 3159 万元。该工程自一九九三年开工建设以来，由于人工、材料价格大幅度上涨，国家政策性定额调整以及项目实施中的重大设计变更等因素，致使原批概算投资满足不了工程建设的需要。经审查，同意对该工程概算进行调整，现批复如下：

一、我委原则同意你厅陕水计发〔1995〕18 号文有关该工程的重大设计变更及增加建设内容的意见。

二、工程上报调整概算投资为 7680.37 万元。经核定，同意概算投资调整为 7267.69 万元，其中静态投资为 6343.97 万元。比原批概算投资净增 4108.76 万元。

三、（略）

陕西省物价局
桃曲坡水库向铜川市供水价格的通知
（1995 年 5 月 19 日）

省水利厅、铜川市人民政府：

根据你们所报意见，经研究，并报经省人民政府同意，决定将桃曲坡水库向铜川市供水的综合供应价定为 0.20 元每立方米，自水库开始供水之日起执行。此价格为临时价格，正式价格待马栏河引水工程建成投产后另行核定。铜川市供居民生活用水、工业生产用水等的销售价格，仍按现行规定执行。

陕西省水利厅
关于桃曲坡水库千亩果林基地建设规划设计的批复
（1996 年 7 月 1 日）

省桃曲坡水库管理局：

你局以省桃管局〔1996〕16 号《关于呈报桃曲坡水库千亩果林基地规划设计》的报告收悉，经审查研究，现批复如下：

一、你局利用库区管理范围内土地兴办绿色企业，建设千亩果园，对发展水利经济，实现行业脱贫、职工致富具有重要意义。本规划指导思想明确，方案切实可行，经研究同意规划的主要指标为：治理总面积 2107 亩；其中果林面积 1541 亩（苹果 851.6 亩，酥梨 199.5 亩，杂果 119.5 亩）；风景林及水保林 369.7 亩；地埂花椒及大枣 5.9 万株。同意建设抽水泵站、看护房等配套设施。

二、同意租用马嘴村和韩古村的荒、耕地 604 亩，其中耕地 97 亩，期限 50 年；荒坡地 507 亩，期限 70 年，按国家"五荒"地拍卖政策办理好有关手续。

三、同意修建二级抽水泵站一座，灌溉面积 1051 亩，并兼顾马咀村 400 人生活用水。

抽水泵站总体布置要集中，便于管理；站址高程选择要考虑到水库加闸；建设一期泵站工程要考虑二期果园供水需要；站房建筑尽量符合旅游区建设要求；灌溉工程应采取节水措施。

四、工程预算编制基本符合省颁标准和有关规定。核定本规划设计总投资为 571.2 万元。果林基地建设应遵循分期实施、滚动发展的原则。一期：1995 年秋—1998 年春，实施 937.2 亩，完成相应配套设施，投资 384.9 万元；二期：1998 年春—2000 年春，实施 603.6 亩及配套设施，投资 186.6 万元。

五、资金来源：一期投资按 3：7 比例，桃曲坡水库管理局自筹 115.5 万元，向省厅贷款（灌区维护基金）269.4 万元，年息 5.6%。二期投资由你局从一期收入中解决，实行滚动发展。

六、必须按还贷计划偿还贷款。从 2002 年开始，每年偿还本金 82 万元，并结清当年利息。

七、鉴于抽水泵站工程兼顾马咀村人畜饮水，可由小水费及人饮工程费给予补助。沟坡治理由水保费适当安排补助。

八、桃曲坡水库千木果林基地的尽快建成，有利于指导全省水利行业绿色企业的迅速发展，本项目由厅河库处和绿色企业办协调实施，省水保局协助搞好沟坡治理，厅机关各处室应予以大力支持和帮助。

桃曲坡水库要做好施工组织，确保工程质量，在实施过程中解决好水、电、路、看护房以及经营管理中的具体问题，把千亩果林基地当大事干，当企业办，当工程建，尽快组织实施，使其早日发挥效益。

陕西省物价局 陕西省水利厅
关于调整和整顿宝鸡峡等省属五大灌区农业
灌溉供水价格的通知

（1997 年 5 月 23 日）

宝鸡峡、交口抽渭、桃曲坡、泾惠渠、石头河水库管理局，有关市、县人民政府：

为合理利用水资源，促进节约用水，保证水利工程供水生产正常进行和农业生产的稳定发展。根据《陕西省人民政府关于发布（陕西省水利工程水费计收管理办法）的通知》（陕政发〔1991〕44 号）文件精神，结合灌区实际情况，经省政府同意，对宝鸡峡等省属五大灌区农业灌溉供水价格做适当调整，并对供水配套服务环节收费进行一次整顿。

桃曲坡水库灌区农业灌溉供水价格表　　单位：分/立方米

类别	项目	国营水价	基层管理费	与农民见面价格（未包括浇地费）
粮棉油作物	综合	11.5	2.0	13.5
	库水	13.0	2.0	15.0
	清水	6.0	2.0	8.0
	洪水	4.0	2.0	6.0
	蓄塘	3.0	2.0	5.0
经济作物	第一类	13.8	2.0	15.8
	第二类	28.8	2.0	30.8

说明：浇地费每亩次按 1 元收取，由村组管理。

陕西省计划委员会
关于马栏河引水工程调整概算的批复

（1997 年 9 月 15 日）

省水利厅：

你厅陕水计发〔1997〕68 号、142 号文收悉，对马栏河引水工程调整概算问题，我委在一九九七年九月十一日召开会议进行了审查。鉴于该工程全线岩质极差、地下涌水量大，施工困难，同意对工程投资概算进行调整。总概算为 12050.00 万元。

陕西省人民政府
嘉奖令

（1997 年 12 月 26 日）

省水利厅，马栏河引水工程指挥部、铁一局给排水七公司、省煤炭建设公司：

马栏河引水工程是解决铜川市人民群众饮水的一项重要工程。自一九九三年开工建设以来，特别是省政府作出引水隧洞今年要全线贯通的决定之后，你们以高度的政治责任感和顽强的拼搏精神，克服异常恶劣的施工条件，不畏艰险、夜以继日、继续奋战，终于如期完成了马栏河引水隧洞全线贯通的任务。省人民政府决定，对参加工程建设的广大干部、技术人员和全体职工予以通令嘉奖。希望你们再接再厉，继续努力，加快尾留工程建设，尽早建成，投入使用。

陕西省水利厅
关于马栏河引水工程执行概算的批复

（1998 年 3 月 18 日）

省铜川供水水源工程指挥部：

你部陕铜供发〔1998〕007 号《关于报送马栏河引水工程执行概算的报告》收悉。经审查研究，批复如下：

一、为严格基本建设程序，有效控制工程造价，提高投资效益，同意在省计委陕计设计〔1997〕600 号文批准的基础上编制执行概算，作为控制批准概算的执行文件。

二、批准执行概算总投资 12050 万元，其中：上级主管部门管理项目176.20 万元（占总投资 1.5%）；建设单位管理项目 3629.47 万元（占总投资 30.1%），其中建设期还贷利息及河道整治、土地占用、水土流失防治 1795 万元（占 49.5%）；发包项目 8244.33 万元（占总投资 68.4%）。

三、建设单位要加大资金筹措力度，加快工程建设进度，加强工程质量管理，确保今年 10 月 1 日马栏引水工程建成通水。

附件：执行概算表（略）

陕西省物价局
桃曲坡水库向铜川市供水价格的复函
（1998 年 3 月 26 日）

省水利厅：

你厅《关于调整桃曲坡水库（马栏河工程建成前）向铜川市供水水价的函》（陕水财发〔1997〕38 号）收悉。鉴于桃曲坡水库管理局向铜川市供水成本增加，为了保证城市供水，经研究同意调整桃曲坡水库向铜川市供水价格，由每立方米 0.20 元调整为 0.25 元。调整后的价格自一九九八年四月十日起执行。

陕西省物价局
关于马栏河向铜川市供水价格的通知
（1999 年 6 月 28 日）

陕西省水利厅、铜川市物价局：

为了从根本上解决铜川市的供水矛盾，省政府决定兴建马栏河引水工程，该工程目前已基本建成。根据省政府常务会议一九九九年第十一次纪要精神，现将马栏河向铜川市供水价格通知如下：

一、桃曲坡水库供应铜川市原水价格定为每立方米 0.65 元，从 1999 年 6 月 1 日起执行。

二、原水价格调整后，铜川市自来水销售价格不作调整。

三、铜川市自来水公司要加强经营管理，通过扩大用户、增加用水量、减员增效等多种方式降低成本。铜川市自来水公司的亏损由铜川市财政帮助解决。

陕西省水利厅
关于马栏河引水工程取水申请的批复
（1999 年 9 月 2 日）

陕西省桃曲坡水库灌溉管理局：

（略）

一、根据旬邑县水利局提供的用水资料和一九九七年编制的《咸阳市水中长期供求计划》的需水量预测资料，预测到 2000 年、2010 年，马栏河引水口下游旬邑县境内工农业年需水量分别为 1181 万立方米、1615 万立方米。按《桃曲坡水库扩建工程马栏河引水水文水利分析计算报告》的水文水利分析计算结果，到 2000 年，在保证满足旬邑县工农业用水 1181 万立方米的情况下，保证率 75％年份，余水 2806.7 万立方米；保证率 95％年份，余水 1437.8 万立方米。到 2010 年，在保证满足旬邑县工农业用水 1615 万立方米的情况下，保证率 75％年份，余水 2372.7 万立方米；保证率 95％年份，余水 1003.8 万立方米。在充分考虑旬邑县 2010 年工农业用水的情况下，保证率 75％年份，每年从马栏河引水 1200 万～1500 万立方米是有保证的。

二、原则同意旬邑县水利局的意见，在正常年份，同意你局在旬邑县马栏乡马栏河每年取水 1200 万～1500 万立方米，向铜川市供水。在取水口下泄流量小于 0.5 立方米每秒时，马栏河引水工程应停止取水，以保证旬邑县工农业的用水需求。为充分发挥工程效益，在不影响旬邑县工农业用水的前提下，马栏河引水工程可引取马栏河洪水和多余水量，为铜川新区、煤电铝厂及桃曲坡水库灌区补充部分水量。

三、在特枯年份，双方用水出现矛盾时，省水利厅将依据国务院《取水许可制度实施办法》第二十一条的规定，协调解决用水问题。

四、马栏河引水工程投运后，你局应加强水质检测，积极协助划定水源保护区范围，采取必要的措施，防止水源遭受污染。

陕西省人民政府
嘉奖令
（1998 年 9 月 28 日）

省水利厅，马栏河引水工程指挥部及参加工程建设的有关单位：

马栏河引水工程是解决铜川市供水的关键工程之一。自一九九三年开工建设以来，特别是省政府作出今年工程全部建成通水的决定之后，你们发扬顽强拼搏、团结互助、敢为人先的精神，克服施工条件恶劣、客观环境困难等不利因素，迎难而上，不畏艰险，争抢进度，确保质量，提前一个季度圆满完成了这一光荣而艰巨的战斗任务。为此，省政府决定对参加工程建设的广大干部、技术人员和全体职工予以通令嘉奖。希望你们继续努力，加强工程管理，尽快发挥工程效益，为加快铜川经济发展和改善人民生活做出贡献。

陕西省水利厅
关于富平县红星、尚书水库移交省桃曲坡水库管理局会议纪要
（2000 年 9 月 15 日）

九月十五日，省水利厅在富平县陶艺村主持召开了红星、尚书两座水库移交会议，省水利厅、渭南市水利局、富平县人民政府、桃曲坡水库管理局、富平水利局等单位参加了会议。现纪要如下：

一、会议认为：富平县红星、尚书两水库移交陕西省桃曲坡水库灌溉管理局统一管理，有利于水资源的统一调配和开发利用，有利于灌区可持续发展，有利于水利工程的潜在效益，是十分必要的。

二、移交范围严格按照陕西省水利厅陕水农发〔2000〕24 号文件精神和富平县人民政府与陕西桃曲坡水库灌溉管理局签订的协议书执行。

三、由富平县人民政府成立移交小组，桃曲坡水库管理局成立接交小组，负责完成移交具体工作。务必于九月三十日前交接完毕。

四、两座水库枢纽、库区、干支渠道、管理站等设施保护范围的定权划界以及在运行过程中出现的有关纠纷由富平县人民政府负责协调处理。

五、水库移交后，富平县人民政府应继续支持灌区建设和维护灌区用水秩序，桃曲坡水库管理局要为富平的经济发展和农业增产发挥更大的作用。

六、桃曲坡水库管理局接管后，要抓住九大灌区更新改造的机遇，加强灌区建设，恢复和扩大灌溉面积，强化内部管理，严格水价标准，减轻群众负担，更好地发挥两座水库的工程效益。

铜川市新区管理委员会、陕西省桃曲坡水库管理局
铜川新区供水项目合作协议

（2001 年 10 月 19 日）

为促进新区的基础设施建设，改善投资环境，加快引资步伐和新区建设速度，铜川市人民政府决定将新区的供水项目交由省桃曲坡水库管理局进行建设管理和经营，授权新区管委会与桃曲坡水库管理局签订以下合作协议：

1. 市人民政府批准桃曲坡水库管理局对新区全部供水现在和将来的经营权、以及地下水的开采权，不再批准其他水务企业进入新区，今后不再批准其他单位开采地下水作为自备水源。

2. 由市政府协调桃曲坡水库管理局和铜川市自来水公司意见，选择咨询单位，对水司前期投入新区的资产进行评估，其中国家投入部分予以划转，其余按评估价值一次买断。桃曲坡水库管理局如接收市水司现在新区职工（约 30 人）的部分人员，则买断价格应做适当折扣。资产移交工作在 2002 年 3 月前完成。

3. 新区管委会承诺在征用地方面给予供水项目以最大优惠。管网建设按惯例不办理征地手续，建设中遇到的具体问题由管委会予以协调。净水厂及其他相关用地的全部征用地费用（包括价外费用）不超过每亩 2.5 万元。估计征地面积在 150 亩左右（以设计为准），征地位置应照顾项目效益的需要。

4. 市政府同意新区供水水价执行陕价电调发〔2000〕113 号文件规定，以后随老市区水价或国家政策调整。随水价征收的城市公用事业附加在建设期和还贷期间返还使用，同时帮助桃曲坡水库管理局争取有关市政

建设投资。

5. 市政府同意按照国内开发区惯例和国家对西部地区的优惠政策，给予桃曲坡水库管理局税收优惠。包括在净水厂建成投产前两年免收所得税，接下来三年按 15％征收所得税；以及新区其它有关政策。

6. 桃曲坡水库管理局承担新区供水建设任务。先期投资：改造 9～10 公里高干渠至净水厂；建设 2 万吨至 4 万吨净水厂；以及建设供水管网等。净水厂在 2002 年 10 月份前投入使用。

7. 桃曲坡水库管理局成立新区供水公司，作为项目法人，全面负责项目建设及运行管理。

8. 为保证供水建设的顺利实施，成立新区供水建设领导小组，组长由李晓东市长担任，副组长由常务副市长李荣杰、新区管委会常务副主任高中印、桃曲坡水库管理局局长武忠贤担任。

9. 以上涉及政府管理事项，在本协议签订后，由市政府予以正式批准。

10. 本协议签订之日起生效。

铜川市新区管理委员会
关于铜川新区净水厂项目的立项批复

（2001 年 11 月 28 日）

陕西省桃曲坡水库灌溉管理局：

你局报来"关于铜川新区净水厂项目立项的申请"（陕桃局发〔2001〕134 号）收悉。为完善新区基础设施，改善投资环境，依据陕计投资〔1998〕1044 号，经研究，同意你局建设铜川新区净水厂项目。现将有关问题批复如下：

一、建设规模：该项目建设总规模为 8 万吨/日，占地 200 亩，一期建设 2.5 万吨。

二、建设内容：主要包括一级泵站、进厂管道（700 米）、出厂管道（1500 米）和净水厂。

三、投资规模：3000 万元。

望你局接此批复后，按基本建设程序，抓紧办理规划、选址、征地等手续，力争早日建成，为新区创造良好的投资、建设环境。

特此批复。

陕西省水利厅
关于成立陕西铜川供水有限公司的批复
（2001 年 12 月 15 日）

陕西省桃曲坡水库灌溉管理局：

你局陕桃局发〔2001〕145 号文收悉。

经研究，同意成立陕西铜川供水有限公司。该公司属全民所有制企业。县处级建制，具有独立法人资格，经费实行自收自支，独立核算，自负盈亏。

该公司主要业务范围：负责铜川新区和周边地区供水项目的建设、管理及经营等业务。

特此批复。

陕西省水利厅
关于公布首批 10 家省级水利风景区的通知
（2001 年 12 月 14 日）

各地市水利局、厅直各单位：

经陕西省水利厅水利风景区评审委员会评审，石门水库、浐河游览区等 10 个景区为省级水利风景区（名单附后），现予以公布。

（略）

附件：省级水利风景区名单

省级水利风景区名单

桃曲坡锦阳湖生态园

（其他水利风景区略）

水利部
关于公布第二批国家水利风景区的通知
（2002 年 9 月 16 日）

部直属各单位，各省（自治区、直辖市）水利（水务）厅（局），新疆生产建设兵团水利局：

经水利部水利风景区评审委员会讨论通过，决定批准黄河三门峡大坝风景区等 37 个单位（景区）为"国家水利风景区"（名单附后），现予以公布。

（略）

附件：第二批国家水利风景区名单（37 家）

陕西省　锦阳湖生态园

汉中石门水利风景区

（其他水利风景区略）

陕西省编委会
关于省泾惠渠管理局等三个水利工程管理体制改革试点单位
定性定编的批复
（2007 年 6 月 21 日）

省水利厅：

你厅陕水字〔2005〕78 号文收悉。根据国办发〔2002〕45 号和陕政办发〔2004〕92 号文件精神，经 2007 年 3 月 29 日省编委会议研究：

一、同意将现有的省泾惠渠管理局、省交口抽渭灌溉管理局、省桃曲坡水库灌溉管理局三个单位改革为管养分离的单位，设立具有公益性质的管理机构及自收自支的农业灌溉和维修养护队伍。

二、同意组建省泾惠渠管理局，编制为 90 人，为财政全额拨款的事业单位；组建省交口抽渭灌溉管理局，编制为 145 名，为财政全额拨款的事业单位；组建省桃曲坡水库灌溉管理局，编制为 43 名，为财政全额拨款的事业单位。

三、组建省泾惠渠管理局下属的农业灌溉和维修养护队伍，自收自支编制 370 名，实行企业化管理；组建省交口抽渭灌溉管理局下属的农业灌溉和维修养护队伍，自收自支编制 572 名，实行企业化管理；组建省桃曲坡水库灌溉管理局下属的农业灌溉和维修养护队伍，自收自支编制 147 名，实行企业化管理。

四、按照水管单位经营部门转制为企业的精神，将省泾惠渠管理局兴办的渠首电站、新庄水电公司、招待所三个经营实体，省桃曲坡水库灌溉管理局兴办的供水公司转制为企业，独立经营，自负盈亏。

五、三个单位要制定详细的改革方案，实有人员要与不同类型的编制一一对应，要按照有关要求精神，制定切实可行的人员分流方案，按规定程序报批后组织实施，力争在三年内把在职人员调整减少到编制以内；省水利厅要加强对三个单位改革工作的指导和监督，确保人员分流工作的顺利进行，确保三个单位的稳定和各项工作的正常开展；机构编制和财政部门要对改革执行情况进行检查，改革完成后，财政部门再予以核拨经费。

此复。

陕西省物价局
关于对桃曲坡水库工程供水价格有关问题的复函

陕价价函〔2009〕185 号

（2009 年 12 月 8 日）

省水利厅：

你厅《关于申请调整桃曲坡水库管理局向工业和城镇供水价格的函》（陕水财发〔2009〕8 号）收悉。经与有关部门研究，现函复如下：

一、桃曲坡水库供铜川铝业公司自备电厂、华能铜川电厂工业用水价格核定为每立方米 0.70 元，结算地点为桃曲坡水库高洞出水口。

二、桃曲坡水库供铜川市老区、新区城市用水价格暂不调整，在下一步全省城市水价改革时一并考虑。

编　后　记

2004年12月，按照陕西省水利厅第二轮修志工作的整体安排，管理局成立了编志工作领导小组，由局长武忠贤任组长，常务副局长张树明分管，成立编志办负责编写。2006年9月因张树明工作调动，由党委书记李泽洲分管。

编志工作经历了学习、编写、审稿、修改审定等阶段。2005年1—3月份，编志办通过自学和培训的方式，编写了《编志工作九大要领》，并将这个小册子印发编志工作领导小组和初稿编撰人员，进行学习培训。同时编拟了篇目大纲，2005年5月13日，在管理局召开篇目审查会议，省水利厅办公室副主任许灏、省水利志编委会办公室主任李献华、《陕西水利》编辑部主任余东勤、宝鸡市水利局原总工樊维翰参加会议，并对篇目设置提出了很好的修改意见。之后，编志办对篇目进行修订。2005年5月18日，管理局发文明确了章节初稿编写分工，布置机关科室和各有关单位按分工要求提供资料、撰写初稿，编志办人员按照分工完成编辑任务。初稿每写成一章，随即送领导小组和专家顾问审阅，收回进行修改，然后再反馈意见。

2007年6月1日，管理局召开了志书初稿评审会。初稿修改后分别送渭南市、铜川市、耀州区和富平县水务局征求了意见。2007年7月27日，省水利厅编志办组织在锦阳湖宾馆召开了专家咨询会，省水利厅办公室副主任、省水利志编委会办公室主任许灏、省水利志编委会办公室调研员李献华、省水利志办公室原主任郭青梅、宝鸡市水利局原总工樊维翰、冯家山水库管理局段卫忠五位专家对志书初稿逐章逐节进行讨论评议，并提出了修改意见。此后，管理局编志办进一步搜集资料，补充完善。2007年8月底将终审稿报送省水利厅，12月6日省水利厅在桃曲坡水库管理局召开了终审会议，通过审查，同意局部修改付梓印刷。2007年9月管理局进行机构改革及全员招聘工作，不属常设机构的编志办不复存在，原编志办工作人员都竞聘到新的岗位，终审后的修改工作被搁置两年之久。2010年由局行政办公室主任李建邦负责，召集原编志人员赵艳芳、李军龙、陈保健，按原编写分工进行续编，于同年7月24日完成志书修改续编工作。2012年管理局决定刊印《桃曲坡水库志》，3月初，管理局副局长党九社负责、行政办主任李建邦牵头再次抽调原编志人员续写。同年6月将修编初稿送予管理局有关资深人士进行审阅，7月上旬根据审阅意见进行进一步修改，断限时间为2011年底，部分事件记至封笔。经管理局主要领导审核后于7月下旬送水利厅终审，8月省水利厅批复刊印。《桃曲坡水库志》分卷首、正志和卷末三部分，正志18章69节，共46万字。

桃曲坡水库志是集体智慧的结晶，是水利事业发展前进的产物，是所有桃曲坡人治水经验的总结。本志编写过程中，管理局聘请已退休老同志张宗山、田仲民、张有林、任彦文、梁纪信为特邀顾问，对志书初稿进行了认真修改审阅。在资料搜集整理过程中，得到耀州区人民政府、耀州区水务局以及富平县水务局等各方面的大力支持。编写过程中管理局多个单位和部门积极提供资料，为全方位全景式展现管理局发展打下坚实基础。

在编写过程中坚持实事求是的原则，力求原原本本反映水库建设初期建设者的英勇气概，反映水库工程管理者的务实作风，反映水利行业工作者调整产业结构的开拓精神。坚持以资料反映事实，尊重历史，杜绝随意猜测和主观臆断。材料搜集坚持"博采，慎思，明辨"的原则，采取查、访、核的办法搜集了大量资料。查阅各类档案800多卷，摘录约100多万字的档案资料。走访了铜川、渭南各有关单位、部分老领导、老同志，搜集整理约4万余字的口碑资料。把搜集到的档案、口碑资料，通过整理、核实，去粗取精，去伪存真，基本达到准确完整，翔实可靠，为写好初稿打下了扎实的基础。

尽管我们力求打造精品志书，但由于阅历、知识、水平和能力的局限，难免有偏颇疏漏之处，恳望读者指正。

编者

2013年3月15日